厦门理工学院教材建设基金（厦理工【2013】22号）
福建省高等学校教学改革研究专项(JAS14740)
国家自然科学基金项目(51305374)
资助出版

参加编著人员：

唐友名　黄红武　周水庭

何汉桥　孙贵斌　李　勇

阳益涛　刘　娜　洪伟鹏

吕　娜　谭卫锋　王　亭

客车安全技术

KECHE ANQUAN JISHU

唐友名　黄红武　周水庭　编著

厦门大学出版社　国家一级出版社
XIAMEN UNIVERSITY PRESS　全国百佳图书出版单位

图书在版编目(CIP)数据

客车安全技术/唐友名,黄红武,周水庭编著.—厦门:厦门大学出版社,2015.10
ISBN 978-7-5615-5786-0

Ⅰ.①客… Ⅱ.①唐…②黄…③周… Ⅲ.①客车-安全技术 Ⅳ.①U469.1②U492.8

中国版本图书馆 CIP 数据核字(2015)第 238421 号

出版人	蒋东明
责任编辑	陈进才
装帧设计	蒋卓群
责任印制	许克华

出版发行 *厦门大学出版社*

社　　址	厦门市软件园二期望海路 39 号
邮政编码	361008
总编办	0592-2182177　0592-2181253(传真)
营销中心	0592-2184458　0592-2181365
网　　址	http://www.xmupress.com
邮　　箱	xmupress@126.com
印　　刷	三明市华光印务有限公司印刷

开本	787mm×1092mm　1/16
印张	19.5
插页	2
字数	500 千字
版次	2015 年 10 月第 1 版
印次	2015 年 10 月第 1 次印刷
定价	46.00 元

本书如有印装质量问题请直接寄承印厂调换

厦门大学出版社
微信二维码

厦门大学出版社
微博二维码

前　言

重大道路交通事故频发使客车安全技术问题凸显。本书以现有的客车安全为主线，包括主动安全、被动安全与智能安全技术，分别介绍了客车交通事故、安全法规、客车防护装置、客车碰撞试验与仿真以及客车发展趋势。全书共分为十三章。

绪论介绍了客车安全的基本概念、客车安全事故、安全法规以及客车安全的研究方法。

第一章介绍了客车交通事故的基本概念以及国内外客车交通事故概况。

第二章介绍了部分汽车安全法规以及国内外客车安全法规，如客车正面碰撞、侧翻碰撞安全法规和客车顶部压溃法规。

第三章介绍了客车被动安全的部分防护装置的工作原理及在客车上的应用，如客车座椅及座椅安全带、客车气囊系统、吸能式转向系统、客车碰撞吸能装置等。同时，阐述了校车安全技术，包括校车安全法规、校车座椅安全标准及试验方法、校车儿童约束系统以及带有前向防护装置的校车座椅等。

第四章介绍了客车主动安全技术及装备，主要有防抱死制动系统及其试验、客车爆胎应急安全装置、客车发动机可变气门制动缓速装置（VVEB）、辅助制动系统、先进辅助驾驶系统（ADAS）等。同时，总结了主动安全技术发展趋势。

第五章介绍了智能安全系统，如主动预紧式安全带、主被动结合汽车缓冲吸能装置以及智能安全气囊。

第六章为客车碰撞试验与测试技术，介绍了客车碰撞试验，包括试验方法与实验室介绍。重点介绍了客车碰撞试验，包括客车摆锤碰撞试验与测试、客车顶部强度与后围强度试验、客车截断和整车侧翻碰撞试验以及碰撞试验评价方法。

第七章为高速摄像技术的应用，从高速摄像机的安装、操作过程、图像采集，结合图像分析与处理技术，通过客车碰撞实例，对序列运动图像分析进行了详细讲解。

第八章介绍了碰撞仿真理论与建模过程，包括基本力学模型与方程，几何建模、有限元模型建立以及后处理分析，仿真中常见的优化方法等。

第九章结合乘员的损伤机理与乘员安全性的评价指标，介绍了客车正面碰撞安全性设计。通过客车正面碰撞安全性设计实例，重点介绍了客车正面碰撞的边

界条件、吸能特性、匹配研究等。

第十章介绍客车侧翻碰撞安全性设计，包括抗侧翻车身结构设计、客车整车侧翻碰撞仿真分析以及碰撞结果分析与评价。同时，阐述了LS-DYNA常见的问题。

第十一章介绍了客车—轿车碰撞兼容性设计，主要讲述了兼容性评价方法与两车质量比、汽车刚度、汽车前端几何特征等兼容性的影响因素。分析了乘用车—轿车碰撞与客车—轿车碰撞的国内外研究现状以及影响因素。

第十二章介绍了客车轻量化的概况与意义，客车轻量化的评价标准、设计原则以及结构、材料、工艺轻量化。

第十三章介绍了新能源汽车的试验相关标准、技术要求与发展瓶颈，重点介绍了纯电动客车、混合动力客车、燃料电池客车安全技术。

本书由唐友名、黄红武、周水庭编著，参加编写的还有何汉桥、卢琳兆、孙贵斌、李勇、阳益涛、刘娜、洪伟鹏、吕娜、谭卫锋、王亭等。

感谢厦门理工学院教材建设基金资助(厦理工〔2013〕22号)、福建省高等学校教学改革研究专项资助(JAS14740)、国家自然科学基金资助(51305374)，同时感谢厦门理工学院车辆与交通工程系各位老师的大力支持和指导。

由于编者的水平和条件有限，书中难免有不妥和疏漏之处，衷心希望广大读者提出批评和建议，以便不断提高和完善。

编著者

2015年9月

目 录

绪 论 ·· 1
   0.1 客车安全事故 ·· 2
   0.2 客车安全法规 ·· 2
   0.3 大客车安全技术 ··· 3
      0.3.1 主动安全性 ·· 3
      0.3.2 被动安全性 ·· 3
   0.4 提高客车安全性的途径 ·· 4
   0.5 客车安全的研究方法 ··· 4
   参考文献 ·· 5

第一章 客车交通事故 ·· 6
   1.1 概 述 ·· 6
      1.1.1 客车交通事故的定义和分类 ··· 6
      1.1.2 客车交通事故的一般特性 ·· 7
      1.1.3 造成交通事故的成因 ··· 9
      1.1.4 2014 年的八起客车交通事故案例 ·· 10
   1.2 世界客车交通事故概况 ·· 13
   1.3 我国客车交通事故概况 ·· 14
      1.3.1 我国客车交通事故现状 ·· 14
      1.3.2 我国客车交通事故特点 ·· 16
   参考文献 ·· 17

第二章 客车安全法规 ··· 19
   2.1 概 述 ·· 19
   2.2 国内外主要汽车安全法规简介 ·· 20
      2.2.1 美国联邦机动车安全法规(FMVSS) ·· 20
      2.2.2 欧洲汽车安全法规 ··· 21
      2.2.3 日本道路运输车辆安全标准 ·· 21

  2.2.4 中国汽车安全法规 ·· 23
  2.2.5 电动汽车安全法规 ·· 25
 2.3 客车安全法规 ·· 29
  2.3.1 我国客车安全标准的现状与要求 ··· 29
  2.3.2 客车正面碰撞安全法规 ··· 30
  2.3.3 客车侧翻碰撞安全法规 ··· 31
  2.3.4 客车顶部压溃法规 ··· 33
  2.3.5 客车安全标准发展趋势 ··· 34
参考文献 ·· 35

第三章 客车被动安全技术 36

 3.1 客车座椅及座椅安全带 ·· 36
  3.1.1 概　述 ·· 36
  3.1.2 汽车安全带分类 ·· 37
  3.1.3 安全带组成结构 ·· 37
  3.1.4 三点式安全带的工作原理 ··· 39
  3.1.5 预紧式安全带 ·· 40
 3.2 客车安全气囊系统 ··· 41
  3.2.1 概　述 ··· 41
  3.2.2 气囊的分类、组成及工作原理 ··· 41
  3.2.3 安全气囊控制系统的点火控制算法 ··································· 44
  3.2.4 客车安全气囊试验方法 ·· 47
 3.3 客车吸能式转向系统 ··· 48
  3.3.1 吸能式转向系统的结构形式 ··· 49
  3.3.2 吸能式转向管柱的设计指导原则 ······································· 51
 3.4 客车碰撞吸能装置 ··· 52
  3.4.1 汽车碰撞吸能装置 ·· 52
  3.4.2 客车碰撞吸能结构 ·· 53
 3.5 校车安全技术 ··· 53
  3.5.1 校车安全法规 ·· 53
  3.5.2 校车座椅安全标准及试验方法 ·· 54
  3.5.3 校车儿童约束系统 ·· 56
  3.5.4 带有前向防护装置的校车座椅 ·· 58
 3.6 客车被动安全技术研究现状及发展趋势 ··· 60
参考文献 ·· 62

第四章 客车主动安全技术 64

 4.1 现有主动安全技术及装备 ·· 64

4.2 防抱死制动系统及其试验 ·· 70
4.2.1 防抱死装置（ABS）的基本功能 ·· 70
4.2.2 防抱死装置（ABS）试验的主要内容 ······································ 70
4.2.3 路面附着系数利用率的测试 ·· 74
4.2.4 ABS 效能与制动稳定性 ·· 76
4.3 客车爆胎应急安全装置 ·· 76
4.3.1 轮胎爆胎原因 ·· 77
4.3.2 客车爆胎后的动力学响应 ·· 77
4.3.3 客车爆胎应急保险装置 ·· 80
4.3.4 客车爆胎应急安全装置技术要求 ·· 81
4.3.5 客车爆胎应急安全装置试验方法 ·· 81
4.3.6 蒂龙爆胎应急安全装置 ·· 82
4.4 客车发动机可变气门制动缓速装置（VVEB） ····································· 83
4.4.1 发动机缓速器制动原理 ·· 83
4.4.2 发动机缓速器的结构特征 ·· 84
4.4.3 可变气门排气制动技术 ·· 86
4.4.4 机械、液压混合控制排气门技术 ·· 86
4.5 客车辅助制动系统 ·· 89
4.5.1 发动机缓速器 ·· 89
4.5.2 发动机排气辅助制动系统 ·· 90
4.5.3 电涡流缓速器 ·· 91
4.5.4 液力缓速器 ·· 93
4.5.5 牵引力电动机缓速器 ·· 95
4.5.6 空气动力缓速器 ·· 95
4.6 客车先进辅助驾驶系统（ADAS） ·· 95
4.6.1 车辆安全保障技术分类 ·· 96
4.6.2 大客车驾驶辅助系统 ·· 97
4.7 客车主动安全技术发展趋势 ·· 98
参考文献 ·· 99

第五章 智能安全系统 ·· 101
5.1 概 述 ·· 101
5.2 主动预紧式安全带 ·· 101
5.2.1 概 述 ·· 101
5.2.2 预紧式安全带结构 ·· 102
5.2.3 预紧式安全带预紧装置 ·· 102
5.2.4 预紧式安全带卷收器结构 ·· 104
5.3 主被动结合汽车缓冲吸能装置 ·· 108

		5.3.1 理想的前碰撞特性	108
		5.3.2 方案设计及工作原理	109
		5.3.3 主被动结合汽车碰撞缓冲吸能装置	113
		5.3.4 控制系统电路	115
	5.4	智能安全气囊	121
		5.4.1 概　述	121
		5.4.2 智能安全气囊系统的主要部件及工作原理	121
		5.4.3 车外安全气囊	123
	5.5	城市安全系统	124
		5.5.1 概　述	124
		5.5.2 工作原理	124
	5.6	无人驾驶技术	125
		5.6.1 概　述	125
		5.6.2 工作原理	125
		5.6.3 结构原理	126
参考文献			129

第六章　客车碰撞试验与测试技术 …… 130

	6.1	客车碰撞试验概述	130
		6.1.1 客车正面碰撞试验	130
		6.1.2 客车倾翻试验	133
	6.2	碰撞试验	135
		6.2.1 乘用车碰撞模拟实验室	135
		6.2.2 乘用车碰撞试验	137
		6.2.3 整车碰撞试验	140
		6.2.4 台车碰撞试验	146
	6.3	客车摆锤碰撞试验与测试	150
		6.3.1 摆锤试验台及其试验条件	151
		6.3.2 三维坐标系的建立与"R"点和"H"点的确定	153
		6.3.3 正面撞击试验及其安全性的评价	155
	6.4	客车顶部强度和后围强度试验	155
		6.4.1 客车顶部静压试验	156
		6.4.2 后围强度试验	158
	6.5	客车截段和整车侧翻碰撞试验	159
		6.5.1 整车侧翻碰撞试验	160
		6.5.2 截段侧翻碰撞试验	163
	6.6	碰撞试验评价方法	164
		6.6.1 碰撞试验用假人	164

6.6.2 乘员安全评价 ……………………………………………………………… 169
参考文献 ……………………………………………………………………………… 170

第七章 运动图像分析技术 …………………………………………………………… 172
7.1 高速摄像技术 …………………………………………………………………… 172
7.1.1 高速摄像机 ……………………………………………………………… 172
7.1.2 高速摄像机的操作过程 ………………………………………………… 174
7.2 碰撞试验中的图像采集 ………………………………………………………… 176
7.2.1 测点的布置 ……………………………………………………………… 177
7.2.2 图像的采集 ……………………………………………………………… 177
7.2.3 车身变形标识点像平面坐标的判读及校正 …………………………… 177
7.3 图像分析与处理技术 …………………………………………………………… 178
7.4 序列运动图像分析 ……………………………………………………………… 179
7.4.1 图像运动分析法 ………………………………………………………… 179
7.4.2 图像运动分析法的应用 ………………………………………………… 180
7.4.3 数字化序列图像在计算机中的再现 …………………………………… 180
7.4.4 目标的标识与跟踪 ……………………………………………………… 180
7.4.5 目标的运动分析 ………………………………………………………… 181
7.5 序列运动图像分析实例 ………………………………………………………… 182
参考文献 ……………………………………………………………………………… 184

第八章 客车碰撞仿真基本理论与建模方法 ………………………………………… 185
8.1 基本力学模型与方程 …………………………………………………………… 185
8.1.1 概 述 …………………………………………………………………… 185
8.1.2 非线性有限元基本理论 ………………………………………………… 185
8.1.3 显式有限元软件积分的特点和方法 …………………………………… 187
8.1.4 单元类型和特性说明 …………………………………………………… 187
8.1.5 材料的特性 ……………………………………………………………… 188
8.1.6 接触类型和接触算法 …………………………………………………… 189
8.2 汽车碰撞仿真建模和应用 ……………………………………………………… 189
8.2.1 几何模型的建立 ………………………………………………………… 190
8.2.2 有限元模型的建立和后处理分析 ……………………………………… 191
8.3 汽车碰撞仿真中常见的优化方法 ……………………………………………… 195
8.3.1 基于DOE的优化设计方法 …………………………………………… 195
8.3.2 基于近似模型的优化设计方法 ………………………………………… 195
8.3.3 基于微型遗传算法的多目标优化设计方法 …………………………… 197
参考文献 ……………………………………………………………………………… 198

第九章 客车正面碰撞安全性设计 ········ 200
9.1 概述 ········ 200
9.2 客车正面碰撞中乘员的损伤机理和安全性的评价指标 ········ 202
9.2.1 正面碰撞中乘员的损伤机理 ········ 202
9.2.2 正面碰撞中乘员安全性的评价指标 ········ 203
9.3 客车正面碰撞安全性设计的基础 ········ 203
9.3.1 客车前部结构 ········ 204
9.3.2 基础结构件的吸能特性 ········ 207
9.3.3 客车正面碰撞吸能的设计思路 ········ 215
9.4 客车正面碰撞安全性设计实例 ········ 220
9.4.1 建立模型 ········ 220
9.4.2 确定客车正面碰撞的边界条件 ········ 221
9.4.3 前碰吸能模块的碰撞吸能特性 ········ 222
9.4.4 前碰吸能模块匹配研究 ········ 224
参考文献 ········ 227

第十章 客车侧翻碰撞安全性设计 ········ 228
10.1 概述 ········ 228
10.2 客车侧翻碰撞过程中力的传递路径及主要变形 ········ 229
10.3 客车抗侧翻结构设计 ········ 231
10.3.1 弯曲刚度 ········ 231
10.3.2 抗弯截面系数 ········ 231
10.3.3 抗侧翻车身结构设计 ········ 231
10.4 客车整车侧翻碰撞仿真分析 ········ 231
10.4.1 整车侧翻碰撞仿真分析建模流程 ········ 232
10.4.2 侧翻碰撞仿真分析建模 ········ 232
10.5 碰撞结果分析与评价 ········ 246
10.6 LS-DYNA常见的问题汇总 ········ 246
参考文献 ········ 249

第十一章 客车－轿车碰撞兼容性设计 ········ 250
11.1 碰撞兼容性理论与分析方法 ········ 251
11.2 碰撞兼容性的影响因素 ········ 253
11.2.1 两车质量比 ········ 253
11.2.2 汽车刚度 ········ 255
11.2.3 汽车前端几何特征 ········ 258
11.3 乘用车－轿车碰撞分析 ········ 260
11.3.1 国内外研究现状 ········ 260

11.3.2　乘用车－轿车侧面碰撞兼容性的影响因素 ………………………… 262
　11.4　客车－轿车碰撞分析 …………………………………………………………… 264
　　　11.4.1　国内外研究现状 …………………………………………………… 265
　　　11.4.2　客车－轿车正面碰撞兼容性的影响因素 ………………………… 266
　参考文献 …………………………………………………………………………… 267

第十二章　客车轻量化技术 …………………………………………………… 268
　12.1　汽车轻量化简介 ………………………………………………………………… 268
　　　12.1.1　国内外客车轻量化概况 …………………………………………… 268
　　　12.1.2　客车轻量化的意义 ………………………………………………… 269
　12.2　客车轻量化评价方法 …………………………………………………………… 269
　　　12.2.1　客车轻量化与安全的关系 ………………………………………… 269
　　　12.2.2　客车轻量化的评价方法 …………………………………………… 270
　12.3　客车轻量化的设计原则 ………………………………………………………… 271
　12.4　客车轻量化设计的主要方法 …………………………………………………… 271
　　　12.4.1　客车轻量化结构 …………………………………………………… 271
　　　12.4.2　客车轻量化材料 …………………………………………………… 272
　　　12.4.3　客车轻量化工艺 …………………………………………………… 275
　参考文献 …………………………………………………………………………… 279

第十三章　新能源客车安全技术 ……………………………………………… 280
　13.1　新能源客车概述 ………………………………………………………………… 280
　13.2　新能源汽车试验相关标准与技术要求 ………………………………………… 282
　　　13.2.1　新能源汽车试验检测相关标准 …………………………………… 282
　　　13.2.2　新能源汽车试验检测相关技术要求 ……………………………… 283
　　　13.2.3　新能源汽车发展瓶颈 ……………………………………………… 284
　13.3　新能源客车安全技术 …………………………………………………………… 284
　　　13.3.1　新能源客车安全事故 ……………………………………………… 284
　　　13.3.2　纯电动客车安全技术 ……………………………………………… 286
　　　13.3.3　混合动力客车安全技术 …………………………………………… 291
　　　13.3.4　燃料电池客车安全技术 …………………………………………… 295
　参考文献 …………………………………………………………………………… 301

绪　论

在本书展开客车安全技术相关论述之前先要明确几个基本的前提条件。

首先，本书中所指的客车是指能够不依赖固定轨道运行的客车，需要与轨道车辆区分开来。

其次，本书中所指的客车主要针对商用车范畴的客车，也就是9座以上的客车。在明确研究和学习的对象后，再来展开客车安全的相关论述就更有针对性。

最后，需要了解中国客车近30年发展的历史。从20世纪90年代起，随着改革开放的深入，中国高速公路开始蓬勃发展，城市化进程越来越快，人口迁徙流动加剧，而此时铁路网络还不够健全，因此客车承担了绝大多数的客运量。公路客运和旅游客车一般作为跨省和跨市长途运输，公交车则作为城市内市民出行和上下班的主要交通工具。在公路客运中，双层卧铺客车应运而生，成为客车行业一个很重要的分支，但近几年也因为其自身安全性的问题被公安部交通管理部门废止。2008年宇通客车率先导入美国校车设计理念在中国推广长头校车，在很大程度上提高了中国校车的安全性。自2008年以来，由于通信网络的发展尤其是移动互联网的蓬勃发展，客车相关的安全事故多被曝光，从而人们对各种客车安全性的关注程度日益提升，这也就为进一步提升客车相关安全性带来了舆论动力。

当今客车领域中，安全、节能和环保是永恒不变的三个主题，而安全问题又是其中的首要问题。说到安全，首先就是要保障汽车内乘员的生命安全，其次也要一定程度上考虑到车外行人和其他车辆乘员的安全。由于客车是高速运动的物体，难免因自身问题或者外界干扰而导致发生交通事故，其交通事故的类型通常表现为以下两种大的形态：

1. 当轮胎不离开地面时，客车仍能保持一定的稳定和可控状态，与其他物体发生刮擦和碰撞，譬如正面碰撞、尾部碰撞和侧面碰撞，在这种情况下，客车的安全表现与小轿车的安全表现比较类似。

2. 当轮胎脱离地面，客车已经失稳，完全不受控制，此时客车的安全问题就表现出其独有的特征，其典型的事故类型大致为侧翻、翻滚和坠落，也可以是以上形态的叠加。在这个过程中，主要原因就在于客车车身高度通常大于车身宽度，其相对重心位置就比较高，抗侧倾能力较弱（也即是侧倾角刚度较小），尤其是对高床大客车（乘客区地板离地高度不小于1.3 m）就更加突出。

中国客车行业整体技术水平与国外先进水平存在着一定的差距，主要是由于技术经验积累不深厚、相关零部件配套行业不健全且零部件质量不高、客车生产企业设计创新能力不强且生产制作工艺水平比较落后导致的。目前，我国客车法规多采用国外法规或者采用部分修改过的国外法规，同时很多法规并没有强制执行。可以说，整个国家和汽车行业对客车安全性的重视程度还处于一个相对较低的水平，对客车安全性的研究工作还不够深入，客车安全试验设备不够完备且相对落后,对客车结构安全性的有效评估需要很长时间。在这样的大环境下,中国客车的安全性和国外先进水平的差距很难在短时间内缩小,近年来许多由客车引发的交通事故已经暴露了中国客车安全性水平不高的一面。

0.1　客车安全事故

随着客车技术的发展,客车运行的速度越来越快,客车安全性一系列的问题就凸显出来。当客车达到较高的速度,客车各部件的振动开始加剧,进而加剧了客车因强度极限和疲劳极限所导致的部件失效。客车空气动力学性能也随着速度的提高而快速变化,客车的行驶因速度的增大而越来越不稳定。这些都影响着客车在行驶中的安全性能,更为严重的后果却是因客车的碰撞导致的乘员伤亡。

在美国和欧洲等国家和地区,客车是人们外出旅行的主要交通工具。例如,在美国,客车运输占总客运量的70%左右,由于相对健全的客车安全法规和高水准的客车产品,再加上良好的道路条件和驾驶人员素质等因素,使得客车在欧美国家各种运输方式中的安全性是最好的。2002年美国仅270人死于客车车祸,占所有交通事故死亡人数的0.5%;其他小型乘用车占46.6%;轻型货车占37%。美国学生乘坐校车(大客车)的安全度比乘坐父母或监护人轿车的安全度要高得多。在欧洲,2001—2003年,德国死于客车交通事故的人数分别为11人、12人和17人,分别占当年交通事故死亡人数的0.16%、0.18%和0.26%。即便如此,客车安全尤其是被动安全研究在这些国家仍然受到特别的重视。

在我国,据公安部门的交通统计数据,2004年,营运客车肇事63978起,导致11740人死亡,分别占总数的7.82%和10.03%;全国共发生一次死亡10人以上群死群伤特大道路交通事故55起,造成852人死亡、877人受伤,其中发生客运汽车肇事的特大事故32起,占58.2%。2005年,营运客车肇事51247起,导致10566人死亡,分别占总数的11.4%和10.7%;全国共发生的47起特大交通事故中,营运客车肇事29起,造成480人死亡,分别占总数的61.7%和60%。

0.2　客车安全法规

ECE法规(联合国欧洲经济委员会汽车法规)近年来已有了长足的进展,也最具有国际性,至今已颁布114项。虽然它是缔约国(41个)自愿采用的,但很多汽车工业发达国家如德国、法国、意大利、英国等采用106项以上,在缔约国内法规采用率占70%~90%。WP29(联合国世界车辆法规协调论坛)制定法规的专家工作组有6个,客车属于一般安全性专家工作组GRSG,此外还有被动安全性、灯光及光信号、污染及能源、制动及底盘、噪声等专家工作组。现在世界车辆法规协调工作主要在WP29进行,并正在制动、安全玻璃、灯光及信号装置、行人安全、儿童安全带、门锁、头枕及排放等方面制定全球统一的汽车技术法规。

从发展和应用情况来看,现在WP29一般安全性专家工作组制定的ECE R36、R52、R107等法规是成功的,我国有必要结合实际情况全面采用。一般而言,安全法规只规定保证安全的最低要求,不干预部件或整车结构的具体设计,特别是不限制车型的发展和新技术的采用,像客车法规这样细致的规定,是众多安全法规中少有的。ECE R107 在对客车结构安全的概念和实施上有了较显著的进展,采用客车新技术,安全要求全面,险情估计细致周到,特别重视行动不便的乘客安全。不需要技术难度很高的设备和严酷的试验项目,只要设计制造时忠实遵循 ECE R107 的具体要求就能达标。

2002 年,WP29 已决定将 ECE R36、R52、R107 合并为一项法规,且以 ECE R107 为基础作适当修改以将这三项法规合而为一,使其同欧盟客车指令 2001/85/EC 相一致。

0.3 大客车安全技术

0.3.1 主动安全性

客车主动安全性的目标是预防和避免交通事故的发生。优良的底盘设计和底盘匹配是客车主动安全性的核心。现代安全客车通常采用后置高功率柴油机后轮驱动,传动轴采用直角或夹角传动布置,前后轮都装备盘式制动器,并加装 ABS、EBD、ASR 和 ESP 等电子控制设备,安装辅助制动装置,充分保证客车安全行驶。还有多种安全装置可以减轻驾驶员的劳动强度以保障安全行驶,如多挡位自动变速器、智能巡航控制系统、动力辅助转向、油气悬架、良好的人机工程、良好的视野、智能预警系统、轮胎气压监控系统和智能前照灯系统等,这些可以有力保障客车不发生或者少发生意外事故。目前国内主动安全主要集中研究悬挂、轮胎和地面等的相互作用,通过改善轮胎和悬挂对地面的响应,保持车身的稳定,消除行车安全隐患。当然,随着车联网系统的逐渐兴起,前面提到的各种广泛应用于小汽车的主动安全装备也在逐渐地被应用于客车领域。

0.3.2 被动安全性

有关汽车交通事故原因的调查结果表明,由驾驶者原因造成的交通事故比例很高,加上道路和气候环境等其他因素所造成的交通事故,即非车辆自身原因造成的交通事故比例超过 95%。这就是说,即使客车的主动安全性再好,也不能彻底阻止大部分交通事故的发生。因此,客车的被动安全性,使它能在发生交通事故的瞬间有效地保护乘员或减轻伤亡,这是客车安全性研究的一个重要方向。若交通事故已经发生,安全性能优良的客车(安全客车)可以做到车毁而人不亡。

对客车而言,被动安全技术的发展主要集中在以下三个领域:

(1)吸能车体结构。客车发生碰撞时,车体结构一方面要均匀吸收汽车的动能以降低乘员的减速度,另一方面要保证乘员有足够的生存空间。在客车的车体结构设计中,要预先设计一个具有高吸能性的可压溃区域,当车体受到撞击时,该区域可发生理想的皱褶变形,最大限度地吸收车辆的碰撞能量,使乘员不受到直接的撞击力,并控制减速度峰值。此外,客车的前后保险杠不仅要有吸能功能,还要考虑对行人的保护;侧部结构能提供侧碰撞保护,车门在受撞击后不被挤开,同时又能手动开启;侧围和车顶要留有安全出口和安全玻璃,为逃生和救助工作提供方便;在发生侧翻或者倾覆后客车上部结构不发生结构溃散,能提供必要的安全工作区和生存空间。

(2)乘员保护系统。乘员保护系统也是客车被动安全技术的核心。理论和实际经验都表明,仅车体结构吸收第一次碰撞的能量是不够的,还要依靠乘员保护系统来减缓乘员与车内物体之间的第二次碰撞。客车乘员保护系统主要由安全座椅、安全带和安全气囊等组成。未来客车除了进一步完善这些系统之外,还要开发新的功能或系统,以进一步提高乘员侧碰保护、头部保护以及儿童乘员和行人等的保护。

(3) 人体生物力学的研究。这是一个基础研究,它涉及工程学、人体解剖学、生理学和医学等领域。其主要内容是:根据人体生理学和医学把人体能耐受冲击极限定量化,用工程学观点来研究人对冲击的响应,以把握乘员保护装置的性能要求和需进一步完善的程度。

0.4　提高客车安全性的途径

提高客车的安全性需要从"人—车—路"三个方面的因素综合考虑。

对人而言就是要强化对驾驶员的培训和证照管理。第一,强化对驾驶员的管理。驾驶员的素质对提高交通安全至关重要,80%左右的交通事故与驾驶员有直接或间接关系。对驾驶员进行培训,主要是提高他们的驾驶技能,同时也提高他们对危险的认知能力,增强安全意识,改变不良行为,了解有关安全规定并明了道路交通事故的后果及严重性。第二,加强对驾驶人员的路上管理,防止违章行驶。第三,建立全国统一的机动车辆和驾驶员管理信息系统,形成网络,以便执法人员能够及时、科学地进行管理。

对路而言就是要改善道路交通安全状况和加强道路交通安全动态监控。一方面,改善道路状况是减少道路事故的重要方面。例如,澳大利亚的研究表明,每年投入1亿澳元就可减少两个人死亡,而在一些"黑点"地段,投入1亿澳元,每年可减少死亡20人。因此,针对一些"黑点"地段的投入是十分必要和有意义的。与此同时,还应建立并完善道路交通监控系统、通信系统和救援服务系统。另一方面,采用现代科技手段进行监控。研究表明,在澳大利亚西部地区,36%的道路交通事故是由于超速造成的,13%的事故是由于驾驶员疲劳驾驶造成的。交通警察的强有力执法是纠正驾驶员行为的主要手段,通过智能监控技术使驾驶员了解在"所有的时间、所有的地方"都遵守交通规则是最好的办法。此外,提高路上超载车辆的检测技术,加强执法队伍建设,提高仪器装备和监控手段,可以有效防范交通隐患的出现。

对车而言就是要提高客车自身的安全性。首先,需要能够推动客车安全发展的相关政策,还需要适合我国国情的客车安全法规的完善和执行。其次,与客车生产相关的行业、部门和研究机构需要加大客车安全性尤其是客车碰撞安全性研究的投入,这也是最为行之有效和立竿见影的途径。对客车碰撞安全性的研究,需要深入研究和总结我国客车交通事故的形态,广泛和深入采用CAE技术和虚拟试验技术来提高客车安全研究的质量并提高研究效率,还需要在客车安全领域不断地运用新技术和创新客车结构,并且不断提高客车生产制作工艺水平从而生产出更多的安全客车,最终减少因发生客车碰撞事故而死亡的人数,提高道路交通安全的品质。

0.5　客车安全的研究方法

国外发达国家对客车结构安全的研究工作开展得比较深入。国外先进客车厂组建了高性能的 CAE 系统(由高速计算机、三维图形工作站以及各种仿真分析软件组成),其队伍与产品开发(CAD)同步,在指导设计、提高质量、降低开发成本和缩短开发周期上发挥着显著的作用。CAE 应用于客车车身开发上,成熟的技术主要有:刚度分析、强度分析(应用于整车、大小总成与零部件分析以实现轻量化设计)、NVH 分析、机构运动仿真分析等;而车辆碰撞模拟、金属构件冲压成型模拟、疲劳分析和空气动力学分析等的精度有待进一步提高,对于已投入实际使用的,可用于定性分析和改进设计,这样可大大减少这些费用高、周期长的试验次数;虚拟试车场整车分析和虚拟现实技术正在着手研究。这些研究工作极大地优化了客车结构、提高客车的可靠性以及最大限度地提高了客车的安全性能。欧洲 ECBOS 研究小组通过三年半的调查、仿真和试验研究,比较全面地研究了欧洲各国的客车安全状况,系统地评估了欧洲客车的安全性能,并通过深入实际的研究和试验所得出的成果,为进一步提高欧洲客车的安全状况提供了宝贵的经验和现实可行的建议。

在国内,客车安全也在逐步推广 CAE 研究的方法,并取得了一定的成效。但是从现实的角度来看,一方面,客车只是一种社会上的运输工具,有浓厚的营运性质,对价格水平非常敏感;另一方面受我国工业制造水平的限制,客车的各种性能能提高到与欧美等先进客车相近的水平仍然有很长的路要走。目前,国内的客车厂家众多,产能分散,一致性和可靠性水平都不理想,客车同质化严重,客车市场是一个小批量多品种的市场。在以上这些因素制约下,CAE 研究工作所需要的实验验证就很难保障,这也反过来制约了 CAE 在客车领域的应用和推广。所以,CAE 研究方法在客车领域的进一步深入,亟须客车行业解决一致性和可靠性的问题。

参考文献

[1]何汉桥,张维刚.我国客车安全综述[J].客车技术与研究,2007,(02):1-4.

[2]从客车燃烧事件解读客车安全[J].交通世界(运输车辆),2014,(6):1-5.

[3]亓文果.基于 ECE R66 法规的客车侧翻碰撞安全性能的仿真与优化[J].汽车工程,2010,32(12):1042-1046.

[4]那景新,王秋林,高剑峰等.基于侧翻安全性的客车腰梁接头结构改进研究[J].汽车工程,2015,(7):848-853.

[5]高水德,张绍理,姚常青.国外客车被动安全研究[J].客车技术与研究,2006,(3):7-10.

[6]王欣,丁良旭,唐京攻等.客车侧翻试验研究[J].客车技术与研究,2008,(3):49-51.

第一章　客车交通事故

1.1　概　述

1.1.1　客车交通事故的定义和分类

1. 客车交通事故的定义

客车是现代社会中重要的交通工具之一,相对货车而言,以载人为主,是指在设计和技术特性上用于载运乘客及其随身行李的汽车。

客车通常包括:特大型、大型、中型和小型。其中车长大于12米的为特大型客车,车长大于9米小于等于12米的为大型客车,车长大于6米小于等于9米的为中型客车,车长大于3.5米小于等于6米的为小型客车,见表1-1。

表1-1　客车分类

类型	特大型	大型	中型	小型
车长(L/m)	$13.7 \geqslant L > 12$	$12 \geqslant L > 9$	$9 \geqslant L > 6$	$6 \geqslant L > 3.5$

交通事故是指车辆在公路、街道或其他道路上运行时引起或所发生的死人、伤人或物件损失的事故。

交通事故车辆包括机动车和非机动车,机动车中有各类汽车、摩托车和拖拉机等,是用发动机或电动马达驱动的车辆。非机动车中有畜力车和自行车等。

交通事故道路是指公路、街道、胡同、里巷、广场、停车场等供公众通行的地方。其中供车辆行驶的为车行道,供人通行的为人行道。与道路成为一体的桥梁、隧道、轮渡设施以及作业道路用的电梯等通统包括"道路"中,作为道路附属设施。

客车交通事故则是指客车在公路、街道或其他道路上运行时引起或所发生的死人、伤人或物件损失的事故。

2. 客车交通事故分类

客车交通事故种类多,原因复杂,造成的后果也多种多样,一般客车交通事故按参与对象、危害结果、损害结果三种方式进行分类。

(1)按客车交通事故的参与对象来分类,可分为客车与机动车间事故、客车与行人间事故、客车与非机动车间事故、客车单独事故、客车与固定物的碰撞事故等。

客车与机动车间事故即客车与含客车在内的机动车碰撞的事故,包括正面碰撞型、追尾碰撞型、侧面碰撞型以及接触性碰撞型等。

客车与行人间事故包括客车在车行道、人行道压死、撞伤行人的事故,也包括客车闯出路外所发生的压死撞伤人的事故。

客车与非机动车间事故包括客车在机动车行车道和非机动车道压死、撞伤非机动车上人的事故。

客车单独事故包括翻车事故以及坠入桥下或江河的事故。

客车与固定物碰撞事故是指客车与道路上的作业结构物、路肩上的灯杆、交通标志杆、广告牌杆、建筑物以及路旁的树木等相撞的事故。

(2)按照事故的危害结果分类,可将交通事故分为特大事故、重大事故、一般事故和轻微事故4类。这一分类在不同时期,其具体标准有所不同。

特大事故:一次造成死亡3人以上;重伤11人以上;死亡1人,同时重伤8人以上;死亡2人,同时重伤5人以上;财产损失6万元以上。

重大事故:一次造成死亡1~2人;重伤3人以上10人以下;财产损失3万元以上不足6万元。

一般事故:一次造成重伤1~2人;轻伤3人以上;财产损失不足3万元。

轻微事故:一次造成轻伤1~2人;财产损失机动车事故不足1000元,非机动车事故不足200元。

(3)按照损害结果分类,可分为死亡事故、伤人事故、物损事故、混合型事故。

死亡事故:指交通事故发生后当即造成人员死亡或人员负伤后在30天内由于交通事故直接导致死亡的事故。

伤人事故:指交通事故发生后导致人员负伤,但未导致死亡的事故。

物损事故:指交通事故发生后仅导致车上或车下财产损失的事故。

混合型事故:在一次交通事故中导致死亡、伤人和物损其中两种或两种以上的事故。

1.1.2 客车交通事故的一般特性

1. 客车交通事故的特征

(1)群死群伤现象比较严重,损失大。

客车作为承载运送人员的交通工具,一次运载少则几人多则几十人,事故发生时,车内人员如无法自行逃生,人员伤亡概率大,车辆损坏大,易造成多数人伤亡的重特大交通事故。有数据表明,仅2014年1—9月期间,全国就已发生20起大中型客车肇事导致一次死亡超过5人的特大道路交通事故。

(2)侧翻事故类型多,后果严重。

中型以上的客车车身一般采用骨架复合蒙皮的结构形式,由于底盘布置需要和底部客运货舱的需要,客车在满载条件下一般重心都比较高,在高速转弯或侧面碰撞时易发生侧翻事故,导致车身变形,乘客除受到冲击损伤外还会受到由于车身变形产生的挤压伤害。2014年7月12日中午12时,在杭徽高速浙江临安收费站附近,一辆客车突然发生侧翻并冲出公路。客车的最大载客数为57人,车祸发生时,车上载有57名乘客,其中有四名为免票儿童,车祸造成6人死亡、36人受伤,见图1-1。

图 1-1 杭徽高速浙江临安翻车事故

(3)车辆超载、超员现象较多。

车辆超载、超员导致制动、转向等系统失效或发生爆胎引发事故屡见不鲜。2011年10月22日,贵州省贵阳市一辆有29个座位的大客车,载着34名乘客从贵阳金阳客车站驶往清镇市麦格乡龙窝村,行驶到朱昌镇平桥百花湖电厂河边桥头下坡急转弯路段时刹车突然失灵,客车朝着河沟方向直冲而下,撞垮河坎边的一堵围墙后,卡在河坎半坡上,事故共造成25名乘客轻重伤。

为什么车辆超载、超员容易引发事故?这是因为车辆在设计时,满载质量是车辆制动、转向、行使等系统的重要设计参数,在车辆使用时,一旦超过最大满载质量,由于惯性和质量的加大,导致制动系统、转向系统等不能按预期设计指标工作,严重时直接导致爆胎或管路破裂等造成重大交通事故。

(4)安检条件差,人为事故多。

由于安检条件限制,一些人违法携带易燃易爆品上车,在车辆行驶中发生事故,同时客车也极易成为一些人的攻击目标。2013年6月7日,厦门市BRT快速公交车道蔡塘站往金山站之间,车号为闽DY7396的公交车被人为纵火,事故造成48人死亡,33人受伤。

2. 公路交通事故的一般规律

(1)发生多车连续相撞的现象越来越多。

随着我国公路质量的逐步改善,特别是高速公路建设的飞速发展,行车速度越来越快,因此导致的出现多车相撞的交通事故越来越多,恶性程度越来越严重。

(2)造成多人死亡的特大交通事故越来越多。

近年来由于公路客运日益竞争激烈,每辆客运汽车的载客数量也越来越多,所以,一旦发生交通事故造成的死亡人数也就会很多。

(3)发生事故的时间,周末及节假日来临期间,机动车致伤的人数较多。

由于周末及节假日来临期间,驾车出行和旅行的车流增加,增加了发生事故的概率。

(4)晴天交通事故比雨雾天气多。

由于驾驶员在恶劣天气里行车,注意力特别集中,行车速度慢,所以,在风雨、风雪或大雾时的车祸发生率反而比晴天时的低。有学者在深圳市和福建省的交通事故调查中做过统计,发现:晴天的车祸发生率为73.2%~87.2%,阴天的为15.2%,雨天的为10.8%,雾天的为0%~0.5%,大风时为0.2%。并且晴天时每百起事故死亡数为135人,为各类天气类型中的最高,此与驾驶员和行人在晴天里麻痹大意有关。表1-2为2013年在部分不同道路不同天气时的交通事故起数。

表 1-2　2013 年在部分不同道路不同天气时的交通事故起数

	晴	阴	雨	雷	雾	大风	沙尘	冰雹
高速	3831	961	673	120	233	3	9	0
一级	4979	761	491	48	64	5	1	0
二级	10354	1809	1237	92	126	8	3	0
三级	5761	1000	609	53	64	3	3	0

(5) 发生交通事故的地点,最多为平直路线,约占事故总数的 58.1%,急弯段次之,为 12.5%,交叉路口为 10.0%,陡坡为 5.7%,其他占 13.7%。但是急弯段每百起事故死亡人数为 136 人,为各个路段的最高,此与驾驶员未能及时判断路面状况有关。市区内的交通事故多为小轿车所致,约占 47%,其次为面包车,还有公共汽车及卡车等。

1.1.3　造成交通事故的成因

造成交通事故的基本因素是人、车、路、环境与管理。其中人是主要因素,另外车辆的技术状况也非常重要。

驾驶人员导致交通事故的原因很多。如超速行车,违章驾驶,行车中精力不集中等。另外,如车辆的技术性能不好;道路状况不良或缺少必要的道路安全措施;自然条件和其他意外情况的影响等都有可能成为交通事故的成因。

1. 驾驶人员的违章驾驶和精神不集中

驾驶人员的违章驾驶常常是造成交通事故的主要成因。如在不应该或不允许超车的地方强行超车,或超车不提前鸣笛,前车尚未示意让路就超车等。

驾驶人员该让的车不让,甚至故意的不让超车。在交叉路口支线车不让干线车先行,转变车不让直行车先行等很容易造成事故。

在会车前不减速不鸣笛或在狭窄地带抢道,夜间会车不关闭大灯等。超速行车,使车辆的稳定性降低而难以操纵,延长了制动距离,扩大了制动非安全区,使驾驶人员判断情况和躲避险情的时间缩短,这些都容易成为肇事成因。

行车过程中精神不集中也是造成交通事故的重要因素,如有驾驶人员因家庭、工作等不顺心而思虑,因受有某种刺激而过度兴奋或沮丧;在行车中吸烟、吃东西、乘客谈笑或打手机,有的因轻车熟路而麻痹大意等都能使驾驶人员精力分散而造成事故。

2. 车辆技术性不好

车辆的技术性能主要指车辆的结构、性能、强度等。经常出现故障的关键部位和系统主要有制动系统、转向系统,这些关键部件如出现故障常常会造成行车事故。

3. 道路状况不良或缺少道路安全措施

道路状况不良是导致交通事故的潜在因素。道路状况的优劣主要指道路的线形,曲线半径的大小,道路的坡度和路面宽度,路基和路面等。

道路的安全措施主要指交通标志、信号、路面标线、照明、安全岛、安全护栏、隔离栏栅等。在急弯、窄路、陡坡、交叉路口和铁路道口等应设置警告标志,在禁止超车处、禁止掉头处、禁止鸣笛处等应有相应的禁令标志,对于限重、限速、限高、限宽处也应有明确的限令标志。应有的交通标志和设施如果没有或不全容易造成行车事故。

4. 酒精及药物对交通安全的影响

(1) 血液中酒精浓度与驾驶能力的关系。酒精会使大脑高级神经紊乱,从而破坏人们正常的生理机能,所以酒后开车所造成的交通事故在世界各国都占有相当比重。我国交通规则中明确规定:严禁酒后开车。

试验表明,血液中酒精浓度达到 0.3‰时,驾驶能力开始下降,达到 0.8‰时,误动作比正常人增加 16%,酒精浓度超过 0.9‰时,其判断能力比正常人下降 25%。总之,随着酒精浓度的增高对驾驶机能的影响越来越大,致使驾驶能力下降,操作方向盘的正确性降低,所以容易造成驾驶的车辆向静止的物体如停放的车辆或安全地带的电线杆等冲撞。酒精浓度增加能使驾驶人员的视力下降,容易看错道路(特别是夜晚)而将车翻到路外。在夜晚行车时,由于对面车灯晃眼和意识蒙眬,也常有与对面来车发生正面冲撞的情况。总之酒后开车是十分危险的,害人害己,应予严禁。

(2) 药物对驾驶能力的影响。有些药品如巴比妥等催眠剂对中枢神经系统有直接作用,从而对人体产生各种效应,如困倦、思睡、昏迷等,以致影响驾驶能力。有的驾驶人员由于失眠深夜服用催眠药,早晨早起行车,药品的作用还未消失,致使行车途中精神不佳,犯困打盹,很容易造成行车事故。又如,有的驾驶人员因疾病或其他原因而服用一些对神经系统有麻醉作用的药品,也可产生上述效果。

近些年来人们经常服用一种弱镇静剂——安定。驾驶人员服用这种药物,能使其驾驶技能下降和对周围环境的不注意,与酒后开车有着同样的危险。国外试验,让驾驶模拟汽车的人员,一组服用 15 mg 安定,另一组喝酒使其血液酒精含量略超过许可范围,这些驾驶人员不论是吃药的还是喝酒的,对保持汽车在规定的车道内行驶或控制速度同样都有困难,而且在超车时多半会发生碰撞。

研究人员还通过对 127 名因交通事故而死亡的驾驶人员的血液检验,发现其中 10% 的人含有安定成分。牛津大学的研究人员将处方记录与医院病历及发生情况对照后断定,弱镇静剂安定使严重的交通事故增加了将近 5 倍。

5. 自然条件和其他因素的影响

在风、雪、雾等恶劣气候条件下致使道路状况恶化,视线不良等容易造成交通事故。在遇到较为严重的自然灾害如地震、积水、暴风雨等时致使车辆失去控制则更容易造成行车事故。

另外,行人、骑自行车、电动车及摩托车的人不遵守交通规则也是造成交通事故的重要因素。

1.1.4　2014 年的八起客车交通事故案例

(1) 广西桂林"1·17"特大道路交通事故(图 1-2)。

2014 年 1 月 17 日,广西桂林骏达运输有限公司桂林汽车客运总站桂 C25029 号大型卧铺客车在桂林市阳朔县发生特大道路交通事故,造成 5 人死亡、10 人受伤。经查,该公司安全生产主体责任落实不到位,对承包经营车辆管理存在薄弱环节,对进出站车辆落实"三不进站、六不出站"的规定执行不严,车辆出入站管理制度落实不到位,企业开展安全隐患排查工作不深入不细致,站内职工安全培训教育不到位,车辆 GPS 系统监控存在缺陷。

图 1-2　广西桂林"1·17"特大道路交通事故

（2）陕西安康"1·22"特大道路交通事故（图1-3）。

2014年1月22日，陕西省安康市镇坪县兴隆公路客运有限公司陕G11255号中型普通客车在镇坪县牛头店镇发生特大道路交通事故，造成车上5人当场死亡，6人受伤。经查，该公司车辆制动性能不符合技术标准仍参加营运。在春运证培训考试过程中存在冒名顶替和工作人员代替考试的违规行为，对驾驶员安全管理教育不力，落实企业安全管理责任不到位，缺乏有效安全管理措施和手段。

图 1-3　陕西安康"1·22"特大道路交通事故

（3）四川省京昆高速"1·22"较大道路交通事故（图1-4）。

2014年1月22日，四川南充汽车运输有限公司旅游汽车分公司川R49258号大型普通客车在京昆高速雅安石棉段发生特大道路交通事故，造成5人当场死亡，1人重伤。经查，该公司与肇事客车车主签订了《加盟经营合同》收取管理费、服务费，但履行安全生产主体责任不到位、对其监管不到位、安全教育培训缺失、问题整改不落实，对挂靠车辆"只挂不管"。

图 1-4 四川省京昆高速"1·22"较大道路交通事故

(4) 吉林省延边州"2·09"特大道路交通事故。

2014年2月9日,吉林省延边州和龙市众诚公路运输有限责任公司吉H51235号大型普通客车在和芦线1km+980m处发生特大道路交通事故,造成车上5人死亡,11人受伤。经查,该公司未建立健全本单位安全生产责任制,对从业人员安全教育流于形式,未制定2014年度安全教育培训计划,个别安全例检人员无证上岗,安全例检形同虚设,安全隐患排查治理工作未能落实。和龙客运总站未落实"三不进站、六不出站"制度,未派专人出站检查,例检员无证上岗,未认真检查旅客是否系安全带发车运营。

(5) 浙江省杭州湾环线高速"2·25"特大道路交通事故。

2014年2月25日,浙江省宁波市长途汽车客运有限公司浙BG7583大型普通客车在G92杭州湾环线高速发生单方侧翻,造成车上5人死亡,28人受伤。经查,该公司安全管理责任不明确,机构不健全,未按要求签订安全生产责任状,且无专职安全管理人员,安全检查、隐患整改等管理制度未有效落实,安全教育培训中代签、缺席、内容重复单一等情况普遍,GPS动态监控不落实、以包代管问题突出。

(6) 四川省南充仪陇"3·6"特大道路交通事故。

2014年3月6日,四川省南充汽车运输有限公司仪陇分公司川R41518号中型普通客车行至仪陇县杨桥镇路段发生特大道路交通事故,造成11人死亡。经查,该公司未有效履行企业安全生产主体责任,对客运车辆的技术管理不到位,对农村客运车辆在非法修车点进行维修缺乏监管;未按照相关规定认真进行车辆的安全例检,事故车辆转向、制动等存在的安全隐患未及时发现和整治;对驾驶人安全责任意识、临危处置能力等培训教育不到位;对农村客运车辆和驾驶员未严格实行公司化管理,未按照"五统一"要求对驾驶人统一发放工资,统一考核。

(7) 海南省文昌市"4·10"特大道路交通事故。

2014年4月10日,海南航空休闲汽车租赁有限公司琼A20161号大型普通客车在文昌市施工路段发生单方侧翻特大道路交通事故,造成8人死亡、32人受伤。经查,该公司安全生产主体责任不落实,超越许可范围营运。未按《安全生产法》第4条的规定建立健全安全生产责任制,完善安全生产条件;规章制度不健全,未建立GPS系统使用管理制度,对驾驶人驾车超速行为无处罚管理措施,对所属营运车辆的安全技术状况把关不严,车辆的日常安全检查流于形式,对客车制动系统不合格问题未及时发现和解决。

(8) 西藏自治区拉萨尼木县"8·9"特别重大道路交通事故。

2014年8月9日,西藏自治区圣地旅游汽车有限公司藏AL1869大客车行至拉萨市尼木县境内318国道4740 km+237 m处发生特别重大道路交通事故,造成44人死亡,11人受伤。经查,该公司GPS动态监控措施不落实。大客车的GPS监控系统于8月5日发生故障,按规定应当停运,公司仍违规发车运营,且超速行驶等违法行为没有得到及时发现和制止。

1.2 世界客车交通事故概况

交通事故伤害是最危险的,据不完全统计,在各类交通事故中,客车事故比例占六成。世界卫生组织的报告指出,全世界每天有3000多人死于汽车交通事故伤害。表1-3为2003—2012年世界主要发达国家机动车交通事故起数,数据表明,机动车保有量越多,发生交通事故的概率越大,美国、日本、德国、意大利位居前列,中国的机动车保有量仅次于美国。

表1-3 2003—2012年世界主要发达国家交通事故起数

年份 国家	2003	2004	2005	2006	2007	2008	2009	2010	2011	2012
德国	354534	339308	336619	327984	335845	320614	310806	288297	306266	299637
西班牙	99987	94009	91187	99779	100508	93161	88251	85503	83027	83115
法国	90220	85390	84525	80309	81272	74487	72315	67288	65024	60437
意大利	252271	243490	240011	238124	230871	218963	215405	211404	205638	187726
荷兰	31635	27758	27007	24527	25819	23708	19378	12457	5813	4968
英国	220079	213043	203712	194789	188105	176814	169805	160080	157058	151346
美国	6328000	6181000	6159000	5973000	6024000	5811000	5505000	5419000	5338000	5615000
日本	947993	952191	933828	886864	832454	766147	736688	725773	691937	665138
韩国	240832	220755	214171	213745	211662	215822	231990	226878	221711	—

表1-4为2003—2012年世界主要发达国家交通事故造成的死亡人数。从表中可以看出,机动车保有量最多的美国交通事故最多,死亡人数也最大。而作为机动车保有量第三的日本交通事故虽然多,但死亡人数却较少。美国作为世界汽车保有量第一的国家,交通事故最多,死亡人数也最大不足为奇,但作为世界第二和第三大汽车保有量国家的中国和日本的数字却相去甚远,2011年底中国13亿人口汽车拥有量约7800万辆,当时日本汽车总量约7400万辆,当年中国交通事故死亡人数约是日本的13倍,美国2.8亿辆汽车,2011年交通事故死亡人数为4.2万人,死亡人数只有中国的68%。2012年中国20.4万起事故,死亡60000多人,日本66.5万起事故,死亡4411人。根据日本警察厅公布的统计数据显示,2013年日本全国交通事故死亡人数4373人,比去年同期减少了38人(0.9%),连续13年递减。中国2013年道路交通事故中死亡58539人,是日本的13.4倍。

表 1-4 2003—2012 年世界主要发达国家交通事故造成的死亡人数

年份 国家	2003	2004	2005	2006	2007	2008	2009	2010	2011	2012
德国	6613	5842	5361	5091	4949	4477	4152	3648	4009	3600
西班牙	5400	4749	4442	4104	3823	3100	2714	2478	2060	1903
法国	6058	5530	5318	4703	4620	4275	4273	3992	3963	3653
意大利	6563	6122	5818	5669	5131	4725	4237	4090	3860	3653
荷兰	1028	804	750	730	709	677	644	537	546	566
英国	3658	3368	3336	3298	3059	2645	2337	1905	1960	1802
美国	42884	42836	43510	42708	41259	37423	33883	32999	32479	33561
日本	7702	7358	6871	6352	5744	5155	4914	4863	4612	4411
韩国	7212	6563	6376	6327	6166	5870	5838	5505	5229	5392

1.3 我国客车交通事故概况

1.3.1 我国客车交通事故现状

中国是世界上交通事故死亡人数最多的国家之一。2004 年 10 月,世界卫生组织公布了一个交通事故死亡报告,数据显示:中国汽车总量占全球汽车总量的 1.9%;中国因交通事故死亡人数占世界的 15%。从 20 世纪 80 年代末中国交通事故年死亡人数首次超过 5 万人。至今,中国(未包括港澳台地区)每年因交通事故死亡人数已经连续十余年居世界第一。截止到 2008 年,中国大陆的这一冠军头衔才终于让给了印度,但事故率和死亡率还远远高于发达国家。

我国交通事故的致死率为 27.3%,居世界首位;美国作为一个被世界公认为"车轮上行走的国家",其交通事故的致死率仅为 1.3%;日本只有 0.9%。拿两个规模相当的城市比较,北京的交通事故致死率为 14%,东京则为 0.7%。

2003—2012 年交通事故的统计,近 10 年来每年交通事故死亡人数在 6 万多左右。

2003 年全国公安部门共受理一般以上道路交通事故 667507 起,这些事故造成 10.4372 万人死亡,直接经济损失 33.7 亿元。

2004 年中国共发生道路交通事故 46.5 万起,死亡人数达 9.4 万人,居世界第一。

2005 年全国公安部门共受理一般以上道路交通事故 450254 起,交通事故死亡 9.8738 万人。

2006 年,全国共发生道路交通事故 37.8781 万起,造成 8.9455 万人死亡、43.1139 万人受伤,直接财产损失 14.9 亿元。

2007 年全国发生道路交通事故 327209 起,造成 81649 人死亡、380442 人受伤,直接财产损失 12 亿元,分别比 2006 年下降 13.6%、8.7%、11.8% 和 19.5%。

2008 年,据公安部官方网站公布的数据,全国共发生道路交通事故 25 万多起,死亡人数为73484人,同比下降10%,直接财产损失为10亿元人民币。2008年交通事故发生次数和死亡人数有明显下降,这可能与奥运会有关,奥运年交通管理部门明显加大了对道路交通安全的管理。

2009年,全国共发生道路交通事故238351起,造成67759人死亡、275125人受伤,直接财产损失9.1亿元,与去年同期相比,分别下降10.1%、7.8%、9.8%和10.7%。

2010年,全国涉及人员伤亡的道路交通事故219521起,造成65225人死亡、254075人受伤,直接财产损失9.3亿。与去年相比,事故起数减少18839起,下降7.9%;死亡人数减少2534人,下降3.7%;受伤人数减少21050人,下降7.7%;直接财产损失增加1196.7万元,上升1.3%。

2011年全国的道路交通安全总体形势总体平稳。据统计,全国涉及人员伤亡的道路交通事故210812起,共造成62387人死亡,受伤人数237421人,事故起数、死亡人数同比分别下降4%和4.4%,共造成的直接经济损失达107873万元。

2012年,据统计数据显示,全国涉及人员伤亡的道路交通事故20.4万起,造成6万人死亡,22.4万人受伤。

2013年,全国涉及人员伤亡的道路交通事故19.8万起,造成58539人死亡、213724人受伤。

2014年一季度,全国发生涉及人员伤亡的道路交通事故40283起,造成10575人死亡、直接财产损失2.1亿元。与去年相比,事故起数、死亡人数、受伤人数、直接财产损失同比分别下降6.7%、15.2%、7.0%和7.4%。其中,发生较大以上道路交通事故189起,同比减少21起。2000年以来每年发生的交通事故起数及造成的人员死亡曲线见图1-5和图1-6。

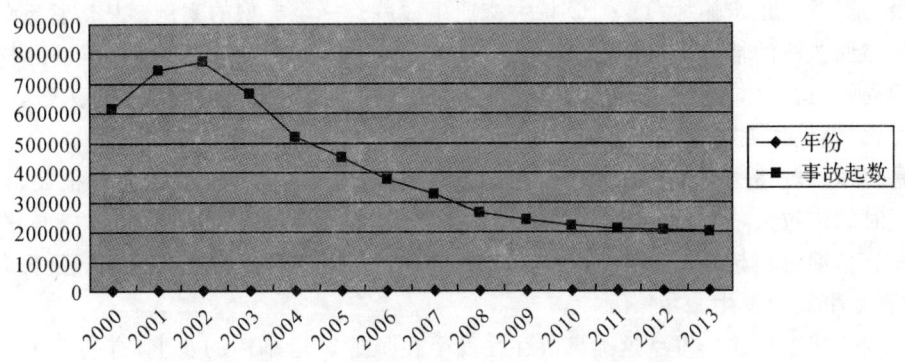

图1-5 2000年以来我国发生交通事故曲线图

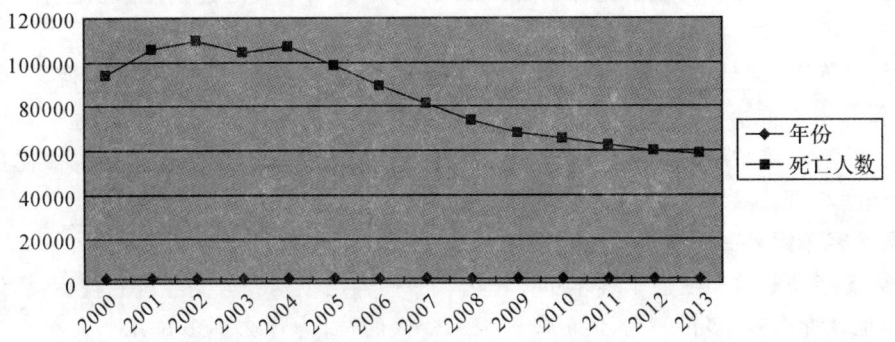

图1-6 2000年以来我国发生交通事故死亡人数曲线图

从总体来看,虽然我国交通事故发生率和死亡人数还比较高,但是趋势在下降,这说明我国在汽车安全领域越来越重视。

从发生交通事故的交通方式来看,客车发生交通事故比例较多,占事故总量的38.77%;从发生交通事故的人员类型来看,驾龄越短发生交通事故越多;从发生交通事故的时间来看,17时至19时是交通事故的高发时段;从发生交通事故的违法原因来看,未按规定让行是导致交通事故的主要原因,其次是超速行驶和违反交通信号行驶。

公安交通部门的统计资料显示,近年来发生的导致10人以上死亡的重特大交通事故中,运输里程在1000公里以上的超长途汽车客运事故占了很大比例。鉴于超长途汽车客运存在安全隐患,公安交通部门有关专家建议,应该逐渐减少乃至取消这一交通运输方式。

1.3.2 我国客车交通事故特点

近年来,随着城市化进程的加快,城乡一体化的不断推进,全社会人员流动量呈迅猛增长之势,营运客车在道路交通活动中已成为人们选择的重要交通工具,随之而来的交通事故也在呈逐年上升之势。营运客车一旦发生交通事故,特别是发生群死群伤重特大交通事故,不仅损失巨大,后果惨重,而且将会造成严重的社会影响。

1. 当前营运客车交通事故高发的主要特点与规律

通过对近年来营运客车各地客运车辆发生交通事故的情况分析,引发交通事故的原因主要有四个方面:

一是客车超员较为普遍。相当一部分客车运营车主大都本着"多拉客多收益"的原则,招手即停车,只要车内能挤人就尽可能往里面塞。特别是发往农村乡镇和村庄的客车和校车,超员现象最为严重。正宁榆林"11·16"特大交通事故就是一个典型的案例。从运管部门和交警大队今年路面执法的情况来看,发现有的客车超员率竟达100%以上。所有车辆的核载量都有一定的局限,这是由车的性能、车的车况所决定的,一旦超过了车的核定载客人数,势必造成车辆失控,如惯性加大、刹车距离延长、爆胎等,极易诱发交通事故。

二是超速驾驶违法突出。现在由于客车的数量较多,相互之间存在的竞争很大,有的驾驶员为了赶时间多拉人,加最大的油门提最高的速度,其目的单纯是为了经济利益,不考虑安全。有的驾驶员长期占用超车道,根本不踩刹车,见缝就钻,一旦出现紧急情况,来不及采取有效措施,导致恶性事故的发生。

三是疲劳驾驶违法严重。这类事故往往发生在长途客运车辆的身上,有的车主为了节约开支,仅雇佣一个驾驶员开车,驾车累了就在服务区停车点休息休息打个盹,然后继续上路,一心仅想着发财,把交通安全远远抛在脑后。在2014年查处的交通违法中,发现有1起客车追尾事故中,客车驾驶员疲劳驾驶,连续开了6个小时的车。

四是"病车"上路现象尚未杜绝。大多数的客车业主由于受经济利益的驱使,对营运客车的维修、保养不予重视,为了多跑几趟,多拉几个人,即使车辆有了故障,有的客车业主也只是马马虎虎地检查、维护一遍,就匆匆忙忙上路运营,对车辆存在的严重安全隐患往往是轻描淡写,存在侥幸心理。

2. 营运客车频频交通违法的主要成因

(1)因受经济利益驱使惯于客车超员违法。一些客运车驾驶人受经济利益驱使,认为跑一趟的费用也就那么多,多拉一人,便可以多赚一个人的钱,为什么不多拉几个人呢?于是安全就被其抛之脑后,批准线路—超员载客—挣钱这种意识在一些驾驶人心中似乎就是顺理成章、天经地义的了。为了逃避交警、运管部门的检查,驾驶员们各出奇招,花样层出不穷。一是绕道逃避路检,二是钻时间空隙通过"空档"检查岗点,三是接近路检查岗点或遇到检查时,暂卸乘客走过岗点待受检后再上车达到避检,四是客车司机之间手机联系,交换掌握的交警的活动情况,给交通管理查控和预防事故管理工作造成很不利的影响。

(2)客运运输能力无法满足人们日益增长的出行需要。城乡交流日益繁荣,随着经济的不断发展,人们经济条件越来越好,出行的人们也随之增加,但客运运输车辆的增加却十分有限,许多乡村通往县城的客车一天也就是发一趟或两趟,远远不能满足人们的乘坐需要,于是急于出行的人们就无奈地选择了乘坐超员车,特别是节假日、民工返乡、学校放假、交流会期间更是人满为患。可以说客运运输能力的滞后,严重阻碍了人们的频繁出行,客观上也使客运车超员成为一种无奈之举。

(3)对超员客运车处罚没有引起驾驶人的警觉和重视。《道路交通安全法》第92条规定:公路客运车辆载客超过额定乘员的,处二百元以上五百元以下罚款;超过额定乘员百分之二十或者违反规定载货的,处五百元以上二千元以下罚款。也就是说交警部门查住超员客运车后,只能对其处以罚款,严重超员的客运车辆,按上限处罚也就不到两千元,再也没有其他办法可行。而客运驾驶人在被交警部门查住之后,往往又托朋友、找关系,罚点款"意思"一下了事。如此处罚,对于超员客运车来说,不痛不痒,形不成震慑。客运车驾驶人认为也就是罚点款而已,下回接着再"超",查住一次不碍事,再"超"两回还能赚回来,如此形成恶性循环。同时,交警、运管等相关管理部门虽然在一些管理上有相互协作,但是没有真正形成合力。

(4)对驾驶人交通安全宣传不到位。首先,由于交警部门道路交通管理工作的日益繁重,而警力又十分紧张,交警部门专职宣传民警的配备更是捉襟见肘,有时往往是一警多用,宣传民警在宣传交通安全的同时,还要兼做其他工作,甚至有的宣传民警宣传交通安全成为偶尔为之的事情了,没有形成系统的专职宣传队伍。其次,交通安全还未引起全社会的足够重视,那么驾驶人能得到的宣传教育更是少之又少了。

参考文献

[1]中华人民共和国道路交通事故统计年报[E].公安部交通管理局,2014:06.
[2]孙贵斌,唐友名等.客车制造工艺[M].北京:机械工业出版社,2015.
[3]宋健.汽车安全技术的研究现状和展望.安全管理网.
http://www.safehoo.com/Essay/Traffic/201402/341412_3.shtml.
[4]杨秀芳,张新,常桂秀,等.汽车主动安全技术的发展现状及趋势[J].重庆工学院学报(自然科学版),2008,22(4):15−17,30.
[5]赵志勇.论如何预防营运客车的交通事故.http://wenku.baidu.com/link? url=RPd60kgmMvt9JACiA70P633vYRNItUY6W-Do4KAFeWqdmBY5rxcZ7l6OSeqnnbZmeFC_9smeEA_wISPIUP81Ur11Sk5GheEXbWqO5460dMm.
[6]NAGAI Masao.基于先进控制技术的车辆主动安全领域研究展望[J].汽车安全与节能学报,2010,1(1):14−22.
[7]King A I.加快中国汽车安全发展的建议[J].汽车安全与节能学报,2010,1(1):1−5.
[8]造成交通事故的成因是什么.http://wenku.baidu.com/link? url=rLBFlprAfcSI32kfV7

Eopv3_Dm4yVE7Bdu6rEMd1UmgaY6u8zX3zNRRst_CH6onxFbrleR2tEdut25H0XU78NbFHVGBKAjw3 psigneHu-H7.

[9] 乔维高.汽车被动安全研究现状与发展[J].汽车科技,2008(4):1-4.

[10] 刘福全.汽车安全控制新技术[J].交通科技与经济,2008(4):62-63.

[11] 李亮,宋健,祁雪乐.汽车动力学稳定性控制系统研究现状及发展趋势[J].农业机械学报,2006,37(2):141-144.

[12] 初长宝.汽车底盘系统分层式协调控制研究[D].合肥:合肥工业大学,2008.

[13] 刘威.智能交通系统在我国的发展现状与对策[J].中国科技财富,2009(6):136.

[14] 郭玮,晋艳艳.智能交通在各国现状以及我国智能交通的发展趋势[J].科技传播,2009(5):41-42.

第二章　客车安全法规

2.1　概　述

英国从1929年开始实施道路车辆照明法，1931年开始实施《汽车构造和使用》法规，1977年以后开始执行车型认证制度。德国于1952年颁布了包含汽车及零部件安全法规的道路交通法。第二次世界大战以后，欧洲各国为消除贸易障碍，大力推行法规的国际化，制定了统一的欧洲经济共同体指令(EEC)和欧洲经济委员会法规(ECE)，前者是强制性的，后者为各个成员国任意选用。

汽车法规在美国的诞生是由汽车碰撞事故引起的死亡人数不断增加引起的，高死亡率的汽车交通事故使得美国政府不得不采取紧急措施对此类事故进行强制性干预。1966年8月31日，美国参、众两院通过了《国家交通与汽车安全法》，同时规定对1968年以后的车型实施安全法。安全法规定执行部门为美国国家公路交通安全局，即NHTSA，他们负责制定和推行汽车安全标准。1966年9月28日首先实施了17项规定，不久又增加了9项，这些规定是后来著名的FMVSS，即美国联邦机动车安全法规的前身。1973年8月15日，美国决定在全部车辆上实施被动式乘员保护系统，推广使用安全带并使其法制化，以进一步提高汽车碰撞安全性，并决定从1978年秋天开始在全国50多万辆车上装备安全气囊或其他乘员保护装置。1977年6月又公布了修正案，根据这个决定，FMVSS 208标准便确定下来。

日本、加拿大、澳大利亚等国家目前的法规基本上是参考美国和欧洲的法规制定的。1951年，日本颁布了《道路交通车辆法》，并通过法律对产品实行定期的检查和认证。澳大利亚于1968年制定了汽车设计法规，即ADR，这对汽车安全法规的进一步发展具有重要意义。

我国也逐渐对汽车安全性有了足够的重视。我国汽车行业政府部门于20世纪80年代末开始引进FMVSS系列汽车安全法规，并于90年代后期开始实施。1999年10月28日，我国颁布了《关于正面碰撞乘员保护的设计规则》CMVDR 294。自2002年我国开始强制实施CMVDR 294后，2006年1月18日我国又颁布了汽车侧面碰撞的乘员保护法规(GB 20071(2006))，并于2006年7月1日起开始强制实施，这说明我国汽车行业的政府部门已经将车辆的碰撞安全性问题摆在了重要的位置，它必将促使国内汽车生产企业加强汽车碰撞安全性的研究，从而不断提高我国车辆的碰撞安全性能，逐步改善我国的汽车道路交通事故乘员伤亡状况。

汽车碰撞安全法规的制定和实施有力地促进了世界各汽车工业发达国家汽车碰撞安全水平性的提高，但是目前的碰撞试验方法都只是评价车辆对乘员的保护，其试验结果所表达的汽车安全性只是在同样质量级别的车之间比较有意义。这与现实公路交通环境中大型车、中型车及小型车混合行驶的情况不符合,这种混合交通模式汽车的安全性就不只是对自己车内乘员的保护,而应该是各车辆之间的相互保护。目前的试验方法只是单一车辆对障碍壁的碰撞,这就使得汽车生产厂家一味地增加车身前端结构的刚度,以满足试验法规的要求,但是过硬的前端结构会增加车辆在碰撞事故中对对方车辆的伤害,这就涉及混合交通环境中汽车碰撞事故中车与车碰撞的相容性问题。

在欧美日等发达国家,汽车生产厂家对汽车碰撞安全的追求目标有了很多改变,各厂家目前更关注要求更高的新车评估体系(New Car Assessment Program,NCAP)和企业以实际交通事故分析结果为依据而制定的汽车碰撞安全性评价方法。

NCAP 是由政府、保险公司、消费者组织、汽车俱乐部以及杂志社等共同制定的汽车碰撞安全评价体系。它是一个行业性组织,定期将企业送来或者市场上出现的新车进行碰撞试验,它规定的实车碰撞速度往往比政府制定的安全法规的碰撞速度要高,从而在更严重的碰撞环境下评价车内乘员的伤害程度,根据头部、胸部、腿部等主要部位的伤害程度将试验车的安全性进行分级。尽管 NCAP 不是政府强制性实验,但它代表性广泛,标准科学,试验严格,组织公正,直接面向消费者公布试验结果,通过碰撞测试向消费者表示什么汽车是安全的或是最安全的。因此各大汽车企业都非常重视 NCAP,把它作为产品推广的宣传内容。

2.2 国内外主要汽车安全法规简介

2.2.1 美国联邦机动车安全法规(FMVSS)

美国是最早开始机动车被动安全性研究的国家,经过几十年的发展,美国汽车安全法规已经形成了完整的体系。美国联邦机动车安全法规是依据 1966 年 9 月 9 日制定的国家交通及汽车安全法,由国家联邦运输部国家公路交通安全局(NHTSA)组织制定的,该法规是以减少汽车交通事故及减轻事故过程中乘员的伤害程度为目的,以联邦机动车安全标准的技术内容为核心的十分完善的体系。法规的特点如下:

①法规内容较齐全,指标较先进。到 1996 年 12 月 31 日止,制定和实施的标准项目共有 54 项,其中防止事故发生的 100 号标准 29 项;减轻事故时乘员伤害的 200 号标准 21 项;事故后安全的 300 号标准 4 项。法规规定的指标及方法对其他国家影响较大。

②法规修订较快,也比较灵活。另外,指标规定严格,若是实施困难,就作适当调整,例如延期、修订或暂免等。

③法规与 SAE(Society of Automobile Engineers,美国汽车工程师学会)、ASTM(American Standard of Testing Material,美国材料试验标准)、ANSI(American National Standard of Institute 美国国家标准协会)标准联系密切,多半采用或引用这些标准。至 2001 年,ANSI 标准中与汽车标准有关的标准共有 1310 项。SAE 每年出版一套标准手册,前面冠以年号,如"2004 SAE HANDBOOK"。SAE 在汽车领域拥有世界上最庞大、最完善的标准体系,总数达 1500 项。

美国的机动车安全法规从各个方面规定了对乘员、行人的保护及车辆应具有的避免事故的性能。该法规发展的重点是侧面碰撞保护,行人保护,载货车、多用途客车的安全性及车辆的稳定性等,正拟订的主动安全标准有 14 项、被动安全标准 6 项。其中主动安全的标准有车内扫描判断系统、碰撞避免技术、ABS系统及车辆翻车要求等；被动安全方面的标准有儿童乘员保护、对行人的保护、偏置正碰撞乘员保护等。

为了保证乘员最低限度的安全性，NHTSA提出各种客车必须源用轿车这一方针，并逐步将轿车法规的适用范围扩大到轻型载货汽车、多用途客车等车型上。NHTSA于1990年公布了义务装备头枕、义务装备三点式安全带、有关车顶和侧门强度要求等政府公告。

2.2.2 欧洲汽车安全法规

欧洲各国除有自己国家的汽车法规外，还另外有两个地区性法规：一是联合国欧洲经济委员会制定的汽车法规；二是欧洲经济共同体制定的指令。根据1992年建立欧盟的《马斯特里赫特条约》，欧洲经济共同体更名为"欧洲共同体"（C-European Community），原欧洲经济共同体汽车技术指令（EEC指令）现一般称为欧洲共同体汽车技术指令（EC指令）。1993年以后，其改称为欧洲联盟。制定统一的EEC指令和ECE法规始于第二次世界大战后，联合国欧洲经济委员会于1958年开始制定统一的汽车法规。ECE法规由各国任意自选，属非强制性；而EEC指令作为成员国统一的法规则具有强制性。ECE法规现已被大多数国家接受，并被引到本国的法律体系中。

欧洲汽车技术法规体系由联合国欧洲经济委员会（UN/ECE）发布的ECE技术法规和原欧洲经济共同体EEC（现为欧盟EC）发布的EC强制执行技术指令组成。联合国欧洲经济委员会的ECE技术法规以1958年签订的《关于采用统一条件批准机动车和部件互相承认批准的议定书》为法律依据；而欧盟的EC指令则是根据1957年各成员共同签订的《罗马条约》为基础制定的。尽管ECE法规和EC指令由两个不同的部门发布，但因主要参与国基本相同，二者在结构和内容上也基本相同，故将二者归于一个体系。其区别在于ECE法规在缔约国中自愿采用，是非强制性的；而EC指令在成员国中是强制执行的。

2.2.3 日本道路运输车辆安全标准

为了确保机动车交通安全、防止环境污染、合理有效地利用能源，日本制定了《道路车辆法》《大气污染防治法》《噪声控制法》《能源合理消耗法》等法律要求。以这些法律为依据，日本政府有关部门制定、颁布了一系列的政令、省令、公告、通知，这其中就包括了道路车辆、环保、节能方面的法规及相应的汽车产品试验和认证规程、汽车技术标准和结构标准。

日本国土交通省根据《道路车辆法》的授权，以省令形式发布日本汽车安全和排放方面的基本技术法规，即汽车安全基准（或称为日本汽车保安基准），内容涉及对机动车辆、摩托车、轻型车辆的安全、排放法规要求。汽车安全基准中只有基本的法规要求，而如何判定汽车产品是否符合法规要求的技术标准和型式认证试验规程则是主管部门中的有关机构以各种通知的形式下达全国各地方的下属机构，如各地方运输局、日本自动车工业协会、日本自动车进口协会等。具体而言，日本汽车法规体系中的技术标准的内容是为恰当和有效地判断汽车是否符合汽车安全基准而制定的详细的条款内容；型式认证试验规程（含补充的试验规程）为进行型式认证审查时所用的试验方法；型式认证审查法规（即型式认证试验信息）是为了适当而有效地审查汽车产品新型式是否符合汽车安全法规要求而定的详细法规要求。此外日本汽车技术法规体系中还包括对装置和零部件的型式指定（type designation）技术法规，日本国产车及进口车申请和获取日本汽车型式认证批准的运作程序，以及车辆产品获得型式认证批准后的管理（包括对缺陷与不符的车辆产品的召回）等方面的规定。

日本的道路运输车辆安全标准经多次修订,至今已发布的有关汽车安全和排放标准共73条。其中,主动安全标准43条,被动安全标准17条,防火标准3条。此外还设置了试验方法标准88条。由于日本的汽车工业以出口为主,因此日本汽车生产执行的标准法规大多与FMVSS和ECE法规的内容相同。此外,日本道路车辆法律法规及管理制度与美国联邦机动车安全法规的内容及其做法也基本一致。现行日本道路车辆安全标准一览表见表2-1。

表 2-1 日本道路车辆安全标准

标准编号	标准名称	标准编号	标准名称
11—1	道路车辆安全标准	11—7—36	内饰材料燃烧特征检查方法
11—2	机动车检验规程	11—7—48	汽车车窗玻璃上粘贴物的规定
11—4—1	吸收冲击式转向装置	11—7—50	铰接车辆的行驶特性
11—4—2	缓冲式后视镜	TRIS1	机动车参数测量方法
11—4—3	乘用车灯刮水器、洗涤器	TRIS2	机动车最大稳定倾角试验方法
11—4—4	制动液泄漏报警装置	TRIS4	机动车加速度试验方法
11—4—5	防止碰撞时燃料泄漏	TRIS6	机动车最高车速试验方法
11—4—6	仪表板吸收冲击	TRIS9	机动车最小转弯半径试验方法
11—4—7	遮阳板吸收冲击	TRIS10	机动车前轮定位试验方法
11—4—8	座椅及固定装置	TRIS11	机动车紧急制动试验方法
11—4—9	座椅靠背背部吸收冲击	TRIS11—2	乘用车制动装置试验方法
11—4—10	座椅安全带固定点	TRIS12	机动车制动能力试验方法
11—4—11	座椅安全带	TRIS13	机动车驻车制动能力试验方法
11—4—12	车门防开启装置	TRIS14	机动车制动部分失效试验方法
11—4—13	缓冲式室内后视镜	TRIS15	机动车制动储气罐试验方法
11—4—14	乘用车用塑料燃油箱	TRIS25	机动车操纵稳定性试验方法
11—4—15	乘用车用轻合金车轮	TRIS26	新型机动车试验方法通则
11—4—16	车外后视镜安装位置	TRIS27	能量吸收式转向柱冲击试验方法
11—4—17	头枕位置	TRIS28	重型载货汽车及载货汽车洗涤器试验方法
11—4—21	车窗玻璃		
11—4—22	后雾灯	TRIS28—2	乘用车刮水器、洗涤器试验方法
11—4—23	牌照灯	TRIS28—3	除雾除霜试验方法
11—4—24	防抱死制动系统	TRIS29	后视镜缓和冲击试验方法
11—4—27	钻入防止装置	TRIS30	机动车热损害试验方法
11—4—29	乘用车制动装置	TRIS31	座椅安全带试验方法
11—4—30	正面碰撞乘员保护	TRIS32	头枕试验方法
11—4—31	内饰材料的燃烧特性	TRIS33	碰撞时防止燃油泄漏试验方法
11—4—32	驾驶员安全带报警装置	TRIS34	仪表板冲击试验方法

续表

标准编号	标准名称	标准编号	标准名称
11—4—33	除雾除霜装置	TRIS35	座椅及固定装置试验方法
11—4—34	客车及货车洗涤器	TRIS36	座椅靠背背部冲击试验方法
11—4—37	前照灯技术标准	TRIS37	安全带固定点试验方法
11—4—38	前雾灯技术标准	TRIS38	车门防开启试验方法
11—4—40	客车及载货车用轻合金车轮	TRIS39	内后视镜冲击试验方法
11—5—4	大客车座椅安全带的安装	TRIS40	遮阳板冲击试验方法
11—7	机动车用轮胎的使用	TRIS42	乘用车用塑料燃油试验方法
11—7—7	机动车车体外形和尺寸	TRIS43	乘用车用轻合金车轮试验方法
11—7—14	空气扰流器的结构标准	TRIS44	摩托车用轻合金车轮试验方法
11—7—15	"空气扰流器的结构标准"使用细则	TRIS43—2	载货汽车及大客车用轻合金车轮试验方法
11—7—16	机动车顶部车顶栏杆的安装	TRIS45	防抱死制动系统试验方法
11—7—18	机动车牌照安装架	TRIS46	防碰撞装置试验方法
11—7—19	机动车行驶性能	TRIS47	正面碰撞乘员保护试验方法
11—7—22	车外后视镜的安装位置	TRIS48	内饰材料燃烧特性试验方法
11—7—25	"车外后视镜的安装位置"的审查	TRIS49	驾驶员不使用安全带报警系统试验方法
11—7—26	数字式车速表的显示	TRIS50	机动车辅助制动系统减速能量试验方法
11—7—31	吸收冲击式遮阳板技术标准		

2.2.4 中国汽车安全法规

我国汽车标准制定比较晚,刚开始制定时广泛参照了欧洲、美国、日本等法规,选择了其先进的部分。随着认识水平的提高和欧洲汽车产品及企业进入我国,我国的汽车标准逐步向欧洲靠拢,再结合我国道路、车辆、人员的实际情况逐步形成了我国的标准体系(GB、GB/T),内容涉及安全(主动安全、被动安全、一般安全)、环保(排放、电磁干扰、噪声、有毒有害物质、可回收)、节能(降低能源和材料消耗、可再利用)、防盗等。

1. 中国汽车标准和法规体系

中国的汽车标准分为国家标准(GB、GB/T)、行业标准(QC)、地方标准、企业标准。其中,国家标准中涉及人体健康、人身财产安全、污染和能耗及资源等方面的标准纳入强制性标准(GB),其他标准为推荐性标准(GB/T)。凡不符合强制性标准要求的产品,不得生产、销售和使用。随着中国市场经济的深入发展,早期的汽车产品"目录管理"制度已经废弃,现已广泛采用产品认证制度。

2. 中国现行强制性汽车安全标准

中国现行强制性标准具有技术法规的某些性质,包含了法规的某些技术要求和规范,是政府部门管理汽车产品的准则,但不具备法规的全部属性,标准自身不带有管理规则。我国强制性汽车标准虽是法规性标准,但由于缺乏立法部门的批准及缺乏法规结构上的完整性,尚不能称为真正意义上的汽车法规。中国汽车强制性标准体系以欧洲 ECE/EEC 汽车技术法规体系为主要参照系,在具体项目上紧跟欧、美、日三大汽车法规体系发展动向。从技术要求的角度看,其内容与国际上先进的法规体系相同。

我国自 1993 年第一批强制性标准发布以来,截至 2013 年,已批准发布的汽车摩托车安全强制标准达 78 项。其中,主动安全标准 28 项,被动安全标准 27 项,安全标准 23 项。中国汽车安全强制性标准一览表见表 2-2。

表 2-2 中国汽车安全强制性标准一览表(部分)

序号	标准编号	标准名称
汽车主动安全——制动、转向、轮胎(9项)		
1	GB 16897—2010	制动软管的结构、性能要求及试验方法
2	GB 12676—1999	汽车制动系统结构、性能和试验方法
	GB/T 13594—2003	机动车和挂车防抱死系统制动性能和试验方法
3	GB 17675—1999	汽车转向系基本要求
4	GB 5763—2008	汽车用制动器衬片
5	GB 21670—2008	乘用车制动系统技术要求及试验方法
6	GB 9743—2007	轿车轮胎
7	GB 9744—2007	载重汽车轮胎
8	GB/T 26149—2010	基于胎压监测模块的汽车轮胎气压监测系统
9	GB 112981—2012	机动车辆制动液
汽车被动安全标准——座椅、安全带、凸出物(11项)		
1	GB 15083—2006	汽车座椅、座椅固定装置及头枕强度要求和试验方法
2	GB 11550—2009	汽车座椅头枕强度要求和试验方法
3	GB 13057—2003	客车座椅及其车辆固定件的强度
4	GB 14166—2013	机动车乘员用安全带、约束系统、儿童约束系统
5	GB 11566—2009	乘用车外部凸出物
6	GB 11552—2009	乘用车内部凸出物
7	GB 15086—2006	汽车门锁及车门保持件的性能要求和试验方法
8	GB 20182—2006	商用车驾驶室外部凸出物
9	GB 14167—2013	汽车安全带安装固定点、ISOFIX固定点系统及上拉带固定点
10	GB 24406—2012	专用校车学生座椅系统及其车辆固定件的强度
11	GB 27887—2011	机动车儿童乘员约束系统
汽车被动安全标准——车身、碰撞防护(13项)		
1	GB 7063—2011	汽车护轮板
2	GB 11551—2003	乘用车正面碰撞乘员保护

续表

序号	标准编号	标准名称
3	GB 11557—2011	防止汽车转向机构对驾驶员伤害的规定
4	GB 11567.1—2001	汽车和挂车侧面防护要求
5	GB 11567.2—2001	汽车和挂车后下部防护要求
6	GB 15743—1995	轿车侧面强度
7	GB 17354—1998	汽车前、后端保护装置
8	GB 20071—2006	汽车侧面碰撞的乘员保护
9	GB 9656—2003	汽车安全玻璃
10	GB/T 17578—1998	客车上部结构强度的规定
11	GB 26134—2010	乘用车顶部抗压强度
12	GB 26511—2011	商用车前下部防护要求
13	GB 26512—2011	商用车驾驶室乘员保护

2.2.5 电动汽车安全法规

UNECE 8100 是联合国欧洲经济委员会针对电动车辆的电气安全通用法规。2010 年 3 月,UNECE 的世界车辆法规协调论坛采纳了 ECE 8100 的第 1 次修订版本(用 ECE 8100/01 表示)。修订后的 ECE 8100/01 规定了电气安全的通用要求。该法规适用于最大速度超过 25 km/h 的 M 型和 N 型的所有的电动汽车,包括纯电动、混合动力、可插电式混合电动汽车、氢燃料汽车等。

欧盟委员会已于 2010 年 6 月 15 日形成提议,把 ECE 8100 作为欧盟电动汽车型式认证的强制性法规,以弥补对电动汽车电气安全要求的不足。采纳 ECE 8100 作为欧盟的强制性法规将保证电动汽车在使用过程中的公共安全。欧盟委员会提议的主要内容如下:从 2011 年 1 月 1 日起,申请欧盟的整车型式认证时也必须要满足未经修订的 ECE R 100 的要求(用 ECE R 100/00 表示),从 2012 年 1 月 1 日起,车辆必须满足 ECE R 100/00 才能注册并上市销售。根据 Directive 2007/46/EC 的第 6 章和第 9 章,欧盟委员会计划从 2013 年 1 月 1 日起,要求厂商在申请欧盟的整车型式认证时必须满足 ECE 8100/01 的要求。从 2014 年 1 月 1 日起,车辆必须满足 ECE 8100/01 才能注册和上市销售。

ECE 100/01 法规主要从电击保护、可再充储能系统、功能安全和氢气排放判定要求等四个方面对电动汽车进行了规范。

(1)电击保护

电击保护是 ECE 8100 的关键要求,主要强调电动汽车在正常使用条件下如何保护使用者免受电动汽车高压部件的电击危险。电击保护包括直接接触保护、暴露的传导部分非直接接触保护和绝缘电阻要求等。

(2)可再充储能系统

可再充储能系统主要考虑过电流和氢气累积。过电流保护一般通过控制存储系统过热,配置保护装置,例如熔断器、断路器和电流接触器等来实现。防止氢气积累的保护装置有通风扇或者给可能产生氢气的电池配置一个通风扇或者管道。

（3）功能安全要求

功能安全要求不但是为了顾及乘员主动安全，而且也是阻止外部车辆的碰撞而引起的安全问题。功能安全主要考虑主动安全，但是也涉及被动安全，防止车辆发生未被觉察的移动。最近，ELSA委员会已经删除了若干个功能安全要求，原因可能是传统汽车没有相应的立法。

（4）氢气排放判定

氢气排放判定要求是针对敞开式电池在充电过程中的氢气排放所提出的。具体规定请参看该法规关于氢气排放的测试要求和限值。我国关于电动汽车的相关标准如表2-3所示。

表2-3 我国电动汽车的相关标准

序号	标准号	标准名称	参考或对应的标准
基础通用			
1	GB/T 18384.1—2001	电动汽车 安全要求 第1部分：车载储能装置	ISO 6469-1:2000
2	GB/T 18384.2—2001	电动汽车 安全要求 第2部分：功能安全和故障防护	ISO 6469-2:2000
3	GB/T 18384.3—2001	电动汽车 安全要求 第3部分：人员触电防护	ISO 6469-3:2000
4	GB/T 4094.2—2005	电动汽车操纵件、指示器及信号装置的标志	ISO 2575:2000
5	GB/T 19596—2004	电动汽车术语	ISO 8713:2002
6	QC/T 837—2010	混合动力电动汽车类型	
7	GB/T 24548—2009	燃料电池汽车整车术语	
8	QC/T 893—2011	电动汽车用驱动电机系统故障分类及判断	
整车—纯电动汽车			
9	GB/T 24552—2009	电动汽车风窗玻璃除霜除雾系统的性能要求及试验方法	
10	GB/T 19836—2005	电动汽车用仪表	IEC 784:1984
11	GB/T 28382—2012	纯电动乘用车技术条件	
12	QC/T 838—2010	超级电容电动城市客车	
13	GB/T 18385—2005	电动汽车 动力性能 试验方法	ISO 8715:2001
14	GB/T 18386—2005	电动汽车 能量消耗率和续驶里程试验方法	ISO 8714:2002
15	GB/T 18387—2008	电动车辆的电磁场发射强度的限值和测量方法，宽带，9 kHz～30 MHz	SAEJ 551-5 JAN2004
16	GB/T 18388—2005	电动汽车 定型试验规程	

续表

序号	标准号	标准名称	参考或对应的标准
17	QC/T 925—2013	超级电容电动城市客车 定型试验规程	
整车－混合动力电动汽车			
18	GB/T 19751—2005	混合动力电动汽车安全要求	ECE R100
19	GB/T 19750—2005	混合动力电动汽车 定型试验规程	
20	GB/T 19752—2005	混合动力电动汽车 动力性能 试验方法	EN1821-2EPA TP002
21	GB/T 19753—2013	轻型混合动力电动汽车能量消耗量试验方法	ECE R101.01
22	GB/T 19754—2005	重型混合动力电动汽车 能量消耗量 试验方法	SAE J2711ECE R101.01
23	GB/T 19755—2005	轻型混合动力电动汽车 污染物排放 测量方法	ECE R83
24	QC/T 894—2011	重型混合动力电动汽车 污染物排放 车载测量方法	
整车－燃料电池电动汽车			
25	GB/T 24549—2009	燃料电池汽车安全要求	
26	GB/T 29123—2012	示范运行氢燃料电池电动汽车技术规范	
27	GB/T 26991—2011	燃料电池电动汽车 最高车速 试验方法	ISO/TR 11954:2008
28	GB/T 29124—2012	氢燃料电池电动汽车示范运行配套设施规范	
关键总成－车载储能系统			
29	GB/T 18332.1—2009	电动道路车辆用铅酸蓄电池	IEC 61982-1:2006
30	GB/T 18332.2—2001	电动道路车辆用金属氢化物镍蓄电池	IEC 61436
31	GB/Z 18333.1—2001	电动道路车辆用锂离子蓄电池	
32	GB/Z 18333.2—2001	电动道路车辆用锌空气蓄电池	
33	QC/T 741—2006	车用超级电容器	
34	QC/T 742—2006	电动汽车用铅酸蓄电池	IEC 61982
35	QC/T 743—2006	电动汽车用锂离子蓄电池	IEC 62660
36	QC/T 744—2006	电动汽车用金属氢化物镍蓄电池	
37	QC/T 840—2010	电动汽车用动力蓄电池产品规格尺寸	ISO/IEC PAS 16898
38	QC/T 897—2011	电动汽车用电池管理系统技术条件	
39	QC/T 990—2014	电动汽车用锌空气电池	

续表

序号	标准号	标准名称	参考或对应的标准
关键总成—驱动系统			
40	GB/T 18488.1—2006	电动汽车用电机及其控制器 第1部分：技术条件	
41	GB/T 18488.2—2006	电动汽车用电机及其控制器 第2部分：试验方法	
42	QC/T 896—2011	电动汽车用驱动电机系统接口	
43	GB/T 29307—2012	电动汽车用驱动电机系统可靠性试验方法	
44	QC/T 926—2013	轻型混合动力电动汽车（ISG型）用动力单元可靠性试验方法	
关键总成—燃料电池系统			
45	GB/T 26990—2011	燃料电池电动汽车 车载氢系统技术要求	
46	GB/T 29126—2012	燃料电池电动汽车车载氢系统试验方法	
47	QC/T 816—2009	加氢车技术条件	
48	GB/T 24554—2009	燃料电池发动机性能试验方法	
关键总成—电子控系统			
49	GB/T 24347—2009	电动汽车DC/DC变换器	
基础设施			
50	GB/T 29317—2012	电动汽车充换电设施术语	
51	GB/T 29316—2012	电动汽车充换电设施电能质量技术要求	
52	GB/T 18487.1—2001	电动车辆传导充电系统 第1部分 一般要求	IEC 61851—1
53	GB/T 18487.2—2001	电动车辆传导充电系统 第2部分 电动车辆与交流/直流电源的连接要求	IEC 61851—21，—22
54	GB/T 18487.3—2001	电动车辆传导充电系统 第3部分 电动车辆交流/直流充电机(站)	IEC 61851—23
55	NB/T 33001—2010	电动汽车非车载传导式充电机技术条件	
56	NB/T 33002—2010	电动汽车交流充电桩技术条件	
57	QC/T 895—2011	电动汽车车载传导式充电机技术条件	
58	NB/T 33008.1—2013	电动汽车充电设备检验试验规范 第1部分：非车载充电机	
59	NB/T 33008.2—2013	电动汽车充电设备检验试验规范 第2部分：交流充电桩	

续表

序号	标准号	标准名称	参考或对应的标准
60	NB/T 33006—2013	电动汽车电池箱更换设备通用技术要求	
61	GB/T 29781—2013	电动汽车充电站通用要求	
62	GB 50966—2014	电动汽车充电站设计规范	
63	GB/T 29772—2013	电动汽车电池更换站通用技术要求	
64	NB/T 33009—2013	电动汽车充换电设施建设技术导则	
65	NB/T 33004—2013	电动汽车充换电设施工程施工和竣工验收规范	
66	GB/T 29318—2012	电动汽车非车载充电机电能计量	
67	GB/T 28569—2012	电动汽车交流充电桩电能计量	
68	NB/T 33005—2013	电动汽车充电站及电池更换站监控系统技术规范	
69	NB/T 33007—2013	电动汽车充电站/电池更换站监控系统与充换电设备通信协议	
70	GB 29303—2012	用于Ⅰ类和电池供电车辆的可开闭保护接地移动式剩余电流装置(SPE-PRCD)	
接口与界面			
71	GB/T 20234.1—2011	电动汽车传导充电用连接装置 第1部分:通用要求	IEC 62196—1
72	GB/T 20234.2—2011	电动汽车传导充电用连接装置 第2部分:交流充电接口	IEC 62196—2
73	GB/T 20234.3—2011	电动汽车传导充电用连接装置 第3部分:直流充电接口	IEC 62196—3
74	GB/T 27930—2011	电动汽车非车载传导式充电机与电池管理系统之间的通信协议	IEC 61851—24
75	GB/T 26779—2011	燃料电池电动汽车 加氢口	

2.3 客车安全法规

2.3.1 我国客车安全标准的现状与要求

我国客车工业标准化已有20多年的发展历程,大致经过了3个阶段:第一阶段是20世纪50—80年代中期,其特征是各主管部门制定各自的客车部标;第二阶段是80年代中期—90年代,其特征是统一制定成套客车标准,并开始采用联合国欧洲经济委员会(ECE)法规;第三阶段是90年代至今,其特征是系统采用ECE法规,制定发布了一系列客车标准,特别是采用欧盟M2、M3类客车统一型式认证的客车指令等。应该说,我国客车工业在标准层面正在逐步走向世界发达国家水平。

我国客车安全标准的历史可以追溯到20世纪50年代,而最大的改变出现在1998年。那一年,我国开始等效采用联合国欧洲经济委员会(ECE)法规,制定了包含坠落实验在内的国家标准《客车上部结构强度的规定》。但考虑到当时我国客车行业的整体情况,这个规定只作为推荐性标准引入国内。由于标准没有强制性,几年来几乎没有企业采用过。修订的《客车结构安全要求》要将《客车上部结构强度的规定》加入其中,也就是将后者转化成为强制标准。如果生产厂家不能达标,则无法获得生产权。修订中的《客车结构安全要求》最大的变化是新增了对客车上部结构安全的规定和车辆侧倾后安全性的要求。

严格意义上说,客车没有碰撞这一说法,但通常有一种方式可以检验车身侧面结构强度,这就是平台坠落,即将客车放置在一定高度(80厘米)、可翻转的平台上,当平台侧倾到一定角度后,实验客车坠落情况。

我国客车安全标准体系由法规(强制性标准)和标准两部分组成。除了法规之外,大量行业标准也与车辆安全有关,其中最重要的是企业标准。虽然随着我国客车生产企业规模的扩大和效益的提升,国内客车企业在技术研究上已经取得了明显进步,但总体情况还不太乐观。现在,客车交通事故引起了越来越多的关注,提高客车产品本身的安全性能非常必要。

一般来说,客车安全技术法规的主要内容可分为三大类:

①为防止事故发生的规定。如关于客车外形尺寸和凸出物的规定;关于各种灯光和信号的规定;关于操纵性、稳定性的规定;关于制动装置的规定;关于玻璃和刮水、除雾、除霜的规定;关于视野的规定;关于座椅和安全带的规定;关于仪表的规定;关于轮胎及车辆的规定等。

②在发生碰撞后保护车内乘员不受第二次冲击损害的规定。如客车整体结构要考虑碰撞后防止车室变形以确保生存空间的规定,侧翻时车室变形要小;关于客车内饰软化、阻燃的规定;关于客车内部突出物的规定;关于转向柱挠性的规定;关于油箱安全性的规定;关于保险杠的规定等。

③关于保护环境的规定。客车安全技术法规是一个庞杂的体系,其规定内容十分烦琐,各种规定还在不断增加,虽然各国客车安全技术法规在整体宗旨上是一致的,但是具体内容和规定则有所不同。

2.3.2 客车正面碰撞安全法规

近年来,随着高速公路的建设和道路运输的飞速发展,与营运客车相关的重特大交通事故时有发生。据统计,客车发生正面碰撞的事故占整个客车事故的50%~60%。但是由于没有标准,无法对客车前部结构强度进行评估。因此,客车正面碰撞的乘员保护在国内外也越来越受到关注。WP29/GRSG(一般安全性工作组)于2006年就提出联合国经济委员会法规(ECE法规)要针对客车正面碰撞制定法规;2008年10月20—24日在瑞士日内瓦召开了第95次会议,再次讨论了ECE法规制定新大客车正面碰撞法规问题;中国客车协会委员在2009年中国客车学术论坛年会上也首次提出了将要制定《客车正面碰撞规定》国家标准的设想。因此对客车正面碰撞试验技术及评价方法进行研究很有意义。

鉴于此,我国西部交通建设科技项目《西部山区营运客车安全性能试验与评价技术研究》

里提出了结合国内外车辆碰撞安全性方面的相关研究,初步建立我国客车前部结构强度试验方法和评价规范,重庆车辆检测研究院也参加了该项目的研究并且负责客车正面碰撞标准部分的编写,现将该院对客车正面碰撞试验技术及评价方法的理解与大家分享。

1. 国外客车正面碰撞安全法规研究

美国在机动车安全法规 FMVSS 208《乘员保护》里对汽车正面碰撞进行了要求,通过牵引的方式对汽车进行了 100% 正面碰撞和 27°斜角碰撞试验,在驾驶员位置分别放置了 50% 的 Hybrid Ⅲ 型假人,试验速度为至少 48 km/h,试验后只考核驾驶员的损伤情况。但是由于美标的特殊性,在世界范围内并未像欧标那样得到普及。

可以看出,国外进行客车正面碰撞试验的研究基本上都是采用牵引方式对客车进行加速,最后撞击固定装置来完成,国外通常结合计算机模拟仿真来对客车正面碰撞试验进行研究。

2. 我国客车正面碰撞安全法规研究

国内有些客车厂家也针对个别基本车型做过正面碰撞的试验,试验方法目前有两种,一种为客车进行正面碰撞障碍壁试验,试验产品主要是 2009 年 11 月南京依维柯和江陵全顺等轻型客车,2012 北京通州试验金龙、宇通、安凯(大中型客车),试验标准依照《乘用车正面碰撞的乘员保护》(GB 11551—2003),检查项目为碰撞后驾驶员和副驾驶员位置的碰撞假人的人体损伤情况、车辆燃油泄漏情况、车门能否完全打开等;另外一种为正面摆锤碰撞试验,2009 年 2 月宇通客车按照联合国欧洲经济委员会法《商用车驾驶室乘员保护》(ECE R29),采用摆锤方式对某款客车进行了正面碰撞试验,评价标准也和 ECE R29 一致,查看试验后驾驶员的生存空间是否足够。2010 年 5 月在重庆车辆检测研究院也开展了摆锤方式的恒通客车正面碰撞试验。

2.3.3 客车侧翻碰撞安全法规

大客车侧翻造成的人身伤害和财产损失相对较大,因此大客车安全性设计一直以来是世界各国社会和生产厂商关注的焦点。国外汽车工业发达国家,客车行业早已对大客车的被动安全性达成共识,对客车的碰撞安全性做出了强制性要求。

1. 国外客车侧翻碰撞安全法规

目前国外主要的实车碰撞安全法规包括欧洲和美国两大体系:欧洲的 ECE、EEC/EC 和美国的 FMVSS,在客车侧翻安全性方面欧美也制定了对应的系列法规。

①ECE(联合国欧洲经济委员会)客车上部结构强度法规 ECE R52 和 ECE R66 在世界上被广泛认可。ECE R52 考核客车侧翻后顶部朝下静态情况下车身上部结构的承载能力,ECE R66 考核客车侧翻动态过程中的上部结构抗碰撞能力。ECE R66 比 ECE R52 在世界上适用更广、影响更大,世界上很多国家的客车上部结构强度安全标准都是在 ECE R66 的基础上修订的,如澳大利亚 ADR 59/00:1998《公共汽车侧翻强度》和我国 GB/T 17578—1998《客车上部结构强度要求》等。ECE R66 法规有 3 个版本:R66—00 系列于 1986 年 12 月 1 日发布实施,R66—01 系列于 2005 年 11 月 9 日开始实施,R66—02 系列于 2010 年 8 月 19 号开始实施。R66—00 现在使用得较少,R66—01 现在使用最多。与 R66—00 相比,在乘员座椅上增加 34 kg 的配重,同时将锁止悬架,考核更加严格,我国客车出口认证大部分采 R66—01;R66—02 与 R66—0 相比增加了对 16 座以上的 B 级客车的强度要求。

②EEC(欧洲经济共同体)汽车法规,EEC 指令又称 EC 指令,2001/85/EC 客车认证于 2001 年 11 月 20 日正式批准,适用于 M2、M3、双层客车,2001/85/EC 车身上部结构强度要求

和试验方法同 ECE R66,66 项 EC 指令中有 46 项和 ECE 法规完全等同,但 2001/85/EC 中考核的项目较多,且在各成员国内强制实施(ECE 在缔约国中自愿执行)。

③美国的 FMVSS(美国联邦机动车安全法规)共 60 项,配套的 29 部分汽车技术法规中涉及车辆侧翻的法规主要有:FMVSS 208、FMVSS 216 和 FMVSS 220。FMVSS 208 为乘员保护标准,对翻滚碰撞试验有详细规定,FMVSS 216 主要验证车顶抗压强度,FMVSS 220 为校车翻滚保护法规。

欧美一些实力雄厚的客车制造业巨头,如曼恩、奔驰、尼奥普兰、沃尔沃和斯堪尼亚等,为提高产品的市场竞争力,均各自制定了比国家客车上部结构强度的安全法规更为严格的标准。欧美等发达国家因为积极完善和贯彻各项安全法规,客车侧翻事故发生率和伤亡人数明显减少。

2. 我国客车侧翻碰撞安全法规

由于我国汽车工业起步较晚,汽车安全法规也相对滞后,20 世纪 90 年代初,我国开始以欧洲 ECE 法规为基础并参照 FMVSS 研究制定我国自己的汽车强制性安全法规,目前的国家和行业标准中与客车相关的有 105 项,有关强制检验的有 42 项,涉及客车车身结构安全性的标准见表 2-4。

表 2-4 客车车身结构安全性标准

序号	标准序号	标准名称	采标情况
1	GB/T 12428—2005	客车装载质量计算方法	主要参考 2001/85/EC,以及 ECE R36、R52、R107
2	GB/T 13057—2003	客车座椅以及车辆固定件强度	修改 ECE R80(1998 版)
3	GB/T 13094—1997	客车结构安全要求	非等效采用 R36(1998 版)
3	GB/T 13094—2007	客车结构安全要求	非等效采用 2001/85/EC,参考 ECE R36
4	GB/T 17578—1998	客车上部结构强度的规定	非等效采用 ECE R66 的第 1、2、5、7 章及附件 3
5	GB/T 18986—2003	轻型客车机构安全要求	修改采用 ECE R52(2000 年修订版)
6	GB/T 19950—2005	双层客车结构安全要求	修改采用 ECE R107
7	GB/T 19260—2003	低地板城市客车结构要求	等效采用 ECE R107

近几年,我国正在不断加强对客车侧翻安全性的重视,但客车侧翻相关的法规标准目前只有 1998 年制订的 GB/T 17578—1998,现在正加紧修订为 GB 17578 强制性标准。为了提升国内客车的国际市场竞争力,增强国内客车的被动安全性,相关法规正在不断修订和完善。

对于客车侧翻试验,我国 GB/T 17578—1998 主要参照 ECE R66—00 版本关于客车整车侧翻的试验部分制定,由于当时国内客车的上部结构安全性研究和标准的制定均不成熟,因此 GB/T 17578—1998 只是作为推荐性标准来采用,仅适用于车长大于 7 m 的单层城市客车、长途客车和旅游客车,只认同整车侧翻试验一种形式。存在标准适用范围不全面、试验成本高、认证方法单一、不可重复操作等问题。随着我国客车产业的快速发展和社会对客车安全性的越发重视,国内相关客车安全法规需要及时跟上国际社会上的发展步伐,GB 13094—2007《客车结构安全》指出 2011 年 2 月开始客车企业需要强制执行客车产品上部结构强度的试验。现 GB/T 17578—1998 正加紧参照 ECE R66—01 版本修订为强制性标准 GB 17578,据报批稿了解,修订后的标准在座椅位置配重 65 kg,适用范围扩大至 M2 类和 M3 类中的Ⅱ级、Ⅲ级及乘客数大于 16 人的 B 级客车(包括卧铺客车),其他要求与 ECE R66—01 基本一致。

客车安全问题突出,强制性标准的制定能极大程度推动客车被动安全的提高,有关政府部门应积极借鉴国外客车安全法规,进一步完善相关标准,以更严格的要求规范促进我国客车行业的发展。

2.3.4 客车顶部压溃法规

1. 国外相关法规介绍

ECE 为欧洲经济委员会法规,由 WP29 进行修订工作。1998 年 6 月 25 日出台了《全球汽车技术法规协定书》,使得 ECE 法规逐渐走向全世界,目前 ECE 有法规 126 项。其中,适用于 M2 类法规有 44 项,适用于 M3 类法规有 46 项,只针对客车制订的法规共有 5 项,即 ECE R36《大型客车的一般结构要求》、ECE R52《小型公共服务运输车辆结构要求》、ECE R66《大型客车上部结构强度》、ECE R80《客车座椅及其固定件强度》以及 ECE R107《双层客车结构要求》。

目前,对轻型客车进行 E-mark 认证检测时,在车辆结构检测方面通常采用的法规为 ECE R107《关于就一般结构方面批准 M2 或 M3 类车辆的统一规定》而不是 ECE R52。但 ECE R107 法规仅对Ⅱ级和Ⅲ级客车的上部结构进行了规定,即采用 ECE R66 所规定倾翻试验方法,也就是说轻型客车上部结构强度项目在进行 E-mark 认证检测时是没有进行试验检测的。

ECE R66 法规现有 3 个系列版本,00 系列于 1986 年 12 月 1 日发布实施,现在使用较少;01 系列于 2005 年 11 月 9 日开始实施,使用率占出口认证试验中的大多数。

南非、澳大利亚等国家采用 ECE 法规体系建立本国的标准,其在客车上部结构强度方面主要依据 ECE R66,而 ECE R66 的适用范围为成员数超过 16 人(不含驾驶员)的客车。其中法规规定对于乘员数少于 16 人的中小型客车,没有相关的验证法规当乘员数超过 16 人时,则按照 ECE R66 进行侧翻试验。因此,按照当前执行的欧标体系,中小型客车上部结构强度要么不进行测试,要么按 ECE R66 法规进行测试,还没有立法规定进行发生翻滚事故时车辆上部结构对乘员保护的考核及评价。

美国联邦机动车辆安全标准 FMVSS 中涉及客车上部结构强度的标准有 FMVSS 208 乘员碰撞保护标准、FMVSS 216 中的车辆顶部抗压强度和 FMVSS 220 校车翻滚保护标准。其中,FMVSS 216 和 FMVSS 220 规定了车辆顶部压载试验后的变形标准,FMVSS 216 则同时对前排乘员的安全性也提出了要求。

FMVSS 216 规定,实验时将车辆刚性地固定于水平面上,在车顶与侧围连接处定位加载施压装置,使施压板以不超过 13 mm/s 的速度沿垂直于其下表面的方向向下运动,当压板与车顶接触力达到 1.5 倍的整备质量时,停止施力。试验后,测量加载装置从初始位置到达到规定载荷时之间的位移。FMVSS 216 主要考核的是车身顶部对车辆前部乘员的保护情形。

FMVSS 220 校车翻滚保护标准于 1990 年 10 月颁布实施,该标准要求校车顶部必须提供足够的保护,以便在车辆倾翻时车顶能承受更多的力量,保证乘员的最小生存空间不被侵入。标准规定的测试方法是:将车辆刚性地固定在水平面上,用一块刚性的水平板进行加载(当总质量大于 4536 kg 时,加载板比车顶短 305 mm,宽为 914 mm;总质量小于 4536 kg 时,加载板比车顶长 127 mm、宽 127 mm)。试验时将施压板放置在车顶,保持水平状态,施压板的纵向中心线与车辆纵向中心线重合;对施压板向下施加均匀的分布载荷,以 13 mm/s 的速度加载到 1.5 倍的整备质量;试验后测量加载板向下移动的位移量。可见,当车辆发生翻滚碰撞时 FMVSS 220 标准可对车辆上部结构保护所有乘员的能力进行考核及评价。

2. 我国相关法规现状

我国针对客车车身结构制定的强制性安全标准有 GB 13094－2007《客车结构安全要求》、GB 13057－2003《客车座椅及其固定件强度》、GB 18986－2003《轻型客车结构安全要求》、GB/T 19950－2005《双层客车结构安全要求》、GB/T 16887－2008《卧铺客车结构安全要求》、GB/T 17578－1998《客车上部结构强度的规定》和 GB/T 11389－1989《客车顶部静载试验方法》等。

参照 ECE R36—03 法规要求,1997 年我国出台了 GB 13094－2007《客车结构安全要求》,该法规针对客车的结构安全提出了必要要求。GB 18986－2003《轻型客车结构安全要求》提出了车辆上部结构对乘员的保护要求。我国客车质量监督检验中心(重庆)则结合 FMVSS 220 校车翻滚保护标准的试验方法,采用顶部静压来完成 GB 18986－2003 标准所要求的客车上部结构强度试验。根据 ECE R66 一部分内容,我国在 1998 年制定了一项推荐性标准 GB/T 17578－1998《客车上部结构强度的规定》,给出了生存空间设定和进行侧翻实验的方法。GB/T 19950－2005《双层客车结构要求》,技术内容等效采用 ECE R107。GB/T 11389－1989《客车顶部静载试验方法》对客车的顶部静载方法作了具体的规范要求。

2.3.5 客车安全标准发展趋势

①我国将加强客车上部结构强度有关标准的修订和实施。首先是 GB/T 17578－1998 正在参照 ECE R66－01 进行全面修订,内容将大大增加,而且将变为强制性标准;其次是我国近年备受关注的、由国家客车检测中心主持、10 多家单位参与编制的校车整车强制性标准《专用小学生校车安全技术条件》,也要求执行对车身上部结构强度的要求。世界上对校车安全最为重视的美国有两个专门针对校车整车的被动安全法规:《校车倾翻保护》(FMVSS 220)和《校车车身连接强度》(FMVSS 221)。

②据悉,世界车辆法规协调论坛 WP29 又在酝酿对 ECE R66－01 进行修订,可能会提出以下要求:客车前后保险杠要吸能,考虑对行人的保护;车门结构要提供侧碰保护;车门受撞击后既要保证乘员不被甩出车外,又要能开启,为救助工作提供方便;倾翻试验时针对不同车型采用不同高度的倾翻试验台;适用车型扩大到 M1 类等。另外,美国 NHTSA 现已着手研究校车在车速 50 km/h 下的正面碰撞试验标准,试验时车里安装简易假人,通过假人的运动状态和人体加速度来判断校车是否足够安全,以进一步提高校车的行驶安全性。

在被动安全性的考核手段上,除实车试验外,美、欧、日等正在推广应用计算机模拟试验等先进手段,进行汽车结构的安全性设计,以提高实车试验标准的成功率,从而节省新产品开发费用和缩短开发周期。

参考文献

[1]张金换,杜汇良等.汽车碰撞安全性设计[M].北京:清华大学出版社,2010.

[2]徐大伟.世界汽车安全性技术法规与标准的研究[D].硕士学位论文,武汉理工大学,2007.

[3]刘晶郁,李晓霞.汽车安全与法规[M].北京:人民交通出版社,2005.

[4]钱宇彬,胡宁.现代汽车安全技术[M].上海:上海交通大学出版社,2006.

[5]郑安文.汽车安全[M].北京:北京大学出版社,2014.

[6]吴恙,曹惠茹.电动汽车现状与发展趋势研究[J].魅力中国,2011.

[7]张炳荣.编好客车安全标准,促进客车发展[R].原建设部科技委城市车辆专家委员会,北京,2008.

[8]李世豪.中国客车(2008版)[M].北京:人民交通出版社,2009.

[9]卢强.客车被动安全评价及碰撞安全技术研究[D].硕士学位论文,合肥:合肥工业大学.

[10]司红建.大客车侧翻安全性试验仿真与改进设计研究[J].硕士学位论文,重庆:重庆交通大学,2013.

[11]赵萍.中型客车上部结构强度安全性仿真分析[J].硕士学位论文,西安:长安大学,2012.

[12]刘晖.欧盟电动汽车技术法规研究[J].安全与电磁兼容,2011.

[13]司康.国内外汽车安全技术法规对比分析及发展动向[J].商用汽车,2006.

第三章　客车被动安全技术

客车被动安全性,是指交通事故发生后,客车本身减轻乘员伤害的能力。客车被动安全技术是指客车在发生碰撞事故时及事故后能对车内乘客及外部行人提供避免或者降低伤害的保护措施。

3.1　客车座椅及座椅安全带

3.1.1　概　述

汽车座椅的安全性是指发生交通事故后,汽车座椅能最大限度地减轻驾驶员和乘员伤害的能力。好的座椅设计一方面能够减轻乘员的疲劳;另一方面在汽车发生碰撞时能够保证乘员处在自身的生存空间之内,保证这个空间不受伤害,并与安全带和安全气囊一同在乘员定位的同时缓解碰撞的强度,使乘员的损伤指标达到最小。

尾部碰撞中,座椅是主要的安全部件。如果头枕设计不合理,会造成乘员颈部的严重伤害;如果座椅靠背强度设计不足,就会产生靠背断裂及坍塌现象,使乘员抛向后排座椅或车身后部,造成乘员头部和颈部损伤,同时可能伤及后排乘员。

在正面碰撞中,如果座椅底部强度与对应的车身强度不够,乘员就会在自身惯性的作用下与前面的物体相撞,从而引起乘员头部及胸部的损伤。另一方面在乘员受到安全带的约束力向后反弹时,座椅靠背的力学特性也是影响乘员损伤指标的重要因素之一。

汽车安全带是乘员保护约束系统重要的设施之一,在减轻碰撞事故中乘员的伤害程度方面起着重要作用。安全带起源于1885年,由于奔跑的马车在崎岖不平的道路上行驶时总有人摔伤,甚至死亡,为防止类似事件的发生,人们在马车上设置了安全带,以保护驾驶人和乘员的安全。1902年5月20日在纽约举行的一场汽车竞赛场上一名赛车手为了防止在高速中被甩出赛车,用几根皮带将自己和同伴拴在座位上。竞赛时,他们驾驶的汽车因意外冲入观众群,造成两人丧生,数十人受伤,而这几位赛车手却由于皮带的原因死里逃生。这几根皮带也就成为汽车安全带的雏形,在汽车上首次使用便挽救了使用者的生命。

19世纪20年代初,由于汽车的迅速发展,交通事故时有发生,汽车上开始安装使用安全带,1955年美国福特轿车装用安全带,1960年日本开始制造使用安全带。1968年以来,西方发达国家都相继制定了汽车行驶时,乘员必须系安全带的法律规定。1988年以前,我国汽车安全带领域几乎是空白,不但国产车从未安装,就是原来有安全带的进口汽车也没引起重视,更谈不上使用了。GB 7258-1987《机动车运行安全技术条件》规定:"1988年底以后生产的轿车前排座椅,必须安装座椅安全带。"从而引起了生产厂家的重视,1992年我国开始强制轿车、轻型客车前排座椅使用安全带。

安全带对乘员保护的原理是当碰撞发生时,安全带将乘员束缚在座椅上,乘员的头部、胸部不至于向前撞到方向盘、仪表板及挡风玻璃上,使乘员免受车内二次碰撞的危险,同时使乘员不被抛离座椅。事实证明,在正面碰撞、追尾碰撞及翻车事故中普通安全带对乘员保护效果较好,尤其是对乘员头部、胸部的保护。

3.1.2 汽车安全带分类

按照安全带的使用方式,可分为主动式安全带和被动式安全带。

被动式安全带是指乘员向前冲后,安全带卷收器动作锁紧安全带;而主动式安全带是指在发生碰撞乘员前冲前即预收紧安全带。

按照安全带的固定方式,大致可分为三类:两点式安全带、三点式安全带和四点式安全带(图3-1)。

两点式安全带由于其安全性较低,在国外已经不允许使用;三点式安全带兼备两点式和斜挂式的作用,可以同时固定腰部和肩部,使用时又比四点式安全带方便,因此为大多数汽车采用;典型的四点式安全带包括两条竖向的吊带,可以约束住车内乘员的胸腔,并在底部与横向安全带扣接,在汽车发生翻滚时,四点式安全带可以将撞击力更均匀地分散掉,同时还可以将乘客牢牢地固定在座椅上。目前,客车驾驶员主要配备三点式安全带,乘员主要配备两点式安全带。

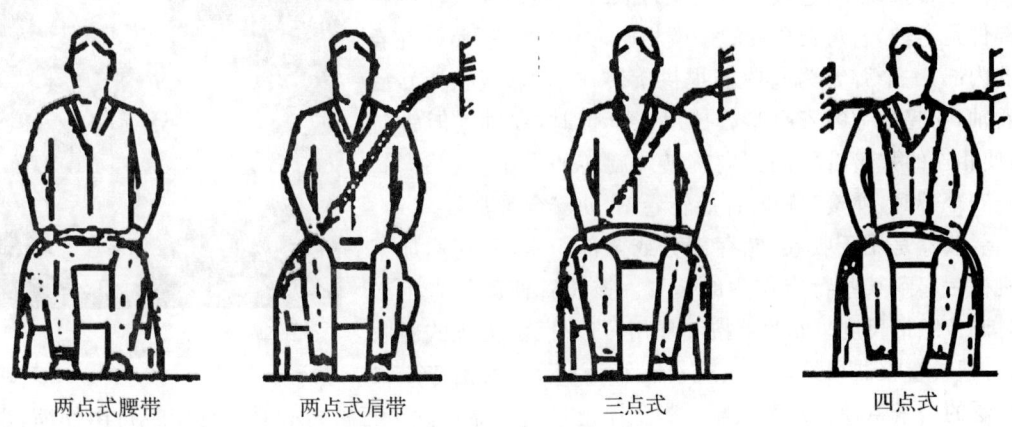

两点式腰带　　两点式肩带　　三点式　　四点式

图 3-1 安全带类型

3.1.3 安全带组成结构

安全带由织带(俗称安全带)、卷收器、带扣、导向器、高度调整机构、预紧器和锁紧装置等组成,见图3-2。

1. 织带

织带的主要材料是聚酯,宽度一般是48 mm左右,厚度一般为1.1～1.2 mm,一般织带的伸长率可在5%～23%范围内变化。除了要求足够的强度以外,织带还必须具有良好的耐温性、耐湿性、耐磨性、耐光性等。此外,对织带的伸长率和能量吸收特性也有特定要求,这是为了保证在碰撞事故中安全带起作用约束人体向前移动时,既不会因织带过硬伤及被约束者身体,又不会因其弹性过大使乘员产生过量的移动而碰撞到车身内部件。此外,织带在其染制过程中还需加入一定的阻燃剂,以满足织带阻燃的要求。

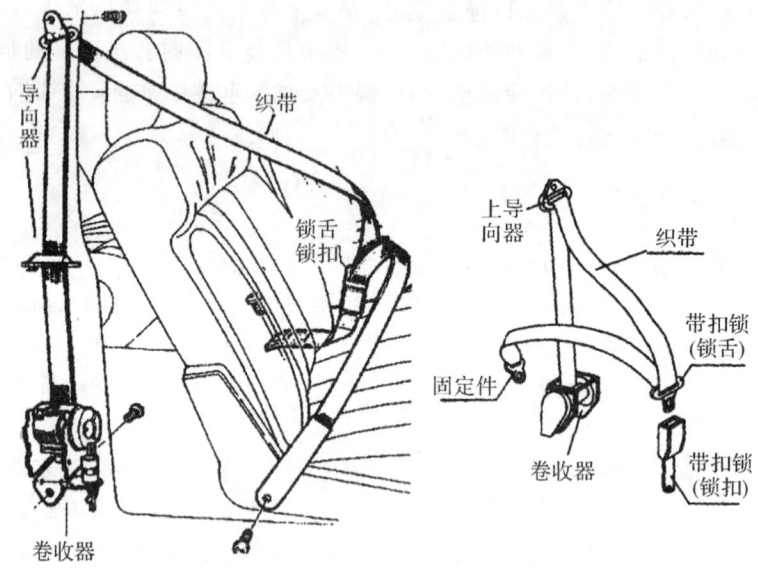

图 3-2　安全带组成

2. 卷收器

安全带系统中,卷收器与安全带系统相连。卷收器的核心部件是卷轴,它与安全带的一端相连,如图 3-3 所示。在卷收器内部,一个弹簧为卷收器提供旋转作用力(或扭矩),旋转卷轴,卷起松弛的安全带。拉出安全带时,卷轴逆时针旋转,使相连的弹簧沿相同方向旋转。旋转的卷轴反扭弹簧。松开安全带时,弹簧力顺时针旋转卷轴,使安全带张紧。

卷收器是用于收卷、储存部分或全部织带,并在增加某些机构后起到某些特定作用的装置。该装置使佩带者不必随时调节织带长度。卷收器按其作用可以分为:无锁式卷收器、自锁式卷收器和紧急锁止式卷收器(ELR)。目前应用最

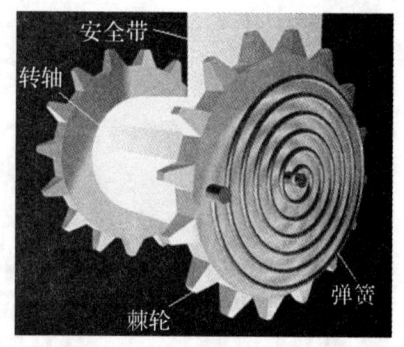

图 3-3　卷收器原理图

为广泛的是紧急锁止式卷收器。紧急锁止式卷收器在汽车正常行驶时允许织带自由伸缩,当汽车速度急剧变化时,其锁止机构锁止并保持安全带束紧力以约束乘员。这种卷收器中装有惯性敏感元件和棘轮棘爪机构或中心锁止机构。当汽车正常行驶时,卷收器借助卷簧的作用,既能使织带随使用者身体的移动而自由伸缩,又不会使织带松弛。当紧急制动、碰撞或车辆行驶状态急剧变化时,卷收器内的敏感元件将驱动锁止机构锁住卷轴,使织带固定在某一个位置上,并承受使用者身体加给织带的载荷。紧急锁止式卷收器又可分为织带拉出加速度敏感式(又称织带敏感式)、汽车加速度敏感式(又称车体敏感式)和对上述两者均敏感的复合敏感式。

3. 带扣/锁舌

带扣/锁舌是把乘员约束在安全带内,又能快速解脱的连接装置(图 3-4),其作用是用以接合或脱开安全带。对带扣、锁舌的研究主要是使其在正常驾乘状态下将乘员可靠地固定在座椅的正确位置;而在事故发生时,可以尽快让乘员解脱安全带,逃离汽车。

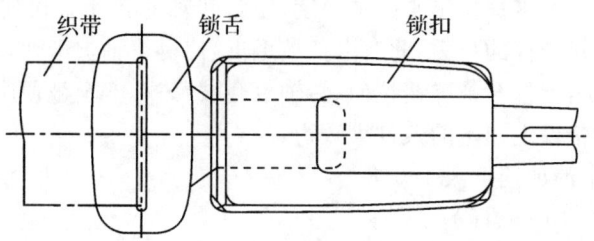

图 3-4 带扣/锁舌

4. 导向器

导向器的功用为使织带能够方便地拉出和回收到卷收器中。上车系安全带应根据乘员身材调整导向件高低。安全带的高低调整是非常有必要的,如果太高,紧急情况下收紧时容易勒到脖子,可能造成不必要的伤害,如果太低,则可能无法完全限制身体向前冲,如果滑出肩膀就比较危险了。

5. 安全带预紧器

安全带预紧器能够在低强度碰撞而安全气囊未打开的情况下,保护乘员的头部。同时由于它能很好地消除在碰撞开始时织带与乘员之间的松弛量,故能使乘员与车体之间的相对运动减小,从而对乘员的胸、腹部起到很好的保护作用。这里织带的松弛量是指碰撞中乘员惯性前倾运动开始至开始感应到织带张力时织带伸缩的长度。织带松弛量的产生主要是由于乘员衣服的松弛、织带在卷轴上的缠绕、卷收器的锁止敏感性等因素造成的。因此,应对安全带进行改进,以使其较早地产生约束力,减少乘员的前移量。试验结果也表明:乘员胸部加速度和头部 HIC 与安全带的松弛量呈线性增长。松弛量过大还会造成乘员与车身的直接碰撞,尤其是对乘员空间较小的小型车更是如此。减小织带松弛量可以通过增加卷收器轴的直径、使用织带夹等措施,目前前景最为看好的还是安全带预张紧器(pretensioner)。预紧器按作用机理可以分为机械式预紧器和烟火式预紧器。前者能在碰撞事故中快速拉下带扣以消除织带缠绕间隙;后者通过加速度传感器,实现烟火发生器电子点火,产生的高压气体驱动卷轴回收,从而达到预张紧织带的目的。各种预紧器的作用时间基本相同,大约 10 ms,消除织带缠绕间 40 mm 左右。与普通卷收器相比,上述系统的乘员保护性能明显得以改善。

6. 高度调整器

高度调节器是一种用于调节安全带上固定点高度的调节装置,可以使安全带佩戴者获得较为舒服的肩带佩戴位置。通过调节高度不仅使安全带的约束性能得到优化,更可以改善安全带的佩戴舒适性,从而提高安全带的使用率。

7. 自动紧急锁止装置

自动紧急锁止装置是基于以下考虑而引入的:儿童乘员通常须可靠而牢固地进行约束;而成年乘员却希望可以比较自由地移动,除非危险情况出现。自动紧急锁止装置在织带充分拉出的情况下,通过一定的机构将紧急锁止状态(ELR)转换到自动锁止状态(ALR)。这同样提高了乘员佩戴安全带的舒适性和方便性。从上面介绍可知,虽然三点式安全带在碰撞事故中对乘员起到了很好的安全保护作用,但它还不是很完善和理想,需对其设计进行持续改进。

3.1.4 三点式安全带的工作原理

三点式安全带是汽车上非常重要的被动安全装置,其作用原理是侦测织带被拉出来的加速度以锁定织带。假如织带被拉出来的加速度过高,转轴的转速太快使得加速度侦测器感受到的离心力大于弹簧对卡杆的拉力,此时卡杆被甩出,使得轮轴被卡死,织带无法继续被拉出。反之,只要将织带放松,卡杆会被弹簧拉回,转轴也会被释放,安全被便会放松。

汽车三点式安全带设定锁定的条件大致为:
(1)织带被拉出来的加速度大于 0.8 g;
(2)汽车侧倾超过 15°(欧标为 12°);
(3)汽车减速度达到 0.45 g(美国标准为 0.3 g)。

3.1.5 预紧式安全带

预紧式安全带(Pretensioner Seat Belt)也称预缩式安全带。这种安全带的特点是当汽车发生碰撞事故的一瞬间,乘员尚未向前移动时它会首先拉紧织带,立即将乘员紧紧地绑在座椅上,然后锁止织带防止乘员身体前倾,有效保护乘员的安全。预紧式安全带中起主要作用的卷收器与普通安全带不同,除了具备普通卷收器的收放织带功能外,还具有当车速发生急剧变化时,能够在 0.1 秒左右加强对乘员的约束力,因此它还有控制装置和预拉紧装置。

理想的安全带作用过程是:首先,及时收紧,在事故发生的第一时刻毫不犹豫地把人"按"在座椅上。然后,适度放松,待冲击力峰值过去,或人已能受到气囊的保护时,即适当放松安全带,避免因拉力过大而使人肋骨受伤。先进的安全带都带有预收紧装置和拉力限制器,让我们来看看这两者的功能原理。

1. 安全带预收紧装置

当事故发生时,人向前,座椅往后,此时如果安全带过松,则后果很可能是:乘员从安全带下面滑出去,或者人已碰到了气囊,而此时安全带由于张紧余量过大而未能及时绷紧,即未能像希望的那样先期吃掉一部分冲力,而是将全部负担都交给了气囊。这两种情况都有可能导致乘员严重受伤。但问题是,正确安装的安全带,其松动余地来自何方?一是由于乘员的衣服本身有一定的厚度,另外在安全带装置中也多少隐藏了部分松动余地,这种余地无法消除,但真遇到事故时,就应该尽量消除,怎么办?为此出现了这种安全带预收紧装置,它负责提供瞬间绷紧的安全带。其作用过程是:首先由一个探头负责收集撞车信息,然后释放出电脉冲,该脉冲传递到气体发生器上,引爆气体。爆炸产生的气体在管道内迅速膨胀,压向所谓的球链,使球在管内往前窜,带动棘爪盘转。棘爪盘跟轴连为一体,安全带就绕在轴上。简单地讲,就是气体压力使球动,球带动棘爪盘转,棘爪盘带动轴转——瞬间实现了安全带的预收紧功能。从感知事故到完成安全带预收紧的全过程仅持续千分之几秒。管道末端是一截空腔,用于容留滚过来的球。

2. 安全带拉力限制器

事故发生后,安全带在预收紧装置的作用下,已经绷紧了,但我们希望在受力峰值过去后,安全带的张紧力度马上降低,以减小乘员受力,这份特殊任务就由安全带拉力限制器来完成:在安全带装置上,有一个如前所述的预收紧装置,底下卷绕着安全带。轴芯里边是一根钢质扭转棒,当负荷达到预定情况时,扭转棒即开始扭曲,这样就在一定程度上放松了安全带,实现了安全带的拉力限制功能。

预紧式安全带的控制装置分为两种:
一种是电子式控制装置,由电子控制单元(ECU)检测到汽车加速度的不正常变化,经过电脑处理将信号发至卷收器的控制装置,激发预拉紧装置工作,这种预紧式安全带通常与辅助安全气囊组合使用。

另一种是机械式控制装置,由传感器检测到汽车加速度的不正常变化,控制装置激发预拉紧装置工作,这种预紧式安全带可以单独使用。

预拉紧装置有多种形式,常见的预拉紧装置是一种爆燃式的,由气体引发剂、气体发生剂、导管、活塞、绳索和驱动轮组成。当汽车受到碰撞时预拉紧装置受到激发后,密封导管内底部的气体引发剂立即自燃,引爆同一密封导管内的气体发生剂,气体发生剂立即产生大量气体膨胀,迫使活塞向上移动拉动绳索,绳索带动驱动轮旋转号驱动轮使卷收器卷筒转动,织带被卷在卷筒上,使织带被回拉。最后,卷收器会紧急锁止织带,固定乘员身体,防止身体前倾避免与方向盘、仪表板和玻璃窗相碰撞。

3.2 客车安全气囊系统

3.2.1 概述

1953年8月18日,美国人约翰·赫特里特获得了"汽车缓冲安全装置"的美国专利。1970年由厂家开始研制可减轻事故后对乘员伤害程度的气囊。20世纪80年代后期,汽车生产厂家开始逐渐装用气囊,进入20世纪90年代后,气囊装用量急剧上升。美国从1995年10月开始新生产的乘用车驾驶员位置已全部用气囊;日本及欧洲气囊的装用率目前已达到30%以上。20世纪末美国所有客车、轻型卡车、篷车及多用途机动车全部装用气囊。

3.2.2 气囊的分类、组成及工作原理

1. 气囊的分类

(1)按系统的控制类型分

按控制类型不同,安全气囊可分为电子式和机械式两种。无论是电子式还是机械式,工作原理大体相同,所不同的是控制系统的工作方式不一样。

①电子式安全气囊

电子式安全气囊由电子传感器、中央电子控制器、气体发生器、气囊等组成。传感器接到碰撞信号后,将信号传至中央电子控制器(ECU),信号经过判断、确认,当需要时,立即向引爆装置发出引爆指令,使气囊迅速充气。目前,电子式安全气囊已经在现代汽车上被广泛使用。

②机械式安全气囊

机械式安全气囊由机械式传感器、气体发生器、气囊等组成。气囊装于方向盘衬垫内,气体发生器在气囊之下,传感器在气体发生器的下面。这种气囊系统通过机械式传感器监测碰撞惯性力大小,并以机械式触发气囊充气。目前,机械式安全气囊在现代汽车上已经很少使用。

(2)按系统的功用划分

安全气囊系统可分为正面SRS气囊系统、和侧面SRS气囊系统。

正面SRS气囊系统安全气囊以汽车前方碰撞保护为前提而设计的,又称为前方电子控制式安全气囊系统。

侧面SRS气囊系统为了解决侧面碰撞的安全气囊,又称为侧面安全气囊,一般安装在车门上。

(3) 按安全气囊数量分类

可分为单安全气囊系统、双安全气囊系统和多安全气囊系统。

① 单安全气囊系统

单安全气囊系统只有一个安全气囊,该气囊安装在驾驶员侧的转向盘中。

② 双安全气囊系统

双安全气囊系统除了安装在驾驶员侧外,在前座乘员侧也安装了一个安全气囊。由于前座乘员在汽车发生碰撞时的危险性比驾驶员的要大,所以前座乘员侧的安全气囊的尺寸通常比较大,并与驾驶员侧的安全气囊同时起作用。目前一些车型将前座乘员侧安全气囊作为选装配置。

③ 多安全气囊系统

多安全气囊系统是指在车上安装了3个或3个以上的安全气囊。例如,瑞典沃尔沃850,960,通用的别克,上海大众帕萨特轿车等。

2. 气囊的组成

安全气囊系统主要由传感器、电子控制器、气体发生器、点火器、气囊以及控制单元(ECU)等部件组成,见图3-5。

图3-5 安全气囊系统组成

(1) 传感器

传感器用于检测、判断汽车发生碰撞时的撞击信号,以便及时点爆安全气囊。传感器按其功能可分为碰撞传感器和保险传感器两种。碰撞传感器负责检测碰撞的激烈程度,如果汽车以40 km/h的车速迎面撞到一个不可变形的固定障碍物上,碰撞传感器便会自动接通搭铁回路;保险传感器,其闭合的减度要稍慢一些,防止因碰撞传感器短路而造成误开。传感器按其结构可分为机械、机电式和电子式3种。下面以机械式传感器(偏心锤式碰撞传感器)为例说明传感器的工作原理。

机械式传感器一般安装在保险杠与挡泥板之间,用来感知低速碰撞的信号。传感器安装在一个密封的防震保护盒内,当传感器中的重锤的移动速度高于某一特定车速(称为TBD车速)时,重锤便将其机械能直接传给引发器使气囊膨开。

机械式传感器具体的工作原理:汽车正常行驶时,扭力弹簧将触头定在上止点位置,传感器没有触发信号给ECU。当汽车碰撞时,减速度所产生的惯性力克服弹簧的扭力而使重锤产生运动,带动触桥转动,使动、静触头结合。此时,传感器向ECU发出接通信号,同时安全传感器也接通,ECU发出引爆指令。

(2) 电子控制器

如图3-6所示电子控制器包括引爆控制电路、驱动电路、储存电路和诊断电路等,安装在中央控制器上。实际上,引爆控制电路是1个晶体管开关电路。当传感器传来的信号电压足够大时,晶体管的发射极和集电极就导通,将传来的信号与已经储存的信号(电阻、电压)相比较,确认是冲撞信号后则接通继电器,由驱动电路接通电源与电

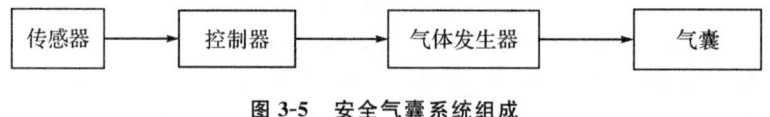

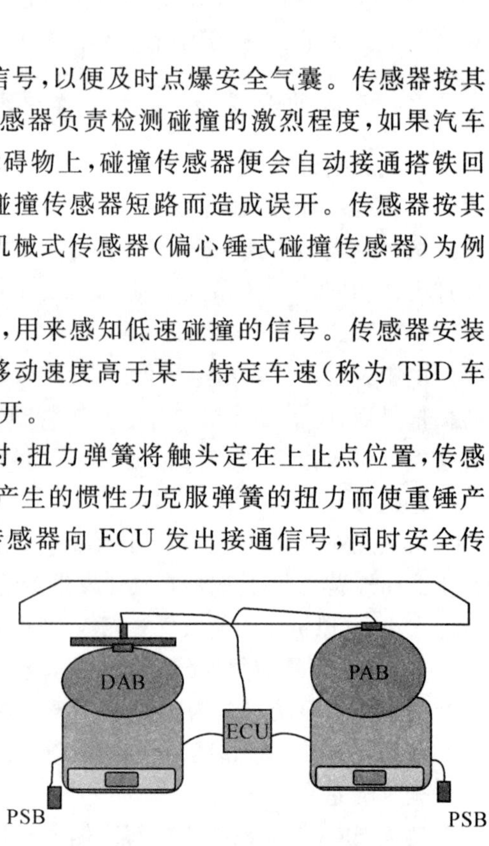

图3-6 电子控制器

雷管的总开关电路,引爆气囊和安全带电雷管。储存电路和诊断电路是合在一起的。诊断电路不断地分析和诊断气囊系统的各种故障,将这些故障编码储入储存电路,以备将来检修时用。与此同时,驱动电路使仪表盘上的 SRS 警告灯开始闪烁。

诊断储存电路监控如下故障:

①气囊误引爆和不引爆。

②传感器的失灵。

③系统各接头和线路的短路或开路。

(3)气体发生器

气体发生器又称充气器,用于点火器引爆点火剂时,产生气体向气囊充气,使气囊膨开。气体发生器用专用螺栓螺母固定在气囊支架上,装配时只能用专用工具进行装配。气体发生器由上盖、下盖、充气剂和金属滤网组成。上盖上有若干个充气孔,充气有长方孔和圆孔两种。下盖上有安装孔,以便将气体发生器安装到气囊支架上。上盖与下盖用冷压工艺装成一体,壳体内装充气剂、滤网和点器。金属滤网安放在气体发生器的内表面,用以过滤充气剂和点火剂燃烧后的渣粒。

目前,大多数气体发生器都是利用热效反应产生氮气而充入气囊。在点火器引爆点火剂的瞬间,点火剂会产生大量热量,氮化钠受热立即分解释放氮气,并从充气孔充入气囊。

(4)气囊

早期使用的安全气囊是用尼龙织物涂以聚氯丁烯制造而成的。现在的气囊除了基底材料不变外,有两种基本的设计构思,一是传统的用涂层织物制成品的安全气囊,通过改变其气道的尺寸来控制其缓冲性大小;另一种是用具有一定透气性的不涂覆织物,来控制其缓冲性,但对其透气率有严格的要求。目前采用较多的是前一种,大多以防裂性能好的聚酰胺织物制成,里面涂有聚氯丁乙烯。

3. 气囊的工作原理

当车辆发生碰撞时,安全气囊中的传感器感受汽车碰撞强度并将碰撞强度信号传递给中央控制器,中央控制器接受、处理传感器传来的信号并进行判断,若碰撞强度达到了安全气囊控制系统设计的展开安全气囊的条件时,中央控制器立即通过点火控制电路向气体发生器传送安全气囊的点火信号触发气体发生器,气体发生器点火后使迅速产生大量的气体,经过过滤后充入气袋,在乘员和汽车内部结构之间展开一个充满气体的气袋,使得在发生碰撞事故时,乘员能够与比较柔软的气袋相接触,而不是与坚硬的汽车结构猛烈碰撞,从而达到减少伤害、保护乘员生命的作用。

安全气囊作用过程为:碰撞发生后 0~20 ms 内,传感器将信号输送到中央电子控制器(ECU),ECU 判断后确认是严重碰撞则引发气体发生器,在 20~60 ms 内高温、高压气体(氮气)经过滤冷却进入气袋,气袋张开形成气垫,将乘员与车内装备隔开。60~100 ms 后气袋排气孔打开,气囊泄气并收缩。气体的阻尼作用吸收了碰撞的能量,缓解了气囊对乘员头部和脸部的压力,乘员陷入较柔软的气囊中,使得乘员得到保护。最后气体全部从排气孔排出,气囊瘪下。图 3-7 是安全气囊的工作原理图。

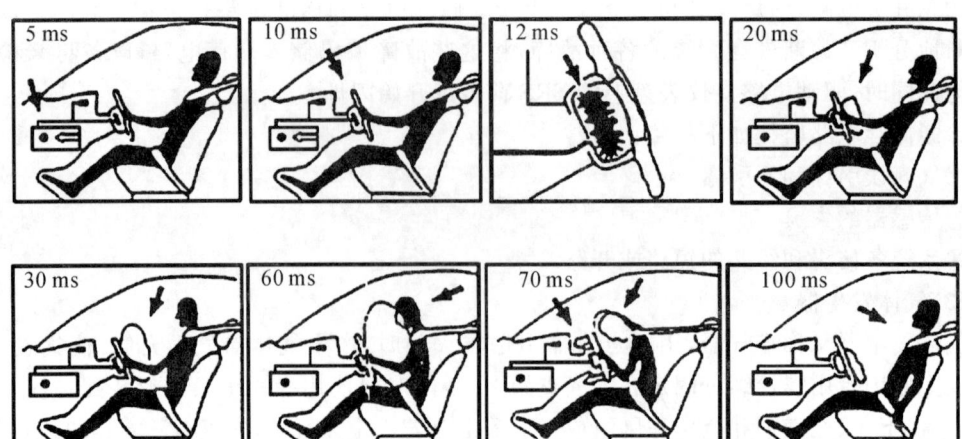

图 3-7　汽车正面碰撞时安全气囊发生作用的过程示意图

3.2.3　安全气囊控制系统的点火控制算法

1. 安全气囊的点火条件

气囊的点火条件是指在一定的碰撞条件下安全气囊必须点火,而在另一种条件下不得点火,也就是确定点火阈值。通常根据大量的碰撞事故统计数据,总结出在不同车速下的碰撞事故对乘员造成的伤害程度,据此确定何种车速需要对乘员进行保护,即确定气囊的引爆车速,确定气囊的点火时刻。对已使用安全带的气囊,国外一般规定:车速在 20 km/h 以下发生正面碰撞时,气囊不引爆;车速在 30 km/h 发生正面碰撞时,气囊必须引爆;20~30 km/h 属于点火模糊区,可以引爆,也可以不引爆。

2. 安全气囊目标点火时刻的确定

由于工作任务的特殊性,汽车安全气囊控制系统必须具备点火判断、发出点火信号的功能,还应准确判断碰撞强度、引爆车速。汽车的碰撞形式多种多样,其碰撞强度、减速度波形、车身变形都不一样,安全气囊系统必须准确判断碰撞强度,并准确、可靠地控制气囊引爆。

汽车安全气囊最佳点火时刻的确定是研究气囊点火控制的基础,气囊与成员接触后两者的作用是一个复杂的随机工程。确定安全气囊的目标点火时刻是很复杂的问题,因为它与多方面因素相关。美国、欧洲的一些国家在与气囊点火时刻相关的几个方面投入了大量的人力和物力进行试验和研究,取得了显著的成绩。目前,确定安全气囊的目标点火时刻,普遍采用的是"12.7 cm—30 ms"准则。这个准则的含义是:汽车碰撞过程中,乘员在未系安全带的情况下,乘员头部向前移动 12.7 cm 时的前 30 ms 为目标点火时刻。

由于人的头部离方向盘的距离约为 30.5 cm,气囊充满气体的厚度约为 17.8 cm,因此人的头部移动 12.7 cm 后即与气囊接触,此时气囊充满气体。而气囊充满气体的时间约为 30 ms,所以在汽车碰撞过程中,乘员头部向前移动 12.7 cm 时的前 30 ms 为气囊的最佳点火时刻。图 3-8 是乘员位移及减速度—时间曲线。

图 3-8 中,汽车开始碰撞时刻为 0,对应乘员位移为 0。延迟 t_1 时间后,乘员开始移动,t_3 时刻为乘员头部位移为 12.7 cm 时刻,目标点火时刻是 $t_3-t_2=30(\text{ms})$。由此可以看到,目标点火时刻的确定方法是:首先确定乘员位移曲线,然后在曲线上找到 12.7 cm 时刻 t_3,再由 $t_2=t_3-30(\text{ms})$,求得最佳点火时刻 t_2。

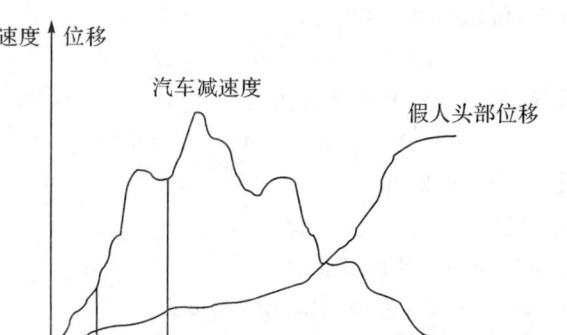

图 3-8 乘员位移及减速度—时间曲线

3. 安全气囊系统常用的控制算法

安全气囊的点火控制系统没有统一的规定算法,各种算法都是根据不同的碰撞波形开发的。早期的机械式传感器与算法于一体,由于其自身对于信息采集、处理灵活性的限制,大部分采用加速度峰值算法或速度变量法。自从采用电子式和集成式传感器以来,已发展了很多算法,现在使用的有加速度峰值法、加速度坡度法、速度变化量法、比功率法等,并且在不断发展。

(1) 加速度峰值法

这种算法是通过测量汽车上的加速度信号来实现的。当加速度信号超过预先设定的阈值就发出气囊点火信号,使气囊充气。加速度信号变化很快,而且与汽车结构和振动有关,另外,外界的干扰也会对加速度信号产生很大的影响,所以,加速度峰值法一般应用于机械式的安全气囊控制系统,引爆的车速度阈值通常定得比较高,以提高系统的抗干扰能力。采用电子式传感器的安全气囊气筒很少使用这种算法。

(2) 速度变量法

速度变量法是通过对测量得到碰撞过程中的加速度信号,进行积分得到速度变化量,当速度变化量超过预先设定的阈值时就发出点火信号。由于速度变化量曲线比加速度曲线平滑得多,所以这种算法有较强的抗干扰能力。速度变化量法要求确定开始进行积分的时刻,一般通过加速度阈值来确定碰撞的起始时刻。当检测到加速度超过设定阈值时,系统认为有碰撞发生,开始进行点火评价,对积分结果与预先设定的阈值进行比较,决定是否点火。

(3) 加速度坡度法

美国 ASL 实验室的 Tony Gioutsos 提出了加速度坡度法。Tony Gioutsos 认为,加速度法抗干扰能力较差,而速度变量法由于对加速度进行积分而使所得的指标量对碰撞强度不够敏感,所以提出采用对加速度进行求导得到加速度的变化量作为判断是否点火的指标。加速度坡度算法对速度进行很好的滤波。

(4) 功率比值法

汽车在碰撞过程中的动能是

$$E(t) = \frac{1}{2}mv^2(t) \tag{3.1}$$

式(3.1)中:m—汽车的质量(kg);

$v(t)$—碰撞过程中的汽车速度(m/s)。

对式(3.1)两边求导,可以得到其功率为:
$$p(t)=dE(t)/dt=mv(t)a(t) \tag{3.2}$$
对式(3.2)两边求导,可以得到其功率比为:
$$dp(t)=m[\Delta v(t)J(t)+a(t)a(t)] \tag{3.3}$$
式(3.3)中:$dp(t)$—比功率(kw/kg);

$a(t)$—为碰撞过程中的加速度(m/s²);

$\Delta v(t)$—碰撞过程中的速度变化量;

$J(t)=da(t)dt$—碰撞过程中的加速度梯度;

$p(t)$—碰撞过程中的功率。

这种方法就是以比功率作为阈值来进行判断,当它超过预设的阈值时就发出点火信号,否则就继续判断。使用比功率作为点火阀值的比功率法综合了加速度、速度变化量和加速度坡度三个量,对不同碰撞形式有更好的适应性,是一种较好的安全气囊点火控制算法。

在实际碰撞过程中,初始车速是未知的,故碰撞算法中的实际车速无法准确计算。

设初始车速为v_0,则碰撞过程中的速度变化量$v(t)=v_0+\Delta v$,则:
$$dp(t)=m[a^2(t)+v_0J(t)+\Delta vJ(t)] \tag{3.4}$$
计算过程中可将$v_0J(t)$约掉,即:
$$dp(t)=m[a^2(t)+\Delta vJ(t)] \tag{3.5}$$
式(3.5)的计算结果代表了比功率的大小。

由于质量因素对比功率的变换趋势没有影响,同时为了使多次试验的结果具有可比性,只考虑单位质量比功率,即将比功率除以质量:
$$udp(t)=dp(t)/m=a^2(t)+\Delta vJ(t) \tag{3.6}$$
式(3.6)中:$udp(t)$—单位质量比功率,其值的大小表示碰撞强度的强弱。

(5)移动窗式积分算法

图3-9为某一碰撞加速度曲线。

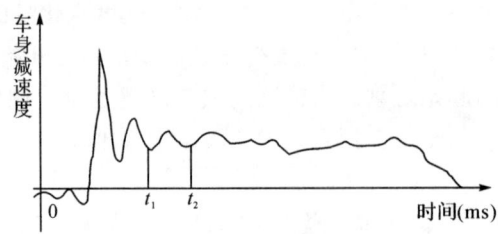

图3-9　车身加速度曲线

在车身加速度曲线上取时间窗$[t_1,t_2]$,对$a(t)$求$[t_1,t_2]$内的积分,得:
$$S(t_1,t_2)=\int_{t_1}^{t_2}a(t)dt \tag{3.7}$$
设$w=t_2-t_1$,表示时间窗的宽度,因为安全气囊点火控制器是实时进行信号采集和处理,为获得最新信息,取t_2时刻为当前时刻t,故式(3.7)可以表示为:
$$S(t,w)=\int_{t-w}^{t}a(t)dt \tag{3.8}$$

移动窗式积分算法的含义是:对当前时刻的前 w 时间内的信号进行积分,得到一个指标 $S(t,w)$,当这个指标超过预先设置的阈值 S_{th} 时,就发出点火信号,否则继续进行处理和比较。

这种算法总是只处理最近的 w 时间长度内的信号,对窗外的信号自动遗忘。移动窗积分算法的窗度 w 主要与汽车的结构和发生的碰撞方式有关,而移动窗的高度主要与碰撞的初始速度有关。

此方法是速度变化量的一个变形。当窗度较大时,如大于 30 ms,因气囊点爆的时间一般不可能晚于碰撞开始后 30 ms,则此方法等同于速度变化量法。

(6)基于速度的判别方法

上述各种算法都是基于时间的算法,这种方法是近年提出的基于速度的算法。由加速度传感器测得汽车的加速度信号,通过硬件和软件进行低通滤波,积分计算出汽车的速度。以速度为横坐标,计算加速度、加速度的平方、加速度平方的积分值等。计算结果中任一项超过某种标准,则点爆气囊。这种算法消除了由于积分起始点判断不准而引起的计算误差。

(7)速度预测算法

此种算法的前提是能检测到汽车碰撞前的速度,从而可以对碰撞强度及碰撞形式有准确的计算预测。速度的测量可以由车载雷达提供,也可以对现有汽车的速度表进行改装而测量。对新型汽车,速度的测量并不是很困难的事,此种算法对未来汽车有一定的意义。

3.2.4 客车安全气囊试验方法

根据 ISO/WD 12097 和 ISO/DP 12097 标准将气囊的试验分为两部分:
(1)对气体发生器进行试验;
(2)对气囊组件进行试验。

1. 对气体发生器进行试验

对气体发生器的试验分为两部分:环境测试和性能测试。

(1)环境测试

在环境测试中,有跌落测试、机械冲击测试、真空测试、振动与温度同时作用测试和热度湿度循环。它模拟了气囊在整个寿命周期中的环境状况,即气体发生器经过运输、储存,安装到气囊部件以及操纵汽车,包括安装和维修。在模拟中,采用比现实环境更严格的测试水平以加速老化和降级过程。

跌落测试和机械冲击测试反映了搬动、运输和固定等情况,它主要发生在寿命周期的早起阶段。真空测试模拟在部分增压的飞机中运输及在海拔高度较高的地方驾驶的情况。振动和温度同时作用测试用于模拟振动和温度的共同作用,它发生在寿命周期中在车上的阶段。行驶中的动态载荷可以被典型地描述为宽带随机振动,它在一些特征频率范围有增大的振动量级。这些载荷可能会引起摩擦、磨损、疲劳及其他破坏作用。对测试样品在不同温度下施加振动是很重要的,因为很多材料,例如聚合物,它们的机械性能随温度的变化而变化。模拟振动与温度的方式可以模拟适当的实车环境。热度、湿度测试模拟气候变化的影响,特别重要的是当气体发生器的温度低于周围空气的结露温度期间水对气体发生器内部的渗透。这些测试会引起电气失效及材料的膨胀、收缩、腐蚀及加快生物损坏和腐烂。

(2)性能测试

环境测试后进行性能测试,具体如下:

①静电放电测试。对气体发生器进行静电放电,以检验气体发生器被静电放电点爆的

能力。

②电磁兼容性(EMC)测试。EMC测试的实质即处在一定环境中设备或系统在正常运行时,设备或系统能够承受相应标准规定范围内的电磁能量干扰,相对应产品类型及标准不同而有差异。对于民用及工业和商用产品而言,基本的测试项按影响对象来划分主要有 EMS(电磁抗扰度测试)和 EMI(电磁干扰测试)。

③容器测试。对气体发生器在规定温度下一定体积的封闭容器内点爆,然后对容器压力、气体浓度以残余物进行测量和分析。

④焚烧测试。将气体发生器加热到点爆以检验其外壳是否有破损。

⑤触发装置。对触发装置进行统计测试。

⑥爆炸测试。对气体发生器的燃烧室施加一定的载荷,以检验气体发生器壳体的强度。

2. 对气囊组件的试验

对气囊组件的试验分为两部分:环境测试和性能测试。

(1)环境测试

在环境测试中,有跌落测试、机械冲击测试、粉尘测试、振动与温度同时作用测试、热度湿度循环、烟雾测试、阳光辐射测试和温度冲击测试。它模拟了气囊在整个寿命周期中的环境状况,即气囊组件经过运输、储存,安装到气囊部件以及操纵汽车,包括安装和维修。

在模拟中,采用比现实世界环境更严格的测试水平以加速老化和降级过程。其中,跌落测试、机械冲击测试、振动与温度同时作用测试、热度湿度循环同时对气体发生器的试验。

粉尘在生命周期的每个阶段都有可能渗入。因为其主要由研磨粒子引起的损伤,所以此步测试需在振动测试之前,并在机械冲击测试之后,因为机械冲击可能导致裂缝或密封失效。

烟雾可以看作是任何化学变化的加速试剂,尤其是腐蚀,同时应注意到模块材料的相容性。

阳光辐射模拟和温度冲击模拟用于决定高分子部位的老化行为。元件需要进行复合分组,因此应建立一个元件中或多个元件之间不同材料的相互作用。此试验用于评估由于辐射、热/冷和湿度共同作用而引起的各种热膨胀所引起的各种特性的变化。

(2)性能测试

环境测试后进行性能测试。

性能测试中需记录以下项目:气体发生器引信电阻,点爆时间和点爆电流曲线,气囊充气时间,气囊盖打开时间。

①静态点爆试验。将司机气囊或前排乘员气囊按照其在实车情况下的安装方式安装。依据其自身点爆条件进行点爆。点爆后要求:a.无爆出碎片击中正常坐姿乘员;b.气囊表面与人接触部分不能撕裂或烧穿;c.气囊外观应完整无损。

②容器测试。对气囊组件在规定温度下一定体积的封闭容器内点爆,然后对容器压力、气体浓度、温度计残余物进行测量和分析。要求:压力对时间的曲线应在规定范围内,保持充气器完整。

③袋子测试。袋子体积、织物通透性、织物可见性、接缝强度、织物强度、织物撕裂强度应在容许误差内。

3.3 客车吸能式转向系统

汽车转向系统是驾驶员操纵汽车的基本媒介。它连接着方向盘和转向车轮,承担了改变汽车行驶方向的责任。此外，转向系统还关系到汽车的操纵性、舒适性和安全性，是汽车中一个复杂的子系统。根据交通事故的统计资料和对汽车碰撞试验的研究，当汽车发生正面碰撞时，有46%的驾驶员伤害是由方向盘、转向管柱和转向器组成的转向系统造成的。吸能转向系统时在传统转向系统的基础上加入了可压缩变形的吸能部件，如可压缩变形转向柱、可变性支架。吸能式转向系统可显著提高汽车在正面碰撞中对乘员的保护能力。

3.3.1 吸能式转向系统的结构形式

通常来说，吸能式转向系统吸收能量的构件主要为可压缩变形的吸能式转向管柱，方向盘、转向管柱的可变形支架和中间轴结构。其中，可压缩变形的吸能式转向管柱是减轻或避免乘员伤害的关键部件，也是吸能式转向系统的研究重点，通常来说分为三种：套筒式吸能转向管柱、脱开式吸能转向管柱和网孔式吸能转向管柱。

1. 套筒式吸能转向管柱

套筒式吸能转向管柱是三种可压缩变形转向管柱中较为成熟的一种，其应用也较为广泛。它的特点是用套筒连接上、下两端管柱，由花键传递转向的扭矩。当受到碰撞冲击时，转向柱的上、下两段可以在套筒内滑动，通过摩擦和变形吸收冲击能量，同时避免方向盘向后推动撞击乘员，造成伤害。

图 3-10 是套筒式吸能转向管柱的一种形式。套筒与转向管柱之间设计时有一定的过盈量，装配后能够达到设计所要求的压紧力。当转向器受到向后的冲击时，下端转向管柱能够缩进套筒内，并通过摩擦吸收冲击能量。

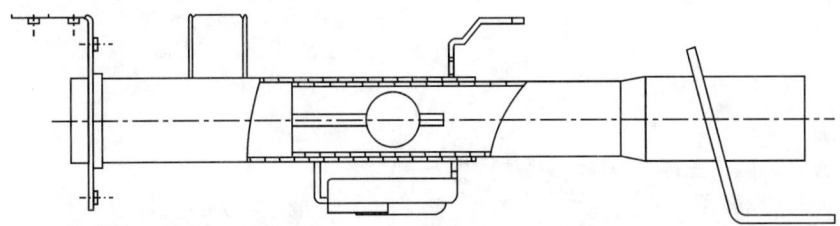

图 3-10 套筒式吸能管柱

小球式吸能转向管柱是套筒吸能管柱的另一种形式，也是目前可压缩变形的吸能转向管柱中吸能效果最好的一种，如图 3-11 所示。

小球式吸能转向管柱的特点是上、下转向管柱之间的内套筒装有若干硬化钢珠。内套筒不直接与上、下转向管柱接触，而是作为钢珠的保持架。钢珠的直径略大于上、下管柱之间的间隙。当上、下转向管柱相对运动时，它们之间的钢珠使内外转向管柱之间产生挤压变形，从而吸收冲击能量。当挤压力达到一定限度，钢珠就将会撕裂转向管柱的管壁，进一步吸收冲击能量。改变钢珠的直径可以调节转向管柱受到的冲击载荷。

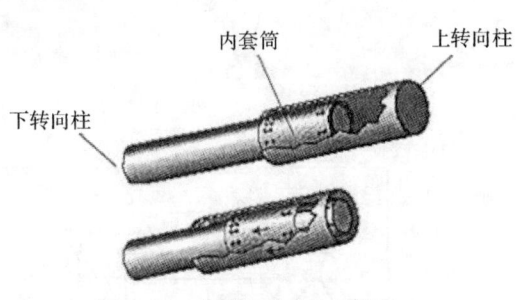

图 3-11 小球式吸能转向管柱

2. 脱开式吸能转向管柱

脱开式吸能转向管柱的结构较为简单，其特点是当碰撞冲击力达到一定限度时，上、下两端转向管柱能够自动脱开，切断转向器和方向盘之间的联系，从而避免造成对乘员的伤害。但是，这也成为脱开式吸能转向管柱的缺点，因为，上、下转向管柱脱开后就无法再传递转向力了。

图 3-12 所示的脱开式吸能转向管柱的上、下两端转向管柱之间使用了柔性联轴节,既可以传递转向力,又可以缓和冲击力。

柔性联轴节由若干弹性垫片组成,并用螺栓和上、下转向轴连接(图 3-13)。弹性垫片的轴向变形可以缓和冲击力并允许上、下转向轴相对移动。当弹性垫片受到强烈的冲击时能够撕裂直至断开。

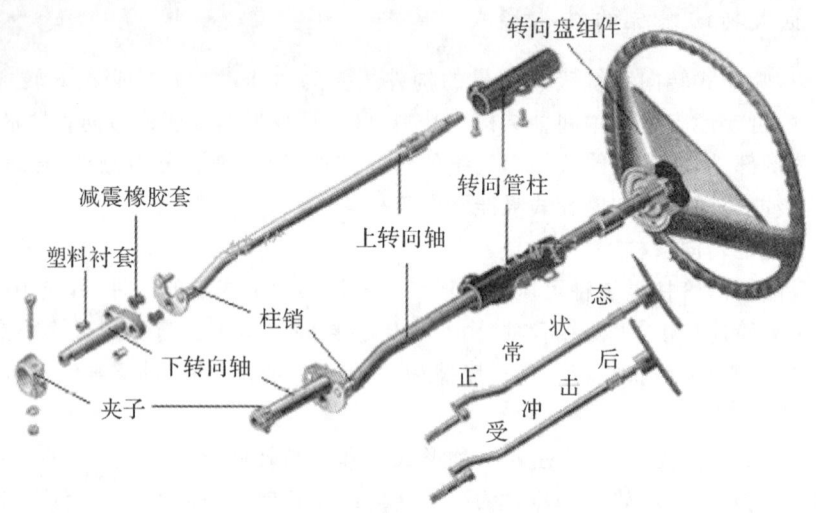

图 3-12 脱开式吸能转向管柱

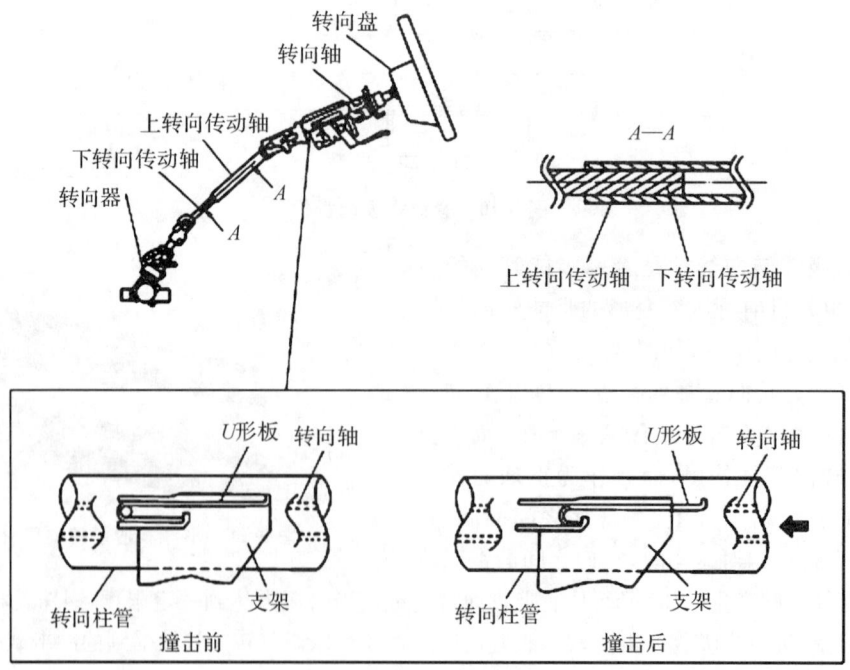

图 3-13 柔性联轴节

3. 网孔式吸能转向管柱

网孔式吸能转向管柱的管柱上有网状结构(图3-14)。转向管柱在碰撞冲击力的作用下,其网状部分被压缩变形,吸收冲击能量。

相对于套筒式和脱开式吸能转向管柱来说,网孔式吸能转向管柱的制造成本较低,但它的吸能效果不如其他两种吸能转向管柱理想。

4. 其他吸能部件

除了吸能式转向管柱外,方向盘、中间轴结构和转向管柱的变形支架也是吸收冲击能量的重要部件。

方向盘从结构上可以分为二轮辐式、三轮辐式和四轮辐式。在这三种结构中,四轮辐式结构抗轴向变形的强度最高,能够较好地组织乘员以较大的速度撞击方向盘中间轮毂部分。而二轮辐式结构是三种结构中抗轴向变形强度最低的,也是对乘员伤害最大的。

中间轴结构也是吸能式转向系统中的重要吸能部件。图3-14是安装在某车型上的吸能式转型系统。中间轴结构在受到冲击时能够折叠,避免其上部结构因为汽车发生正面碰撞而向驾驶员方向移动。同时,当人体撞击方向盘时,方向盘下的网孔结构被压缩变形,从而减轻了对乘员的伤害。

此外,变形支架的应用也提高了在汽车正面碰撞中转向系统对乘员的保护能力。

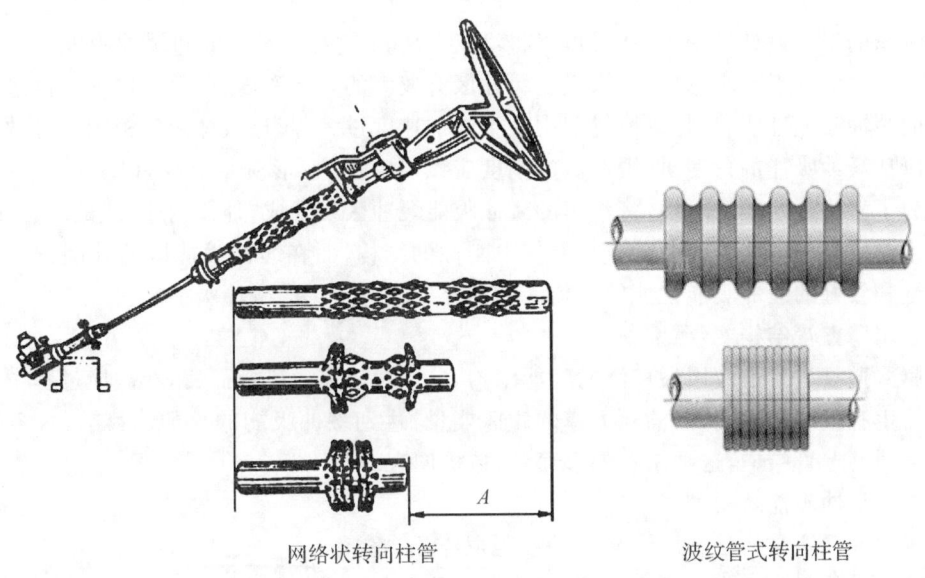

网络状转向柱管　　　　　波纹管式转向柱管

图 3-14　网孔式(或波纹管式)吸能转向系统

3.3.2　吸能式转向管柱的设计指导原则

按照公式:
$$F\Delta t = m\Delta v \tag{3.9}$$

式中:F——人体和转向系统的水平作用力;

Δt——人体和转向系统相互作用时间;

m——人体质量;

Δv——人体在与转向系统撞击过程中速度变化量。

在 Δv 一定的条件下,要减小 F,只有增加 Δt,即增加人体和转向系统的碰撞接触时间,可压缩转向系统的设计思想孕育而生。转向管柱在和人体碰撞过程中可以被压缩变形,延长了两者之间的相互作用时间,减小 F。

转向系统在被动安全性方面主要的作用是减少驾驶员在碰撞过程中的受伤程度。套筒式、脱开式、网孔式吸能转向管柱在安全性设计方面指导原则一致,分两步:

第一步:通过结构设计,阻断汽车在一次碰撞中因车架和车身的压缩变形通过转向机构等部件向乘员侧传递的力和位移。这一步设计限制了汽车前部变形导致转向系统对驾驶员生存空间的侵入,减少转向系统的后移量。

第二步:在激烈的汽车碰撞事故中,驾驶员人体不可避免地和转向系统发生碰撞,当撞击程度达到一定限度时,转向管制可以发生压缩和破坏,从而减少对人体的伤害,使相互作用力控制在允许的范围内。

3.4 客车碰撞吸能装置

3.4.1 汽车碰撞吸能装置

在汽车的安全设计过程中,通常可以将汽车分为汽车乘员安全区和缓冲吸能区。乘员安全区在碰撞中的变形越小越好,要求吸能缓冲区有较大的总体刚度,但缓冲区的刚度过大会影响汽车的缓冲吸能性能,只是碰撞过程中产生的加速度过大,超过人体耐受极限而导致人体损伤。所以从缓冲吸能的角度讲,缓冲区的刚度应该足够小,变形应足够大,以尽量减少碰撞作用力。为了解决这一矛盾,通常将汽车的碰撞吸能缓冲区设计成"外柔内刚"式的结构,缓冲吸能区与乘员安全区的交界处设计成具有较大刚性的结构,而在缓冲吸能区的外围设计成具有较小刚性和较好的缓冲吸能性能的结构。下面介绍几种常见的碰撞吸能装置。

1. 金属薄壁管结构

金属薄壁管是目前应用最广泛的吸能结构之一,对于前后碰撞而言,在碰撞过程中通过金属构件发生有效的塑性变形,消耗大量的碰撞能量,达到缓冲吸能的目的。目前,大多数车辆均采用金属薄壁管结构,这种结构外形简单,造价便宜。

2. 液压缓冲吸能结构

液压缓冲吸能结构是利用油液的黏性阻尼作用,将大部分的冲击能量通过节流孔转化为油液的热能并散发掉。液压缓冲器的结构如图 3-15 所示。横杠内侧加强件通过橡胶垫与液压缓冲器的活塞杆相连接,活塞杆做成空心,内装一浮动活塞将其隔成左、右两腔,左腔充满氮气,右腔充满机械油,活塞杆外圆柱面与缓冲缸内圆柱面滑动配合。缓冲缸固定在车架上,当汽车碰撞时,保险杠横杠受到的碰撞冲击力由其横杠内侧加强件传到活塞杆上,活塞杆端部向右移动,推动机械油按图示箭头方向流过节流孔,压向活塞右腔,推动活塞向左移动,并使氮气受到压缩。这样,利用机械油通过节流

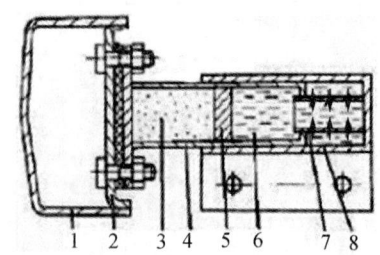

图 3-15 液压缓冲吸能结构示意图
1—横杆 2—横杆加强件 3—氮气
4—活塞杆 5—移动活塞 6—机械油
7—节流孔 8—缸体

孔时的黏性阻力吸收撞击能量,吸收能量的效率高达80%,工作特性比较稳定。

液压缓冲不仅能够吸收巨大的冲击能量,而且可以通过调节节流孔来设计不同的碰撞缓冲规律,缓冲器的特性取决于节流孔的设计,节流孔的设计合理与否,直接影响到缓冲器的性能。液压吸能装置工作稳定可靠,特别适合于冲击能较大的场合。但是其结构复杂、维修不便,密封要求高,需要经常保养,否则会产生渗漏,对环境温度变化也比较敏感,生产成本及保养费用较高,目前仅应用于奥迪、宝马等高档车型。

3.4.2 客车碰撞吸能结构

为了使驾驶员有良好的视野,我国大中型客车较多地采用平头结构,驾驶室前部缺乏缓冲吸能装置,在碰撞安全性方面存在很大的隐患:当发生正面碰撞时,客车驾驶室空间会变成吸能区,从而导致车内的乘员尤其是驾驶员会受到严重的损伤。

客车发生正面碰撞时,其前端结构件的吸能特性和变形模式将决定着车体在撞击时的加速度或力的影响特性,对乘员的保护有着非常重要的作用。而一般客车的前部空间缺乏薄壁直梁构件,驾驶室区域成为吸能压溃区,碰撞中变形严重,驾驶员的生存空间难以得到保证,并且在碰撞过程中产生的过高加速度峰值也会增加乘员的损伤风险。

提高客车的前碰撞安全性必须对前部结构件进行特殊设计,以提高车体结构的耐撞性能,并取得理想的车体碰撞加速度波形,从而降低乘员的伤害程度。合理的前部结构大概可吸收整个碰撞能量的30%~50%。

3.5 校车安全技术

3.5.1 校车安全法规

美国是世界上较早颁布校车安全法规的国家。联邦机动车安全标准(Federal Motor Vehicle Safety Standards,FMVSS)分为5大类:FMVSS 100系列(汽车主动安全)、FMVSS 200系列(汽车被动安全)、FMVSS 300系列(防止火灾)、FMVSS400系列(附属设施)和FMVSS 500系列(其他)。其中共有35项涉及校车法规,涉及校车的安全出口、内部乘员保护、地板强度、座椅系统、车身和骨架的耐撞性、车辆的操作装置、风挡玻璃和窗户、燃油系统8个方面。

我国已发布的校车相关安全标准有《专用校车安全技术》《专用校车学生座椅系统及其车辆固定件的强度》《校车标识》。2012年3月国务院颁布《校车安全管理条例》。

通过对比美国校车安全标准和我国校车安全标准,我国校车标准还有很多不完善的地方,具体表现为以下几点:

(1)我国法规中只规定接送小学生的专用校车应按照专用校车国家标准设计和制造,但还缺乏针对幼儿和中学生的非专用校车安全标准,应当加快制定此方面的校车安全法规。

(2)我国专用校车方面的安全标准还不够完善。如校车连接强度、碰撞时的燃油溢出量等的标准,在碰撞试验法规中所规定的碰撞形式还不够全面。我国的碰撞标准仍相对宽松和落后,追尾碰撞标准和燃油泄漏量标准仍没有颁布,应参考国外先进标准,加快制定更加合理、科学的碰撞法规。

(3)我国校车安全标准法规的研究工作较为分散,研究成果尚未全面共享,不利于提高校车的制造水平。我国和美国人体体质和体型存在差异,应在考虑中国国情的基础上,制定适合我国校车运营和发展的标准与法规。

(4)校车的安全不仅要有严格的安全标准,还需要有校车的运营与维修、道路交通法规、政府的严格管理与监督,以及财政补贴政策等方面的配套法规,应当加快补充相关的校车法规。

3.5.2 校车座椅安全标准及试验方法

座椅作为校车的一个关键安全总成部件,是学童的乘坐区间,其性能的好坏直接关系到学童上学路上的舒适与安全,对校车安全起到重要作用。校车座椅主要由座椅骨架、弹性材料、护面、固定支架、附件(调节机构、扶手、拉手等)五大部分组成。在校车行驶过程中,受到不同路况状态、紧急制动或发生碰撞事故等影响,校车座椅的外观、造型、强度及连接件的牢固程度需要满足必要的要求。国家陆续出台几项强制性校车标准,规定校车座椅属于强制性检测产品,其性能必须满足相关强制性要求,从制度和法律的角度推进和落实国内校车的安全建设,其意义不言而喻。

1. 座椅安装要求

GB 24406 标准要求所有座椅必须向前安装。所提供的每种调整系统和位移系统都应配备自动锁止装置,试验后座椅的调整系统和锁止系统允许产生变形、部分断裂,但不允许失效。座椅、座椅连接件或配件不应在试验过程中完全脱离;即使车身上一个或几个固定点有部分脱离或其周边区域产生永久变形,座椅也不应与车身完全脱开;座椅靠背的装饰件或配件不应出现可能给乘员带来伤害的危险尖角。

2. 座椅抗后倾性能

座椅抗后倾性能是座椅的重要性能之一,GB 24406 要求校车座椅进行静态加载试验。试验后,座椅靠背所受的力不应超过 9786 N;靠背的位移不应超过 254 mm;变形后的座椅不应进入相距其他座椅原始安装位置 102 mm 的范围内;座椅、座椅连接件或配件不应在试验过程中完全脱离。

GB 24406 的加载装置参考美标,采用半个刚性圆柱体,如图 3-16 所示。试验时,安装加载横梁使其纵向中心轴在车辆横向平面内。沿水平方向,在座椅基准点 R 以上 343 mm 的水平面内,对座椅靠背向后移动加载梁直至载荷为 222 N;继续施加载荷,在 5~30 s 内使座椅变形吸收的能量达到 316 J(长条座椅需乘以座位数),保持 5~10 s 后卸载,完成试验。试验方法如图 3-17 所示,试验结果曲线如图 3-18 所示。

图 3-16 国标加载装置

图 3-17 GB 24406 座椅后倾试验

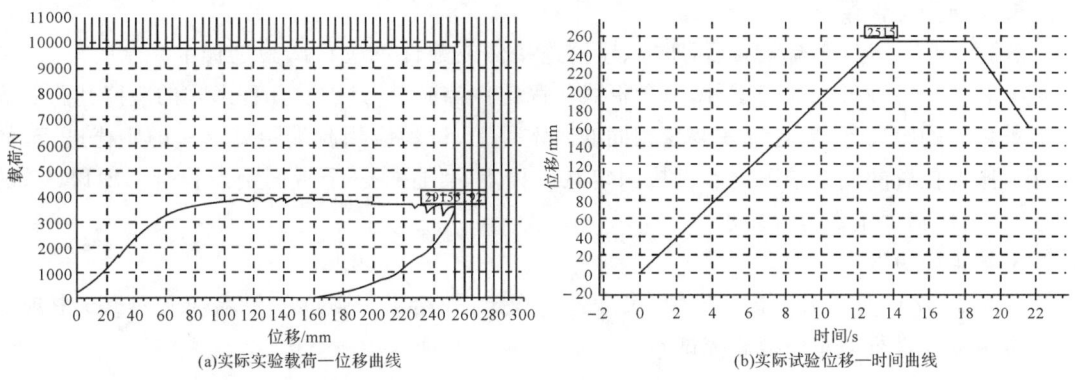

(a)实际实验载荷—位移曲线　　　　　　(b)实际试验位移—时间曲线

图 3-18　国标试验结果曲线

3. 座椅保持能力

GB 24406 中规定：对于有坐垫的座椅在 1~5 s 时间内对坐垫施加向上的大小相当于坐垫重力 5 倍的力，并保持 5 s，坐垫的任何安装点都不得与座椅分离。

4. 座椅抗前倾性能

GB 24406 要求进行座椅动态试验，座椅应满足：乘坐的乘客能被其前方的座椅和安全带恰当地约束住；乘坐的乘客为受到严重的伤害，头部允许伤害指标 HIC 小于 500，胸部允许指标 ThAC 小于 30 g（总时间小于 3 ms 者除外），腿部允许指标 FAC 小于 10 kN（使用混合Ⅲ型第 5 百分位人体模型试验）；座椅、座椅连接件或配件不应在试验过程中完全脱离，座椅靠背的装饰件或配件不应出现可能给乘员带来伤害的危险尖角；头型接触区域的曲率半径不应小于 5 mm；紧邻其后的座椅的 G 点应与该座椅的 G 点的高度差不大于 72 mm，如果大于 72 mm，应按照实际装车位置关系进行试验。座椅动态试验如图 3-19 所示。

按 GB 24406 要求试验时，将试验座椅或约束隔板安装在试验平台上，所有的装饰件和配件安装齐全，调整好试验座椅的位置、靠背倾角及头枕位置；将辅助座椅放置在试验座椅后面，调整状态一致，将假人按照乘坐位置无约束地放在辅助座椅上，并按照规定程序安置好；将试验平台安装在模拟滑车上，滑车的碰撞速度应为 30~32 km/h，减速度或加速度—时间曲线应如图 3-20 所示，且平均值应为 6.5~8.5 g；用坐在辅助座椅上的假人重复进行前述试验，假人佩戴安全带，并按照制造厂的说明安装和调整，完成试验。

图 3-19　GB 24406 座椅动态试验

5. 座椅固定件要求

GB 24406 规定：座椅试验后，座椅、座椅连接件或配件不应在试验过程中完全脱离；一种车型上有多于一种形式的固定件，每种形式的固定件都应进行试验；几种形式的座椅其前后椅脚脚端之间的距离不等，且都安装在相同的固定件上，试验应用脚端距离最短的座椅进行；如果相应座椅位置的安全带固定点直接固定在座椅上，且这些安全带固定点符合 GB 14167 的要求，认为座椅固定件符合要求。

6. 约束隔板要求

GB 24407 中对约束隔板的安装、尺寸进行规定，并给出了强度的要求，GB 24406 中规定约束隔板需要进行动态模拟碰撞试验。

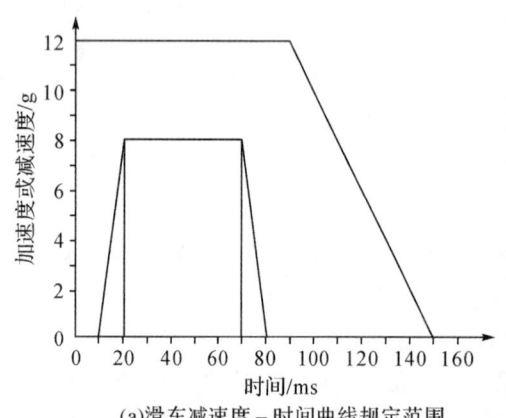
(a)滑车减速度－时间曲线规定范围

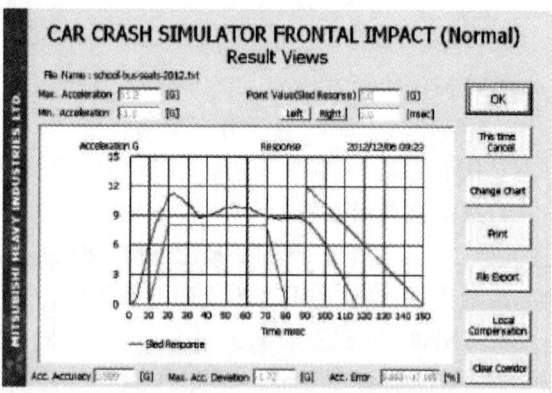
(b)实际试验滑车减速度－时间曲线

图 3-20　滑车加/减速度－时间曲线

7. 碰撞区域要求

GB 24406 中采取了座椅动态模拟碰撞试验，没有规定头型、膝型的碰撞试验。

8. 长条座椅位数确定

GB 24406 针对不同类型校车分别进行规定。对于幼儿专用校车，座椅坐垫宽度除以 330 后取整；小学生专用校车，坐垫宽度除以 350 后取整；中小学生专用校车，坐垫宽度除以 380 后取整。

3.5.3　校车儿童约束系统

1. 儿童乘员约束系统

儿童乘员约束系统(Child Restraint System，CRS)是一种有效的安全装置，能够有效地减少儿童在车祸中的伤亡。儿童乘员约束系统包括儿童安全座椅、安全带和定位连接装置，儿童乘员约束系统通过限制儿童的活动来降低发生碰撞和突然减速受到的伤害。

儿童乘员约束系统由儿童安全座椅或坐垫、连接固定系统和安全带系统三部分组成。儿童安全座椅或坐垫包括座椅支撑、儿童支撑和调节装置，连接固定系统包括约束定位装置和连接装置。安全带系统包括织带、卷收器、锁扣和长度调整机构，其组成如图 3-21 所示。

儿童乘员约束系统应在乘用汽车以下各种状况下保护儿童的安全：

（1）前向碰撞或急刹车时，能有效阻止儿童身体向前急速运动，避免二次碰撞，更不能因为约束系统的定位不佳而向前滑动；

(2)侧向碰撞时,靠背侧翼和头枕侧翼能有效地保护儿童的躯干和头部;
(3)后向碰撞时,靠背和头枕能承托儿童的躯干和头部,以免儿童颈部损伤;
(4)侧翻时,儿童身体及约束系统只能少许移动,绝对不能松脱;
(5)儿童睡觉时,座椅侧翼能保证儿童身体不会严重歪斜,以免碰撞时受到伤害。

目前,世界各国对儿童乘员约束系统的研究主要集中在约束系统设计、分析试验方法、评价标准以及正确使用4个方面:

(1)儿童乘员约束系统的设计必须兼顾材料力学、人机工程学、儿童心理学等多方面因素,达到最佳的安全性能。主要工作包括:安全带的结构形式、布置方式、佩戴舒适性和适用范围研究新型适用的安全带,如预紧式安全带、限力式安全带,研究合理可靠的儿童乘员约束系统定位装置,发展低能量气袋,减少气袋对儿童乘员的伤害;智能保护系统(如儿童安全门锁等)等5个方面的研究。

(2)试验方法的优化研究。包括用于保证分析可靠性方面的假人模型的选择、座椅总成的调整、台车冲撞试验脉冲的优化,侧面碰撞和后面碰撞的安全性能分析,以保证分析的完整性。

(3)评价标准的研究。包括对假人伤害指标的完善和对约束系统性能评价指标的完善。前者主要是在现有的伤害指标基础上,借鉴成人约束系统的评价标准,为儿童乘员约束系统提出了更为详细的伤害标准;后者是指增加以提高使用便利性为目的的评价标准,更好地推广儿童乘员约束系统的使用。

(4)基于整车定位和安装方面的研究与分析。事实证明,合理、可靠、正确的使用和安装方式,可以保证儿童约束系统起到有效的保护作用。

在我国,对儿童乘员安全性问题还没有得到广泛的重视。该领域的主要工作应集中在儿童安全系统的推广,并借鉴国外儿童乘员约束系统的研究理论进行儿童安全座椅的实际生产。

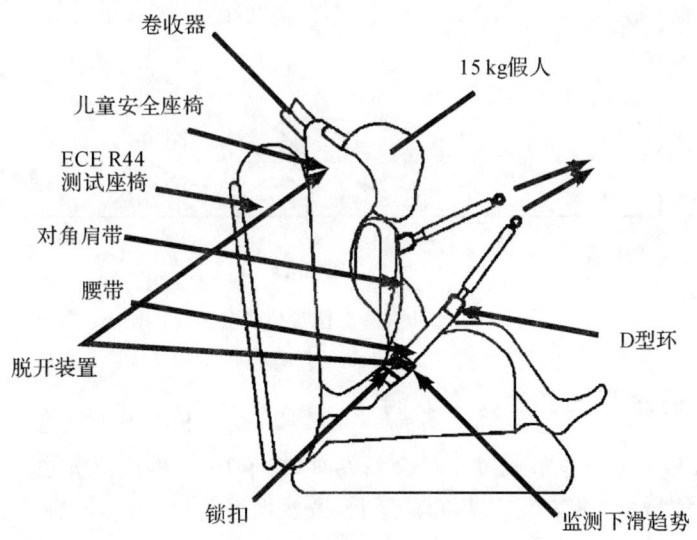

图 3-21 儿童乘员约束系统

2. 校车儿童乘员约束系统

校车儿童乘员约束系统主要包括校车座椅及座椅安全带。在校车碰撞事故中,校车儿童座椅及安全带的防护作用效率对儿童保护有着重要影响。

校车作为客车的一种,对于座椅的安全性要求与客车有很多相似之外,但由于乘员和座椅数量与客车有很大的不同,车内布置也有所变化,一些安全部件的设计参数需要重新设计或调整。而且在校车中,安全气囊的应用尚不广泛,使安全带的保护作用更为重要。

安全带是乘员约束系统的重要组成部分,但由于我国交通安全意识还比较单薄,很多校车在日常使用过程中,并不十分重视对座椅安全带的使用。由图 3-22 儿童假人头部伤害加速度曲线可知,在发生碰撞时,没有配置安全带的儿童头部加速度有很高的峰值。相反,配有安全带的座椅能在碰撞过程中给儿童有效的保护,安全带能有效地限制儿童的移动,使儿童头部与前排座椅没有接触,有效地保护儿童。这说明,在校车行车过程中,儿童系上安全带是非常必要的。

按安全带固定方式分,校车儿童安全带一般有两点式安全带、三点式安全带和五点式安全带。两点式安全带在碰撞过程中不能有效阻止儿童乘员在其惯性力的作用下向前运动。三点式和五点式安全带能有效地约束住儿童乘员,正确使用能有效降低儿童乘员的损伤程度,但三点式安全带在碰撞过程中对儿童乘员胸部冲击力更大,五点式安全带对降低儿童乘员伤害的效果最好。目前校车普遍采用两点式安全带。

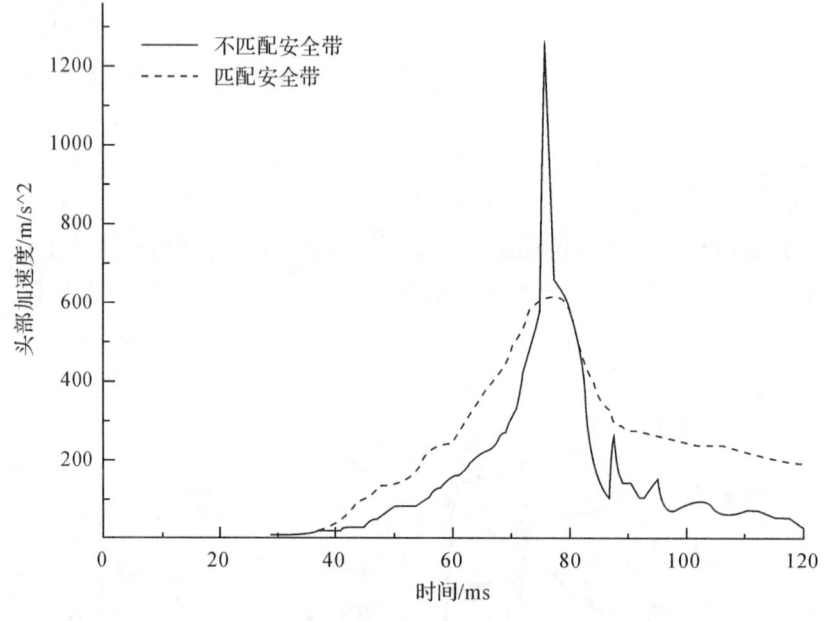

图 3-22 儿童头部伤害加速度曲线

3.5.4 带有前向防护装置的校车座椅

目前,频繁发生的校车事故引发了社会各界对"校车安全"的广泛关注,校车座椅上普遍使用安全带作为保护措施,将学生束缚在椅背上,虽然操纵简单,但是不稳定且约束效果有限。国内外市场的校车安全带主要使用两点式安全带,但是当校车发生紧急刹车或者碰撞的时候,并不能很好地保护学生,容易造成学生的上半身向前倾斜,腰部、胯部会受到伤害,对学生的生命安全构成重大的威胁。

带有前向防护装置的校车座椅能够解决上述现有技术存在的缺陷,给校车儿童乘员提供安全的乘车环境。

图 3-23 为带有前向防护装置的校车座椅结构图。包括座椅本体,其特征在于,座椅本体

的两侧分别设置有扶手,在两扶手之间安装有前向防护装置。图3-24为前向防护装置局部剖开结构示意图,前向防护装置包括:控制板21、锁止杆22、滑轨23、空心管状护栏24;所述控制板21上左右两边对称设置有倒八字形的滑槽212,该滑槽212通过滑销221与锁止杆22的一端铰接连接,锁止杆22的另一端与滑轨23固定连接,并且滑轨23的端部222裸露在滑轨23之外;所述控制板21、锁止杆22设置在护栏24内,滑轨23固定在护栏24的两侧;在两扶手3的内侧分别设置有一凹槽32,该凹槽32上设置有若干并排设置的锁止孔31,所述滑轨23可在该凹槽32内来回滑动,锁止杆22的端部222在滑轨23的带动下可插入锁止孔31内,从而使锁止杆22与扶手3锁定。

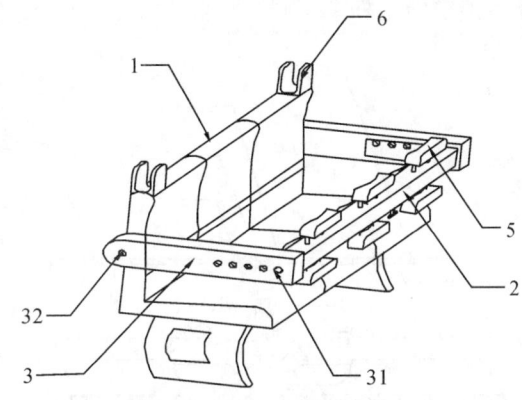

图3-23 带有前向防护装置的校车座椅结构图
1—座椅本体 2—前向防护装置 3—扶手 31—锁止孔 32—凹槽 5—软质保护垫

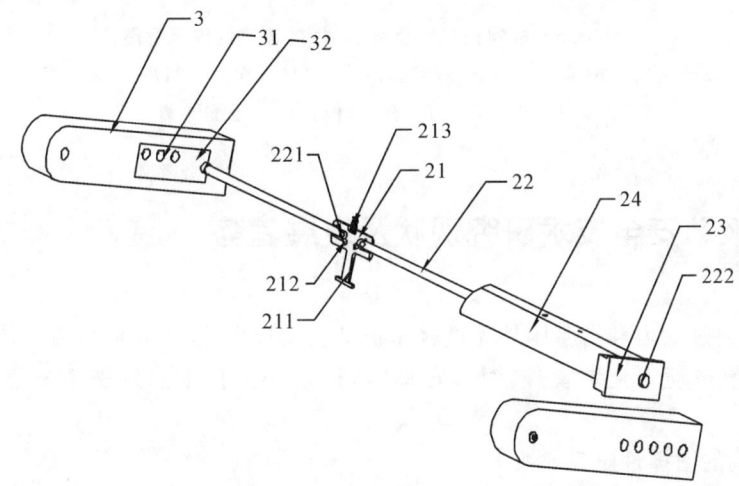

图3-24 前向防护装置剖开结构示意图
21—控制板 22—锁止杆 23—滑轨 24—空心管状护栏 221—滑销 212—八字型滑槽
213—卡槽 221—滑销 222—锁止杆端面 3—扶手 31—锁止孔 32—凹槽

图3-25为控制板与锁止杆、护栏的连接结构示意图。控制板21上设置有控制手柄211、卡槽213,所述控制手柄211、卡槽213相对设置且两者的连线与所述锁止杆22所在的直线相互垂直;所述护栏24上设置有孔241,所述控制手柄211从所述孔241穿出,控制手柄211可沿着所述孔241上下滑动;在护栏24的内部设置有一卡位241,所述卡位241与所述卡槽213

位置相对应,在卡位241与卡槽213之间放置有一压缩弹簧4。

工作原理:将控制手柄211向上推,处于控制板21内的弹簧4在护栏24的作用下就会被压缩,同时控制手柄211推动控制板21向上滑动,控制板21向上滑动就使与滑槽212铰接连接的锁止杆22沿着滑槽212滑动,由于滑槽212呈倒八字形,两个锁止杆22就会相向朝着彼此的方向运动,从而使锁止杆22的端部222脱离锁止孔31,然后根据需要调整护栏24的前后位置,调整位置的过程就是滑轨23在凹槽32内来回滑动的过程,当调整好需要的位置后,松开控制手柄211,压缩的弹簧4回弹,回弹的弹簧4就会推动控制手柄211向下滑动,控制手柄211向下滑动就使得两个锁止杆22相向朝着彼此相反的方向运动,从而锁止杆22的端部插入锁止杆22内,并最终锁定锁止杆22与扶手3。

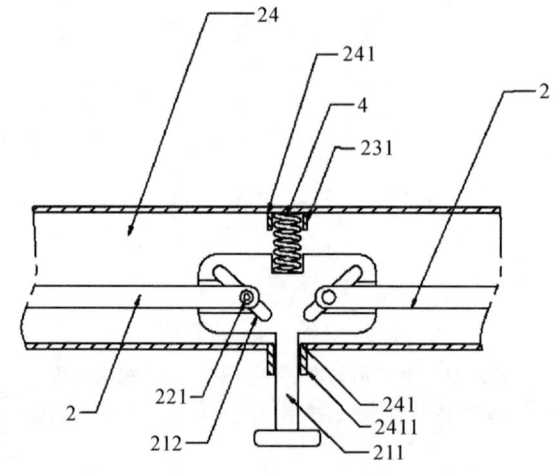

图 3-25　控制板与锁止杆、护栏的连接结构示意图
2—前向防护装置　212—八字型滑槽　221—滑销　211—控制手柄
231—卡位　241—孔(卡位)　4—压缩弹簧

3.6　客车被动安全技术研究现状及发展趋势

近年,我国通过学习和借鉴国外先进客车被动安全技术,除了我们现在所使用的汽车安全带和安全气囊等被动安全装备外,对客车而言,被动安全技术的发展主要集中在以下3个领域:

1. 车体结构的耐撞性研究

客车车体结构耐撞性研究主要是研究车身结构对碰撞能量的吸收特性,寻求改善车身结构耐撞性的方法,使得车身结构在外力冲击下能以预计的方式变形,其变形量能控制在一定的范围内,在保证客车乘员生存空间的前提下,车身变形吸收的能量最大,从而使传递给车内乘员的碰撞能量降低到最小,尽可能使乘员受伤害程度降到最低。

国内目前对于客车车体结构耐撞性的研究,主要按照正碰、侧碰、倾翻三种碰撞形式,分别开展了客车前部、侧部、上部的结构吸能及强度、刚度等方面试验研究和仿真分析。通过对冲压壳体式与型材骨架式车辆倾翻试验结果对比分析发现,冲压壳体式车辆的试验通过率相对偏低,建议厂家多采用型材骨架式。另外,许多研究人员都在积极探索潜在的新型结构和材料,希望在减轻客车重量的同时提高其耐撞性能,同时还开始了焊点类型和分布位置对车体结构强度、刚度等方面影响的研究。

2. 乘员约束系统的研究

乘员约束系统在碰撞中与乘员直接发生作用,影响乘员伤害指标,是提高客车乘员安全性的重要环节,也是客车被动安全技术的核心。在保证客车车体耐撞性的前提下,研究和改善乘员约束与保护系统的结构参数和材料特性是进一步提高客车被动安全性的关键。

国外一直在致力于提高客车乘员约束与保护系统的研究,分别开展了安全带、安全转向系统、安全内饰件及智能约束系统等研究工作。在安全带设计方面先后设计了卷收器、自动锁止卷收器和紧急自动锁止卷收器等来提高安全带的约束性能,还开发了安全带预紧器、充气式安全带、儿童安全带系统等。在安全转向系统方面,开发的压馈式转向管柱能在转向盘受到的碰撞力达到一定值时顺利地产生位移(被压馈),从而将转向盘的碰撞阻力限制在一定范围内。在安全内饰件研究方面,先后设计了安全座椅、吸能式转向器、安全仪表板和膝垫等,并在不断寻求吸能式内饰件衬垫材料。另外,有研究人员利用计算机仿真技术对不同类型的假人,针对尾撞不同试验标准,研究了主动式头枕的作用,以及座椅其他参数对假人伤害指标的影响。能够根据不同的乘员位置和体征、不同的碰撞形式和强度为乘员提供最优保护的智能式乘员约束系统一直在努力探索中,不断有新的产品研制成功并推广应用。

目前,我国客车乘员约束与保护系统主要由座椅和安全带组成,未来我国客车除了进一步完善和改进这些系统外,还要开发更安全、更舒适的乘员约束系统。考察座椅的被动安全性能主要从静态试验和动态试验来评价,动态试验更能反映交通事故发生时,座椅强度和乘员的动态响应情况,建议采用动态试验来评价座椅及其车辆固定件的强度。对比 ECE R80 和 ADR 68/00 中对台车试验的规定发现,后者在碰撞试验条件和人体损伤限值等方面要求更为严格,被认为是目前世界上最严格的座椅动态试验法规。国家客车监督检验中心通过多次试验结果总结,为了能更顺利地通过 ADR 68/00 要求,建议厂家:首先,在座椅后靠背的重要位置采取良好的吸能措施,用以缓冲和吸收来自后排座椅乘客的撞击能量;其次,合理设计座椅靠背强度,使座椅靠背具有一定柔性,在碰撞过程中既保证变形又保持强度;最后,可采用带有速度感应功能的锁止式卷收器的安全带,在碰撞瞬间感应速度变化,迅速张紧安全带,将乘客固定在座位上。

3. 人体碰撞生物力学的研究

人体碰撞生物力学是客车被动安全技术研究的基础,也是研究的难点,是一项多学科交叉的研究内容,它涉及工程学、人体解剖学、生理学和医学等领域,主要是根据人体生理学和医学把人体能耐受的冲击极限值定量化,用工程学观点来研究人体对碰撞冲击的响应,以此来衡量乘员保护装置的性能要求和需要进一步完善的程度。

目前,国外在碰撞生物力学领域开展的试验研究主要包括两类:一是研究生物体碰撞响应特性的基础性试验,如头部损伤耐受度(HIC)和胸部损伤耐受度(VC)等就是通过此类试验得到;二是研究汽车乘员约束和防护设施的碰撞试验,碰撞试验的危险性决定了必须采用模型来代替真人试验。试验模型主要有三类:一是生物力学模型,如志愿者试验、尸体试验、动物试验等。二是机械假人模型。目前世界各国汽车安全性评价主要依赖假人模型试验,因生物力学保真度界域的特殊性,使得至今尚未研制出满足各个方向碰撞响应参数的假人。国外有研究人员比较了在低速尾撞工况下,志愿者和 RID2 尾撞假人颈部的动态响应和颈部伤害标准值(NIC),验证了 RID2 假人有良好的生物仿真性。三是人体数学模型,此类模型的建立、验证和参数分析已成为碰撞生物力学仿真研究的重点。

国内对人体碰撞生物力学的研究起步较晚。目前的研究主要是跟踪和引入国际前沿领域的研究成果,建立人体局部生物力学模型,通过相关的试验验证模型的可靠性,对其碰撞损伤机理进行研究,同时进行一些基础的假人和动物试验,逐步开展尸体和志愿者试验。将生物力学研究和中国人体特征相结合,建立适用于中国人体防护研究的基础数据库、人体模型、试验假人、损伤评价标准和人体耐受度指标等,将是我国碰撞生物力学研究的重要任务。

客车被动安全涉及的社会面广,无论是驾乘人员,还是政府管理部门,都对未来客车安全性的要求越来越高。因此,只有不断健全和完善客车安全法规,加强我国客车被动安全技术研究,不断学习和借鉴国外先进技术,才能保证我国客车工业在激烈的国际市场竞争中立于不败之地。

参考文献

[1] 王刚,张金换等. 澳大利亚客车座椅动态试验与分析[J]. 公路交通科技,2003,20(1).

[2] 王金刚,冯星野,李宏光. 两点式与三点式安全带有效性的比较[J]. 汽车安全,1996(1):39-47.

[3] 郭启新. 基于客车翻滚事故分析的安全带对乘员保护效果的研究[D]. 长沙:湖南大学,2012.

[4] 李靖. 汽车安全气囊智能控制系统的研究[D]. 沈阳:东北大学,2006.

[5] 张金换,杜汇良,马春生等. 汽车碰撞安全性设计[M]. 北京:清华大学出版社,2013.

[6] 王宏雁,瞿喆文. 吸能式转向系统在正面碰撞中运动响应的模拟[J]. 同济大学学报,2003,13(12):1454-1458.

[7] 瞿喆文. 吸能式转向系统在正面碰撞过程中的运动响应[D]. 上海:同济大学,2003.

[8] 张洪欣. 汽车设计[M]. 北京:机械工业出版社,2007.

[9] 陈奎元. 汽车转向系统(一)[J]. 汽车与驾驶维修,1995(4).

[10] 吉林工业大学汽车工程系. 汽车构造[M]. 北京:人民交通出版社,1996.

[11] 徐引龙,胡敬文等. 吸能转向管柱结构分析及研究[C]. 中国汽车工程学会第六届汽车安全技术学术会议,2001:77-81.

[12] 石磊军. 几种汽车碰撞吸能装置[J]. 中国科技信息,2014,10:120-121.

[13] 张建,范体强,何汉桥. 客车正面碰撞安全性仿真分析[J]. 客车技术与研究,2009,3:7-9.

[14] 陈涛,王栋,魏朗. 中美校车安全标准比较研究[J]. 中国安全科学学报,2012,22(5):147-153.

[15] 杜长江,张洪涛等. 中美校车座椅安全标准及试验方法对比[J]. 汽车零部件,2013,6:47-52.

[16] GB 24406-2012 专用校车学生座椅系统及其车辆固定件强度.

[17] GB 24407-2012 专用校车安全技术条件.

[18] 方园,吴光强. 儿童乘员约束系统研究现状与展望[J]. 中国工程科学,2006,8(8):82-85.

[19] Office of regulatory analysis and evaluation plans and policy. Advanced Notice of Proposed Rule making to Add A Side Impact Test to FMVSS 213. February 2002.

[20] Office of regulatory analysis and evaluation plans and policy. Proposed Amendment to FMVSS 213 Frontal Test Procedure. February 2002.

[21] A dynamic safety rating program for child restraint systems and review of comments. Government-Industry Meeting. May 15, 2002.

[22] Decina L. E. Lococo K. H. Child Restraint System Use and Misuse in Six States. January 2005.

[23] 韩勇,周水庭等. 校车儿童约束系统防护效率初步研究[C]. Proceedings of the 11th International Forum of Automotive Traffic Safety, 2014, pp. 209−219.

[24] 唐友名. 带有前向防护装置的校车座椅[D]. 中国,发明专利.

[25] 李仕锋,丁良旭,曹源文. 客车被动安全研究主要方法及内容[J]. 客车技术与研究, 2012,4(2):5−8.

第四章 客车主动安全技术

随着社会的发展,交通安全问题越来越凸显,传统的汽车安全理念也在逐渐发生变化,传统的安全理念很被动,比如安全带、安全气囊、保险杠等多是些被动的方法并不能有效解决交通事故的发生。随着科技的进步,汽车的安全被细化,目前汽车安全分为主动安全、被动安全两种概念。所谓主动安全技术,是指通过预先的防范,避免事故发生的技术。

4.1 现有主动安全技术及装备

现有主动安全技术包括防抱死制动系统(ABS)、电子制动力分配(EBD)系统、牵引力控制系统(ESP)、胎压监测系统、客车轮胎爆胎保险装置系统、客车发动机可变进气制动缓速装置系统、客车辅助制动系统、客车先进辅助驾驶系统等。

1. 防抱死制动系统(ABS)

防抱死制动系统(Anti-lock Braking System,ABS)是一种具有防滑、防锁死等优点的汽车安全控制系统。现在汽车上大量安装防抱死制动系统,ABS既有普通制动系统的制动性能,又能防止车轮锁死,使汽车在制动状态下仍能转向,保证汽车的制动稳定性,防止产生侧滑和跑偏,是目前汽车上较为先进、制动效果较佳的制动装置。

通常,汽车在制动过程中存在着两种阻力:一种阻力是制动器摩擦片与制动鼓或制动盘之间产生的摩擦阻力,这种阻力称为制动系统的阻力。由于它提供制动时的制动力,因此也称为制动系制动力;另一种阻力是轮胎与道路表面之间产生的摩擦阻力,也称为地面制动力。地面对轮胎切向反作用力的极限值称为轮胎—道路附着力,大小等于地面对轮胎的法向反作用力与轮胎—道路附着系数的乘积。如果制动系制动力小于轮胎—道路附着力,则汽车制动时会保持稳定状态,反之,如果制动系制动力大于轮胎—道路附着力,则汽车制动时会出现车轮抱死和滑移。

地面制动力受地面附着系数的制约。当制动器产生的制动系制动力增大到一定值(大于附着力)时,汽车轮胎将在地面上出现滑移。汽车的实际车速与车轮滚动的圆周速度之间的差异称为车轮的滑移率。滑移率 S 的定义公式如下:

$$S = \frac{V_t - r\omega}{V_t} \times 100\% \tag{4.1}$$

式中:S—滑移率;
　　　V_t—汽车理论速度(车轮中心速度,m/s);
　　　ω—汽车车轮的角速度(rad/s);
　　　r—汽车车轮的滚动半径(m)。

由上式可知：当车轮中心的速度（即汽车的实际速度）V_t 等于车轮的角速度 ω 和车轮半径 r 乘积时，滑移率为零（$S=0$），车轮做纯滚动；当 $\omega=0$ 时，$S=100\%$，车轮为纯滑动；当 $0<S<100\%$ 时，车轮既有滚动又有滑动。

图 4-1 给出了车轮与路面纵向附着系数和横向附着系数随滑移率的典型曲线。当轮胎滚动时，纵向滑附着系数为零；当滑移率为 15%～30% 时，纵向附着系数达到峰值；当滑移率继续增大，纵向附着系数持续下降，直到车轮抱死（$S=100\%$），纵向附着系数降到一个较低值。另外，随着滑移率增大，横向附着系数急剧下降，当车轮抱死时，横向附着系数几乎为零。从图 4-1 可以看出，如果能将车轮的滑移率控制在 15%～30% 的范围内，则既可以使纵向附着系数接近峰值，同时又可以兼顾到较大的横向附着系数，汽车就能获得最佳的制动效能和方向稳定性。

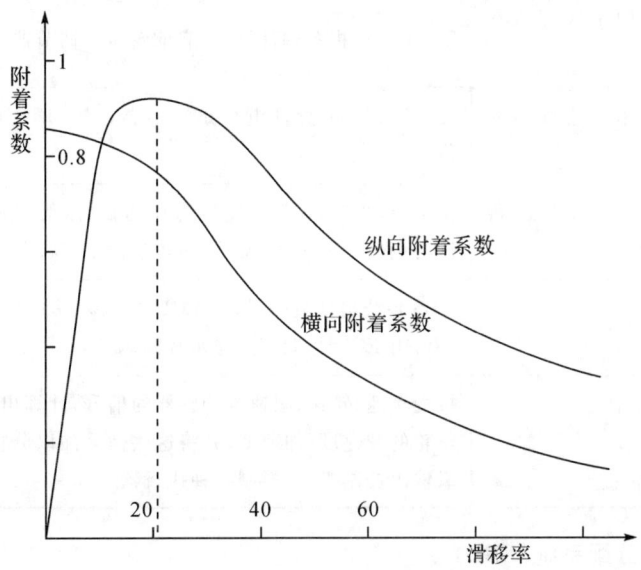

图 4-1　滑移率与附着系数的关系

ABS 系统主要由车轮速度传感器、执行元件（压力调节器）和电子控制系统 ECU 三大部件组成，其功能见表 4-1。

汽车在制动过程中，车轮抱死时危害较大，但滑移率在 20% 左右时车轮与路面间的纵向附着系数最大，即可获得最大地面制动力，能最大限度地缩短制动距离；同时车轮与地面间横向附着系数也较大，使汽车制动时能较好地保持方向稳定性和转向控制能力。

汽车制动过程中，ABS 能自动调节车轮制动力，将滑移率控制 20% 左右，防止车轮抱死，从而获得最佳制动性能。ECU 接收轮速传感器等的输入信号，分析判断后输出控制指令，控制制动压力调节器进行压力调节，实现增压、保压和减压控制过程。

表 4-1　ABS 的组成及功能

组件	功　能	
传感器	车速传感器（测速雷达）	检测车速，向 ECU 输入车速信号，用于滑移率控制方式
	轮速传感器	检测车轮速度，向 ECU 输入轮速信号，各种控制方式均采用
	汽车减速传感器（G 传感器）	检测制动时汽车的减速度，识别是否是冰雪路等易滑路面，只用于四轮驱动控制系统

续表

组件	功能	
执行器	制动压力调节器(电磁阀)	接受ECU的指令,通过电磁阀的运作调节制动气压或油压,实现制动压力"升高""保持"和"降低"的控制功能
	回油泵(再循环泵,用于循环式制动压力调节方式)	受ECU控制,在"降压"过程中将由轮缸流出的制动液经储能器泵回制动主缸,以防止ABS工作时制动踏板行程发生变化
	液压泵(用于可变容积式制动压力调节方式)	受ECU控制,在可变容积式制动压力调节器的控制油路中建立控制油压
	电磁截止阀(用于达科ABS Ⅵ系统)	受ECU的指令,截断或开启前轮压力调节器中通往轮缸的油路
	电磁制动阀(用于达科ABS Ⅵ系统)	受ECU控制,保证电机迅速停转,以便调压活塞能准确停在适当位置
	活塞驱动电机(用于达科ABS Ⅵ系统)	受ECU控制,齿轮减速机构和芯轴,控制活塞上下移动,实现制动压力调节。有正转、反转、停转三种工作状态
	ABS警告灯	ABS系统出现故障时,由ECU控制将其点亮,向驾驶员发出警报,并可由ECU控制闪烁显示故障码
ECU		接受车速、轮速、减速等传感器的信号,计算出车速、轮速、滑移率和车轮的减速度、加速度,并将这些信号加以分析、判别、放大,由输出级输出控制指令,控制各种执行器工作

2. 电子制动力分配系统(EBD)

电子制动力分配系统(Electric Brake-force Distribution,EBD)能自动调节前、后轴的制动力分配比例,提高制动效能(在一定程度上可以缩短制动距离),并配合ABS提高制动稳定性。汽车制动时,如果四只轮胎附着地面的条件不同,比如,左侧轮附着在湿滑路面,而右侧轮附着于干燥路面,四个轮子与地面的摩擦力不同,在制动时(四个轮子的制动力相同)就容易产生打滑、倾斜和侧翻等现象。EBD的功能就是在汽车制动的瞬间,高速计算出四个轮胎由于附着不同而导致的摩擦力数值,然后调整制动装置,使其按照设定的程序在运动中高速调整,达到制动力与摩擦力(牵引力)的匹配,以保证车辆的平稳和安全。

3. 牵引力控制系统(TCS)

牵引力控制系统(Traction Control System,TCS),即循迹控制系统,是根据驱动轮的转数及传动轮的转数来判定驱动轮是否发生打滑现象,当前者大于后者时,进而抑制驱动轮转速的一种防滑控制系统。

牵引力控制系统的作用是使汽车在各种行驶状况下都能获得最佳的牵引力。汽车在行驶时,加速需要驱动力,转弯需要侧向力。这两个力都来源于轮胎对地面的摩擦力,但轮胎对地面的摩擦力有一个最大值。在摩擦系数很小的光滑路面上,汽车的驱动力和侧向力都很小。如果为了获得较大的驱动力,一个劲儿地踏紧油门踏板,使驱动力超过了轮胎和地面之间的最大摩擦力即附着力,这样不但不能获得所期望的驱动力,反而影响了汽车的行驶稳定性。汽车在转弯时,如果节气阀开度过大,将使驱动轮打滑。那么这时汽车的转向性会出现什么变化呢？前轮驱动汽车的前轮如果打滑，汽车将出现转向不足的现象，即汽车偏离了转向圆弧，跑到转向圆弧之外去了。后轮驱动汽车的后轮如果打滑，汽车将出现过度转向现象，即汽车偏离了转向圆弧，跑到转向圆弧之内去了，严重时汽车会产生旋转。所以在冰雪路面上，为了防止汽车驱动轮打滑，必须小心翼翼地控制油门。牵引力控制系统的作用是，在汽车加速时自动地控制驱动力，以便使轮胎的滑动量处于合理的范围之内，从而保持汽车行驶的稳定性。这和防抱死制动系统的作用大同小异，防抱死制动系统的作用是防止轮胎抱死，提高汽车制动时的行驶稳定性。

牵引力控制系统的控制装置是一台计算机。利用计算机检测4个车轮的速度和转向盘转向角，当汽车加速时，如果检测到驱动轮和非驱动轮转速相差过大，计算机立即判断驱动力过大，发出指令信号减少发动机的供油量，降低驱动力，从而减小驱动轮轮胎的滑转率。计算机通过转向盘转角传感器掌握司机的转向意图，然后利用左右车轮速度传感器检测左右车轮速度差，从而判断汽车转向程度是否和司机的转向意图一样。如果检测出汽车转向不足(或过度转向)，计算机立即判断驱动轮的驱动力过大，发出指令降低驱动力，以便实现司机的转向意图汽车停止时，4个车轮的速度都是零。在汽车起步时，也即从零车速加速时，牵引力控制系统检测驱动轮的滑转率，如果检测到较大的滑转率，就会发出指令降低发动机的功率，减小轮胎的滑转率，在汽车起步时，完全不让轮胎打滑是不行的，但轮胎的滑转率过大，将加速轮胎的磨损，降低轮胎和地面的摩擦力，对起步加速没有一点好处。当轮胎的滑转率适中时，汽车能获得最大的驱动力。转弯时如果使轮胎产生较大的滑转，将使汽车的加速能力变好。该系统可以利用转向盘转角传感器检测汽车的行驶状态，判断汽车是直线行驶还是转弯，并适当地改变各轮胎的滑转率。但是牵引力控制系统也有缺点。当司机利用油门开度，调整汽车行驶状态时，该系统妨碍司机的驾驶意图。例如后轮驱动汽车转弯时，为了减小转弯半径，技术熟练的司机往往加大油门使汽车加速，利用后驱动轮打滑产生的过转向现象，调整汽车转向中的状态。但由于牵引力控制系统的作用，后驱动轮不能打滑，这样就妨碍了司机的驾驶意图，使汽车在较大的转弯圆弧上转向。此外，有的人过分相信牵引力控制系统，认为该系统能保证汽车按司机的意图转向，故随便地以超高车速进入弯道，结果不是出现转向不足就是转向过度。牵引力控制系统和防抱死制动系统一样，其作用是有限的，过分依赖这些控制系统是十分有害的。

4. 胎压监测系统(TPMS)

汽车轮胎压力实时监视系统(Tire Pressure Monitoring System, TPMS)主要用于在汽车行驶时实时地对轮胎气压进行自动监测，对轮胎漏气和低气压进行报警，以保障行车安全，是驾车者、乘车人的生命安全保障预警系统。

TPMS系统主要由2个部分组成：安装在汽车轮胎上的远程轮胎压力监测模块和安装在汽车驾驶台上的中央监视器(LCD/LED显示器)。远程轮胎压力监测模块直接安装在每个轮胎里测量轮胎压力和温度模块，将测量得到的信号调制后通过高频无线电波(RF)发射出去。一辆轿车或面包车TPMS系统有4个或5个(包括备用胎)TPMS监测模块，一辆卡车有8～36个TPMS监测模块。中央监视器接收TPMS监测模块发射的信号，将各个轮胎的压力和温度数据显示在屏幕上，供驾驶者参考。如果轮胎的压力或温度出现异常，中央监视器根据异常情况，发出报警信号，提醒驾驶者采取必要的措施。

胎压监测系统可分为两种：一种是间接式胎压监测系统，是通过轮胎的转速差来判断轮胎是否异常；另一种是直接式胎压监测系统，通过在轮胎里面加装四个胎压监测传感器，在汽车

静止或者行驶过程中对轮胎气压和温度进行实时自动监测,并对轮胎高压、低压、高温进行及时报警,避免因轮胎故障引发的交通事故,以确保行车安全。

间接式轮胎压力监测系统又称为 WSBTPMS,WSBTPMS 需要通过汽车的 ABS 防抱死系统的轮速传感器来比较轮胎之间的转速差别,以达到监测胎压的目的。ABS 通过轮速传感器来确定车轮是否抱死,从而决定是否启动防抱死系统。当轮胎压力降低时,车辆的重量会使轮胎直径变小,车速就会产生变化。车速变化就会触发 WSB 的报警系统,从而提醒车主注意轮胎胎压不足。因此间接式的 TPMS 属于被动型 TPMS。

直接式轮胎压力监测系统又称为 PSBTPMS,PSBTPMS 是利用安装在轮胎上的压力传感器来测量轮胎的气压和温度,利用无线发射器将压力信息从轮胎内部发送到中央接收器模块上的系统,然后对轮胎气压数据进行显示。当轮胎出现高压、低压、高温时,系统就会报警提示车主。并且车主可以根车型、用车习惯、地理位置自行设定胎压报警值范围和温度报警值,因此直接式的 TPMS 属于主动型 TPMS。

5. 客车轮胎爆胎保险装置系统

客车轮胎保险装置(又称爆胎应急安全装置、客车轮胎内支撑体、客车爆胎安全装置)是安装在无内胎轮胎轮辋上的环形装置,简称保险装置。它与轮胎的内壁留有适当距离(净空),平时不影响车轮的正常工作,也不影响汽车的使用性能和安全性能,一旦轮胎瘪气或爆胎,保险装置的外圆表面与轮胎胎冠内壁接触支撑起车轮载荷;由于保险装置的外径大于轮辋的轮缘外径,减少了轮胎半径变化量;在车轮滚动推力的作用下,保险装置与轮辋之间相互转动形成差速,从而弥补了爆胎一侧周长差的变化,及时释放失压轮胎剧增的运动阻力,有效地避免了车辆因爆胎失控产生侧滑、调头、翻车等车毁人亡的交通事故发生,使汽车仍能受控安全行驶一段距离。

6. 客车辅助制动系统

辅助制动系统是用以使行驶中车辆(特别是下长坡的车辆)的速度降低或稳定在一定速度范围,但不是用以使车辆停驶的机构。与主制动系统相比较,辅助制动系统虽然在短时间可以吸收的功率比较小,是它吸收的功率在很长时间内可以保持不变(或基本保持不变),而汽车连续下坡时虽然需要的制动功率与紧急制动相比较很小,但是在整个下坡过程中,都需要这样大的功率,这样的要求辅助制动系统可以满足。辅助制动系统的工作原理与传统制动方式不同,有延长传动系和制动系寿命的功效。

目前技术比较成熟,适合装车的辅助制动装置有发动机制动/排气制动、液力缓速器、电涡流缓速器和永磁式缓速器、自励式缓速器等。

(1)发动机制动/排气制动

在发动机排气管中装置阀门,当阀门关闭时,把发动机作为空气压缩机来工作。在排气冲程中,排气歧管中的空气受到压缩,发动机获得负功,从而产生制动力。

发动机制动/排气制动结构简单,安装方便;防止发动机过冷,以减少其磨损,提高发动机使用寿命;减少压缩空气的消耗,保证紧急制动的安全可靠。但这种制动方式应用于汽油发动机时,必须在化油器和进气歧管间装设一空气旁通管路,并在旁通管路内设置阀门,以使这一阀门和排气管阀门连动。这比柴油机排气制动器结构复杂,效果也较差,实际应用较少。另外,排气制动会使车辆行驶时的噪音有较大增加。

(2)液力缓速器

液力缓速器是通过转子旋转带动液体转动,使液体的动能增加,然后冲击定子上的叶片,造成动能损失并转化成为热能来消耗汽车的动能,起到制动作用。液力缓速器适用于高速、大功率车辆;适用于长时间的连续制动;提高下坡行驶速度;路面适应性强。但液力缓速器结构复杂;在低速时制动能力差;体积和质量较大;空转时有能量损失;控制要求高。

(3) 电涡流缓速器

电涡流缓速器是利用电磁学原理把汽车行驶的动能转化为热能散发掉,从而实现减速和制动作用的装置。

电涡流缓速器的特点是:结构简单,生产制造成本不高;制动力矩范围广,可达 400 3300 N·m,适合于各种型式(5~50 t)的车辆,响应时间短(仅有 40 ms,比液力缓速器的响应快 20 倍),无明显时间滞后;工作时噪声很小;车辆在低速运行时,也可产生较高的制动力矩;制动力矩的大小可以通过控制励磁电流来调节,易实现自动控制;另外还具有故障率低,维修方便,可靠性高等优点。但体积较大,质量较大;制动减速能力和使用时间长短受转子温度、缓速器周围气流条件和环境温度的影响;要消耗一定的电能。

(4) 永磁式缓速器

永磁式缓速器是采用永久磁铁进行励磁,取代了电涡流缓速器中的电磁铁。典型的永磁式缓速器包括两个部分:转子和定子。永磁式缓速器的结构按转子的形状分为鼓式和盘式两种类型,一般不采用盘式永磁缓速器这种结构,而是采用鼓式结构。鼓式永磁式缓速器结构紧凑,便于布置和控制。

这种缓速器可实现大幅度的轻量化、小型化;几乎不消耗电力(仅电磁阀耗电);连续使用自身不会产生过热,能持续不断保持制动力的稳定性和持久性;在高速范围内制动力也不会降低,且传动轴转速越高,制动力越大。保养简单只需定期检查空气间隙即可。磁铁周向转动式永磁式缓速器结构紧凑、体积小、重量轻,是目前国外市场开发的主流产品。但永磁铁产生的磁场有限,故所产生的制动力矩较小;不能提供大小不同的制动力矩;因采用永磁稀土材料,目前价格较贵;散热效果差。

(5) 自励式缓速器

自励式缓速器是一种无须外接电源,具有自发电功能的辅助制动装置。这种缓速器能够把汽车的惯性转化为制动力矩来克服惯性,也就是利用惯性来发电,然后形成励磁磁场,进行缓速制动。自励式缓速器的主要由定子、转子、控制器及驱动器四个部分组成。

该缓速器综合了上述缓速器的优点,质量最轻,体积最小且具有可调性;该缓速器具有自发电功能,无须增加或加大汽车发电机和蓄电池;它可以把汽车的惯性转化为制动力矩来克服惯性,从而节省能量,因而减少磨损;安装、维护简单。但自励式缓速器产生的磁场有限,故所产生的制动力矩较小,且制造工艺比较复杂、散热效果比较差。

7. 先进辅助驾驶系统

先进驾驶辅助系统(Advanced Driver Assistance Systems,ADAS)是利用安装于车上各式各样的传感器,在第一时间收集车内外的环境数据,进行静、动态物体的辨识、侦测与追踪等技术上的处理,从而能够让驾驶者在最快的时间察觉可能发生的危险。

ADAS 的组成架构非常广泛,包括了夜视系统、主动巡航控制系统、电子稳定程序、随动转向前照灯、车道偏移报警、防碰撞技术、盲点辅助技术以及泊车辅助技术等。

8. 其他主动安全技术

汽车主动安全技术还包括汽车主动安全影像系统和智慧行车辅助系统。

主动安全影像系统包括:车道偏离系统、前方防撞系统、前方车距侦测系统、环视系统(2D

AVM,360环视)、车侧盲区侦测系统、后防撞系统、睡眠侦测以及 3D AVM 等。

智慧行车辅助系统包括:信号灯侦测系统、限速标志侦测系统、头灯自动启闭、头灯远近光灯自动切换、雨量侦测与雨刷开启、动感倒车轨迹、后车厢自动开启、自动停车以及智能型行车记录器等。

4.2 防抱死制动系统及其试验

4.2.1 防抱死装置(ABS)的基本功能

防抱死制动系统(ABS)是基于汽车轮胎与路面之间的附着性能随滑移率改变的基本原理而开发的高技术系统,它从防止制动过程中车轮"抱死"的机理出发,避免汽车后轮侧滑和前轮丧失转向能力,以达到提高汽车行驶稳定性、操作性和制动安全性的目的。具体来讲,ABS 有以下作用:

(1)确保车辆制动时的方向稳定。通过防止汽车后轮抱死而避免出现甩尾,汽车在制动过程中以稳定的状态行驶直至停车,在较大程度上甚至在应急制动过程过程中允许绕过障碍物转向。

(2)保持车辆制动时的转向操纵性。通过防止汽车前轮抱死而维持对转型的有效操纵控制,汽车在制动过程中能够回避障碍物转弯行驶直至停车。

(3)取得最佳制动力。通过把轮胎与路面的摩擦纵向附着系数经常性地保持在最大值附近而得到最佳地面制动力,使制动距离缩短。

(4)防止轮胎局部不均磨损。通过防止由于制动滑磨而带来的不均磨损,延长轮胎的寿命,同时还可避免或减轻制动噪声。

所以 ABS 是目前世界上公认的提高汽车主动安全性的有效措施之一,在乘用车和商用车领域都得到了广泛的应用。

4.2.2 防抱死装置(ABS)试验的主要内容

设计开发一套 ABS 装置要考虑多种因素,而且不同车型其控制参数值不同,即使同一种车型也存在 ABS 匹配问题,而 ABS 的性能好坏主要是由以装车后的实车道路试验的方式来评价的,因此道路试验就显得非常重要。以下介绍比较典型的 ABS 试验过程。

1. ABS 测试过程中涉及传感器

传感器主要包括车速传感器、轮速传感器、管路压力传感器、前后制动器温度传感器、加速度传感器及制动踏板力传感器等。

2. ABS 试验方法

GB/T 13594—2003《机动车和挂车防抱死制动性能和试验方法》从产品认证的角度对装有 ABS 的车辆提出了试验项目及要求。但从产品开发及研究的角度来讲,这些项目及所测参数是远远不够的,因此我们现在既考虑了产品认证的要求,又兼顾着开发和研究的目标,对 ABS 的试验及评价做了进一步的探讨试验路面。试验路面要求见表 4-2。

表 4-2 试验路面要求

序号	路面类型	附着系数 K
1	高附着系数路面	$K_H \approx 0.8$
2	低附着系数路面	$K_L \leq 0.3$
3	高低附着系数对开路面	$K \geq 0.5$ 且 $K_H/K_L \geq 2$
4	高低附着系数对接路面	
5	附着系数阶跃变化路面	

试验项目见表 4-3。

表 4-3 试验项目要求

序号	试验项目		备注
1		相同附着系数路面试验	
2	直线行驶	附着系数利用率试验	
3	制动试验	对接路面适应性试验	试验应在发动机断开,空载和满载 2 种状态进行
4		对开路面适应性试验	
5	转向行驶	曲线行驶制动试验	
6	制动试验	躲避障碍物试验	
7		换道试验	
8	强化试验	——	——

3. ABS 的试验及评价

ABS 的性能主要是以装车后进行实车道路试验的方式进行评价。

(1)直线制动试验

①相同附着系数路面

车辆在高和低附着系数两种路面上以较低的初速度和以较高的初速度急踩制动。由防抱死制动系统控制的车轮不应抱死,车辆任何部分不许超过试验通道。直线制动试验主要测量制动过程中车速、减速度、制动距离、侧向位移和横摆角速度等。

②附着系数利用率 ε 试验

附着系数利用率 ε 定义为防抱死制动装置工作时最大制动强度和附着系数的商,ε 应在附着系数小于或等于 0.3 和约为 0.8 的两种路面上以初速度 $v=50$ km/h 进行测量,应在空载和满载 2 种状态下检验 $\varepsilon \geq 0.75$ 这一要求。

相同附着系数路面的评价指标有制动距离比、附着系数利用率、车辆中心偏移量、峰值横摆角速度、横摆角速度总方差和滑移距离比。制动距离比=(ABS 起作用时的制动距离/无 ABS 四轮抱死时的制动距离)×100%。制动距离比的评价指标各国法规都没有明确的规定,但一般认为在任何一种路面上制动距离比不得大于 110%。直线行驶制动的峰值横摆角速度如图 4-2 所示。有 ABS 装置的汽车,在均匀附着系数路面制动时,其横摆角速度(ω)不应大于 5°/s,滑移距离比是指制动距离中轮胎相对于路面滑动部分所占的比例,它的大小可以用于评价制动过程中轮胎的磨损程度。

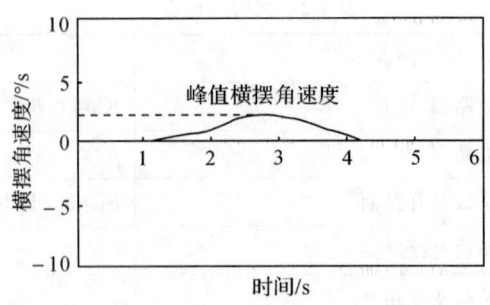

图 4-2 制动过程中的横摆角速度

③对接路面适应性

a. 从 K_H 到 K_L 路面：当一辆车从 K_H 驶向 K_L 路面时急踩制动，直接控制车轮不应抱死。行驶速度和制动时应这样确定，ABS 在 K_H 上完全起作用，并保证车辆以规定的高低两种速度越过分界线。

b. 从 K_L 到 K_H 路面：车辆在 K_L 路面上急踩制动，当防抱死系统在 K_L 路面上完全起作用时，从 K_L 路面以大约 (50 ± 5) km/h 的速度驶往 K_H 路面，车辆制动减速度应明显增加，车辆任何部分不许超过试验通道。对接路面的评价指标有制动减速度和管路压力响应时间等，法规要求车辆从 K_L 到 K_H 时，制动减速度明显增加，在合理时间内上升到适当的值。图 4-3 为从 K_L 到 K_H 路面制动时减速度迅速增大的曲线。

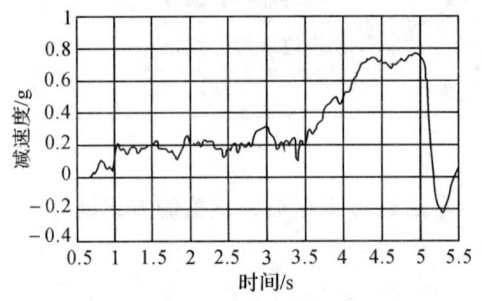

图 4-3 从 K_L 路面行驶到 K_H 路面制动时减速度变化

对接路面的响应时间在各国法规中都没有明显的规定，根据大量试验分析可以提出这样一种概念，即重新建立的管路压力 (P) 的平均值为响应时间的截止点，这样就对管路压力响应时间的评价有了较合理的方法。图 4-4 和图 4-5 为管路压力响应时间的曲线，根据响应时间的长短就可对 ABS 的优劣进行直观的评价。

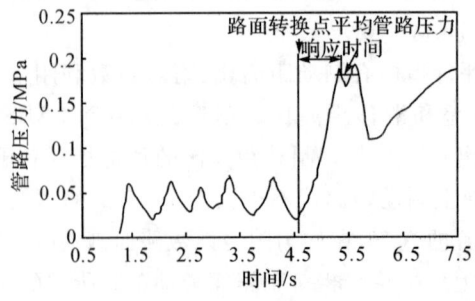

图 4-4 从 K_L 路面行驶到 K_H 路面制动时的管路压力响应时间

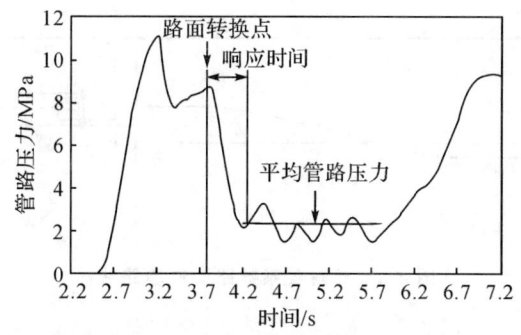

图 4-5 从 K_H 路面行驶到 K_L 路面制动时的管路压力响应时间

④对开路面适应性及制动强度

车辆在对开路面上以 50 km/h 的初速度急踩制动,直接控制车轮不应抱死,轮胎(外胎)任何部分不许超过路面的交界线。对开路面的评价指标有方向稳定性和满载制动强度,在制动过程中法规允许用转向来修正行驶方向,方向盘转角在最初 2 s 内不许超过 120°,总转角不超过 240°,而且应满足制动强度 $Z_{MAIS} \geqslant 0.75(4K_L+K_H)/5$ 和 $Z_{MAIS} \geqslant K_L$。

(2)转向行驶制动试验

转向行驶制动试验包括曲线行驶制动试验、躲避障碍物试验和换道试验,试验应在不同附着系数的组合路面上进行,不同附着系数组合路面上的制动对 ABS 控制逻辑和控制驱动方式的优劣做出评价。评价汽车稳定性指标,包括汽车横摆角速度、偏转角、旋转状态及蛇形状态。试验路面为对开路面,制动时产生的偏转力矩是随汽车结构左右附着系数之差而变化的。制动之初,车辆在偏转力矩作用下会发生跑偏,但操纵转向盘后能对其进行修正,能有效控制车辆的运动。

①曲线行驶制动试验

本项目主要对装备 ABS 后汽车曲线行驶时制动操纵性和稳定性做出评价。汽车固定一个转向盘转角,绕一定半径的圆周行驶时进行制动并使 ABS 工作,测定汽车的侧滑量和停车时的偏转角,然后对 ABS 的效能进行评价。

②躲避障碍物试验

本项目主要对装备 ABS 后汽车制动时的操纵性和稳定性做出评价,通常有两种方案:

a. 不断施以阶跃角输入转向,测量汽车响应的偏转角速度响应,评价汽车的转向响应;

b. 对无制动操作时的躲避距离和制动操作(并使 ABS 工作)时的躲避距离进行比较,制动时躲避距离大于无制动时的躲避距离,ABS 系统控制效果好,则可大大缩小这一差距。

c. 换道试验

K_H 和 K_L 路面试验路线分别如图 4-6 和图 4-7 所示,当车辆行驶到制动起点时,急踩制动,逐渐增加制动初速度,直到制动过程中无法通过调整方向盘使车辆按预先设置的车道停车时为止。试验路段中躲避距离 l 为一定值,改变制动初速度使汽车能顺利进行另一车道。有制动且 ABS 工作时顺利换道的初速度不应小于无制动时的换道速度,另外换道试验中还应测量汽车的横摆角速度 ω_A,并与无制动时换道中汽车的横摆角速度 ω_B 进行比较,应有 $\omega_A/\omega_{Bmax} \leqslant 1.5$。

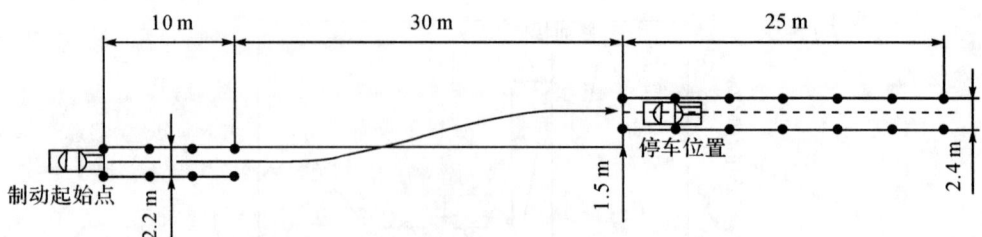

图 4-6　高附着系数路面试验路线

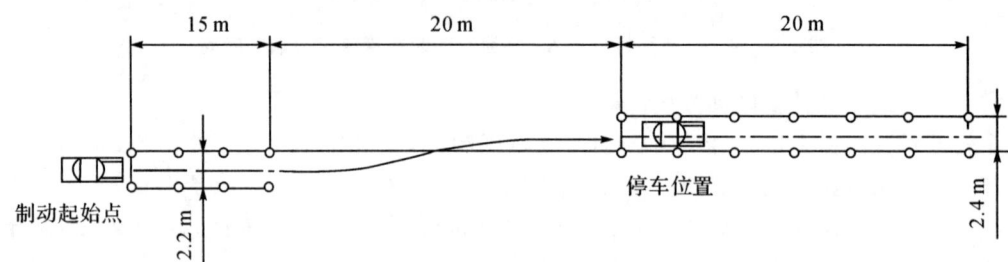

图 4-7　低附着系数路面试验路线

(3) 强化试验

试验应在附着系数阶跃变化的路面上进行。对 ABS 的操纵性、耐久性、可靠性、环境适应性、安装强度、抗干扰能力及失效界限等进行评价。本项目可对 ABS 系统控制逻辑中路面识别的动态响应优劣做出评价,试验路面是一种附着系数从高到低、从低到高顺序交替排列或交错排列的路段。若 ABS 对路面识别的动态响应差,则汽车从高附着系数路段突然进入低附着系数路段时会使车轮抱死,而当汽车从低附着系数路段突然进入高附着系数路段时会使制动距离增大。

4.2.3　路面附着系数利用率的测试

1. 附着系数及其利用率

附着系数,是附着力与车轮法向(与路面垂直的方向)压力的比值,它可以看成是轮胎和路面之间的静摩擦系数。这个系数越大,可利用的附着力就越大,汽车就越不容易打滑。

当法向载荷分布在整个接触表面,而滑动摩擦只发生在接触面的部分区域时作用在接地面上的切向反作用力之和称为附着力。作用在接地面上的切向力之和对整个接触面所承受的法向载荷之比称为附着系数。本质上,附着力不像摩擦力一样遵循库仑定律,它不等于车轮上的法向载荷乘以比例常数,但是附着力和附着系数的概念比摩擦力和摩擦系数的概念更具有普遍性。在汽车行业,通常用附着系数代替摩擦系数。

附着系数的大小与车轮载荷、内压、胎面花纹、胎面橡胶性质、轮胎结构、接地压力分布、速度、道路材料、湿度和水膜厚度等因素有关,因此不能直接对它进行测量。

附着利用率是指附着系数,笼统地说就是轮胎对地面附着力的大小,也就是和地面的摩擦力,而利用率就是行驶时对这一参数的利用率。

2. 附着系数的测定

附着系数是在无车轮抱死的前提下,由最大制动力除以被制动车轴(桥)的相应动态轴荷来的商来确定。

只对试验车辆的单根车轴(桥)进行制动,试验初速度为 50 km/h,制动力应在该车轴的车轮之间均匀分配,以达到最佳性能。在 40 km/h 到 20 km/h 之间,防抱系统应脱开或不工作。在试验中,应逐次增加管路压力的方法进行多次试验来确定车辆的最大制动强度 z_{max}。每次试验时,应保持踏板力不变。制动强度应根据车速从 40 km/h 降到 20 km/h 所经历的时间 t,用下面的公式来计算:

$$z = 0.566/t \tag{4.2}$$

式中:z_{max} 为 z 的最大值,t 的单位为 s。

当速度低于 20 km/h 时车轮允许抱死。

从 t 的最小值 t_{min} 开始,在 t_{min} 和 $1.05t_{min}$ 之间选择 3 个 t 值(包括 t_{min}),计算其算术平均值 t_m,然后计算:

$$z_m = 0.566/t_m \tag{4.3}$$

若实践证明,不能得到上述 3 个 t 值,可采用最短时间 t_{min}。

制动力应根据测得的制动强度和未制动车轮的滚动阻力来计算,驱动桥和非驱动桥的滚动阻力分别为其静态轴荷的 0.015 和 0.010 倍。

车轴(桥)的动态轴荷由 GB 12676-1999 汽车制动系统机构、性能和试验方法中的附录 A 的公式给出。附着系数 k 应圆整到千分位。根据上述过程,对其他车轴进行重复试验。

例如,对于后轮驱动的双轴车,前轴制动时,附着系数 k 由下式算出:

$$k_f = \frac{z_m \times P \times g - 0.015 F_2}{F_1 + \frac{h}{E} \times z_m \times P \times g} \tag{4.4}$$

由前轴确定 k_f 值,由后轴确定 k_r 值。

3. 附着系数利用率的确定

附着系数利用率 ε 的定义为防抱死系统工作时的最大制动强度 Z_{AL} 和附着系数 k_M 的比值。

$$\varepsilon = Z_{AL}/k_M \tag{4.5}$$

初速度为 55 km/h,应在防抱死系统全循环的情况下,测定速度从 45 km/h 下降到 15 km/h 时的时间,根据 3 次试验的平均值,按下面的公式计算最大制动强度(Z_{AL})。

$$Z_{AL} = 0.849/t_m \tag{4.6}$$

而附着系数 k_M 应以动态轴荷加权确定:

$$k_M = \frac{k_f \times F_{fdyn} + k_r \times F_{rdyn}}{P \times g} \tag{4.7}$$

式中:

$$F_{fdyn} = F_f + \frac{h}{E} \times Z_{AL} \times P \times g \tag{4.8}$$

$$F_{rdyn} = F_r - \frac{h}{E} \times Z_{AL} \times P \times g \tag{4.9}$$

ε 的值应圆整到百分位。需要注意的是,如果 $\varepsilon > 1.00$,应重新测量附着系数,允许误差为 10%。

4.2.4 ABS效能与制动稳定性

1. ABS 的制动效能

汽车制动性能有三个指标:汽车制动距离和制动减速度、汽车制动时抗热衰退性。

汽车在安装了 ABS 后,可以在保证汽车制动的方向稳定性和可控性的前提下,充分利用车轮—地面间的附着性能,以提高制动效能。研究表明,控制制动过程中车轮的滑移率在 20% 附近时,车轮—地面间的附着系数保持在最大值附近,同时尚有足够的侧向附着性能。汽车安装 ABS 后,制动效能有改善,在干燥路面上效果不太明显,但对于潮湿路面来说,制动效能有较大改善,安装 ABS 后,湿路面的制动效能与干路面相差也较小。

2. ABS 制动稳定性

制动过程中,有时会出现制动跑偏、后轴侧滑或前轮失去转向能力而使汽车失去控制离开原来行驶方向,甚至发生撞入对方行驶轨道、下沟、滑下坡道的危险情况。一般称汽车在制动过程中维持直线行驶或按预定弯道行驶的能力称为制动时汽车的方向稳定性。

车辆在制动过程中,引起失稳的主要原因分析如下:

(1) 汽车左、右车轮(转向轮)制动器的制动力不相等,制动时悬架导向杆系与转向系拉杆在运动学上的不协调(互不干涉)。

(2) 汽车在左右轮所处路面摩擦系数相差较大的路面上制动时,低附着系数路面上轮胎力很容易发生饱和,因此发生失稳。

(3) 汽车产生的横摆角速度往往滞后于驾驶员对方向盘的操纵,当汽车在弯道进行紧急制动时,由于这种滞后会使车辆在转向时产生比较大的汽车横摆力矩,作用一段时间后会引起很大的汽车质心侧偏角。

汽车发生失稳大多是在轮胎的非线性区,即随着侧偏角的增加,轮胎产生的侧向力逐渐饱和。当前轴发生饱和时前轴就容易发生侧滑,使车辆偏离驾驶员的预期轨迹;当后轴发生饱和而侧滑时容易产生甩尾等更加危险的工况。车辆稳定性分为两类问题,一类是轨迹保持问题,轨迹问题可以由质心侧偏角来描述,即将整个车辆视为一个质点,轨迹保持主要由轮胎上的综合作用力来决定;另一类是稳定性问题,可以由横摆角速度来描述,它与轨迹问题是相互联系的,由作用于轮胎上的力对质心的横摆力矩决定。一般认为汽车的横摆角速度和汽车的质心侧偏角是描述汽车运动状态的重要参数,它们在不同的侧面表征了汽车的稳定性。在质心侧偏角比较小的情况下,横摆角速度决定了汽车的稳定状态;而当汽车的质心侧偏角较大时,横摆角速度不能再反映汽车的行驶轨迹。汽车的质心侧偏角对汽车的稳定性也有重要的影响,随着汽车质心侧偏角的增加,驾驶员通过操纵方向盘来改变汽车横摆力矩和侧向力的能力越来越小,汽车将因此而失去控制。

ABS 通过改变汽车的横摆角速度和质心侧偏角来改善汽车的制动稳定性。

4.3 客车爆胎应急安全装置

轮胎应急保险装置是指安装在车轮及轮胎内部的装置。当车辆转向轮轮胎爆裂失压后,能够使车辆的行驶方向继续可控,制动性能稳定有效。

4.3.1 轮胎爆胎原因

(1) 扎破、割口或穿孔

轮胎被扎破、隔口或穿孔是造成爆胎事故的主要原因。被扎破的子午线轮胎有85%的事故发生在胎面部位，10%发生在胎肩和胎侧部位，只有5%发生在最靠近轮辋的部位。

(2) 胎压不正常

轮胎气压过高或过低都会缩短轮胎的使用寿命，并影响油耗及行车安全。轮胎气压过高，胎面磨损加速。如果行驶中某一轮胎突然漏气或爆胎，其滚动阻力会突然增大，迫使车辆急速转向而使正常行驶方向无法控制。轮胎气压过低，胎体变形较大，胎侧容易出现辗痕或裂口，同时产生屈挠运动，导致过度生热，促使橡胶老化和帘布层疲劳或帘线折断，还会使轮胎接地面积增大而加速胎监磨损。

(3) 超载和超速

轮胎是承受车辆负荷的最终部件。轮胎负荷是根据轮胎结构、帘布层强度以及使用气压和速度等经过计算确定的。车辆超载行驶时，轮胎承受的负荷、形变增大，胎面与路面的接触面增大，相对滑移加剧，磨损加快。特别是胎侧弯曲变形会引起胎肩磨耗、胎温升高、帘布层脱落。有关数据表明，承载负荷超过额定值50%时，轮胎行驶里程降低59%；承载负荷超过额定值100%时，轮胎行驶里程降低80%。每种轮胎都有其规定的速度级别，超速行驶时，压缩变形来不及恢复，轮胎磨损加快，胎体温度升高，易造成轮胎早起爆破。当车速超过160 km/h时发生爆胎，车内人员死亡率几乎是100%。

(4) 使用和维护不当

①蹭胎侧。危害最大，极可能鼓包，严重时一次就爆胎；

②停车时两侧不平，比如一侧在路肩石上，一侧在下面；

③胎压过低或过高，高速时都可能爆胎；

④经常急加速或急刹车；

此外还包括长里程行驶、不合理搭配、轮辋不适合、经常高速过坑或不平路面、轮胎原地打轮、超载等。

4.3.2 客车爆胎后的动力学响应

1. 轮胎的性能参数

汽车在爆胎后轮胎的各项参数会发生很大的变化，这些变化会影响汽车在行驶过程中的操纵稳定性，是导致汽车发生事故的根本原因。

爆胎后的轮胎在滚动的过程中会产生波状变形，使轮辋产生上下跳动，从而使产生的滚动阻力是正常胎压的20~30倍；且容易发生零压驻波现象，使滚动阻力进一步增大，胎体温度升高，有导致轮胎失火的风险。

轮胎爆胎后轮胎的侧偏刚度会迅速降低，轮胎的脱圈阻力急剧减小，轮胎容易与轮辋分离。轮辋触地后，在平滑的路面上，其侧偏刚度接近于零，车轮会出现侧滑；在不平路面上，轮辋会被路面上的障碍"绊住"，轮胎的侧偏刚度会急剧增大，车辆可能会发生侧翻。

轮胎完全泄气后，轮辋碾压在胎冠上，车轮靠轮胎材料本身的弹性缓冲振动，径向刚度由轮胎材料提供，因此爆胎后轮胎的径向刚度先是迅速减小然后迅速增大，车辆的舒适性很差。

零胎压工况下的轮胎的纵滑刚度和侧倾刚度与正常胎压相比大幅度减少，分别是正常情况下的28%和10%左右。

2. 无驾驶员干预操作时的汽车的动力学响应

以国内某集团生产的大客车的各项参数建立仿真样车模型,以汽车行驶中前轮爆胎后的动态响应研究。客车后轮驱动,轮胎规格参数为12R22.5,轮胎气压为840 kPa。

工况设定:客车以100 km/h的速度行驶在正常附着系数(0.85)的高速公路上,在3.05 s左右前轮发生爆胎。爆胎后,驾驶员不施加修正操作,不采取制动措施。

当右前轮发生爆胎后,车轮的有效滚动半径和负载半径减小,侧倾角速度沿前进方向产生振荡,如图4-8所示,汽车出现俯仰和侧倾运动。

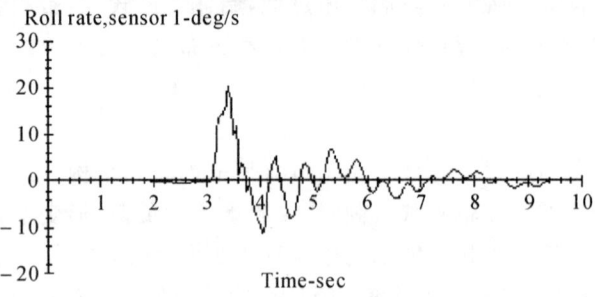

图4-8 车辆的侧倾角速度曲线

爆胎后右前轮的纵向力迅速增大到原来的30倍,远大于左前轮的纵向力,如图4-9所示。

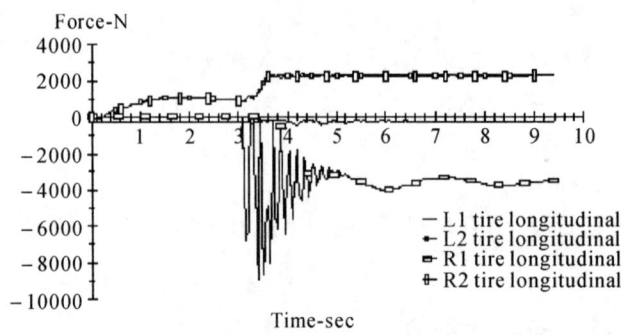

图4-9 轮胎纵向力曲线

左右前轮的纵向力差值会在汽车质心上产生一个顺时针的横摆力矩,使汽车向发生爆胎的右前轮一侧产生偏航行驶,如图4-10所示。

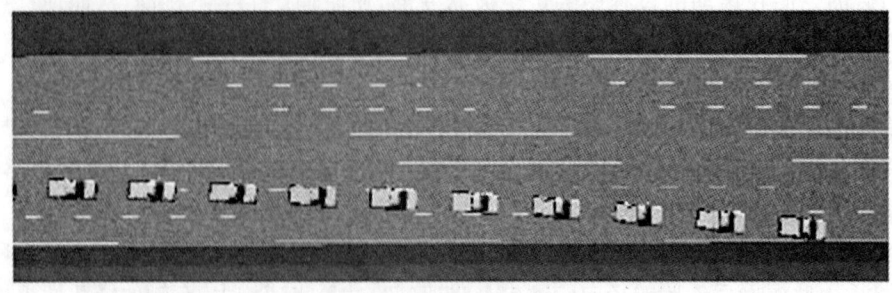

图4-10 爆胎后车辆行驶轨迹

3. 有驾驶员干预操作时汽车的动力学响应

上一部分分析了爆胎后驾驶员不进行干预时汽车的动力学响应,但是驾驶员对汽车驾驶方向的调整是本能的,爆胎必然会诱发驾驶员的应急操作,而一旦驾驶员操作不当或操作过度,则很容易引发事故。

在车速为 100 km/h 时,驾驶员的制动反应造成的时间延误值大约为 2 s,仿真设置驾驶员在爆胎后 2 s 时间内向汽车偏航的反方向进行 80°过度转向,同时以 40 mPa 的制动力进行紧急制动。

由于右前轮爆胎后其纵滑刚度显著下降,驾驶员采取制动时,左前轮的平均地面制动力远大于右前轮,爆胎车轮的滚动阻力被制动力包容或掩盖,因此左前轮的纵向力大于右前轮的纵向力,如图 4-11 所示。

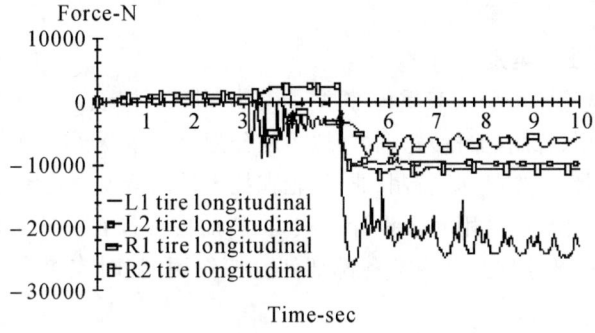

图 4-11 刹车之后的纵向力曲线

左右车轮制动力的差值会在汽车质心产生逆时针横摆力矩,使汽车在向右偏航后突然转向向左偏航,由于驾驶员出于本能会向左猛转方向盘,加剧了汽车的偏航角度。因此汽车的横摆角速度在采取制动后向反方向增大,如图 4-12 和图 4-13 所示。

驾驶员采取制动和转向措施之后,汽车在离心力和惯性力的作用下会向右前轮方向俯冲和侧倾,汽车会有翻倾趋势,同时左前轮的侧向力和汽车离心力形成的翻倾力矩会增加汽车的翻倾趋势。如果路面不平,侧向力会很大,很容易导致翻车事故的发生。

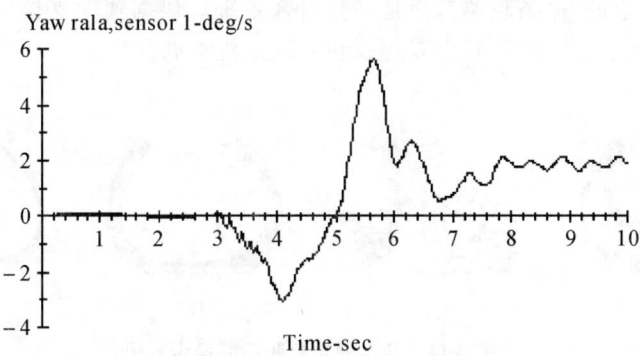

图 4-12 制动后汽车的侧倾角速度曲线

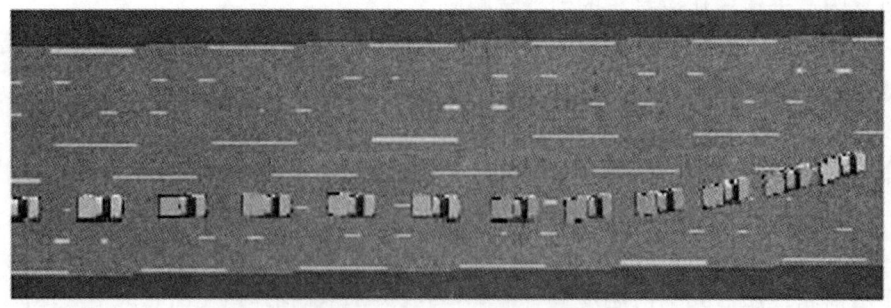

图 4-13 制动后车辆行驶轨迹

4.3.3 客车爆胎应急保险装置

1. 安全轮胎主要技术类别

按结构形式,安全轮胎可分为双重内腔型、自密封型、自体支撑型、辅助支撑型,按配套轮辋分为普通(标准)轮辋型、特制(非标)轮辋型,按用途分为保证车辆暂时稳定行驶型和长时间连续行驶型。自封技术、刚性支撑技术、特制(非标)轮辋技术是制造安全轮胎的 3 种主要技术手段。

双重内腔型安全轮胎是采用冗余设计方式,在轮胎内部设置一些备份部件(隔膜或内侧轮胎,见图 4-14(a)),一旦外胎漏气,内部备份部件发挥作用,临时支撑车辆继续前进,从而保证行驶的安全性。

自密封型安全轮胎是在普通标准轮胎结构基础上增加特殊内衬层,内衬层与轮胎内表面形成一个副腔,副腔内充满密封剂。当轮胎刺穿时,这些密封第一时间到达穿孔周围(见图 4-14(b))。由于密封过程几乎是与穿孔同时完成的,所以驾驶员不易察觉。这种安全轮胎严格而言属于防漏轮胎。

自体支撑型安全轮胎是在轮胎侧面的散热带束层之间夹入特殊橡胶(见图 4-14(c)),故又称为胎侧补强型安全轮胎。当轮胎漏气失压时,这层坚硬的橡胶内部结构能防止胎侧自身折叠翻转并使整个胎侧和胎唇牢固地"捏紧"轮辋,以使轮胎具备自我支撑能力。

辅助支撑型安全轮胎由标准轮辋(或非标轮辋)、辅助支撑体和轮胎组成(见图 4-14(d)),已经不是常规意义上的"一条轮胎",而是一套组合系统。根据辅助支撑体的结构形式又可划分为单块式、双块式、三块式等,其中双块式和三块式较常见。

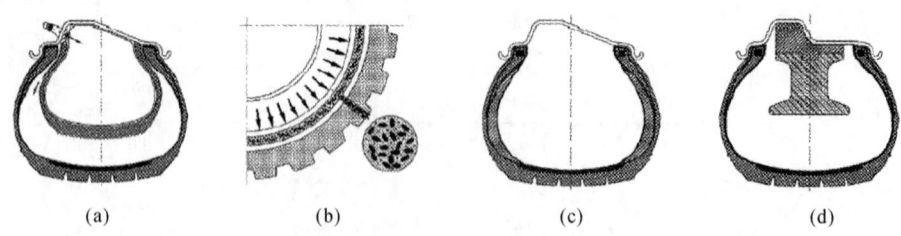

图 4-14 几种安全轮胎横断面示意图
(a)双重内腔型 (b)自密封型 (3)自体支撑型 (d)辅助支撑型

2. 安全轮胎内支撑结构

车轮安装内支撑装置后,汽车正常行驶时内支撑不参与工作,当轮胎爆胎后,由于车轮中内支撑的存在,内支撑将与地面接触,爆胎车轮中心的降低程度小于普通车轮爆胎后车轮中心的降低程度,减轻了汽车的俯仰和侧倾运动,侧倾角速度减小,有助于提高汽车的行驶稳定性。而且,爆胎后轮胎的接地面积与某一低气压下负载轮胎的接地面积相同,其径向变形也相同,可以认为其滚动阻力与某一低气压下轮胎的滚动阻力相同,因此很显然它小于爆胎后完全泄气的轮胎的滚动阻力。

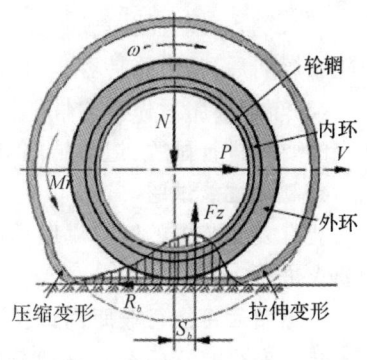

图 4-15 零压下轮胎接地状态示意图

同时,当汽车前轮轮胎爆胎后处于零压状态时,轮胎丧失了常压轮胎的刚度而与轮辋柔性连接,内支撑外环与轮胎内表面接触,轮胎与内支撑外环会在地面切向力的作用下沿内环转动,轮胎的接地印迹会向后偏移,如图 4-15 所示,因此其压力分布中心偏 s_b 距会减小,滚动阻力减小。

与普通轮胎相比,安装内支撑的轮胎爆胎后车轮的滚动阻力减小,因此其纵向力减小,作用于左右车轮的纵向力差值在汽车质心的力矩变小,汽车的偏航程度减弱,有助于驾驶者操控。

4.3.4 客车爆胎应急安全装置技术要求

1. 一般要求

(1)在正常使用条件下,轮胎在地面接触区内有压缩变形,安全装置安装后,它应与胎冠内表面保持有一定的距离。当轮胎破裂失压时,安全装置应能立刻抑制该轮产生的额外滚动阻力,以维持车辆可控行驶一段距离。

(2)安全装置的结构及零件应具有足够的强度和耐热性,确保工作可靠。

(3)安全装置与轮辋配合面型及尺寸应符合 GB/T 3487 的要求,配合面间不得轴向滑移。

(4)装有安全装置的车轮不平衡量应符合 QC/T 242 的要求。

2. 性能要求

(1)转向力增加值

①客车某一前胎爆裂时,为维持客车直线行驶,驾驶员此时施于转向盘外援切向力的增量小于 50 N。

②客车某一前胎爆裂后,客车应具有良好的转向能力,其纵向操纵力不大于爆胎前实测值的 120%,且应不大于 245 N。

(2)制动性能

客车前胎爆裂后,制动距离及制动稳定性应符合 GB 7258—2004 中 7.13.1.1 的规定。

(3)爆胎后可控行驶距离

客车某一轮胎爆胎后,安全装置应保证车辆可控,继续行驶距离不小于 1 km。

4.3.5 客车爆胎应急安全装置试验方法

1. 试验车辆和试验条件

装有安全装置的试验客车和试验条件,应符合 GB/T 12534 的规定。

2. 轮胎不平衡试验

装有安全装置的客车轮胎的不平衡试验按照 QC/T 242 的要求进行。

3. 转向性能试验

(1)装有安全装置的客车做转向性能试验时,驾驶员应手握测力转向盘驾驶试验客车。

(2) 试验车以直线行驶加速至最高车速的 80%(最高不超过 100 km/h),用外力使一侧转向轮胎爆胎后,记录维持客车直线行驶时驾驶员操控测力转向盘外缘切向力值。

(3) 车辆爆胎后做转向性能试验时,可用放气方法使轮胎失压,按 GB 7258-2004 中 6.8 规定的要求进行试验,记录转向盘外缘所施切向力数值。

4. 制动性能试验

装有安全装置的客车爆胎后的制动距离和制动稳定性试验按 GB 7528-2004 中 7.13.1 的要求进行。

5. 爆胎后可控行驶距离试验

装有安全装置的客车满载行驶时,轮胎爆胎后测试行驶距离。

4.3.6 蒂龙爆胎应急安全装置

为了解决爆胎问题,很多厂家都曾进行过大量研究,从其产品对爆胎事件的作用来划分有两种:一是降低爆胎发生的概率,二是发生爆胎后的控制装置。"蒂龙"的产品属于第二种,其作用原理主要有两方面。

爆胎后,轮毂不直接接触地面。当汽车爆胎时,蒂龙"FTP"技术防止轮胎胎唇滑入轮毂凹槽,使轮毂高槽半径量保持一致,有效地阻止轮胎脱离轮毂,轮毂将不会接触地面导致车辆失控。在轮毂高槽半径量保持一致的情况下,轮胎无法脱离轮毂,轮胎通过自身的厚度及韧性使轮毂与地面之间形成橡胶垫层保证轮毂在初步滑行中不会着地,轮胎仍具有抓地力及摩擦力,使车辆可继续行驶并保持方向的可控性。

爆胎后,轮胎与轮毂转速同步。一般情况下,当汽车爆胎时,轮胎与轮毂分离,此时轮胎与轮毂的转速受车速的影响不一致,车辆在紧急制动时轮辋停止转动而轮胎还将继续保持空转,导致车辆无法控制;而"FTP"的自身物理设计原理则可解决轮胎胎唇与轮毂分离时的同步性问题,使车辆安全地停下来。

1. "FTP"技术及其产品介绍

"FTP"(Flat Tyre Protection)是英国蒂龙汽车集团拥有的一项世界性专利技术,是继安全带、ABS、安全气囊后第四代汽车安全保护装置系统,能够保证车辆在轮胎严重甚至完全失压后仍然能够安全、可控地行驶一段距离的技术。其应用产品为"蒂龙爆胎应急安全装置"(TYRON Tyre Failure Emergency Safety Device)。

"蒂龙爆胎应急安全装置"是一种环绕轮毂安装的组件,其主要包括:(1)环形支撑垫带,用延展性较差的特殊合金材料制成。(2)连接部位调节装置,采用了可靠的防滑脱技术。(3)间隔咬合装置,采用耐高温、可压缩性较差的材料制成。该组件安装于轮毂凹槽部位。

2. FPT 技术在车辆爆胎中的工作原理

(1) 爆胎后,轮毂不直接接触地面

爆胎后轮胎脱圈阻力急剧减小,随之轮胎脱离轮辋,轮胎外侧胎唇陷入轮毂凹槽部位,丧失支撑力,车身自身重量下沉会导致轮辋直接与路面接触,从而导致车辆失控产生严重的侧滑、侧翻现象。

安装蒂龙爆胎应急安全装置后,轮毂高槽半径量保持一致,使轮胎无法滑入轮毂凹槽或脱出轮毂。轮胎通过自身的厚度及韧性使轮毂与地面之间形成橡胶垫层使轮毂不会着地,并减小轮胎爆裂前后半径量,轮胎仍具有抓地力及摩擦力,使车辆仍可继续行驶并保持"方向"的可控性。

(2) 爆胎后，轮胎与轮毂转速同步

当汽车爆胎时，轮胎与轮毂分离。车辆在运动尤其是制动时，轮毂和轮胎轴向转动不同步，会严重影响车辆的行驶稳定性和制动性能。

蒂龙爆胎应急安全装置上的环形垫带和间隔咬合装置通过车身自身下沉量与轮胎咬合，从而解决了轮胎与轮毂分离后的同步性问题，使车辆能够稳定行驶，有效制动。

(3) 安装蒂龙爆胎应急装置后在实际应用中的试验数据

试验样本：取自国家汽车质量监督检测中心，对安装蒂龙爆胎应急安全装置后的宇通 ZK6122HW9 型卧铺客车按要求进行的满载试验数据。

试验要求：初速 90 km/h 起爆右前轮胎，点踩制动踏板减速至 40 km/h 绕桩行驶至车速为 30 km/h 左右时制动停车。记录 90~40 km/h 维持客车直线行驶时驾驶员操控测力、方向盘外缘切向力最大值及 30 km/h 的行车制动中试验车辆的制动距离和制动稳定性、转向盘转向力最大值。

爆胎前与爆胎后的车况对比见表 4-4。

表 4-4 爆胎前与爆胎后的一些车况对比

项目	爆胎前	爆胎后
轮胎爆胎瞬间方向盘控制力	10 N	16 N
30 km/h 制动效能	—	制动初速:30.3 km/h;MFDD:5.98 m/s 制动距离:8.88 m; 制动过程方向稳定
爆胎后绕桩行驶可控性	—	方向可控,方向盘最大切向力 40 N

4.4 客车发动机可变气门制动缓速装置(VVEB)

发动机缓速器是通过汽车对发动机的倒拖，利用发动机的机械损失、泵气损失和压缩功等产生制动效能，并改变倒拖时发动机的工作过程，从而增加汽车制动率。发动机缓速器最初只是一种液压产品，但随着电器技术在发动机上的应用逐渐深入，发动机缓速器的电气控制装置也逐渐成熟，制动性能也逐步提高。使用发动机缓速器时，非增压发动机制动功率可达发动机标定功率的 75%，增压发动机制动功率可达发动机标定功率的 90%。与其他缓速器相比，发动机缓速器体积小，质量轻、结构紧凑、响应时间短、造价低、制动功率大且可以调整，长时间使用时发出的制动功率稳定，不会由于温升等因素影响制动性能等。

4.4.1 发动机缓速器制动原理

发动机缓速器在制动过程中，由车辆倒拖发动机运转，利用泵气损失、摩擦损失以及通过调整发动机工作过程得到压缩功损失等实现制动效果。虽然各类型的发动机缓速器结构不同，具体的工作过程也有差异，但其主要的工作原理是相同的。图 4-16 中，方框部位为对发动机正常工作过程的调整部分。首先，吸气行程中进气门打开，活塞下行，新鲜空气进入气缸；然后是压缩行程,活塞上行,压缩气缸内的气体;下一个过程是发动机制动工作中独有的,通过液压机构在活塞到达压缩上止点前一定角度打开排气门,使气缸内被压缩的高压气体迅速释放,气缸内压力降低,从而在接下来的发动机做功行程开始时,由于气缸内压力较低,对外做功很小。最后,排气门打开,活塞上行,完成排气冲程。这样,在吸气冲程和压缩冲程中,发动机对充量做功;而在做功行程中,由于高压气体的释放,充量对发动机做功很小;排气行程中,发动机对充量做功,从而增加制动功率的效果。通过增加进气量,增大排气背压,合理控制排气门的开启时间,可以使发动机缓速器的制动性能达到最大。

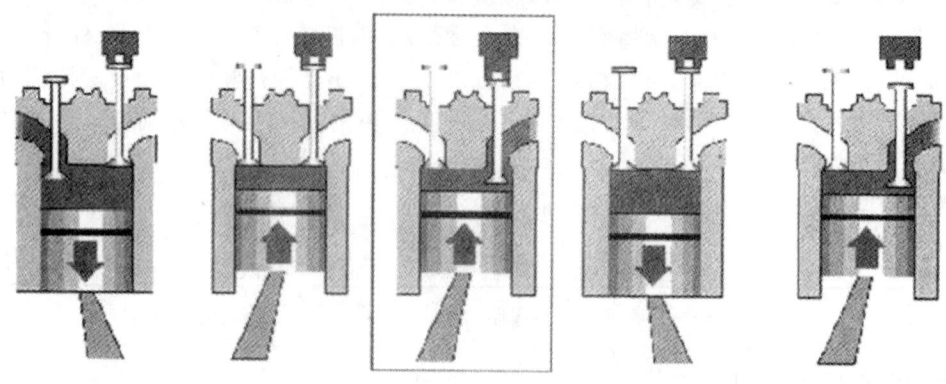

图 4-16　发动机缓速器制动工作原理图

4.4.2　发动机缓速器的结构特征

最初的发动机缓速器采用如图 4-17 所示的结构形式,控制电路如图 4-18 所示。其工作工程为,当缓速器工作时,主开关闭合,离合器踏板和油门踏板均无动作,离合器开关和油门踏板开关接通,三位顺序开关根据需要位于任一位置,控制电路的接通,电磁阀通电打开,发动机机油从进油口经电磁阀进入缓速器体低压油区。

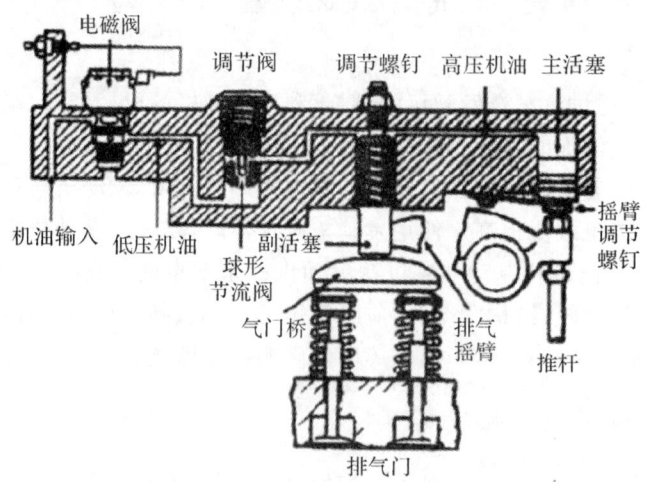

图 4-17　发动机缓速器的基本结构示意图

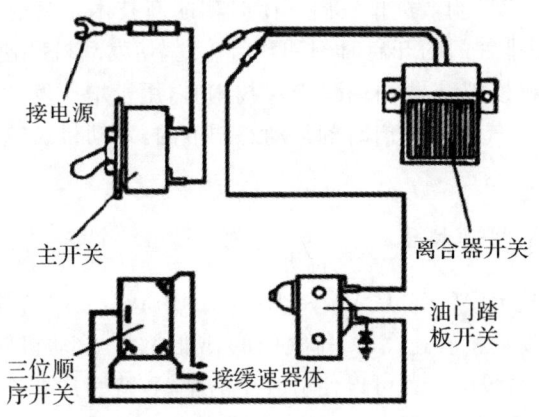

图 4-18 发动机缓速器的控制电路示意图

由于机油压力的作用,将控制阀体托起上升,低压油区和高压油区连通,机油进入高压油区。在机油压力的作用下,主动活塞下移,与摇臂调节螺栓末端接触。随着发动机的运转,推杆上行,推动主动活塞上移,压缩高压油区的机油将控制阀中的单向阀关闭,主/从动活塞之间的高压油区的机油被隔离。发动机继续运转,主动活塞继续上移,由于机油的不可压缩性,使从动活塞随着主动活塞的上移而下行,在压缩上止点前将排气门打开。

根据装配发动机的不同,发动机缓速器可以由进/排气凸轮驱动或者由喷油凸轮驱动。由于进/排气门的开启提前角较大,并且部分机油压力用来平衡回位弹簧的作用力,所以由进/排气凸轮驱动缓速器工作时,减压时排气门的开启提前角较大,且由于进/排气凸轮型线的影响,排气门开启的速度比较缓慢,在压缩行程中很长一段活塞行程是在排气门打开时完成的。由喷油凸轮驱动时,由于柴油机的喷油时刻是在压缩行程的末端,活塞到达压缩上止点之前喷射时间很短,凸轮型线很陡,因此,发动机缓速器由喷油器凸轮驱动的制动效果比由进/排气凸轮驱动时更好。但喷油凸轮的型线要由发动机厂家和缓速器厂家联合设计,以使供油和制动效果同时达到最优。

由于进/排气凸轮驱动的发动机缓速器效果较差,而由喷油凸轮驱动的发动机缓速器在设计上比较复杂,并且外置喷油凸轮的发动机逐渐淘汰,于是,对由进/排气凸轮驱动的发动机缓速器进行改进,使主动活塞的运动不直接传递到从动活塞,而是通过延迟活塞转化为机油的压缩能量暂时存储在制动腔,在接近压缩上止点时,由触发机构释放被压缩的机油,驱动从动活塞,迅速打开排气门。改进后的缓速器工作原理如图 4-19 所示,采用这种结构时,打开排气门释放压缩空气的时刻由触发机构决定,可以选取在最佳时刻打开排气门,提高制动效果。因此,这种发动机缓速

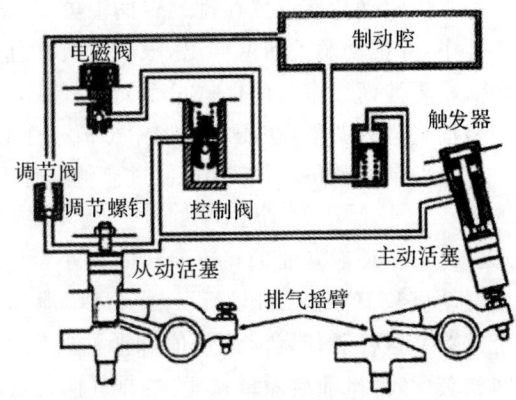

图 4-19 新式发动机缓速器工作示意图

器的制动效果与由喷油凸轮驱动的发动机缓速器相当。发动机缓速器实现最佳工作性能的理想状态是,在压缩上止点处打开排气门,使压缩空气的压力瞬时降低至最低。

随着电控技术在发动机上的应用,为了降低燃油消耗和废气污染,可变气门技术(VVA)

85

应运而生,它是根据反馈信号调节进排气门开闭时刻的新技术。将这一技术应用于发动缓速器,根据反馈的信号控制排气门的开启时刻和开启速度,使发动机缓速器的工作过程更加接近于理想状态。根据计算机模拟结果,采用 VVA 技术时,用于增压发动机的缓速器的制动性能可以提高 38.6%。由于排气门的开启时刻是动态调节的,发动机缓速器在低速时的制动性能也得到很大的提高。

4.4.3 可变气门排气制动技术

可变气门排气制动技术(Variable Valve Exhaust Brake,VVEB)能使排气门的开度随发动机转速而发生变化。发动机转速高时,排气门的开度变大;发动机转速低时,排气门的开度变小。采用 VVEB 技术的缓速装置可以使行驶中的车辆,特别是下长坡的车辆速度降低或保持在一定范围内,从而大大提高车辆的可靠性、安全性和经济性。

采用 VVEB 缓速器联合排气刹的技术方案,在压缩行程和排气行程时都在活塞上建立起空去压力,从而使发动机产生强大的制动阻力,在额定转速时能发出 17～18 kW/h 的制动功率。发动机活塞气缸通过气门节流向外排气,气门具有以下特性:

(1)发动机转速一定时,如果气门开度偏大,则节流效果较差、产生阻力小;如果气门开度较小,则压力气体来不及逃逸,能量将在做功行程中膨胀返回活塞,导致产生的阻力小。

(2)发动机转速较高时,要求排气门保持大的开度,偏小则气缸内的压力气体来不及逃逸。

(3)发动机转速低时,要求排气门保持小的开度,偏大则节流效果差、产生的阻力小。

综上,排气门的开启高度应随发动机转速不同而变化。转速高时加大排气门开启高度,转速低时降低排气门开启高度。

可变气门排气式制动发动机就是基于这一技术理念而开发的,根据发动机转速对排气门开度进行实时动态调整,使发动机在每一转速下都能发挥出理想的制动效果。VVEB 缓速器内部的调整机构并不需要电子电脑来控制,而是采用可靠性的机械液压结构来实现。VVEB 缓速器使用发动机的压力机油作为液压工作介质,发动机供给的机油压力不得低于 150 kPa,每分钟只消耗 3 L 的机油量,由一个电磁阀来控制供给压力机油的通断。

液压驱动活塞设置在排气臂的上方,当摇臂打开排气门时,压力机油就冲开钢球而流进活塞孔中,并推动驱动活塞伸出,限位机构将伸出量限定。在摇臂关闭排气门时就会被伸出的驱动活塞干涉而让排气门保持一个初始开度,在接下来的进气行程中,泄油孔发生泄漏对活塞腔的机油量进行调整,在压缩行程中形成一个合适的排气门开度来节流释放气缸内的压力气体。

在发动机的每个循环中,通过泄油孔泄漏的油量 G 可用下面的公式表达:

$$G = f(\varphi, P, t)$$

每次循环泄漏油量和泄油孔的大小、活塞总成内部的压力和时间成一个函数 f 的关系。当发动机和 VVEB 缓速器设计定型后,泄油孔就固定了,活塞总成内部的压力也可处理为一个常数。这样就使得泄油量值和泄油时间 t 成线性关系。发动机转速较高,每次循环泄油时间就会变短,机油泄漏量就变少,排气门开度就变大。发动机转速变慢,每次循环泄油时间就会变长,机油泄漏量就变多,排气门开度就变小。

4.4.4 机械、液压混合控制排气门技术

如图 4-20 所示,某型号系列发动机采用四气门结构,即排气门 13,双进气门 12,以及固定架 5、摇臂 6 和 11、滚轮 14、凸轮轴 15。

第四章 客车主动安全技术

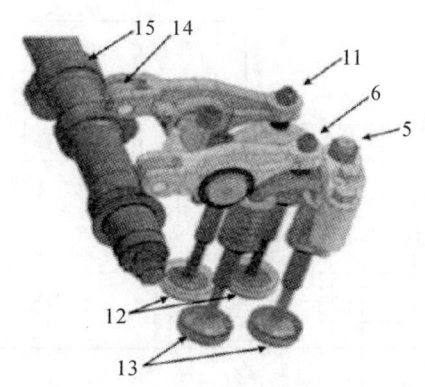

图 4-20 某型号发动机的排气、进气门示意图
11—摇臂　12—进气门　13—排气门　14—滚轮
15—凸轮轴　5—固定架　6 摇臂

图 4-21 中，在发动机的一排气门上端安装了可调节高度的固定架 1，在过桥 2 中有活塞 3，油道、单向阀 4 及上方溢流孔 5。

发动机未进行排气制动时，发动机机油经摇臂油道进入过桥 2 中的油道，经单向阀 4 进入活塞机构 3 的油腔，经活塞体上方溢流孔 5 从固定架与桥间间隙中排出。

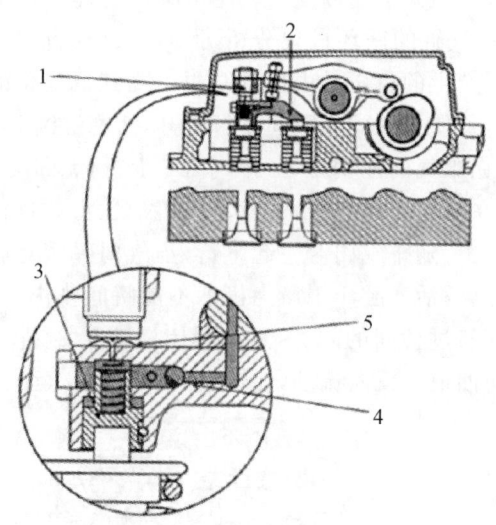

图 4-21 控制结构示意图
1—固定架　2—过桥　3—活塞　4—单向阀　5—溢流孔

1. 排气制动翻板阀门电子控制技术

当发动机进行排气制动时（见图 4-22），车辆主电脑 A 通过综合分析所收集的行驶速度信号 8、转速信号 9 和排气背压信号 6，输出不同脉宽的信号 2、3 到比例工作阀 7，来控制进入执行气缸 4 气量的多少，从而达到控制制动翻板 5 的开启角度，在排气歧管保持较稳定的排气背压的目的。

87

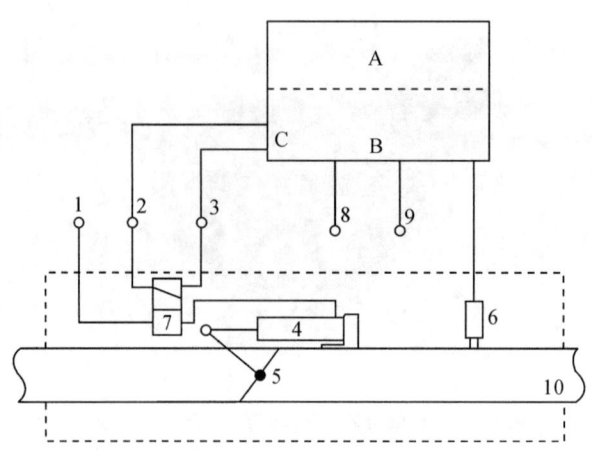

图 4-22 翻板控制电路示意图

1—接压缩空气 2—脉冲信号 3—脉冲信号 4—执行气缸 5—制动翻板 6—排气背压感应器
7—比例工作阀 8—车辆行驶速度信号 9—发动机转速信号 10—排气背压
A—车辆主电脑

2. 排气制动工作原理

当排气制动工作时,排气道翻板角度受车辆主电脑控制,使排气歧管中保持一定的排气背压,如图 4-23 所示。对单一气缸的循环过程分析可知,在进气行程中,活塞下行,气缸室中产生一定负压(进气冲程中所产生的负压是由低到高再由高到低变化的),背压和负压共同作用足以克服气门弹簧压力时,致使排气门 8 瞬间下行打开,活塞继续下行,气缸室内负压减小,与排气背压共同作用不足以克服气门弹簧压力,排气门 8 上行,无固定架一端的排气门关闭。而有固定架 6 一端的排气门在瞬间下行时,由于发动机机油压力和过桥活塞腔体中弹簧压力作用,将过桥中活塞 3 向下推出,随排气门 8 一起下行,当气门弹簧克服因负压和背压所产生的力时,排气门 8 上行,由于过桥活塞腔 4 中压力机油不能瞬间排出,气门推动活塞 3 及过桥一起上行,直至封闭固定架 6 与过桥间的间隙,从而封闭溢流孔 2,排气门 8 继续推动活塞 3 上行,只是活塞腔 4 的机油向油道 1 反向流动,使单向阀 5 关闭。至此,排气门无法继续上行,产

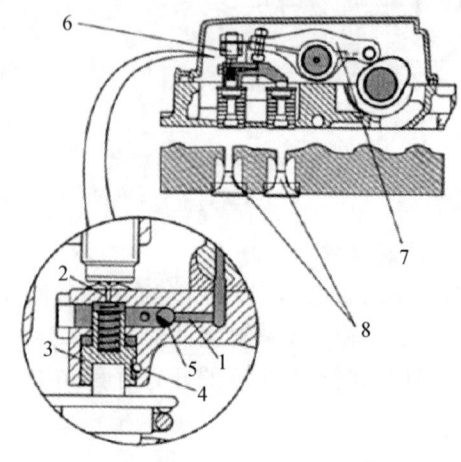

图 4-23 气门开启工作原理示意图

1—油道 2—溢流孔 3—活塞 4—过桥活塞腔 5—单向阀 6—固定架 7—摇臂 8—排气门

生了约为 2 mm 的开启高度,并在后续的压缩行程和工作行程中保持此高度,直至排气行程结束,由凸轮轴推动摇臂 7 转动并向下压动过桥,使过桥和排气门一起下行,固定架 6 与过桥分离,打开溢流孔 2,泄出压力机油,使单向阀 5 打开,由于气门弹簧的压力作用,过桥中活塞 3 复位。排气行程结束后,两排气门均关闭,恢复到图 4-19 所示状态,至此,一个循环结束。在排气制动过程中,每一缸均重复进行这一循环过程。

3. 排气制动的特点

(1) 刹车效率更高

对单一气缸循环过程来说,在压缩和工作行程中,由于一排气门开启了约 2 mm 的高度,这就使气缸室的空气与排气歧管的空气能相互流动,而排气门所开启的风气相当于节流孔,在压缩行程中空气由气缸室向排气歧管流动和工作行程中空气由排气歧管向气缸室内流动时,起到阻尼作用,提高了刹车效率。

(2) 发动机转速受控

VVEB 排气制动工作时,车辆主电脑控制排气翻板开启一定角度,确保发动机转速不超过范围,即发动机转速不低于怠速转速。

(3) 节油环保

VVEB 排气制动工作时,车辆主电脑控制燃油系统不向缸内供油,这样就避免了在早期的排气制动技术工作时不断油,而将燃油从排气道直接排除造成浪费现象。

4.5 客车辅助制动系统

辅助制动系统主要用于下长坡制动和经常在行车密度很高、交通情况复杂的城市街道上行驶的汽车(如市内公共汽车、客车等),为避免交通事故,需要进行频繁的不同强度的制动。这两种情况的制动采用辅助制动系统效果好。

常用于客车的辅助制动装置主要有以下几种形式。

4.5.1 发动机缓速器

(1) 发动机缓速器机构

发动机缓速器主要由缓速器本体、电磁阀、控制阀、调节螺钉、从动活塞和主动活塞等主要零部件组成。

缓速器本体的作用是将发动机缓速器的主要零部件集成为一个总体。电磁阀主要起导通或截断发动机机油的作用。控制阀是在发动机缓速器工作时产生低压油区和高压油区的工作阀。从动活塞是发动机缓冲器工作的执行元件。主动活塞的作用是在高压油区产生高压。从动活塞与发动机排气门丁字形压板的间隙由调节螺钉来调节。

(2) 发动机缓速器的工作原理

对行驶中的汽车的发动机停止供给燃料,并将变速器挂入某一前进挡,使得汽车得以通过驱动轮和传动系带动发动机曲轴继续旋转。这样,发动机就变成消耗汽车动能从而对汽车起缓速作用的空气压缩器。在这种情况下,汽车对发动机输入的动能大部分耗损在机内的进气、压缩、排气过程中,小部分消耗于对水泵、油泵、空压机、发电机等附件的驱动上。发动机及上述各附件阻碍曲轴旋转的力矩即为制动力矩,将通过传动系放大后传给驱动轮。

(3) 发动机缓速器的性能分析

发动机缓速器具有以下优点：①与发动机集成一体从而体积小、质量轻；②可以提供大小不同的制动力矩；③基本无须额外消耗能量(电磁阀要消耗一点电能)；④压缩冲程上止点从排气门释放出的清洁的、高速运动的压缩空气，可清除燃烧室和排气系统积炭。因此使用发动机缓速器还可减少积炭对发动机的磨损。

发动机缓速器的缺点是只适合部分柴油机，并且对发动机的改造较大(需要发动机厂商对发动机缸盖和气门室罩重新设计和生产，以方便缓速器的安装)，其使用面具有局限性，只使用于具有特殊要求的柴油车上。

4.5.2 发动机排气辅助制动系统

(1) 发动机排气制动系统的原理

公路行驶的大型柴油发动机车辆在下长坡或减速行驶时，使用发动机排气制动作为辅助制动装置，一般是通过操纵驾驶室内的排气制动开关，通过气压控制发动机排气蝶阀，进而控制发动机的排气实现的。如果在实施排气制动过程中，加大发动机油门或对变速器进行换挡，发动机可能会因为排气不畅而熄火，这样不仅达不到车辆减速的目的，而且行车制动供能的气泵和由发动机提供动机转向油泵因发动机熄火也不能工作，影响行车安全。

汽车在挂挡前进时，对发动机停止供油，汽车前进的惯性力通过驱动轮和传动系发带动发动机曲轴继续旋转。这样，发动机就像空气压缩机那样，对汽车起到了缓速作用。为了加强发动机这种缓速作用，可设法增加进气、排气、压缩等方面的阻力，如阻塞进气或排气通道或改变进、排气门启闭时刻等。其中，比较常用的方法是在发动机排气管处设置排气阀。在需要缓速时，关闭排气阀、阻塞排气通道。该方法又称为排气缓速。

(2) 电磁气压式排气制动系统

电磁气压控制的排气制动装置是最常见的形式。图4-24为电磁－气控排气制动系统，该系统主要由排气制动开关、离合器开关、加速踏板开关、电磁阀、气缸和蝶形阀等组成。

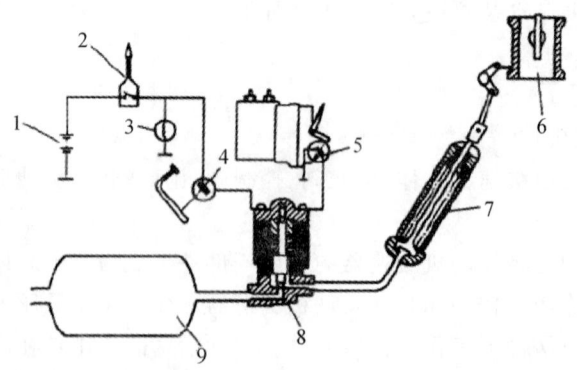

图4-24 电磁－气控汽车排气辅助制动系统示意图
1－蓄电池 2－排气制动开关 3－指示灯 4－离合器开关
5－加速器踏板开关 6－蝶形阀 7－活塞气缸 8－电磁阀 9－贮气筒

根据行车需要接通排气制动开关2，抬起油门踏板和离合器踏板，使相应的开关5和4都接通，电磁阀8才打开气路，来自贮气筒的压缩空气推动气缸活塞，使蝶形阀6关闭，实现排气制动。若关闭排气制动开关，电磁阀就切断来自贮气筒的压缩空气，气缸活塞在弹簧力的作用下复位,打开蝶形阀,解除排气制动。当驾驶员抬起油门踏板和离合器踏板而使电磁阀线圈通电时,阀芯被吸引,克服弹簧的弹力上移,打开气路,推动蝶形阀关闭。

（3）排气制动性能分析

排气制动是安装在现代柴油车上最常见的辅助制动系统,是一种没有任何膜材的辅助制动系统。具有以下特点:

①排气辅助制动装置的工作原理是利用排气阻力增加发动机进、排气和压缩等行程的功率损失来使汽车减速的,因此发动机必须与传动系处于动力传递状态中。当踩下离合器(发动机与变速器分离)或变速器在空挡位时,排气辅助制动装置不能起到降低车速的作用。

②在排气辅助制动开关接通、排气辅助制动指示灯点亮、显示排气辅助制动装置在工作状态时,如果驾驶员踩下加速踏板或离合器踏板,则电磁阀电流被临时切断,排气制动阀开启,排气制动作用中止;当上述踏板被释放,则排气辅助制动装置又重新工作。

③在雨天或雪天道路附着系数较低的情况下,在下坡路段行驶,需要一般减速的路况下(如前方车辆拥挤或弯道等),合理使用排气辅助制动装置可以减少行程制动系统的工作频率,从而减少行车制动系材料的磨损消耗和轮胎因制动而增加的磨耗,并能减少制动跑偏现象的发生。

④使用排气辅助制动装置时,变速器应选择低速挡,这样可以获得较好的制动效果,同时可以防止发动机速度过高而出现损坏发动机的故障。在下长坡时,使用排气制动装置可以减轻车轮制动器的负担,节约压缩空气;而在泥泞和冰雪路面上使用排气制动装置,可以防止车辆的侧滑或甩尾。

4.5.3 电涡流缓速器

（1）电涡流缓速器结构

如图 4-25 所示,电涡流缓速器由转动的圆盘和固定的磁极、线圈组成。线圈在通电后产生磁场,由于圆盘在这一磁场中转动,因此有电涡流流过,电涡流和磁场间相互作用产生制动力矩。其中随电涡流而产生的热量由装设在圆盘上的散热片散发到大气中。电涡流缓速器常用于大型客车上。

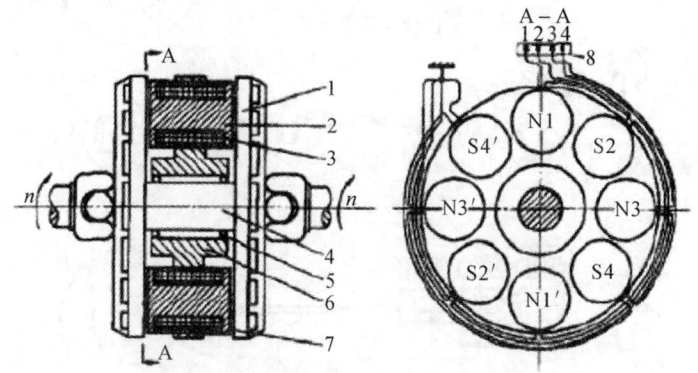

图 4-25 电涡流缓速器结构示意图
1—转子盘 2—铁心 3—激磁线圈 4—转子轴
5—轴承 6—固定架 7—气隙 8—接线柱

(2)电涡流缓速器安装方式(见图 4-26)

①装在变速器输出端

缓速器定子固定在变速器后端盖上,转子通过过渡法兰与变速器的输出端和传动轴的前段相连。结构紧凑,但对变速器的后端结构改动较大,同时对其后端轴承承载能力和油封的密封性要求较高,适合于发动机后置的客车和短轴牵引车。

②装在传动轴中间

适合于传动轴较长的车型,缓速器定子固定在车架大梁上,转子通过连接凸缘与前后传动轴相连。这种安装方式特点是只改变传动轴的长短,安装比较方便。同时缓速器对传动轴还可起到中间支撑作用。

③装在主减速器输入端

适合于发动机后置的客车和短轴牵引车,缓速器定子固定在主减速器外壳上,转子通过连接环与主减速器的输入端相连。这种安装方式比较紧凑,但对主减速器前端的密封圈和输入轴承的使用寿命以及使用效果影响较大。通常采用前两种安装方式。

(3)电涡流缓速器的性能特点

当车辆主轴转速小于 500 r/min 时,电涡流缓速器的制动力矩会很快变小;而转速高于 700 r/min 时,其制动力矩一般会达到最小值,虽然此时其制动力矩会随转速升高而稍有下降,但基本保持恒定。

①优点

电涡流缓速器具有以下显著优点:结构简单,生产制造成本也不高;制动力矩范围广,可达 300~3300 N·m;适合于采用无论是机械变速器还是液力变速器的车辆(5~15 t);响应时间短(仅有 40 ms),比液力缓速器的响应快 20 倍,无明显时间滞后;工作时噪声很小;车辆在低速运行时,也可产生较高的制动力矩;制动力矩的大小可以通过控制励磁电流来调节,易实现自动控制;另外,还具有故障率低,维修方便,可靠性高等优点。

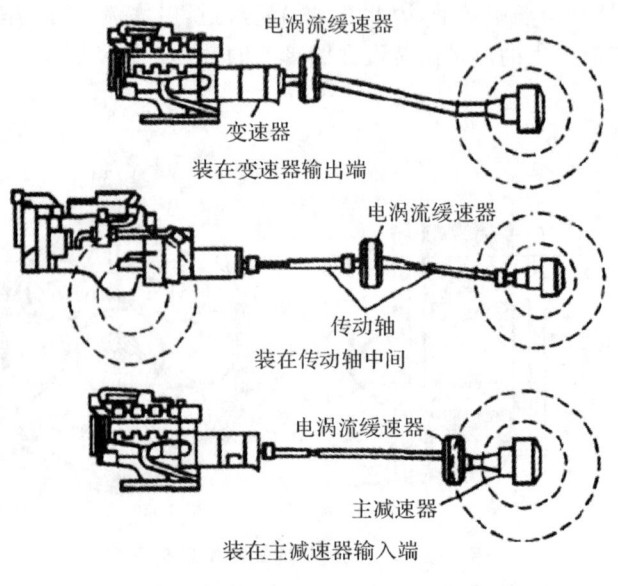

图 4-26 电涡流缓速器安装方式

②缺点

体积较大,质量较重;制动减速能力和使用时间长短受转子温升、缓速器周围气流条件和环境温度的影响;要消耗一定的电能,不能实现制动能量回收。

(4)电涡流缓速器的发展趋势

电涡流缓速器作为标配已广泛应用于大型客车上,未来将向着5个方向发展。

①轻量化

为了克服质量大的缺点,除了优化电涡流缓速器结构外,还在选用材料上下功夫,即选用既满足性能要求同时质量又较轻的材料。

②提高冷却效率

改进转子盘的冷却气流,使其流速由一般的 12 m/s 提高到 36 m/s。

③集成化

将电涡流缓速器与车桥集成一体,这种内置式缓速器整体车桥由一根中心车桥、一组差速系统、一个两半片式电涡流缓速器和两个标准空气制动系统组成的。它是专为半挂车而设计的,安装在拖架上,替换半挂车的一根车桥,这样产生制动力直接作用在半挂车的尾部,可避免半挂车在制动时产生"折叠"的危险情况,因此大大提高了半挂车的行驶安全性能。这种内置式缓速器可产生最大制动力矩 3100 N·m,适合于总质量为 44 t 左右的半挂车。

④使用永久磁铁励磁

永磁铁电涡流缓速器与电磁铁电涡流缓速器相比,有以下优点:质量轻,体积小;基本不消耗电能(不许电流励磁);由于永久磁铁本身不会发热(温升最高在 60℃左右),因此不会出现电磁铁那样因自身发热而产生大幅度的退磁现象,故制动力矩比较稳定。

⑤电子控制

现有的电涡流缓速器多采用继电器分级控制,这样产生的制动力矩多是分级阶梯状不连续的。其发展方向是采用无级调节技术,即通过电子控制装置调节激磁线圈中的电流大小来控制磁场的产生,从而使得所产生的制动力矩连续变化,以更好适应车辆的制动要求。

4.5.4 液力缓速器

液力缓速器又称液力减速装置。汽车在下长坡时使用排气制动虽然能收到良好的制动效果,但对于吨位较大的矿用自卸汽车、大型牵引车来说采用排气制动效果是有限的。因此对装有液力机械传动的矿用自卸汽车、大型牵引车大都装有液力缓速器。

(1)液力缓速器的结构

液力缓速器一般装在液力机械变速器的后端。从结构上看是两个背靠背的液力耦合器,如图 4-27 所示,两个耦合器的泵轮做成一体,连接在变速器的第一轴上,称为液力缓速器的转子。两个涡轮则是固定不动的(即壳体 2 和盖 4),称为液力缓速器的定子。铸铝的转子 3 上铸出两排叶片 A,转子上有三处开孔,用以平衡两腔的油压。盖 4 和壳体 2 上有密封圈座 8。

液力缓速器的结构特点如下:

①其定轮不转动,不输出动力。从泵轮输入的机械能全部转化为液体的热能。

②泵轮与定轮相对布置,泵轮随传动轴转动。定轮固定在壳体上,在充入液体时泵轮将输入的机械能转变为液体热能,然后液体以较高速度和压力冲向定轮叶片,以此产生制动力矩并将液体能全部转化为热能。

③液力缓速器虽为液力耦合器的一种派生类型,但它并非传动元件,而是耗能减速的制动

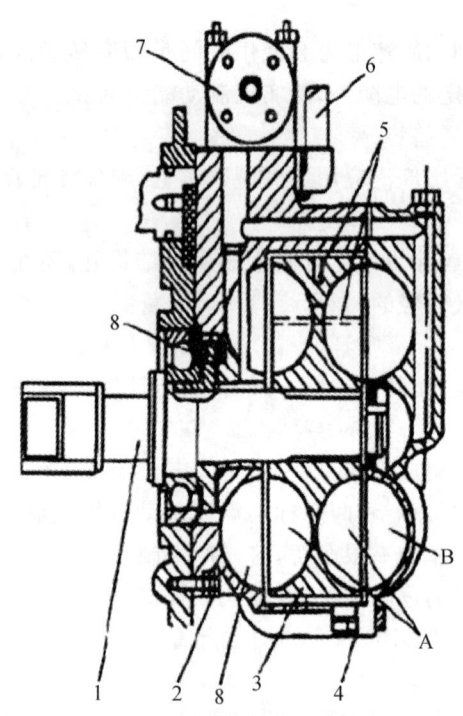

图 4-27 液力缓速器示意图
1—转子轴　2—壳体　3—转子　4—盖　5—平衡孔
6—进油管　7—控制阀　8—密封圈座

元件。

④液力缓速器制动力矩与车辆减速器主轴转速的平方和制动器工作腔有效直径的 5 次方成正比,因而在高速度或较大直径时有更大的制动力矩。其尺寸在高速大功率时比液压制动器和摩擦制动器的尺寸要小得多。

⑤液力缓速器无机械磨损,可长期无检修运行、寿命长。

(2)液力缓速器的工作原理

液力缓速器制动力矩的大小取决于工作腔内的油压和油量,以及转子的转速。当汽车下坡时,汽车在重力作用下滑行,使液力缓速器的转子高速运转。液力缓速器的主要零件是固定叶轮和旋转叶轮,一般安装在变速器处。当汽车需要缓速时,汽车通过驱动桥和变速器等反带液力缓速器的旋转叶轮转动,固定叶轮通过流动的液体对旋转叶轮产生阻力矩,使汽车缓速。

在车辆的应用中,液力缓速器通常连接在车辆万向轴动力输入端轴上。驾驶员操纵方向盘旁的按钮和气动阀门便可控制液力缓速器的充液量,按需要施加不同的制动力矩来限制下行速度或减速制动,从而确保车辆在山区道路上的安全行驶,并在制动过程中平稳减速。液力缓速器所转化的热量可与发动机热量一起通过车辆冷却水箱里的水和风扇的气流带走。

(3)液力缓速器性能分析

①优点

制动过程无摩擦和磨损,因此寿命很长;制动过程噪声比较小,延长主制动器制动蹄片的使用寿命,制动过程容易实现扭矩的控制。液力缓速器通过控制缓速器工作室液体量来控制制动力矩的大小,可以实现制动力矩的变化是连续的,但是控制系统复杂,一般选择制动力有级调节形式。

②缺点

液力缓速器的缺点在于车速下降时,其制动力矩下降得很快。在车速低于 500 r/min 时制动力矩有波动,在转速为零时完全失去制动能力,常作为辅助制动与其他制动配合使用。先通过液力缓速器使旋转轴转速降低,再施以摩擦制动予以完全制动,这样可使制动平稳可靠,缓速器的后装比较困难。

(4)液力缓速器发展趋势

①小型化、集成化。为了达到减轻质量或与自动变速器一体化设计的目的,常将其小型化。并对动轮采用齿轮增速传动,以便在小尺寸的结构下得到同样大的制动力矩。研制液力变矩器和液力缓速器一体化的装置,实现"一器两用",整体尺寸大大减低。

②节能化。降低非工作时段由空气所产生的能耗。非制动状态时,阀片在弹簧的作用下关闭,挡住部分空气流道,减小空气阻力损失;在制动状态时,油液将阀片推开,进入定轮流道。这种方法能降低鼓风损失近 50%。

③控制电子化。采用微机控制的电液比例流量阀进行闭环控制。

4.5.5 牵引力电动机缓速器

当电力传动的汽车需要缓速时,可将牵引电动机改为发电机,把汽车的行驶动能转变为电能。对于采用电传动的汽车,可以对电动驱动轮中的牵引电动机停止供电,使之受驱动轮驱动而成为发电机,将汽车的部分动能转变成电能,再使之通过电阻转变为热能而耗散。这时电动机对驱动轮的阻力矩即制动力矩。

4.5.6 空气动力缓速器

在超高速行驶的汽车后面释放减速伞,以加大作用于汽车的空气阻力的办法同样可以使汽车减速。它是依靠在制动时突然增大的车身空气阻力表面积或装于车辆尾部的制动时可以弹出的空气阻力伞来产生制动力的。

这种制动方式一般应用于赛车上,也经常应用于航天飞机上。空气动力缓速制动平稳,安全可靠且无冲击,但它对车辆的行驶路面环境要求严格,很难应用于普通车辆和军用车辆中。

随着汽车控制系统的发展,汽车辅助制动系统已开始与汽车的车轮防抱死系统(ABS)、驱动防滑系统(ASR)、电子稳定程序控制(ESP)和自动变速器等联系起来,由 ABS、ASR、ESP 的计算机系统根据汽车行驶工况对缓速器控制继电器进行控制,从而使得装有排气制动、电涡流缓速器、液力缓速器等辅助制动的汽车进行行车制动、应急制动、主动安全制动、车身行驶姿态等综合控制获得更安全、更可靠的制动性能。

4.6 客车先进辅助驾驶系统(ADAS)

随着公路交通特别是高速公路交通的飞速发展,交通事故尤其是恶性交通事故呈不断上升趋势,交通安全越来越受到广泛关注。因此,研究车辆安全辅助驾驶系统,为汽车提供安全辅助驾驶功能,从而为减少常规车辆因驾驶员主观因素造成的交通事故提供智能技术保障。

车辆的安全问题可以从三个方面解决：①限制车辆数量的增加；②增修、拓宽道路；③将安全保障技术应用在汽车上，使汽车逐步智能化，提高了汽车的安全性。

日本率先采取了第三种解决方案，车辆安全辅助驾驶系统研究的目的就是使车辆在较差的环境中能够识别路况信息，并能够辅助驾驶员安全行车。从车辆安全辅助驾驶系统当前的发展状况来看，基于视觉的环境感知、自动驾驶等技术是其今后的发展趋势。

当我们驾车时，所接收的信息几乎全部来自视觉。交通信号、道路标识等均可以看作是环境对驾驶员的视觉通讯语言。视觉系统在车辆辅助驾驶系统的研究中主要起到环境探测和辨识的作用。与其他传感器相比，机器视觉具有检测信息大、能够遥测等优点。在行车道路检测、车辆跟随、障碍物检测等方面，机器视觉都起着非常重要的作用，是智能车辆研究中最重要的一种传感器。

在车辆领域，除视觉传感器外，常用的还有雷达、激光、GPS等遥感技术。在实际应用中往往应用多种传感器和遥感技术，并采用传感器融合技术对检测数据进行分析、综合和平衡，利用数据间的冗余和互补性进行容错处理，以求得所需要的环境特征。例如美国海军研究的DEMO Ⅲ型智能车辆就采用了雷达与机器融合技术用于障碍物探测。欧洲开放基金支持的研究集中在驾驶员监测、道路环境感知、视觉增强、前车距控制以及传感器融合方面。

4.6.1 车辆安全保障技术分类

安全监测和预警主要指借助传感器和报警系统，监测车辆驾驶员状况、车辆隐患、特殊环境等，以帮助车辆驾驶员增进安全驾驶状态的各项技术。

长途行驶或在高速公路上行驶时，驾驶员往往由于疲劳或所见目标单调而造成注意力不集中或打瞌睡，导致车辆偏离行驶路线，甚至引发交通事故。有资料表明，高速公路上发生的交通事故中有一半以上是由上述原因造成的。要解决这一问题，必须用技术时段及时监测车辆驾驶员的注意力是否集中，是否有打瞌睡的苗头，这就是注意力监测。例如可利用摄像机等传感器来监测驾驶员面部表情、眼睛睁开程度、眼皮眨动的频率等，并用声光报警。

(1) 车辆技术状况监测

及时监测汽车自身各系统总的技术状况，将安全隐患消灭在萌芽状态。例如对发动机运转状况、轮胎气压、转向机构、制动系统等进行实时监测。

(2) 驾驶员视觉增强

视觉是人类观察世界、认识世界的最重要感知途径，因此基于视觉的感知技术已成为安全辅助驾驶系统中获取信息的主要手段。现今的视觉感知技术已能够实现在特殊天气或环境条件(如夜间、雨、雪、雾天气、弯道、上下坡、视觉盲点等)下使驾驶员具有良好的"视野"。红外传感器在这方面具有很强的优势，其最大的特点就是能够在夜间和各种能见度低的恶劣天气下探测到各种路况信息。目前红外传感器已广泛应用于多种车辆的夜视和后视报警系统。

(3) 防撞安全预警

全面监测车辆的当前状态及周边其他车辆等障碍物的情况，如有碰撞等安全隐患，则警告驾驶员。例如，当前车道上有其他车辆或障碍物时，该系统将自动监测并及时发出警告，以便驾驶员提前做相应的处理。由于某些原因，在驾驶员未执行转向操作的情况下，车辆可能会自行偏离行驶路线。车辆进行车道转换或超车操作时，往往因各种原因发生交通事故，因此，国外一些汽车公司正在研制车辆避撞系统，在车辆换道时，该系统可对接近车辆进行监测并发出警告。

被动安全系统主要是以防为主,如各种情况下的壁障、防撞安全保障系统。而主动安全系统是指从主动安全的角度出发,以多种传感器融合技术为环境信息获取手段,以人工智能、自动控制为理论和技术依托,通过对车辆的制动力、转向角、速度等进行自动调节和控制,使智能车辆在无人工干预情况以及常规车辆在辅助驾驶状态下自动完成制动停车、安全车距保持、安全车速转弯、安全换道、安全超车等操作,从根本上解决交通事故尤其是由于人为因素引发的交通事故问题。

4.6.2 大客车驾驶辅助系统

如果说大客车在采取盘式制动器技术曾经走在前面的话,那么今天它在采用最新的驾驶辅助系统上却稍有滞后。例如已供货车使用的驾驶辅助系统,大客车制造商当时还不可能提供。然而,自 2003 年以来发生的一系列重大事故,大客车安全性这个课题才真正列入了议事日程。正是在那个时候,发展了一种形式动力调节装置,而大客车用的车距速度自动调节(ART)和车道导向系统。车距速度调节系统是指车辆行驶时,驾驶员通过手柄控制使车辆根据驾驶员设定或路面情况自动调整车辆行驶速度的控制系统,车道导向系统是一种通过报警的方式辅助驾驶员减少汽车因车道偏离而发生交通事故的系统,由图像处理芯片、控制器、传感器等组成。这些在客车上的应用都处于初级发展阶段,因为这些系统不能简单地从货车移植到大客车上。甚至连能优化各个车轮的制动力分配的电子制动系统(EBS),到目前为止也只有在大的大客车制造商那里作为标准装备提供。但 EBS 却是布置所有其他安全系统的前提。例如电子稳定程序(ESP),它综合了 ABS(防抱死制动系统)、BAS(制动辅助系统)和 ASR(加速防滑控制系统)三个系统,功能更为强大。

1. 电子稳定程序/行驶动力调节系统

如果在湿滑路面上行驶的大客车陷入危险,那么电子稳定程序(ESP)指导车辆按照由驾驶员控制的道路行驶。为了能查明大客车是否过度转向或者不足转向,该程序系统必须将轮速传感器的数值同转向轮转动进行比较。如果一个车轮的转速突然迅速提高,ESP 必须出面干预,因为大客车的"一只腿抬高"或者说太高的横向加速度,表明有出现侧翻事故的危险。

2. 车距速度自动调节/自适应巡航控制系统

车距速度自动调节(ART),曼和沃尔沃称之为自适应巡航控制系统(ACC)。一方面,长途公共客车对于舒适性要求比一般货车的要求要高。因此在大客车上 ART 的加速和减速都比在载货车上平缓。例如奔驰车上,在车速里程表上的距离在 60~150 km/h 之间按7 个级进行调节,速度为 80 km/h 时最大可调距离为 120 m,而速度为 100 km/h 时最大可调距离为 150 m。另一方面,对于大客车而言,还需要设计出一种转向识别系统。否则,这个利用三个雷达传感器来探测车前部的系统,可能会在狭窄的左转向时出现车道混乱现象,从而可能引起直行超车现象。为了可靠地掌握并克服这样的情况发生,大客车上的 ART 具备 ESP 的特性,由偏转率和转向轮转动计算出转向角。

与一辆 40 t 的货车相同,一辆公共客车经常出现和前车以短距离在右车道上行驶。如果大客车就在一辆超车的后面靠边行驶,那么这距离调节器就不应该立即使用制动。因此,本系统还要分析与这辆前行汽车的距离是否增大或者减小了,只有当前行车比较慢的时候,ART 才降低速度。第二代 ART 具有这个功能。

3. 制动辅助系统

在面临危险的情况下,尽管具有所有的电子辅助系统,仍需由驾驶员负责应急处理。即便如此,一种电子系统也要给予支持。这里所谈的就是所谓制动辅助系统,它在紧急情况下能迅速建立起最大制动力。甚至还可能出现一种紧急制动系统,能将汽车制动到静止状态。奔驰公司在几年前就已展示出相应的设备,表明这在技术上是完全可行的。尚未解决的问题在于法律方面。

4. 车道导向辅助系统/车道识别系统

适合于大客车的车道偏离车道辅助系统(SPA),有的制造商称之为车道识别系统(LGS)。一个摄像头能捕捉到风窗玻璃前面 6～30m 各个不同点上的车道识别标志,如果汽车有偏离车道的危险,该系统会发出警报。为了不让难听的声音惊动乘客,大客车上的这种报警机构布置在座椅的两侧,并以一种明显可感觉得到的震颤从侧面提示驾驶员是左侧报警或是右侧报警,直接向驾驶员反映出是左侧偏离车道或者是右侧偏离车道。当然,驾驶员有足够的机会忽略这种类似按摩式的报警,因为这种 SPA 系统只有在时速 80 km/h 以上时才工作。如果装有闪光信号灯,本系统会在跨过车道标志时提供一种安静的信号。

4.7 客车主动安全技术发展趋势

自 1898 年有记载的第一例交通事故发生以来,人们不断地致力于提高汽车的行驶安全性。但汽车安全性真正受到人们重视,是从 20 世纪 60 年代开始的,当时人们尚未形成主动安全的概念,而将主要精力放在提高汽车的被动安全性,即致力于提高汽车安全带、安全气囊、能量吸收式转向柱等设备的性能上。1966 年美国参、众两院颁布《国家交通和汽车安全法》,自此汽车安全性得到广泛重视,相关安全技术及设备也迎来了快速发展的局面。20 世纪 70 年代,儿童安全座椅、安全头枕、安全轮胎等设备进一步提高了汽车的被动安全性。

进入 20 世纪 80 年代以后,人们开始相信相对于在事故发生后设法降低事故伤害与财产损失,如果在事故前可以对车辆运动状态进行实时监测,并在必要时进行干涉或预警,具有更为深远的现实意义。在此契机下,汽车主动安全性迎来重要发展机遇。人们主要从提高车辆制动性能的角度来提高车辆的主动安全性能,其中最大的技术成就是制动防抱死装置(ABS)的面世,有效抑制了制动抱死导致的跑偏与侧滑相关事故,保证了汽车的制动安全性。ABS系统在 20 世纪 90 年代开始广泛普及,并且随后迎来了电子制动系统(EBS)、制动辅助系统(BAS)及驱动防滑系统(ASR)等制动安全性相关的主动安全系统。进入 21 世纪后,随着电子技术、通信技术、传感技术的快速发展,汽车安全技术迎来了日新月异的发展局面,成为社会与科技进步的重要标志。这些新技术的广泛应用最大限度地解放了驾驶人,汽车的智能化让驾驶更安全、更舒适、更快捷。

未来汽车主动安全技术主要有以下两个方面的发展趋势:

1. 人机兼容性研究

根本而言,驾驶人是汽车的操纵者,是交通行为的主体。因此,汽车安全性能的改善与提升首先要考虑驾驶人的适应性和舒适性。随着各种科技含量较高的新技术与新产品的面世,汽车安全技术不断进步,人们倾向于集成各类传感器及设备,打造各类"无敌智能汽车",但并未从系统角度考虑设备与驾驶人的兼容性与适应性。如车道线识别系统可以提醒驾驶人非正常的越线行驶及纵向潜在的碰撞危险,但同时会产生许多不必要的预警信号,让驾驶人不厌其烦。因此,在系统集成前,有必要对设备与驾驶人的耦合特性进行试验研究,对其是否影响驾驶人正常操作、是否易导致驾驶人的注意力分散进行验证。因此,人机兼容性研究在未来将是汽车主动安全技术的一个重要发展方向。

2. 驾驶人操作意图识别及状态监测

智能汽车的真正内涵,绝不仅是其蕴含的固有技术及系统的本源先进性,还应该拥有良好的人机界面及智能的交互能力。能否做到以人为本,是判断车辆智能性的首要基准。因此,智能车辆应能融汇识别驾驶人的操作意图,预判其下一步的行为特征,通过传感设备监测驾驶环境,当潜在危险出现时,及时向驾驶人预警。例如基于眼睛的运动信息可以实现对驾驶人车道变换意图的准确预判,从而避免驾驶人漏打汽车转向灯的变道对其他车辆造成的潜在威胁。

状态监测同样是未来汽车主动安全技术的一个热点,包括驾驶人的疲劳状态识别、注意力分散行为等。疲劳驾驶的识别目前主要基于CCD摄像机、红外灯等对驾驶人的眼睛开闭状态及面部表情进行监测。此外,有学者结合心电波与脑电波等对驾驶人的疲劳状态进行识别,但大都基于驾驶模拟器试验获取相关数据,其可靠性值得商榷,但组织真实环境下的实路试验又存在较大风险性。因此,如何获取驾驶人疲劳状态下的真实试验数据,是未来在开发相关预警系统时需要考虑的首要难题。

参考文献

[1] 余志生. 汽车理论(第4版)[M]. 北京:机械工业出版社,2006.

[2] 靳旗,林毅. 汽车防抱死制动系统试验研究[J]. 天津汽车,2006,4:21-24.

[3] GB/T 13594-2003 机动车和挂车防抱制动性能和试验方法.

[4] 侯光钰. 车辆防抱死制动系统的控制技术研究[D]. 博士学位论文. 南京:东南大学,2005.

[5] GB 12676-1999 汽车制动系统结构、性能和试验方法.

[6] 孙华,纪晓鹏. 某国产轿车安装ABS前后制动效能比较[J]. 机械设计与制造,2003,1(1):8-9.

[7] DrHac. Evaluation of Two Concepts in Vehicle Stability Enhancement Systems. 98ME031 1998.

[8] Aleksander Hac, Mark O. Bodie. Improvements in Vehicle Handling Through Intergraded Control of Chassis System. Int. J. of Vehicle Design,Vol. 29,2002.

[9] 程军. 车辆动力学控制的模拟[J]. 汽车工程,1999,21(2):199-205.

[10] 荣兵. ABS控制下车辆制动稳定性仿真分析[D]. 硕士学位论文. 成都:西华大学,2010.

[11] 佟金,杨欣等. 零压续跑轮胎技术现状和发展[J]. 机械农业学报,2007,28(3):182-186.

[12] 庄继德. 现代汽车轮胎技术[M]. 北京:北京理工大学出版社,2002.

[13] 杨挺洁. 高速行驶防爆胎[J]. 公路与汽运,2004(4):21-22.

[14] 姜立标,赵守月等. 商用车爆胎应急安全装置的研究[C]. The 8th Int. Forum of Automotive Traffic Safety(INFATS),Wuhu,China,December 2010.

[15] 王英麟. 基于CarSim与UniTire的爆胎汽车动力学响应[D]. 硕士学位论文. 长春:

吉林大学,2006.

[16]郭孔辉,黄江,宋晓琳.爆胎汽车整车运动分析及控制[J].汽车工程.2007,29(12):1041−1045.

[17]JT/T 782−2010 营运客车爆胎应急安全装置技术要求.

[18]董颖,何仁.发动机制动技术的研究与展望[J].车用发动机,2006,6(3):1−5.

[19]潘犁.一种新型的车辆制动缓速装置—发动机缓速器[J].汽车研究与开发,2001(增刊):46−49.

[20]张全.发动机排气制动新技术[J].物探装备,2007,17(4):269−271.

[21]朱会田,李俄收,许力.汽车辅助制动系统综述[J].重型汽车,2008,6:17−20.

[22]刘卫平,黄富元等.车辆安全辅助驾驶系统发展概述[J].汽车运用,2005,11(总157):38−39.

[23]尹磊.汽车安全辅助驾驶系统研究与实现[D].硕士学位论文.济南:山东大学,2012.

[24]文彤.大客车驾驶辅助系统汽车与配件[J].汽车与配件,2006,39(9):48−51.

[25]彭金栓,徐磊,邵毅明.汽车主动安全技术现状及发展趋势[J].公路与汽运,2014,1(160):1−4.

第五章 智能安全系统

5.1 概 述

在世界汽车保有量不断增加的形势下,汽车"公害"问题也日益突出。降低汽车交通事故的发生特别是降低车祸死亡人数已成为世界汽车工业可持续发展的重要课题。为此,世界上各大汽车公司和零部件公司不断开发出先进的安全系统技术。其中最重要的研究成果之一就是应用能共享信息的"传感器融合"技术。这实际上是一种"系统集成"技术,这种"系统集成"为主动安全技术与被动安全技术之间架设一座桥梁,通过两者的结合创造了一个为乘员安全与车辆行驶安全的综合性方法。

在当今世界交通运输量急剧增长的形势下,汽车驾驶者承受了巨大压力。而与此同时,交通事故不断上升,其结果造成巨大的人员伤亡和财产损失。因此要求世界各国采取相应的措施,制订短期与中长期的计划,以改善交通安全措施。由于传统的方法难以适应,因此要求以新的思路采用新的方法有助于减少交通事故发生率或者降低车祸严重性。其中重要研发成果就是采用能够与相应的环境传感器系统连接的车辆电子控制系统。这种交互连接方式不仅有助于驾驶者在主动安全领域——通过驾驶者支持系统——而且驾驶者也从车载被动安全系统获得有效支持,从而在一旦发生交通事故时降低人员伤亡的严重性。这种在车载主动安全系统、被动安全系统和环境传感器之间的交互连接已在世界许多前沿领域开发成功并有助于进一步提高汽车安全性。

5.2 主动预紧式安全带

5.2.1 概 述

随着乘员约束系统的发展,带有紧急锁止功能的安全带的广泛使用已使交通事故伤亡率得到明显降低,但是这些安全带依旧存在不足之处,存在一个重要问题就是织带松弛量对安全带保护效果的影响。为了保证乘员佩戴的舒适性,安全带在佩戴时往往会存在 80~120 mm 的织带松弛量。织带松弛量是指碰撞中乘员惯性前倾运动开始到开始感应到织带张力时织带的伸缩长度,通常由安全带动态拉出量和织带与人体佩戴间隙共同组成。由于安全带卷收器的锁止机构必须在织带拉出一段后才能锁止,而在卷收器锁止后为消除织带缠绕间隙,织带又会拉出一段,这两个阶段共同产生的织带拉出量就是安全带动态拉出量,安全带在动态拉出时对乘员几乎起不到约束作用。同时,为了保证乘员的舒适性,安全带与乘员之间也存在一定量的佩戴间隙。在事故发生时,由于织带松弛量的存在,导致乘员在被动安全带约束住之前会向前移动一段距离,大大增加了乘员发生二次碰撞的危险。

一些研究表明,织带松弛量会影响乘员约束系统的保护效果,乘员胸部加速度和头部 HIC 值的大小与安全带织带松弛量呈线性增长关系,同时过大的织带松弛量还可能造成乘员与乘员舱发生碰撞。图 5-1 为安全带动态拉出量不同时乘员胸部在车身 X 方向的位移,其中实线对应动态拉出量 $L=0.00$ mm,虚线对应 $L=0.01$ m,点画线对应 $L=0.10$ m。由此可知,乘员胸部 X 方向的位移随着安全带动态拉出量的增大而增大,将降低乘员约束系统的防护效果。

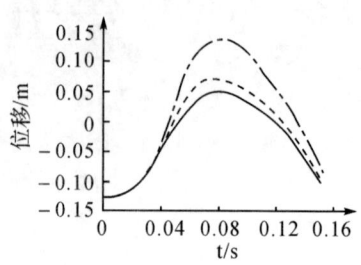

图 5-1 安全带动态拉出量对人体胸部位移的影响

为了消除织带松弛量,更好地发挥安全带地约束功能,预紧式安全带被提出并被广泛应用于目前的乘员约束系统中。其原理是汽车发生碰撞事故时,在乘员尚未明显向前移动的情况下,立即拉紧织带以消除织带松弛量,将乘员"束缚"在座椅上,达到提高乘员的碰撞防护效果的目的。预紧式安全带能减小乘员与车体之间的相对运动,从而对乘员的胸、腹部起到良好的保护作用。

5.2.2 预紧式安全带结构

预紧式安全带的结构如图 5-2 所示。

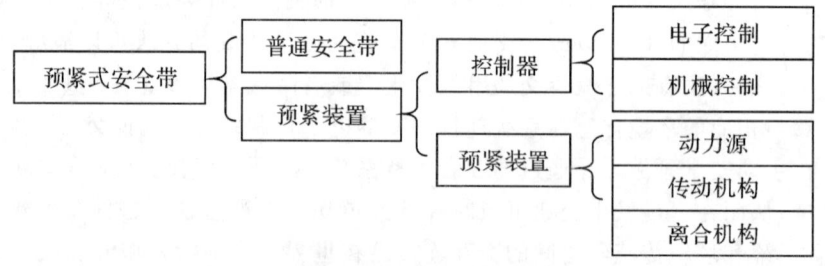

图 5-2 预紧式安全带结构图

预紧装置的控制器通常是在普通安全带基础上添加预紧装置而成,其中预紧装置由控制器和预紧装置组成。

预紧装置的控制器通常有两种:一种是电子控制,由加速度传感器采集汽车的碰撞加速度信息,经过 ECU 处理后转化为电流信号,触发预紧装置工作,采用电子控制器的预紧式安全带通常与安全气囊配合使用;另一种则是机械控制,通过敏感部件检测加速变化,然后通过一系列机械机构激发预紧装置工作,该类型预警装置可以单独使用。

5.2.3 预紧式安全带预紧装置

预紧装置主要包括动力源、传动机构和离合机构三部分。动力源通常采用电机或气体发生器,但目前普遍采用的是火药式气体发生器。预紧装置形式种类繁多,其工作原理大都是能量和运动形式的转换,通常为气体内能与机械能的转换等。预紧装置由动力源产生动力推动传动机构运动使织带收紧。目前常用的各种火药式预紧装置的作用时间大致相同,为 10 ms 左右,能够消除 40 mm 左右的织带松弛量。

按安装位置和预紧方式,预紧装置可分为带扣预紧装置和卷收器预紧装置,如图 5-3 所示。

带扣预紧装置的结构原理如图 5-4 所示。该类预紧装置通常使用火药提供动力。带扣上方与织带相连,下方通过钢丝绳与预紧装置内的活塞相连。当碰撞发生后,气体发生器被点燃,火药爆燃产生的高压气体瞬间冲入气体室,推动活塞右移。与活塞相连的钢丝绳带动带扣向下拉回一定距离。活塞与壳体间存有自锁钢球,使活塞只能向右移动,阻止安全带的释放。

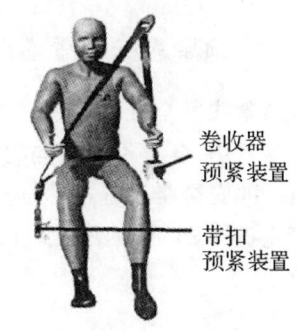

图 5-3 预紧安装位置示意图

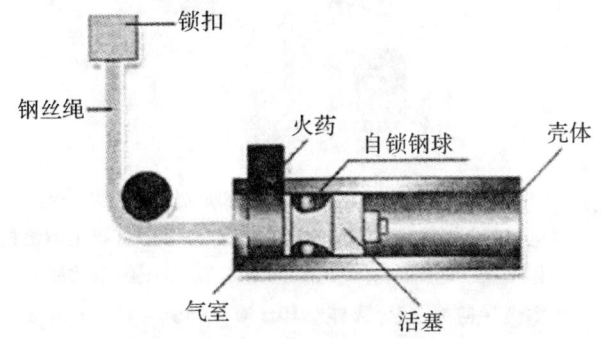

图 5-4 带扣预紧装置工作原理

卷收器预紧装置的结构原理图如图 5-5 所示。该预紧装置安装于卷收器侧面,同样使用火药作为动力。发生碰撞时,点燃火药产生爆炸气体推动与卷收器轴啮合的齿条移动,带动卷轴反方向转动来回收织带,消除织带松弛量。

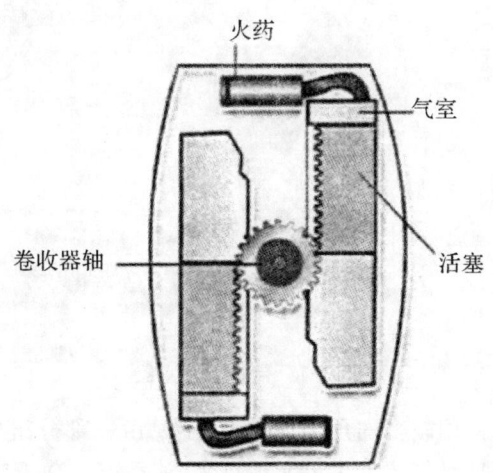

图 5-5 卷收器预紧装置

5.2.4 预紧式安全带卷收器结构

预紧式安全带由于具有更好的防护效果和日益提高的可靠性,已经在越来越多的车型上得到了运用,各类不同结构的预紧式安全带也不停地被推出。所谓预紧式安全带,就是装有预紧机构的安全带系统,作为先进的安全带系统,其中值得特别进行介绍的就是其中的预紧机构和锁止机构,本书以滚珠式预紧式安全带为例(见图 5-6)对其中的预紧机构和锁止机构进行介绍。

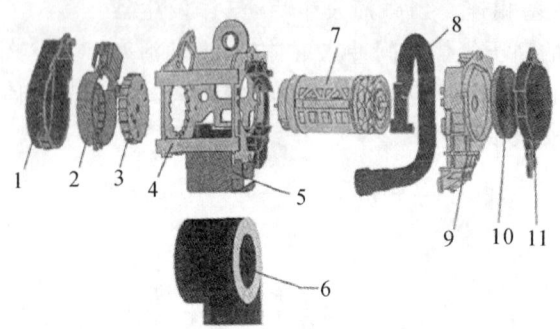

图 5-6 滚珠式预紧复合敏感紧急所致卷收器结构图
1—左端盖 2—车感、倾斜锁止控制机构 3—带感锁止控制机构
4—主体框架 5—滚珠储存箱 6—织带 7—织带芯轴总成
8—滚珠导向管 9—壳体 10—螺旋弹簧 11—右端盖

1. 预紧机构

安全带预紧器分为卷收器预紧式和带扣预紧式。卷收器预紧式是在普通安全带的卷收器上增加预紧器而得名,如图 5-6 即为一种典型的卷收器式预紧安全带;带扣预紧式顾名思义即为在带扣处安装有预紧装置,如图 5-7 所示。

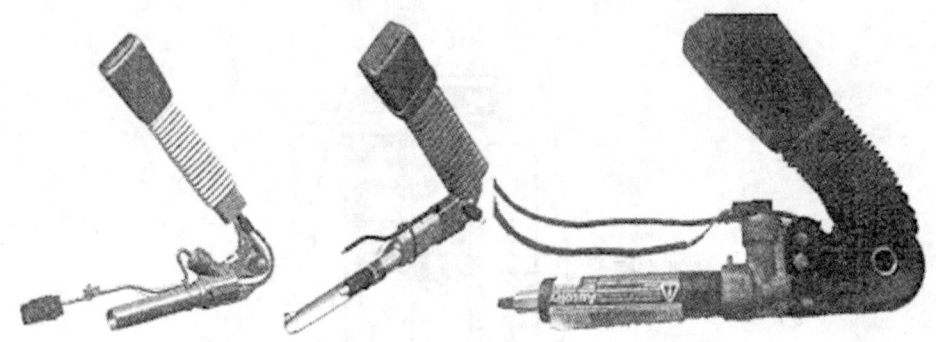

图 5-7 带扣式预紧器

目前烟火式是市面上使用较多的预紧器类型,主要由三部分组成:气体发生单元、离合器和传动机构。它的工作原理是气体发生单元被点燃,从而产生高压气体,再依靠气体来推动相应的传动机构使预紧器发挥作用,离合机构时用来保证卷收器的卷轴只能单向旋转,通过整个工作过程使芯轴回转,从而使连接其上的织带收紧,达到预紧的目的。

(1)气体发生单元。气体发生单元主要由三个装置构成:壳体、点火单元和气体发生器。如图5-8所示。

工作过程:脚线(信号)→点火头(点燃)→火药(温度)→气体发生器(产生气体)→安全带导套(推动)→传动机构→离合机构→收紧安全带。

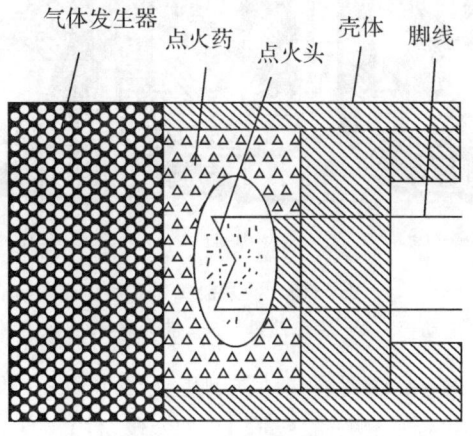

图5-8 气体发生单元结构图

(2)传动机构。预紧器传动机构是用来将气体发生器产生的气体推力转化为安全带织带回卷力的装置。目的是在汽车碰撞事故发生前,消除安全带约束系统空行程,使织带的佩戴间隙、缠绕间隙以及松弛量迅速减小,可靠和便捷地把乘员"捆绑"在座椅上。

滚珠式安全带预紧器主要包括:钢珠、滚珠导向管、带齿转子、壳体和滚珠储存箱,如图5-9所示。

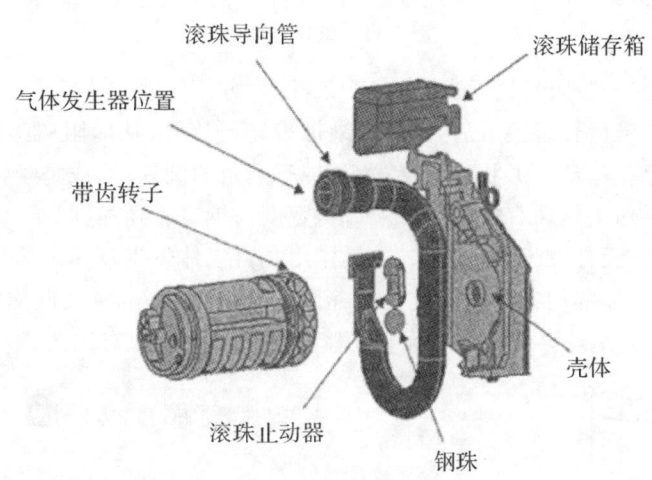

图5-9 预紧器传动机构示意图

在预紧器未触发时,钢珠和滚珠止动器被紧密地布置在滚珠导线管内,如图5-10(a)所示,当接收到控制单元启动预紧器的信号后,气体发生器引爆产生气体使滚珠列向滚珠导向管的前端侧移动,如图5-10(b),滚珠推动带齿转子旋转,继而促使安全带的卷轴向卷绕的方向旋转,从而消除安全带的松弛量,滚珠止动器在所有滚珠从导向管排除之前,卡住导向管,使滚珠列停止移动,如图5-10(c),配合活塞滚珠保持滚珠导向管内压力,协助锁止安全带。

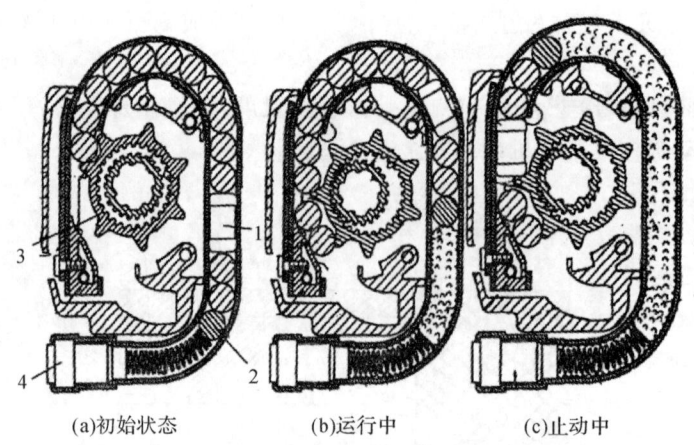

(a)初始状态　　　　(b)运行中　　　　(c)止动中

图 5-10　预紧器工作工程
1—滚珠止动器　2—活塞滚珠　3—带齿转子　4—气体发生器

滚珠止动器(图 5-11)是使滚珠列的移动强制停止的单元,一般由金属材料或合成树脂等制成,在滚珠列靠近气体发生器一侧一般残留 1~2 个残留用钢珠。

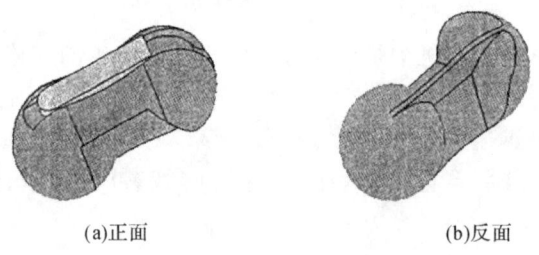

(a)正面　　　　　　(b)反面

图 5-11　滚珠止动器

滚珠止动器形状、尺寸设计需要满足以下条件:一方面能够与滚珠列一起在滚珠导向管中移动;另一方面在与带齿转子接触后,不能搭乘带齿转子旋转,从而阻碍滚珠列的移动使得滚珠列残留,用滚珠停止运动。形状为袋形、角部带有圆角的圆柱形,或是哑铃形、鼓形等满足以上条件即可,长度一般为钢珠直径的 1.5~2 倍,宽度与钢珠直径相同。

活塞滚珠式活塞元件位于滚珠列末端,其作用是将气体发生器喷出的气压传递到滚珠列,并且还承担防止气体泄漏的密封功能。为此,活塞滚珠一般由金属或硅酮橡胶类的高耐热性材料形成。图 5-12 为滚珠导向管内有无止动密封装置时的压力对比图。

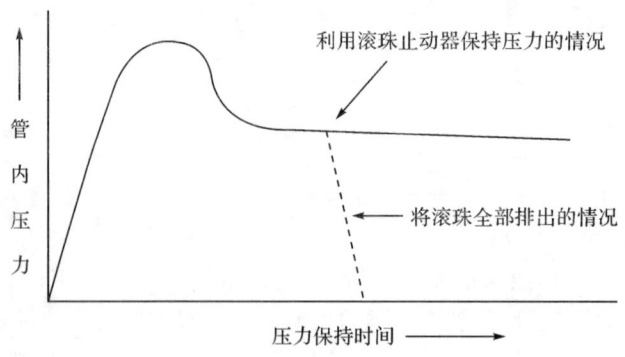

图 5-12　滚珠导向管内压力图

2. 锁止机构

卷收器的锁止机构按其锁止基于的参数分为织带敏感式、车体敏感式和复合敏感式。所谓织带敏感式就是根据织带拉出加速度是否超过阈值来锁止安全带；车体敏感式即根据车体的加速度和倾斜角度有无超过预定值来锁止安全带；复合敏感式则是共有上述两者的传感执行机构，既能根据织带拉出加速度，也能根据车体加速度和倾斜角度来判定锁止安全带。显然复合敏感式拥有上述两者的全部优点，适用的情况全面，效果良好，具有更高的安全防护效果，是未来预紧安全带发展的趋势。

（1）车体敏感锁止机构。车体敏感锁止机构主要根据汽车加速度和车身倾斜角度来控制锁止，位于图 5-6 左端盖内部，主要由敏感球总成、车感棘爪和锁止执行机构组成，如图 5-13 所示。

敏感球总成位于端盖壳体内的下部，敏感球放置在其底部球座凹陷内；敏感球上部与车感棘爪上的凹陷贴合，在满足条件时，可用来推动车感棘爪，使之与车感外棘轮接触，车感外棘轮盘上有能与锁止块把手相配合的凹槽，当车感棘爪与车感外棘轮锁止时，利用织带抽出，芯轴旋转的作用力使锁止块被推出与锁止槽接合，于是卷收器芯轴被锁止。由于敏感球总成和卷收器是一体的，而卷收器固定于车体之上，于是在碰撞发生时，敏感球总成和车体获得同样大小的减速度，于是在惯性力作用下会使得敏感球产生足够的推力推动车感棘爪并造成芯轴锁止。当车身发生超过阈值范围的倾斜时，敏感球的重力在沿斜坡法线上的分力大小大于车感棘爪在此方向上的重力分力，敏感球将越过球坑，同时把车感棘爪顶起，并与车感外棘轮接合，接下来的锁止执行过程与车感锁止方式相同。

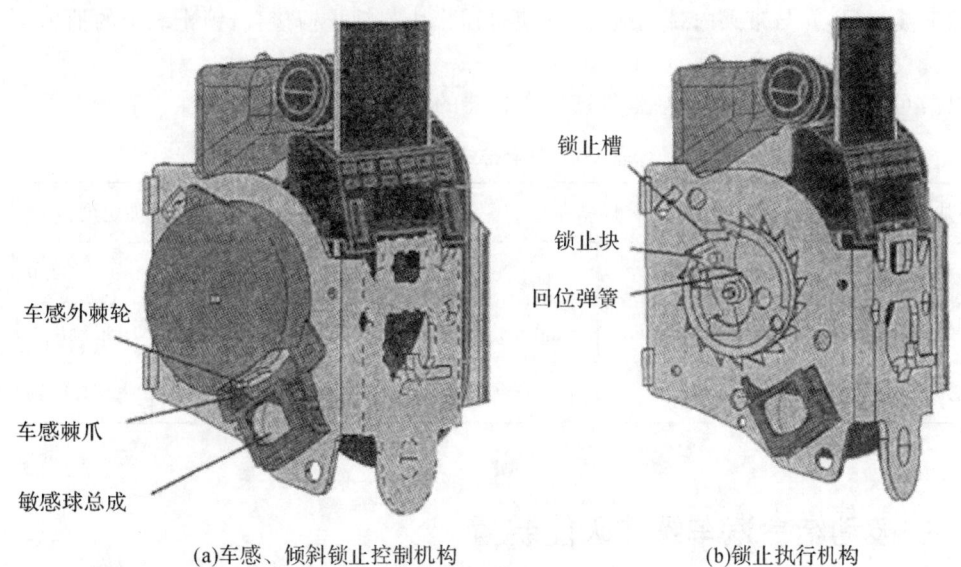

(a)车感、倾斜锁止控制机构　　　　(b)锁止执行机构

图 5-13　车体敏感锁止机构

（2）织带加速度敏感锁止机构。织带加速度敏感锁止机构简称带感锁止机构，主要由带感内棘轮、惯性块、带感棘爪、回位弹簧和锁止执行机构组成，如图 5-14 所示。

带感内棘轮与安装敏感球总成的外壳为一体，罩住车感外棘轮盘和其他带感锁止机构，惯性块安装在芯轴轴套上，惯性块与带感棘轮、带感棘爪与回位弹簧相互接触，并紧密安装于车感外棘轮盘上。带感锁止的基本原理是：利用惯性块在随芯轴加速度旋转时产生的惯性力使

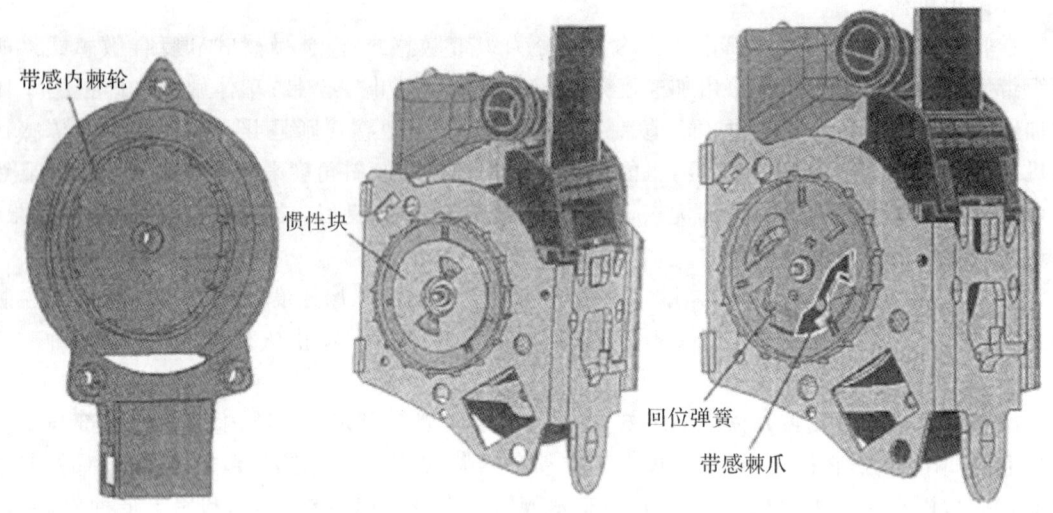

图 5-14　带感锁止机构

带感棘爪绕安装点旋转并压缩回位弹簧,带感棘爪伸出后会与带感内棘轮接合,从而使得车感外棘轮盘无法转动,利用芯轴的转动,使得锁止块被推出,与锁止槽接合,锁止芯轴转动。当发生碰撞或紧急避险而产生巨大减速度时,织带将随人体快速以加速度 a 拉出,此时连接于芯轴轴套上的惯性块产生转动惯性力,施加于带感棘爪,并压缩回位弹簧,当此拉出加速度超过阈值(0.8～2.0 g 之间),即惯性盘所产生的旋转惯性力能够抵消回位弹簧弹力及相关摩擦力时,带感棘爪被拉出,并与带感内棘轮接合,并使得锁止块与锁止槽接合,锁止织带的抽出。

(3)锁止器性能仿真验证。

根据 GB 14166－2003,总结紧急锁止卷收器的锁止性能必须满足表 5-1 的性能要求。

表 5-1　安全带锁止性能要求

车感加速度阀值	车体倾斜角度		织带抽出加速度	
0.45 g	≤12°	>27°	<0.8 g	≥2.0 g
织带拉出≤50 mm	织带拉出>50 mm	织带拉出≤50 mm	织带拉出>50 mm	织带拉出≤50 mm
必须锁止	不得锁止	必须锁止	不得锁止	必须锁止

5.3　主被动结合汽车缓冲吸能装置

5.3.1　理想的前碰撞特性

车辆发生正面碰撞事故时,为保护车内乘员的安全,根据汽车前碰撞损伤机理可知车辆要具备以下的条件:(1)要保证乘员足够的生存空间;(2)除乘坐室以外的车体结构部分尽可能地多变形,以合理地吸收碰撞能量,使得作用于乘员身体上的力和加速度值不超过人体耐受极限,避免人体器官受到伤害而导致伤亡。

为满足上述基本要求,设计的第一步要使乘坐室的结构刚度大于车辆前部变形区域的刚度,通过整车结构的刚度匹配及采用特殊的传递路径使之达到相应的指标限值;而对于碰撞变形区域,除了尽可能多地吸收撞击能量外,其变形模式及变形特性等要满足一定的要求,在低速碰撞时,车辆的变形及变形力值都较小,以保护行人或车辆自身;当发生中等速度的碰撞时,变形力值应尽量均匀,以最大限度地降低碰撞加速度峰值;而当发生高速碰撞时,从悬架到车身前围板之间的变形力应急剧上升,以阻止变形扩展到乘坐室,危害车内司乘员。这种理想的前碰撞变形特性如图 5-15 所示。

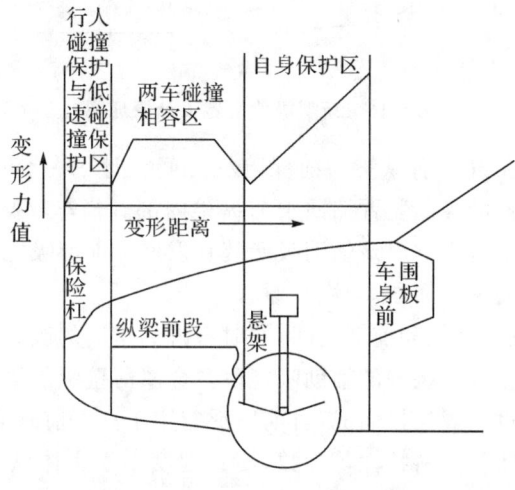

图 5-15 前碰撞理想变形特性

5.3.2 方案设计及工作原理

1. 工作原理

因为汽车的碰撞吸能过程是一个将碰撞能量转化为变形能及其他形式能量的过程,根据变形做功公式:

$$W = \int_0^t F(t) \times \mathrm{d}s \tag{5.1}$$

在汽车动能一定(即 W 一定)时,为了减少碰撞力 $F(t)$,就必须增大外力作用的距离 $\int \mathrm{d}s$。所以从提高汽车的碰撞缓冲与吸能特性的角度考虑,变形吸能区的刚性应足够的低,变形越大越好,以尽可能地减少碰撞作用力,使得作用于乘员身体上的力和加速度值不超过人体的耐受极限;一方面,为了保证碰撞过程中乘员的生存空间,即乘坐室不发生过大的碰撞变形(包括车轮、发动机、变速箱等刚性部件不得侵入驾驶室),变形吸能区的刚性越大越好,但这又会影响汽车的碰撞缓冲吸能特性。为了解决这个矛盾,汽车缓冲吸能区必须设计成"外柔内刚"式的结构。由于又受到汽车结构布置的限制,缓冲吸能空间被限制在一定范围内,所以,目前汽车上所采用的各种缓冲与吸能措施一般都难以达到理想的缓冲吸能效果。特别是对于侧面碰撞而言,被撞车辆受到撞击的部位一般是车门或立柱,而车门和立柱所围住的直接就是乘员乘坐空间,几乎没有可以利用的缓冲吸能区间。虽然可以通过采用乘员约束系统、安全内饰件及侧面安全气帘等安全对策来保护乘员,仍然难以确保乘员在碰撞事故中(特别是高速时)免遭伤亡。所以,为了减少碰撞作用力,又不使车体结构产生过大变形,必须将缓冲吸能空间拓展到汽车外部,达到增加碰撞变形长度,延长碰撞时间历程的目的。新型吸能装置设计原理如图 5-16 所示。

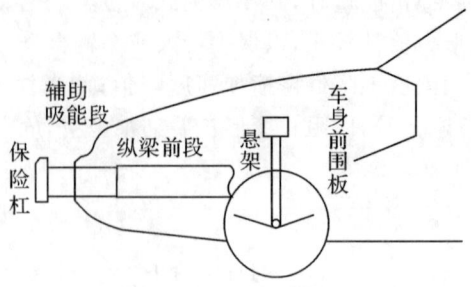

图 5-16 新型吸能装置设计原理图

根据上述工作原理,在汽车前纵梁与前保险杠之间设计了一套可伸缩的辅助吸能装置。汽车停车或正常行驶时,辅助吸能装置缩回于前纵梁内部。当车辆高速行驶或遇到紧急情况时,可由驾驶员或控制系统事先伸出该辅助吸能装置以增加前部吸能空间。当事故危险消除,车辆未发生碰撞,可将该装置缩回,车辆恢复原状。

为充分利用样车的纵梁结构和前部空间,同时考虑到车辆的改装成本,结合多年的研究经验,采用金属薄壁吸能梁作为本装置的辅助吸能段。金属薄壁吸能梁是通过对金属薄板冲压、弯折等冷加工工艺,再通过点焊连接而成,目前广泛应用于汽车前碰撞安全领域。通过优化设计吸能梁的板厚、截面形状及材料特性等参数,使其刚度小于主体纵梁段的刚度,实现从吸能梁到主体纵梁的逐级吸能,从而达到更加理想的碰撞吸能效果。

2. 方案设计

为了实现吸能装置自动伸缩并且在伸出状态时参与变形的功能,在装置的结构设计中需考虑以下问题:

(1)传动系统。实现装置的伸出和缩回直线往复运动,动力可采用车载的 12V 蓄电池。

(2)锁止机构。在装置完全伸出后,锁止机构将辅助吸能段锁止固定,并且能够承受碰撞时的巨大冲击力;当装置需要回缩时,锁止功能消除,装置在传动系统的带动下缩回。

新型缓冲吸能装置一般有三种方案设计,分别是弹簧触发方案、钢丝绳传动方案及新型自锁式结构。下面介绍三种方案的工作原理,并对各方案的优缺点进行分析。

(1)弹簧触发方案

此方案拟通过利用预压的弹簧力将辅助吸能段推出,在达到极限位置后,将其限位固定,实现参与碰撞吸能的功能。其结构原理图如图 5-17 所示。薄壁吸能筒(6)前端与保险杠(5)相连,另一端与弹簧(8)连接,在汽车纵梁前面安装两个矩形截面的柱状吸能筒壳(7),吸能筒壳应具有一定的强度,以保证能够承受吸能筒变形时的载荷,吸能筒装入此吸能筒壳内,形成能够相对滑动的间隙配合。在吸能筒后端底座及吸能筒壳上开设有能够相互对齐的小孔,安装时,将吸能筒推入吸能筒壳内使小孔对齐,将与电磁铁铁芯相连的插销(4)插于该孔内,使推动弹簧处于压缩状态,如图 5-17(a)所示。当需要将吸能装置推出时,通过控制系统给电磁铁(3)通电,使插销(4)拔出,吸能筒(6)及保险杠(5)就在弹簧力的推动下,被迅速推出,在达到极限位置后,限位圆柱销(1)在处于受压状态下的弹簧(2)的作用下,插入吸能筒(6)的末端之后,使吸能筒不能往后移动,如图 5-17(b)所示。

弹簧触发方案结构简单,无须额外的动力传动,只需对电磁铁进行通电即可将装置推出并限位,生产制造成本低。但是要想在没有损坏时重复使用,必须经过复杂的拆卸才能缩回,维修成本较高。在实际应用中宜结合开发相应的一套事故预测技术,通过控制系统实时监测车辆的运行状态,在碰撞事故前某一时刻,瞬间将装置推出以增加碰撞作用距离。

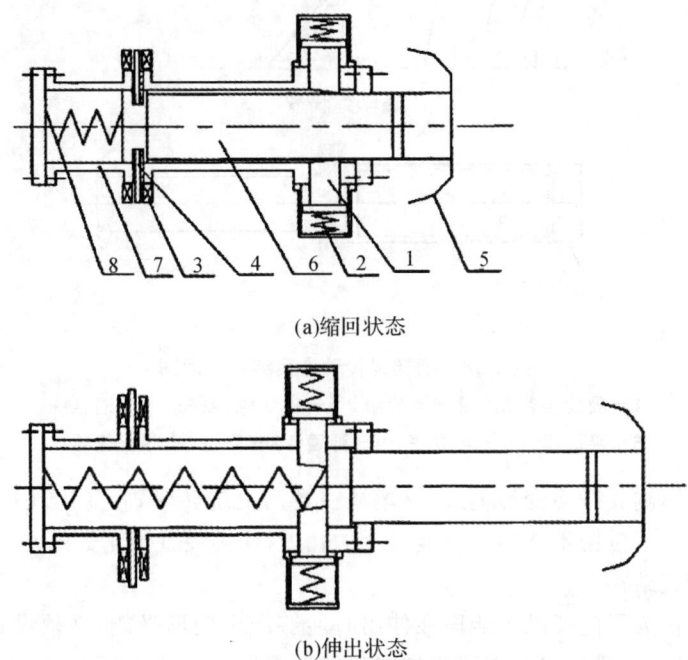

(a)缩回状态

(b)伸出状态

图 5-17 弹簧触发方案结构原理图
1—限位销 2—弹簧 3—电磁铁 4—插销
5—保险杠 6—吸能筒 7—吸能筒壳 8—推动弹簧

(2)钢丝绳传动方案

此方案利用钢丝传动作为装置的动力传动系统,在其达到极限位置时,通过限位销将其锁止在纵梁前端;当装置需要缩回时,利用电磁铁将限位销拔出,达到消除锁止功能的目的,其具体结构如图 5-18 所示。吸能梁(5)置于吸能梁套筒内,与之形成相对滑动的间隙配合,吸能梁上钻有若干小孔,在吸能梁套筒前端设有一一对应的销孔。钢丝绳(4)的两端分别固定在吸能梁(5)后端底座的两侧,通过计算,将钢丝绳上的 R 点固定在卷筒上(见图 5-18(b))从而满足卷筒旋转时,左右两侧钢丝绳刚好是相反的运动状态,两侧位移刚好抵消,整个钢丝绳工作长度不变。具体工作过程为:

①伸出行程。装置最初处于缩回状态,电机 J 下转带动卷筒顺时针旋转,使得钢丝绳上段延长,下段缩短,拉动吸能梁(5)及保险杠(9)向右运动,在其达到极限位置时,吸能梁上的小孔刚好与销孔对应,限位销(8)在弹簧力(弹簧(7)原处于压缩状态)的作用下推入吸能梁上的小孔内,达到锁止吸能梁的功能(见图 5-18(b))。

②缩回行程。首先给电磁铁通电,限位销在电磁力的作用下拔出,反转电机带动卷筒逆时针旋转,此时钢丝绳上段缩短,下段延长,从而拉动吸能梁及保险杠向左运动,直至全部缩回(见图 5-18(a))。

钢丝绳传动方案的结构也比较简单,同时实现了可自由伸缩的功能。但是仍存在着以下的缺点:电磁铁的体积大,质量重,且布置数量较多,既会影响装置在车辆的布置,同时会极大

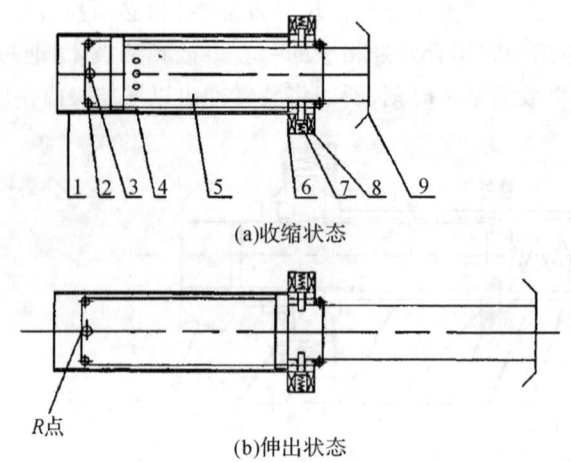

图 5-18　钢丝绳传动方案结构原理图
1—吸能梁套筒　2—导轮组　3—电动机,卷筒　4—钢丝绳
5—吸能梁　6—电磁铁　7—弹簧　8—限位销　9—保险杠

增加纵梁的刚度,影响其碰撞变形模式;钢丝绳在卷筒上绕转时,容易出现打结、松散,严重影响传动时精度,导致限位销不能插入吸能梁上的孔内,使得装置锁止失效。

(3) 新型自锁式结构

根据以上分析,为了使辅助吸能段在伸出时能够产生变形吸能,必须设计一套自锁机构。该自锁机构在辅助吸能段伸出状态下应该能将辅助吸能段锁止在原车纵梁前端,并且能够承受碰撞时的冲击力。当辅助吸能段需要缩回时,自锁机构应该能够实现自动解除。图 5-19 为驾驶员操作的新型自锁式吸能装置自锁机构的工作原理图。

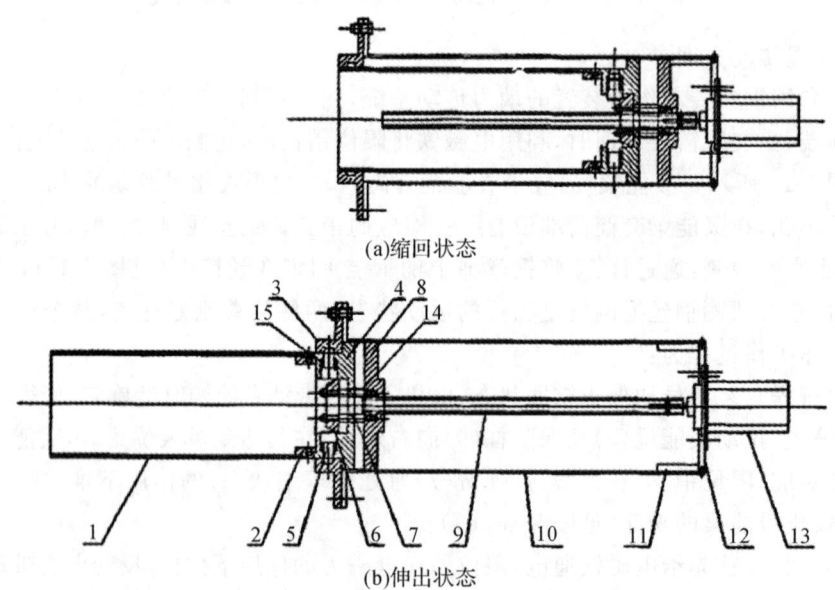

图 5-19　可伸缩碰撞吸能梁装置结构示意图
1—吸能筒　2—吸能筒焊接块　3—止动座　4—自锁销座　5—自锁销
6—推进斜块　7—弹簧柱销　8—丝杆螺母　9—丝杆　10—吸能筒外壳
11—后止动块　12—电机固定板　13—电动机　14—弹簧组一　15—弹簧组二

①伸出行程。停车或正常行驶时,装置处于缩回状态(见图5-19(a)),吸能筒外壳被固定静止,电机正转带动丝杆转动,通过螺旋传动将旋转运动转化为直线运动,丝杆螺母(8)将作用力传递给弹簧组一(14),从而推动吸能筒外壳(10)内的整套装置向左运动。当其运动到最大行程处(即自锁销座(4)与止动座(3)接触时),弹簧组一(14)被压缩,丝杆螺母通过弹簧柱销(7)进而推动推进斜块(6)继续向左运动,在推进斜块斜面分力的作用下,将自锁销(5)推入止动座(3)上的限位孔内(此时弹簧组二(15)被压缩),达到锁止吸能筒的目的(见图5-19(b))。

②缩回行程。控制电机反转,丝杆螺母(8)通过弹簧柱销(7)拉动推进斜块(6)向右运动,自锁销(5)在销座弹簧的弹簧力作用下从限位孔中退出,当推进斜块与自锁销座(4)接触时,自锁销完全退出,锁止功能自动消除,装置在电机带动下继续向右运动,直至全部缩回回,系统恢复原状(见图5-19(a))。

与弹簧触发和钢丝绳传动相比,新型自锁式方案具有以下优点:(1)可操控性,与弹簧触发方案相比,只要控制电机的正反转,即可实现装置的自由伸缩,在无损坏时,便于装置缩回及再利用;(2)轻量化,与钢丝绳传动方案相比,自锁机构比电磁铁锁止机构要轻得多,而且结构紧凑,便于在车辆上的安装,满足车辆轻量化的要求;(3)传动平稳性,丝杆机构传动,精度高,可靠性强。

5.3.3 主被动结合汽车碰撞缓冲吸能装置

1. 工作原理

主被动结合汽车碰撞缓冲吸能装置由薄壁吸能梁、推进装置以及控制系统三大部分组成。如图5-20所示。薄壁吸能梁安装于车体前纵梁内部,其作用是在碰撞事故发生时推出车体以增加吸能空间。推进装置连接于薄壁吸能梁和控制系统之间,其作用是在事故发生前及时将吸能梁推出车体并限位。控制系统固定于车体内部,其作用是预测交通事故是否发生,并及时准确地向推进装置发出指令。

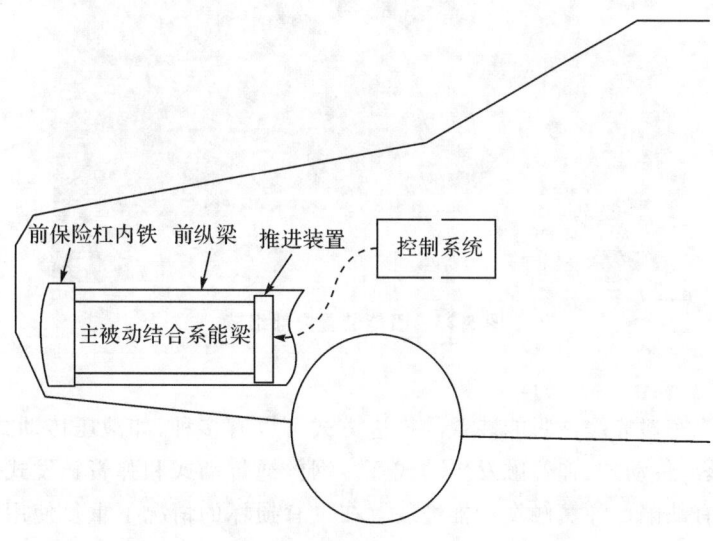

图5-20 主被动结合碰撞缓冲吸能装置结构

控制系统通过运用传感技术准确地识别"人—车—路"环境参数,并选用合理的算法对这些数据进行综合处理以判别"人—车—路"环境的危险程度,从而有效地预测事故。一旦达到一定的危险系数,控制系统瞬间触发推动装置,将固定于前保险杠与汽车前纵梁之间的一套可伸出的吸能梁结构(见图 5-21)迅速推出车体并将其限位。增加车辆前部缓冲吸能空间,在碰撞过程中通过吸能梁的压溃变形吸收大量碰撞能量,有效改善车辆碰撞吸能效果,如图 5-22 和图 5-23 所示。

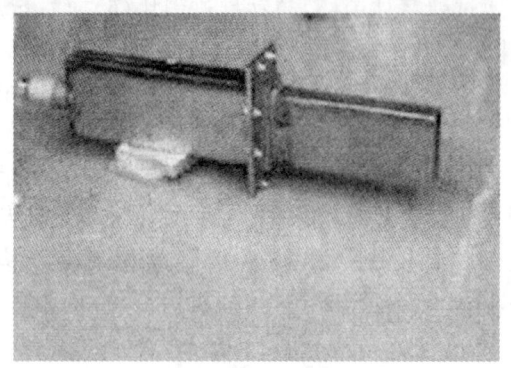
图 5-21 吸能梁结构

图 5-22 吸能梁伸出车体

图 5-23 吸能装置内部细节

2. 推进装置

主被动结合汽车碰撞缓冲吸能装置的推进方式可以有多种,如液压传动式、气压传动式、丝杆传动式、钢丝绳传动式、弹簧触发传动式等。钢丝绳传动式和弹簧触发式结构简单,但结构上存在一些固有缺陷。弹簧触发式推进装置在没有损坏的情况下重复使用时,必须经过复杂的拆卸才能缩回,维修成本较高。钢丝绳传动式推进装置的钢丝绳在卷筒上绕转时,容易出现打结、松散,严重影响传动的精度,导致装置锁止失效。

气压传动式推进装置如图 5-24 所示。该装置由薄壁吸能机构、气压管道、电磁阀和储气罐或气体发生器组成。储气罐或气体发生器(4)通过主管道与常闭电磁阀(3)连接,电磁阀(3)

再通过三通管与两个分管道连接,分管道又分别与两个吸能机构(1)相连。控制系统在事故发生前打开常闭电磁阀或起爆气体发生器,利用储气筒内的高压气体或气体发生器产生的高压气体迅速将吸能梁推出至最大行程,并实现机构的可靠锁止。发生碰撞时,通过伸出的吸能元件的压溃变形,拓展吸能空间,吸收更多的碰撞能量,能有效地降低乘员的损伤和车体的受损;当没有发生碰撞且危险消除后,可调节锁止机构使自锁销锁止失效,收回吸能梁,使车辆前部恢复原状。

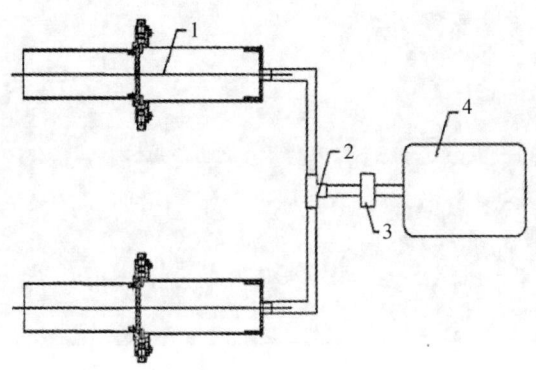

图 5-24　气压传动式推进装置
1—薄壁吸能机构　2—气压管道　3—电磁阀　4—储气罐或气体发生器

5.3.4　控制系统电路

1. 碰撞事故判断依据

碰撞事故的判断依据有多种,如车速、车辆间距、车辆行驶轨迹、驾驶员的精神状态、方向盘及脚踏板的活动情况等等。本书旨在寻求一种新的、简单有效的汽车碰撞事故判断方法。事故分析表明,在大多数交通事故中,驾驶员能够察觉事故即将发生,并采取了紧急制动等相应措施。因此本书选用某国产车型进行典型工况加速度信号的试验研究,在车辆尾部安装两个加速度传感器(见图 5-25),通过 MDR 移动数据采集仪进行数据采集。

图 5-25　试验车型及传感器安装

实车试验现场如图 5-26 所示。

图 5-26 实车试验现场

通过实车试验得到了某车型在 40 km/h、50 km/h、60 km/h 时紧急制动、正常制动、点刹和通过路障四种工况下的加速度信号,如图 5-27 至图 5-29 所示。试验条件为干燥沥青水泥路面,路障高度为 30 mm。

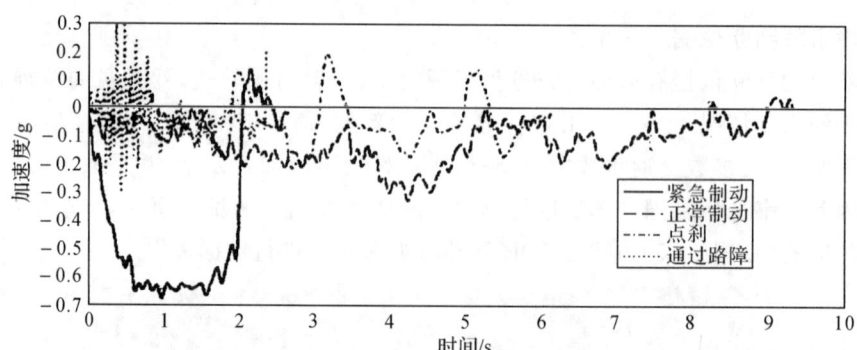

图 5-27　40 km/h 各工况加速度曲线

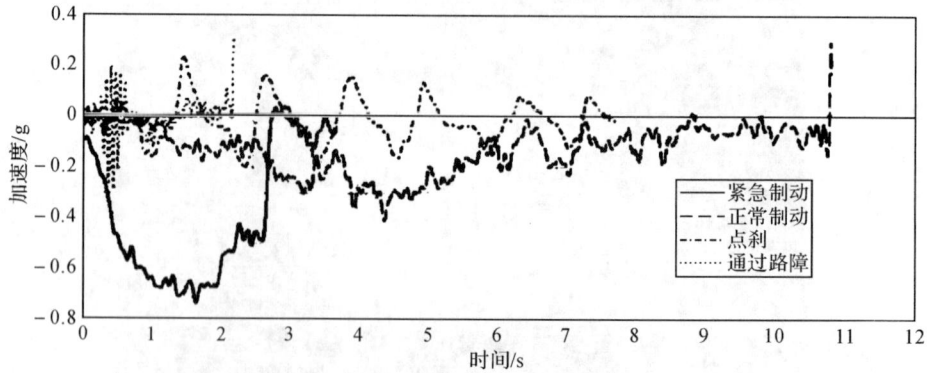

图 5-28　50 km/h 各工况加速度曲线

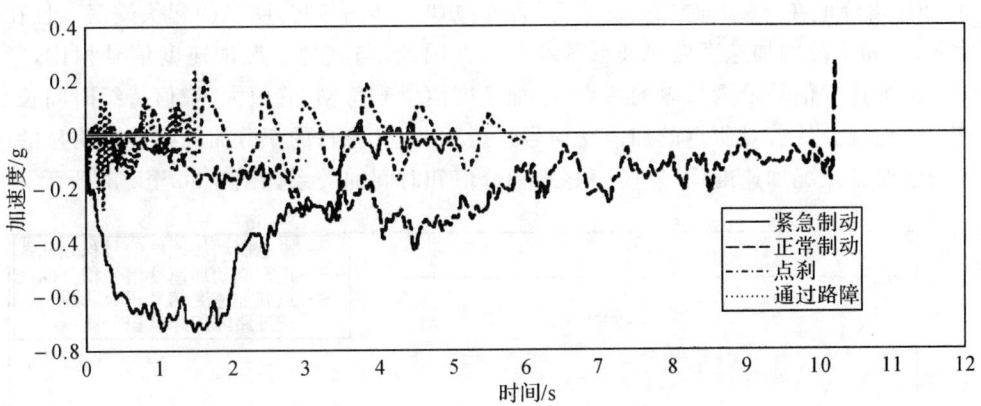

图 5-29 60 km/h 各工况加速度曲线

本书从加速度峰值大小、信号持续时间长短、曲线走势及加速度信号积分曲线特点等几个方面对图 5-27 至 5-29 所示的制动加速度信号进行了比较。加速度峰值、信号持续时间长短及曲线走势的比较如表 5-2 所示。

表 5-2 加速度峰值、信号持续时间及曲线走势的比较

试验速度及工况		加速度峰值(g)	信号持续时间(s)	曲线走势
40 km/h	紧急制动	−0.684	2.07	攀升快,峰值持续时间长
	正常制动	−0.331	9.23	平缓,制动时间长
	点刹	+0.189(−0.216)	6.14	呈波浪形曲线
	通过路障	+0.287(−0.306)	0.99	震荡明显,持续时间短
50 km/h	紧急制动	−0.733	2.78	攀升快,峰值持续时间长
	正常制动	−0.407	9.89	平缓,制动时间长
	点刹	+0.232(−0.203)	7.69	明显的波浪形曲线
	通过路障	+0.193(−0.271)	0.86	震荡明显,持续时间短
40 km/h	紧急制动	−0.731	3.52	攀升快,峰值持续时间长
	正常制动	−0.432	10.2	平缓,制动时间长
	点刹	+0.215(−0.164)	5.98	呈波浪形曲线
	通过路障	+0.146(−0.278)	0.77	震荡明显,持续时间短
60 km/h	紧急制动	−0.684	2.07	攀升快,峰值持续时间长
	正常制动	−0.331	9.23	平缓,制动时间长
	点刹	+0.189(−0.216)	6.14	呈波浪形曲线
	通过路障	+0.287(−0.306)	0.99	震荡明显,持续时间短

从表 5-2 可以看出,不同速度下,紧急制动时,车辆加速度峰值在 −0.7 g 左右,明显比其他工况要高,加速度信号在紧急制动后短时间内急剧攀升,且峰值持续时间长,有明显的"窗宽"出现。正常制动时,加速度峰值在 −0.4 g 左右,制动时间比紧急制动长得多,且加速度信号较为平缓。点刹时,加速度峰值在 +0.2 g(−0.2 g)左右,加速度信号表现为明显的波浪形曲线。通过

路障时,加速度峰值在-0.3 g左右,加速度信号在短时间内表现为明显的起伏震荡。且在不同的速度下,相同工况的加速度曲线波形基本一致。因此,与其他工况加速度信号相比,紧急制动工况下的加速度信号最为显著的特点是:加速度值攀升急剧、峰值大、峰值持续时间长、有明显的"窗宽"出现。故若对所得的加速度信号进行积分,其各自的积分曲线将会有明显的区别。在时间轴上对各工况加速信号进行积分,积分值和时间的关系如图5-30至5-32所示。

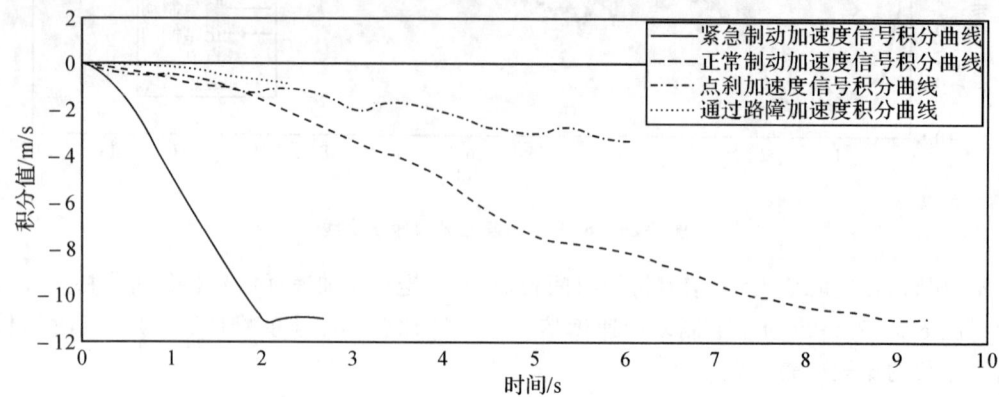

图 5-30　40 km/h 各工况加速度积分曲线

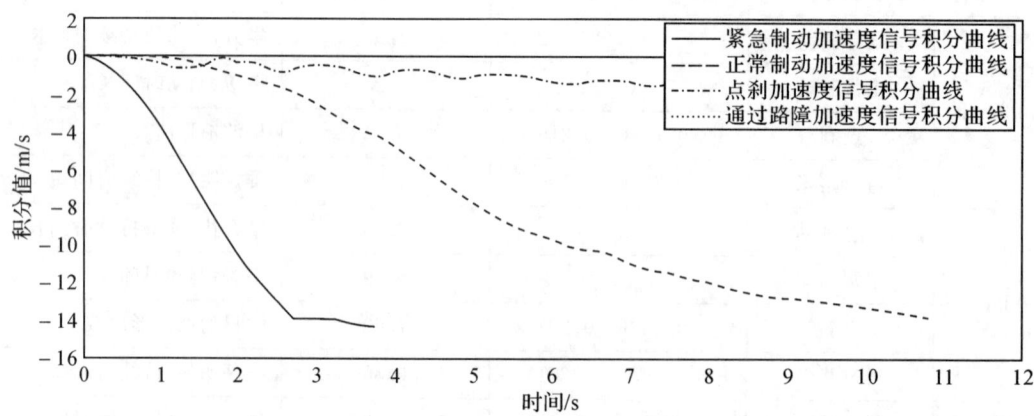

图 5-31　50 km/h 各工况加速度积分曲线

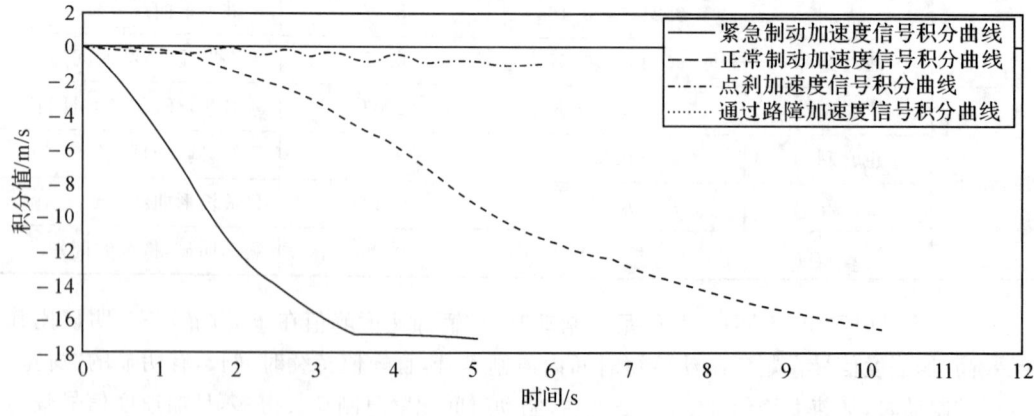

图 5-32　60 km/h 各工况加速度积分曲线

从图 5-30 到 5-32 中可以看出,紧急制动时,加速度积分曲线斜率大,在短时间内变化急剧;正常制动时,加速度积分曲线相对平滑,变化缓慢;点刹时,加速度积分曲线斜率很小,变化也小;通过路障时,加速度积分曲线与紧急制动和通过路障相比几乎为零。因此,紧急制动时的加速度积分曲线的斜率远大于其他三种工况。所以,在采取紧急制动后的极短时间内,其加速度积分值就会与其他工况有明显的差别。由此可见,可以以驾驶员的紧急制动行为为依据判断碰撞事故。通过设置一定的窗宽,对加速度信号在窗宽范围内进行积分,只要窗宽和阈值选择得当,就能够区分紧急制动工况和其他工况,并且具有良好的区分干扰工况的能力。

2. 碰撞事故判断方法

(1) 算法选择

碰撞事故判断算法借鉴安全气囊的控制算法。常用的安全气囊控制算法见被动安全章节。

碰撞事故的算法采用 Newton-Cotes 求积公式实现对加速度信号的积分。由于低阶的 Newton-Cotes 求积公式精度不够高,故采用它的复化梯形形式进行计算。即先将积分区间 $[t-w,t]$ 分为 n 个等长的小区间 $[t_{i-1}, t_i]\,(i=1,2,\cdots,n)$,区间长度 $h=w/n$,在每个小区间上应用梯形求积公式,然后相加便得到期望的复化梯形求积值,计算公式如下:

$$s(t,w) = \int_{t-w}^{t} a(t)\mathrm{d}s$$

$$= \int_{t_0}^{t_1} a(t)\mathrm{d}t + \int_{t_1}^{t_2} a(t)\mathrm{d}t + \int_{t_2}^{t_3} a(t)\mathrm{d}t + \cdots + \int_{t_{n-1}}^{t_n} a(t)\mathrm{d}t \tag{5.2}$$

进一步计算得:

$$s(t,w) = \frac{h}{2}[a(t_0)+a(t_1)] + \frac{h}{2}[a(t_1)+a(t_2)] + \cdots + \frac{h}{2}[a(t_{n-1})+a(t_n)]$$

$$= h\left[\frac{1}{2}a(t-w) + a(t_1) + a(t_2) + \cdots + a(t_{n-1}) + \frac{1}{2}a(t)\right] \tag{5.3}$$

(2) 算法参数的确定

在该事故判断方法中,移动窗积分算法中的窗宽和阈值必须同时满足以下几个条件:

① 窗宽应尽量小,以便使系统能在最短的时间内识别出驾驶员的紧急制动行为。试计算,速度为 100 km/h 的汽车在 1 s 内要行驶 27.7 m,所以积分窗宽应小于 1 s 为宜。

② 对于积分窗宽的设置,必须使得在设定的窗宽范围内,紧急制动时的加速度信号积分值大于积分窗体在时间轴上"移动"时其他所有工况在该窗宽内的最大积分值。

③ 阈值应取不同速度下所得的紧急制动加速度积分值的最小值,以保证系统能识别不同速度下的紧急制动行为。同时,阈值必须大于在所设定的窗宽范围内其他所有工况加速度积分值的最大值,以保证窗体在时间轴上"移动"时系统不会误触发。

由上述加速度曲线及其积分曲线可知,正常制动、点刹和通过路障三种干扰工况的加速度最大值为 0.4 g,因此,若窗宽取 w 时,则这三种工况下的加速度积分值一定小于 0.4 wg。基于这种分析,在碰撞事故判断系统中,积分窗宽取 250 ms,积分阈值取 1,Newton-Cotes 求积公式中的积分区间长度 h 取 10 ms。

3. 系统原理

由上述分析可知,一般情况下,驾驶员都会在碰撞事故发生前采取紧急制动行为,通过识别驾驶员的紧急制动行为能有效判断碰撞事故是否会发生。车辆紧急制动时的加速度信号与其他工况有明显的差异,设置一定的窗宽,对加速度信号在窗宽范围内进行积分,只要窗宽和阈值选择得当,就能够区分紧急制动工况和其他工况,并且具有良好的区分干扰工况的能力。因此,主被动结合汽车碰撞缓冲吸能装置控制系统的任务是实时采集车辆的加速度信号,分析判断以识别驾驶员的紧急制动行为,并在事故发生前及时触发推进装置使薄壁吸能结构主动拓展到车体外部,以增大缓冲吸能空间,如图 5-33 所示。

(a)缩回状态

(b)伸出状态

图 5-33　新型碰撞吸能装置

结合系统实际情况,系统硬件需满足以下几个条件:(1)加速度传感器要满足高灵敏度、高精度,量程范围至少在±1 g 以上,且具有较高的抗冲击能力;(2)微控制器要满足精度高、速度快,且具有较强的抗干扰能力;(3)A/D 转换器件要求精度高、转换速度快;(4)硬件系统要具有较强的抗干扰能力。基于以上几点考虑,系统硬件方案如图 5-34 所示。以 STC89C58RD+单片机为核心,利用 Analog 公司生产的高性能加速度传感器 ADXL103 采集车辆的制动加速度信号,通过信号调理后,再利用 A/D 转换器件进行 A/D 转换并最终送入单片机进行分析运算。一旦分析结果超过程序设定的危险值则认定事故将要发生,系统即刻输出触发信号让执行元件工作,使碰撞缓冲吸能装置主动拓展到车体外部,有效增大缓冲吸能空间,将碰撞事故的损失降到最低。系统硬件以 STC89C58RD+单片机为核心,包括传感器电路、信号调理电路、A/D 转换电路、执行元件驱动电路及电源电路、串口通讯电路等,具体方案如图 5-34 所示。

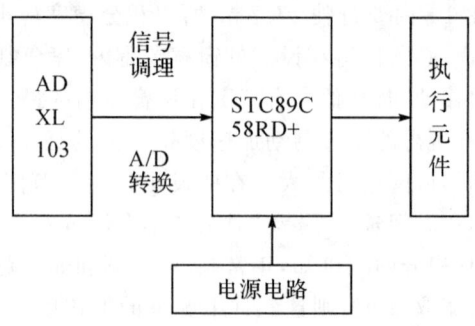

图 5-34　系统硬件方案

4. 系统硬件电路

系统硬件以 STC89C58RD+单片机为核心,包括传感器电路、信号调理电路、A/D 转换电路、执行元件驱动电路及电源电路、串口通信电路等。系统电路原理如图 5-35 所示。

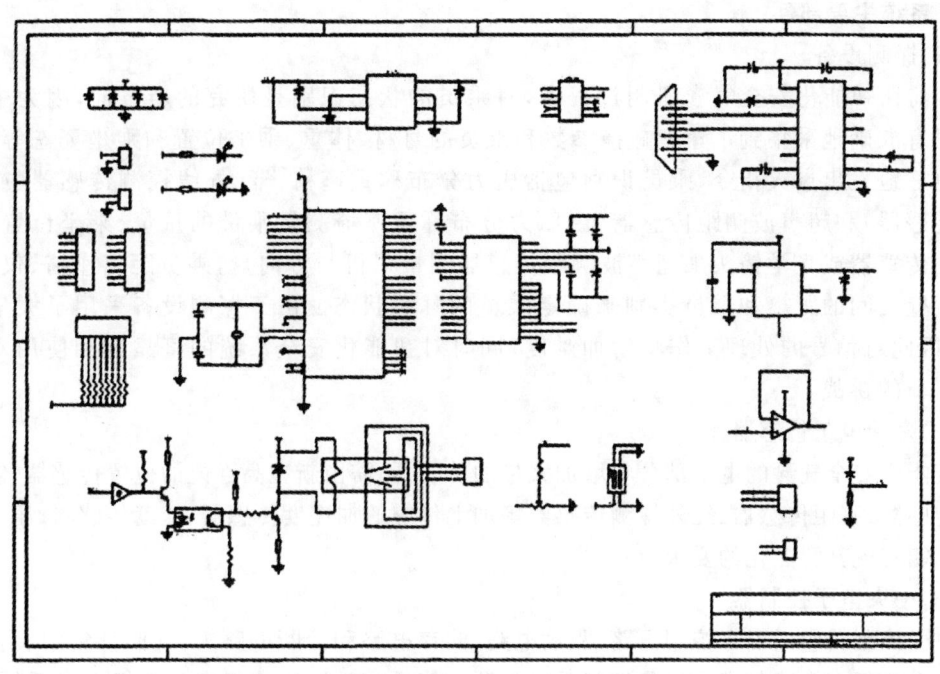

图 5-35 系统电路原理图

5.4 智能安全气囊

5.4.1 概　述

近年来,安全气囊技术发展很快,在一些高端汽车上,已经开始装备智能安全气囊系统。

智能安全气囊是在普通安全气囊的基础上增加传感器,以探测出座椅上的乘务员是儿童还是成年人,是否系好安全带以及乘务员所处的位置、高度,通过采集这些数据,由电子计算机软件分析和处理控制安全气囊的起爆和膨胀,使其发挥最佳作用,避免安全气囊出现不必要的起爆,从而极大地提高其安全保护作用。

5.4.2 智能安全气囊系统的主要部件及工作原理

安全气囊的智能化发展,将集成先进的传感器技术和信息处理系统,它们在事故发生的短暂时间内能够提供可靠的碰撞环境方面的信息。这些信息包括汽车碰撞的剧烈程度,碰撞的形式(包括正碰撞、侧碰撞、翻滚等),乘员的身材、体重、乘坐位置和乘坐姿态,以及乘员是否系有安全带等。智能安全气囊系统根据探测到的信息,通过其电子控制系统的计算分析,决定安全气囊何时及以何种程度展开,从而对乘员提供最优化的保护。新一代安全气囊系统将由多种电子传感器、中央控制器、探测设备、智能化信息处理系统、多气囊、多安全带预紧器和接头等组成。

1. 系统主要部件

(1) 探测设备

目前在智能化安全气囊研制过程中,对乘员的状态识别是研究的新方向,因为中央控制器只有准确地采集到了车辆碰撞参数和乘员的身材、体重、乘坐位置和乘坐姿态等状态,才能更好地发出点火指令,乘员识别包括压力分布称重座椅+红外线探测传感器(或光学镜头传感器)和超声波测距传感器,由压力分布称重座椅测量乘员的重量、乘坐位置,由红外探测传感器或光学镜头加超声波测距传感器测量司机与方向盘,乘员距离座椅、仪表板、车辆侧壁之间的距离和乘员类别来确定乘员的真实状态。由于探测设备采用了大量的传感器,因此对信号的处理工作将增加难度,同时对智能化安全系统的可靠性和使用寿命也提出了新的挑战。

(2) 多种电子传感器

智能化安全气囊的电子部分将增加大量的传感器,需由新型高性能的位置传感器、安全带检测传感器、测距传感器、红外探测传感器等加上传统的加速度传感器、速度传感器、压力传感器等才能实现其智能化的要求。

(3) 中央电子控制器

电子控制器包括引爆控制电路、驱动电路、储存电路和诊断电路等,它们都集中装在中央控制器上。新型智能化安全气囊控制系统需开发能适应不同碰撞强度的多极点火系统,能采取不同的点火展开策略,能根据碰装条件和接收到的乘员状态信息调节气囊的工作性能。通过掌握探测到的信息,中央控制器才能根据每个乘员的具体需要,利用本身固有的灵活性,确定安全气囊的触发时刻及展开强度,实现最佳的乘员保护效果,诊断电路不断地分析和诊断气囊系统的各种故障,将这些故障编码储入储存电路,驱动电路使仪表盘上的气囊警告灯开始闪烁,以确定安全气囊随时处于有效工作状态。

(4) 安全带预紧装置

安全气囊和安全带配合使用,能够更好地发挥其保护作用,目前汽车上安装的大部分是普通安全带,在智能化安全气囊系统中,开发出了新型限力式、预紧式安全带,限力式安全带可减少撞击时的冲击力,而预紧式安全带可感知碰撞信号的强弱,从而使得原来松跨在乘员身上的安全带瞬时拉紧,以减少冲击力,因此预紧式安全带是当前智能化安全系统的重要组成部分。

(5) 辅助电源

辅助电源由直流稳压器和电容储能器组成。直流稳压器能保证供给系统电压的恒定性,使系统能正常工作而不发生失效引爆事故。它是一种带比较、放大和调节功能的集成稳压装置。电容储能器是利用电容储存电能,在冲撞中发生电源中断时,担负起气囊系统的电源作用,避免失效引爆事故。

2. 系统工作原理

在汽车行驶中,通过各探测设备和传感器感应到的信息,中央控制器不断将车辆不同部分变化的信息输入到电子控制器模块,经电子控制器不断地计算、分析、比较和判断,并随时准备发出指令。当碰撞信号低于气囊点火阀值时,安全传感器向电子控制器输入撞车信号,并发出引爆安全带预紧器电点火装置的指令,而中央传感器发出的信号不能使电子控制器发出引爆气囊电点火装置的指令。所以,在低速(减速度较小)冲撞时,只要预紧器向后拉紧安全带,就足以保护驾乘人员不撞向前方。在高速(减速度较大)冲撞时,中央传感器通过探测传感器等分析车内乘员的重量、乘坐位置、乘员类别,确定各气囊的张开程度,同时向电子控制器输入冲撞信号，电子控制器在迅速判断后发出指令，引爆安全带预紧器和多气囊的电点火装置。安全带向后拉紧的同时，气囊张开，吸收驾乘人员因减速度大而产生的冲撞能量，有效地保护他们的安全。

从发生冲撞、传感器发出信号到控制器判断引爆电点火装置，大约需要 10 ms 时间。引爆后，气体发生器产生大量气体，迅速吹胀气囊。从发生冲撞到气囊形成，进而到安全带拉紧，全过程所需时间为 30～35 ms，所以气囊系统的保护效果是非常好的。当气囊引爆后，由于产生的气体大量涌进气囊，使气囊的压力增高，不利吸收冲撞能量，所以，在气囊的后面有两个排泄压力的气体排放孔，有利于保护驾乘人员的安全。由于汽车发生碰撞事故的瞬间是非常短促的，因此智能化安全气囊的研究要求各传感器发出的信号必须准确、有效，中央控制器的分析、计算、处理必须及时、正确。

5.4.3 车外安全气囊

1. 汽车前保险杠气囊

保险杠型安全气囊（Airbag Bumper System）是一种专门为了保护行人而设计的保险杠。它是在汽车与行人发生正面碰撞的紧急状态下使行人免受伤害或减轻伤害的被动安全装置。该装置由传感器、充气泵和气囊等部件组成，并集中装入保险杠内，在行人触及保险杠的瞬间，保险杠内藏推板迅速落下，阻止行人被撞倒在车底下，同时，装在保险杠上的传感器被触发。点火回路导通，闪动火花，引燃充气泵内气体器的固体燃料，燃料燃烧释放出大量的氮气，并达到大于 1000 ℃ 的高温；气体通过冷却器层降温后，进入过滤器，经过滤后的清洁气体迅速充入内藏的楔装气囊，使其向前张开，托起被碰撞的行人，与此同时，保险杠两侧的翼状气囊充气后向两侧举升，防止行人滚落到公路上，并控制汽车实施应急制动。

2. 发动机罩气囊/A 柱气囊

当行人与车辆发生交通事故时，最主要的死亡原因是来自于行人头部的伤害。为避免头部直接撞击汽车的前风挡玻璃，在发动机盖以及前风挡玻璃附近设置安全气囊。发动机盖气囊在保险杠上方紧靠保险杠处开始展开。碰撞前由一个碰撞预警传感器激发，50～75 μs 内完成充气。充气后的安全气囊在两个前大灯之间的部位展开，由保险杠顶面向上伸展到发动机盖表面以上，防止行人被甩到发动机罩上，然后被前车窗底部碰伤。该系统包括两个气囊，各由前风挡玻璃向一侧的 A 立柱延伸，气囊由传感器探测到行人与保险杠发生初始碰撞后触发。

3. 后保险杠气囊

图 5-36 为 David Rammer 在 2007 年发明的一种新的吸收车辆碰撞冲击的缓冲安全气囊系统，最大限度地减少车辆损失和防止乘员的严重受伤。该系统包括 1 个控制单元、气囊室、压力传感器及分离面板等。

在车辆的前后保险杠内各有中空结构，内置安全气囊 3、气体发生器 7，当与其他物体碰撞时，如另一辆车，气囊膨胀展开。车辆保险杠保护外壳 4 在碰撞后，冲击压力使压力传感器 5 触发接通，信号发送至系统控制单元，气体发生器 7 根据信号产生点火动作，引爆点火剂，产生气体迅速向气囊充气，使气囊膨胀，由中空结构向外爆开。

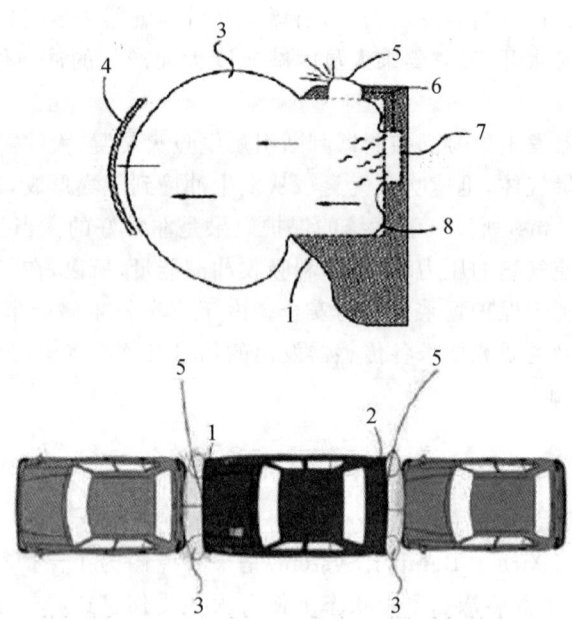

图 5-36 David Rammer 汽车前保险杠气囊侧视图、前后气囊俯视图
1—前保险杠 2—后保险杠 3—气囊 4—保险杠外壳 5—压力传感器
6—传感器信号 7—气体发生器 8—气囊室

若三辆汽车同时发生追尾事故,此时后保险杠传感器发送信号使气囊触发,吸收后车的碰撞能量,减轻伤害程度,达到保护乘员的目的。

5.5 城市安全系统

5.5.1 概述

城市安全系统(City Safety)是 2010 年推出的一项汽车防撞技术,是能够实现自动刹车的主动安全科技。城市安全系统作为一项最新的主动安全技术,能够及时地对车辆进行控制,从而帮助司机避免城市交通常见的低速行驶时的追尾事故,大大减少维修车辆的时间与成本,降低人员伤亡率。

5.5.2 工作原理

城市安全系统借助于激光传感器监测前方的交通状况,当系统认为即将放生碰撞时,如果驾驶员没有采取正确的反应,系统会计算出最合适的力度进行自动制动并禁用加速踏板,帮助避免碰撞或减小碰撞的后果。

激光传感器安装在风挡玻璃上部,与后视镜处于同一高度,利用光学雷达探测距汽车保险杠前方 6 米以内的汽车,并计算正前方汽车车速(以每秒 50 次计算),可以对前方静止的或同向行进的汽车做出反应。图 5-37(a)为城市安全系统工作示意图。

城市安全系统在车速 4~30 km/h 时起作用。如果前车突然刹车,城市安全系统判断有发生碰撞的危险时，便会对制动器进行预充压。如果司机仍未采取任何行动，制动器会自动刹车。如果两车的相对速度差低于 15 km/h，该系统可帮助司机避免碰撞。当两车的相对速度差在15～30 km/h时，该系统可在碰撞发生前将速度降至最低。图 5-37(b)为城市安全系统的示意图。

图 5-37　城市安全系统工作示意图

5.6　无人驾驶技术

5.6.1　概　述

自动驾驶汽车（Autonomous vehicles；Self-piloting automobile）又称无人驾驶汽车、电脑驾驶汽车或轮式移动机器人，是一种通过电脑系统实现无人驾驶的智能汽车。自动驾驶汽车技术的研发，在20世纪也已经有数十年的历史，于21世纪初呈现出接近实用化的趋势，比如，谷歌自动驾驶汽车于2012年5月获得了美国首个自动驾驶车辆许可证，预计于2015—2017年进入市场销售。

自动驾驶汽车依靠人工智能、视觉计算、雷达、监控装置和全球定位系统协同合作，让电脑可以在没有任何人类主动的操作下，自动安全地操作机动车辆。2014年12月中下旬，谷歌首次展示自动驾驶原型车成品，该车可全功能运行。

5.6.2　工作原理

无人驾驶汽车是通过车载传感系统感知道路环境，自动规划行车路线并控制车辆到达预定目标的智能汽车。它是利用车载传感器来感知车辆周围环境，并根据感知所获得的道路、车辆位置和障碍物信息，控制车辆的转向和速度，从而使车辆能够安全、可靠地在道路上行驶。无人驾驶技术集自动控制、体系结构、人工智能、视觉计算等众多技术于一体，是计算机科学、模式识别和智能控制技术高度发展的产物，其工作原理如图 5-38 所示。同时无人驾驶技术的发展也是衡量一个国家科研实力和工业水平的一个重要标志，在国防和国民经济领域具有广阔的应用前景。

沃尔沃根据自动化水平的高低区分了四个无人驾驶的阶段：驾驶辅助、部分自动化、高度自动化、完全自动化。

1. 驾驶辅助系统（DAS）：目的是为驾驶者提供协助，包括提供重要或有益的驾驶相关信息，以及在形势开始变得危急的时候发出明确而简洁的警告，如"车道偏离警告"（LDW）系统等。

2. 部分自动化系统：在驾驶者收到警告却未能及时采取相应行动时能够自动进行干预，

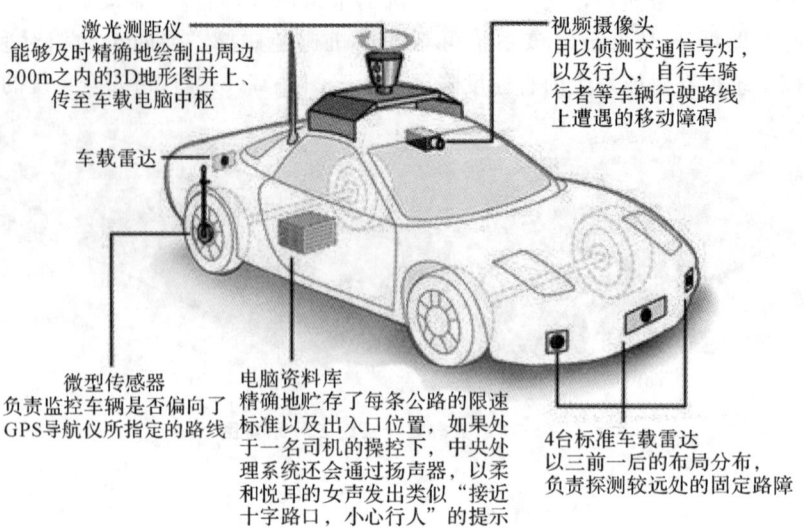

图 5-38　无人驾驶车辆原理图

系统,如"自动紧急制动"(AEB)系统和"应急车道辅助"(ELA)系统等。

3. 高度自动化系统:能够在或长或短的时间段内代替驾驶者承担操控车辆的职责,但是仍需驾驶者对驾驶活动进行监控的系统。

4. 完全自动化系统:可无人驾驶车辆、允许车内所有乘员从事其他活动且无须进行监控的系统。这种自动化水平允许乘员从事计算机工作、休息和睡眠以及其他娱乐等活动。

5.6.3　结构原理

自动驾驶汽车使用视频摄像头、雷达传感器,以及激光测距仪和激光雷达器来了解周围的交通状况,并通过一个详尽的地图(通过有人驾驶汽车采集的地图)对前方的道路进行导航。

1. 激光雷达

车顶的水桶形装置是自动驾驶汽车的激光雷达,它能对半径 60 m 的周围环境进行扫描,并将结果以 3D 地图的方式呈现出来,给予计算机最初步的判断依据,如图 5-39 所示。

图 5-39　激光雷达

2. 前置摄像头

谷歌在汽车的后视镜附近安置了一个摄像头,用于识别交通信号灯,并在车载电脑的辅助下辨别移动的物体,比如前方车辆、自行车或是行人,如图5-40所示。

图 5-40　前置摄像头

3. 左后轮传感器

很多人第一眼会觉得这个像是方向控制设备,而事实上这是自动驾驶汽车的位置传感器,它通过测定汽车的横向移动来帮助电脑给汽车定位,确定它在马路上的正确位置,如图5-41所示。

图 5-41　左后轮传感器

4. 前后雷达

谷歌在无人驾驶汽车上分别安装了 4 个雷达传感器(前方 3 个,后方 1 个),用于测量汽车与前(和前置摄像头一同配合测量)后左右各个物体间的距离,如图 5-42 所示。

图 5-42 前后雷达帮助测距

5. 主控电脑

自动驾驶汽车最重要的主控电脑被安排在后车厢,这里除了用于运算的电脑外,还有拓普康(拓普康是日本一家负责工业测距和医疗器械的厂商)的测距信息综合器,这套核心装备将负责汽车的行驶路线、方式的判断和执行,如图 5-43 所示(主控电脑在后车厢)。

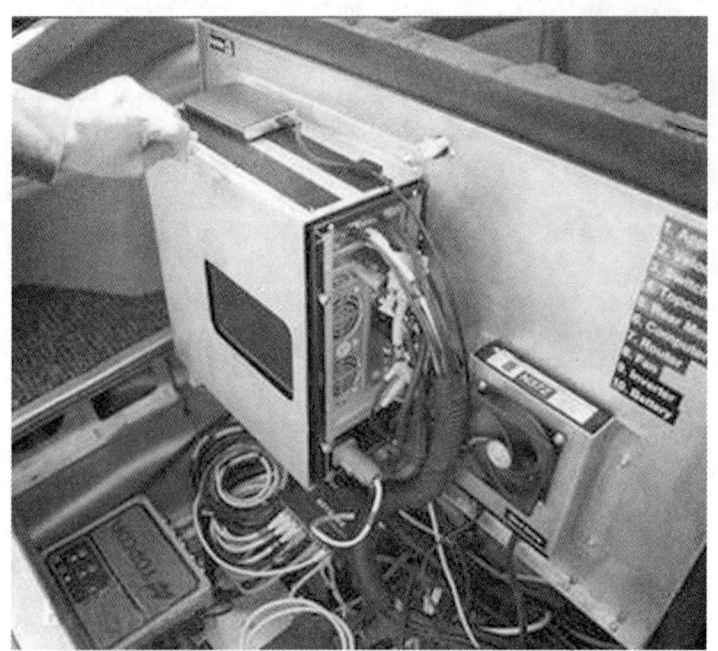

图 5-43 主控电脑

参考文献

[1]杨秒梁.主动安全系统与被动安全系统的集成[J].汽车与配件,2006(29).

[2]齐晓明.主动式安全带预紧装置的开发与仿真研究[D].硕士毕业论文.长沙:湖南大学,2013.

[3]Sander Ulrich,Mroz Krystoffer. The Effect of Pre-Pretensioning in Multiple Impact Crashes. In proceedings of 21st ESV Conference,Stuttgart. 2009.

[4]葛如海,刘志强,陈晓东.汽车安全工程[M].北京:化学工业出版社,2005:81-119.

[5]黄世霖,张金换,王晓东.汽车碰撞与安全[M].北京:清华大学出版社,2000:169-181.

[6]余义.预紧式安全带防护效率研究[D].硕士论文.武汉:武汉理工大学,2012.

[7]钟志华.汽车碰撞安全技术[M].北京:机械工业出版社,2003:110-111.

[8]GB14116-2003 机动车成年乘员安全带和约束系统.

[9]高田株式会社.安全带卷收器[P].中国,发明专利,ZL200710096607.4.2007,4.

[10]赵晓昱.复合敏感紧急锁止式安全带锁止性能的研究[J].机械设计与制造,2010,12:220-221.

[11]丁海建.可伸缩式汽车碰撞缓冲吸能装置研究[D].硕士论文.长沙:湖南大学,2009.

[12]孙创范.主被动结合新型汽车碰撞缓冲吸能装置的研究[D].硕士论文.长沙:湖南大学,2006.

[13]唐明福.主被动结合汽车碰撞缓冲吸能装置控制系统研究[D].硕士论文.长沙:湖南大学,2010.

[14]J. T. Wang. An Extendable and Retractable Bumper. ESV paper,No. 05-0144.

[15]唐明福,曹立波,白中浩,张晓玉.基于制动加速度积分的碰撞事故判别系统研究[C]. The 6th Int. Forum of Traffic Safety. Xiamen,China,2008.

[16]曾金平.数值计算方法[M].长沙:湖南大学出版社,2004.

[17]金立君.智能型安全气囊控制新技术[J].交通科技与经济,2010,3:111-113.

[18]刘建勋,闫宏涛.汽车车外安全气囊技术探讨[J].汽车工程师,2010(9):17-20.

[19]David Rammer. Airbag System Incorporated In Motor Vehicle Bumper. US. 5308.

第六章 客车碰撞试验与测试技术

6.1 客车碰撞试验概述

乘坐客车时造成乘员伤害的主要原因有：
(1)在碰撞时,汽车结构发生变形,汽车某些部件侵入乘员生存空间,使乘员受到伤害；
(2)碰撞过分剧烈,冲击加速度超过了人体承受极限；
(3)当汽车结构设计较好时,尽管汽车构件没有侵入乘员生存空间,但在碰撞的剧烈冲击下,乘员由于惯性作用继续移动,与汽车内部结构(如方向盘、仪表板等)发生二次碰撞而造成伤害。

因此开展碰撞试验研究是很有必要的,通过试验检验整车及相关安全部件的耐撞性,这类研究主要是客车生产企业测试整车及安全部件是否符合国家相应的安全法规。客车碰撞试验有台车碰撞模拟试验和实车碰撞试验,实车碰撞试验是从总体上对客车的被动安全性做出评价,是检验客车被动安全性的最直接和最有效的方法。客车碰撞试验主要有固定壁障正面碰撞试验与摆锤正面碰撞试验、客车台架整车侧翻试验、车体截段侧翻以及车体部分(截段)准静态负荷试验等。由于客车碰撞试验要在样车试制出来后才能进行,周期长,且碰撞试验是破坏性的,试验费用昂贵,只有实力雄厚的客车大公司或其资助的实验室才有可能开展整车碰撞的试验研究。2012年厦门金龙联合汽车工业有限公司(简称"大金龙")旗下一款中型客车XMQ6900Y在北京交通部汽车试验场完成了国内首次正面100%重叠刚性壁障碰撞试验,"中国客车正面第一碰"由此诞生。此次正面碰撞的试验方法和结果评估是参照欧洲ECE R29《关于商用车驾驶室乘员安全保护认证规定》进行的,车辆通过外部牵引加速,以30 km时速与试验壁障发生正面撞击,据实验专家组介绍,该速度下车辆撞击的能量为312.55 kJ,这个能量级别相当于一辆重约1.5 t的乘用车(中级轿车)以50 km时速进行碰撞产生能量的两倍。2005年6月份安凯HFF6850客车首次在襄樊国家汽车检验中心成功进行了客车侧翻试验后,宇通ZK6119H型客车也相继进行了客车侧翻试验。

客车的事故主要分为正面碰撞、侧面碰撞、追尾碰撞及侧翻等多种形式。资料显示,客车正面碰撞和侧面碰撞占客车事故总数的40%～60%。

6.1.1 客车正面碰撞试验

1. 国外对客车正面碰撞试验的研究

正面碰撞可以分为：与墙碰撞、与凸出物碰撞、与立柱碰撞、底部与物体碰撞。

(1)客车实车碰撞试验是在新车开发阶段非常有用的工具,可以向大客车制造商建议进行这项测试,作为在新车型上的最后一项测试。它可以检验新的测试方法、结构模型和模拟程序的有效性。

(2)客车进行正面碰撞测试在认证时是一个很重要的参考,但是考虑到客车制造商的利益以及这种试验的花费和收益比,作为一个国际性的认证程序还有待研究。

近几年欧洲的客车安全研究人员开展了对客车的正面碰撞试验,包括100%正面碰撞,部分偏置碰撞,正面柱碰试验。但是通过何种方式对客车前部结构强度进行最终考核以及碰撞能量的大小没有明确地提出。2008年10月,GRSG/WP29(WP29制定法规的专家工作组有六个,客车属于一般安全性专家工作组GRSG,此外还有被动安全性、灯光及光信号、污染及能源、制动及底盘、噪声等专家工作组)在瑞士召开第95次会议,讨论大客车ECE法规修订内容和制订新的大客车正面碰撞的ECE法规。国外进行的客车正面碰撞试验方式汇总如图6-1所示。

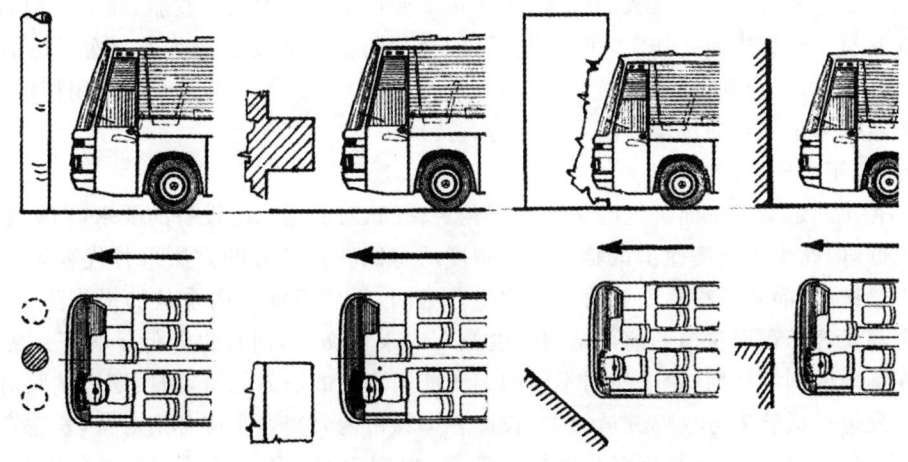

图6-1 国外进行客车正面碰撞试验的方式汇总

可以看出,国外进行客车正面碰撞试验的研究基本上都是采用牵引方式对客车进行加速,最后撞击固定装置来完成,国外通常结合计算机模拟仿真来对客车正面碰撞试验进行研究。

2.国内对客车正面碰撞试验的研究

客车方面由于缺乏相应的安全法规,正面碰撞安全性研究尚处于探索阶段。2009年2月20日,宇通客车ZK6127H参照联合国欧洲经济委员会ECE R29《关于商用车驾驶室乘员保护批准车辆的统一规定》成功进行了正面摆锤撞击试验,即用一个钢制摆锤悬挂于一框架上将待测试车辆按法规要求固定好,将摆锤拉起至相应撞击能量的高度然后释放,摆锤在重力作用下自由下落撞击驾驶室前部。作为国内客车行业的首例碰撞,该试验不仅是宇通对安全模拟试验结果的成功验证,更是中国客车行业在安全领域的有益探索。

国内有些客车厂家也针对个别基本车型做过正面碰撞的试验,试验方法目前有两种,一种为客车进行正面碰撞障碍壁试验,试验产品主要是2009年11月南京依维柯和江陵全顺等轻型客车,试验标准依照《乘用车正面碰撞的乘员保护》(GB 11551—2003),检查项目为碰撞后驾驶员和副驾驶员位置的碰撞假人的人体损伤情况、车辆燃油泄漏情况、车门能否完全打开等;另外一种为正面摆锤碰撞试验,2010年5月在重庆车辆检测研究院也开展了摆锤方式的恒通客车正面碰撞试验。

(1)试验方法

客车正面碰撞的主要研究对象为驾驶员和乘员的保护,由于车辆在发生正面碰撞时只有驾驶员立柱前的驾驶区域部分发生变形,因此,可以使用第三根立柱前的客车驾驶区域进行试验以完成对驾驶员保护的考核。而乘员的安全性可以通过现有的座椅及其车辆固定件、安全带和安全带固定点的标准,来完成对乘员安全性保护能力的考核。

(2)固定障碍壁正面碰撞试验

客车发生碰撞事故时,客车的结构完整性能够给车内乘员提供足够的生存空间,降低车内乘员的伤亡率。实车碰撞试验与实际事故情况最为接近,是综合评价客车结构安全性能的最基本方法。但是客车的最大质量可达 28 t,采用客车实车正面碰撞固定壁障试验方法,对碰撞试验系统的牵引系统、固定壁障及试验场地提出了比乘用车碰撞试验系统更高的要求,如果安放碰撞试验假人,试验费用也会相当高。国外研究表明,由于客车质量及外形尺寸较大,与刚性墙发生正面碰撞时将产生巨大的能量,客车车身变形主要集中在驾驶舱,前部结构的严重侵入导致驾驶员受到挤压而受伤害,车内乘客可能会与前排座椅及车身发生二次碰撞而导致损伤,而目前已有对车内乘员损伤进行考核的座椅、安全带和安全带固定点的通用标准。因此,客车的固定壁障正面碰撞试验方法是否施行有待探讨。

(3)摆锤正面碰撞试验

由于客车固定壁障正面碰撞的试验费用相对较高,对牵引系统设备的要求高,标准的施行可行性很低,因此采用摆锤撞击试验和台车碰撞动态试验相结合的方法来替代客车正面碰撞固定障碍壁试验,前者考察驾驶舱驾驶员的生存空间,后者考察车内乘员的损伤防护,这种方法不仅考察了客车正面碰撞的前部结构强度及车内乘员伤害,而且也降低了客车厂家的试验费用。在标准的制定初期,建议根据不同的客车使用不同的输入能量,利用摆锤试验对整车或者部分车身进行试验来考核驾驶员保护,长途客车和市内公交客车应分别对待,长途客车的速度快,撞击能量可稍高。至于用多高的撞击能量,根据 WP29/GRSG 第 96 次会议上的论文,建议撞击能量为 80 kJ。这个能量是否适合客车正面碰撞,还需要进一步用试验来验证。另外一部分通过台车对其他零部件(客车座椅、安全带固定点等)进行考核乘员保护。从客车企业来讲,采用摆锤正面碰撞试验成本会低一些。

(4)模拟计算

通过在标准中增加客车正面碰撞模拟计算的评价方法,可直接考核客车前部结构强度和驾驶员、乘员的保护情况。模拟时采用实车正面碰撞模拟分析,也可采用摆锤撞击模拟分析。模拟计算代替试验的这种规定在标准《关于大客车上部结构强度认证的统一技术规定》(ECE R66)中已经提到。前提是对客车前部结构的部件进行台车试验,选取部件实际的变形情况,最后对模拟计算用的客车模型进行修正,保证模型能够准确反映客车正面碰撞过程,目前也有两种方法来模拟——对摆锤正面碰撞的模拟和对固定障碍壁正面碰撞的模拟。

3. 客车正面碰撞存在的问题

客车正面碰撞安全研究目前存在的问题主要有以下几个方面:

①国家立法机构对客车正面碰撞安全性重视不足,缺乏相应的正面碰撞安全标准法规来规范和指导客车企业的安全性研究。由于法规的缺失,目前正面碰撞安全研究主要集中在 M1 类汽车(轿车和微型客车)中,对大客车正面碰撞安全性研究较少。

②客车正面碰撞究竟采取摆锤撞击方式还是碰撞刚性墙方式,到目前为止,尚无定论。在碰撞能量方面,没有明确的数值,目前国际上推荐碰撞输入能量值为 70~80 kJ。

③在协调大中型客车正面碰撞仿真的计算精度和求解时间方面,尚未建立起正面碰撞仿真分析的一般方法,还需要进行积极的探索。

④对大中型客车正面碰撞中驾乘人员的安全研究较少。

6.1.2 客车倾翻试验

客车侧翻是指客车在行驶过程中绕其纵轴线转动≥90°,以致车身和顶部与地面相接的一种极其危险的侧向运动。客车侧翻大体上分为两大类:一类是曲线运动引起的侧翻,另一类是绊倒翻滚。前者指客车在道路(包括侧向坡道)上行驶时,由于客车的侧向加速超过一定限值,使得客车内侧车轮的垂直反力为零而引起的侧翻;后者是指客车行驶时产生侧向滑移,与路面上的障碍物侧向碰撞而将其"绊倒"翻滚。为描述翻滚过程和最后的静止状态,一般采用90°、180°、360°、720°翻滚等概念,或采用1/4周、1/2周、1周翻滚的概念。

我国道路交通大多以平面交叉路口为主,随着高等级公路网的形成和旅游业的迅猛发展,客车保有量增加,使用率不断提高,从而导致客车侧面碰撞事故发生的概率也不断增加。客车侧面是车体中强度较薄弱的部位,一旦受到撞击,不能像前、后部位那样有足够空间产生结构变形而吸收碰撞能量,致使乘员的生命安全受到严重威胁。因此,开展客车侧面碰撞安全性研究对改善我国道路交通安全有着重要的意义。

国内开展客车倾翻试验比较晚,而且几乎都是按照ECE R66-00 或ECE R66-01 的要求进行的国产客车出口认证试验。客车倾翻试验早已成为发达国家新产品开发和法规检测的必要项目。目前我国客车倾翻试验方法和性能要求的标准是GB/T 17578—1988,等效采用 ECE R66—00(1986 年 12 月 1 日生效)的部分内容,目前我国还未强制实施。GB 13094—2007 通过对GB/T 17578的引用,要求到 2011 年 2 月 1 日强制执行对客车上部结构强度菜单要求。可以看出,相对于发达国家,我国对客车上部结构强度的要求显得甚为滞后。

整车侧翻试验验证客车侧翻时,客车上部结构能否对客车内的生存空间提供足够强度的保护。该项试验研究通过在侧翻试验台上进行侧翻试验来进行研究,研究的关键技术是侧翻试验的规程、侧翻碰撞后生存空间的测量、安全性评价。实车侧翻试验示意图如图 6-2 所示。

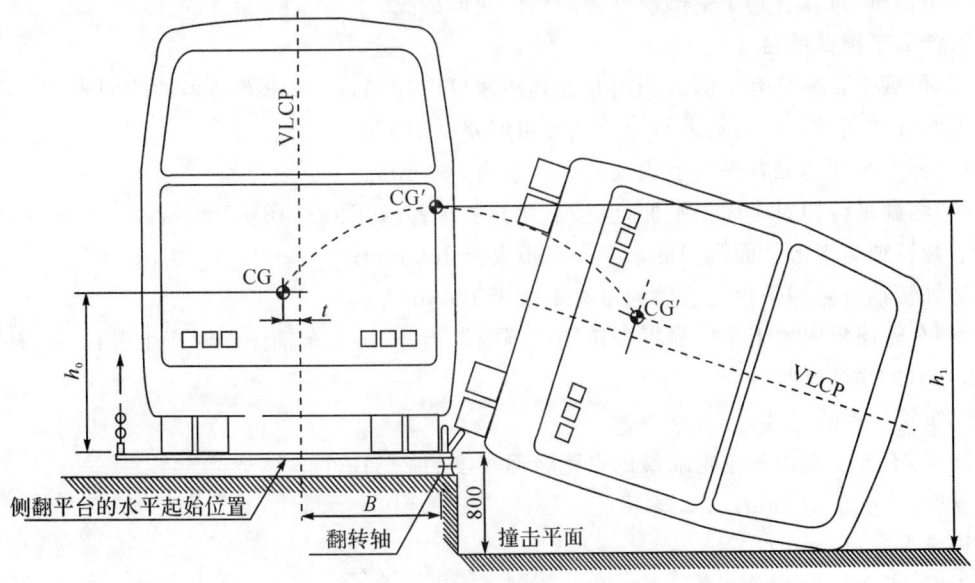

图 6-2 客车整车侧翻示意图

1. ECE R66—00 中有 4 种试验方法

(1)整车倾翻试验。客车在整备质量下,从高 800 mm 的台子上翻倒下来,利用变形规和高速摄像机来记录、测量试验过程中车内生存空间的变化。倾翻方向一般来说朝向乘客车门方向,以便试验后顺便考核乘客门能否打开。

(2)车身段的倾翻试验。根据整车几何特性质心位置和旋转轴,选择有代表性的一段或几段车身代替整车试验。试验台架要求与整车倾翻试验的试验台相同。此种方法具体确定试验车身段时难度较大,实验结果的有效性也难以预测。

(3)车身段的准静压试验。试验车身段通过一刚性的底座牢固、安全地固定于试验平台上;负荷按计算角度方向通过另一刚性梁准静态均匀地施加于车身顶部梁上,直到满足标准规定的破坏程度为止;通过核算车身结构达到规定破坏时所吸收的能量大小来判断其上部结构强度是否合格。此种方法太复杂,一般情况下都不采用。

(4)上部结构强度计算。客车侧翻的评价参数为生存空间、结构强度、基准能量。车辆的上部结构应具有足够的强度,以确保在整车侧翻试验过程中和测试之后生存空间没有受到侵害。生存空间之外的车辆其他部分(如立柱、拉手、行李架等),在测试过程中不得侵入生存空间。生存空间内的部分不应突出至变形结构之外。

测试工具:为了测量客车倾翻时上部结构的变形量,标准要求可采用规定的变形规或高速摄像机。两者皆可单独使用,也可联合使用,如有高速摄像机大多联合使用。

(1)变形规。变形规用于直接测量和显示结构的变形情况,分为杆状和框状两种形式。实验前,按标准要求将变形规底座固定在车身结构不易变形的牢固部件(如车辆地板)上;试验后,通过观测其显示客车上部结构的变形量来判定试验结果。也可以通过在框架变形规上涂抹颜料,根据试验后车身上是否沾染到颜料来判断试验结果。

(2)高速摄像机。试验时可在车辆前面或是后面放置高速摄像机。实验前,通过给车辆上感兴趣的地方做标记,试验后通过对摄像录像进行处理分析,可以得到这些标记点的变形、速度等参数,以及车身各个部分的变形情况。根据需要,也可安装加速度测量系统和应变测试系统,测量车身立柱的应力及应变。这些技术资料对厂家以后的车型设计会起到参考作用。通过高速摄像机,可以看到车辆倾翻过程的整体变形情况。

2. 侧面碰撞试验台

(1)侧翻平台应具有足够的刚度并且其转速可以控制,以保证举起车轴的同步性,当被测客车的车轴举起时,前、后辅助平台的翻转角度差小于 1°。

(2)撞击平部与侧翻平台上表面的高度差为 800 mm。

(3)侧翻平台相对于撞击平面,应接下列要求布置,如图 6-3 所示。

①翻转轴与撞击平面侧壁的水平距离不大于 100 mm。

②翻转轴与侧翻平台上表面的距离不大于 100 mm。

(4)车轮挡板应置于车轮靠近翻转轴一侧的轮胎处,防止车辆倾斜时产生滑移。车轮挡板(见图 6-3)的主要特征为:

①车轮挡板的尺寸

高度:不大于被挡车轮轮辆簧低点距台面高度的 2/3;

厚度:不小于 20 mm;

边缘半径:10 mm;

长度:不小于 500 mm;

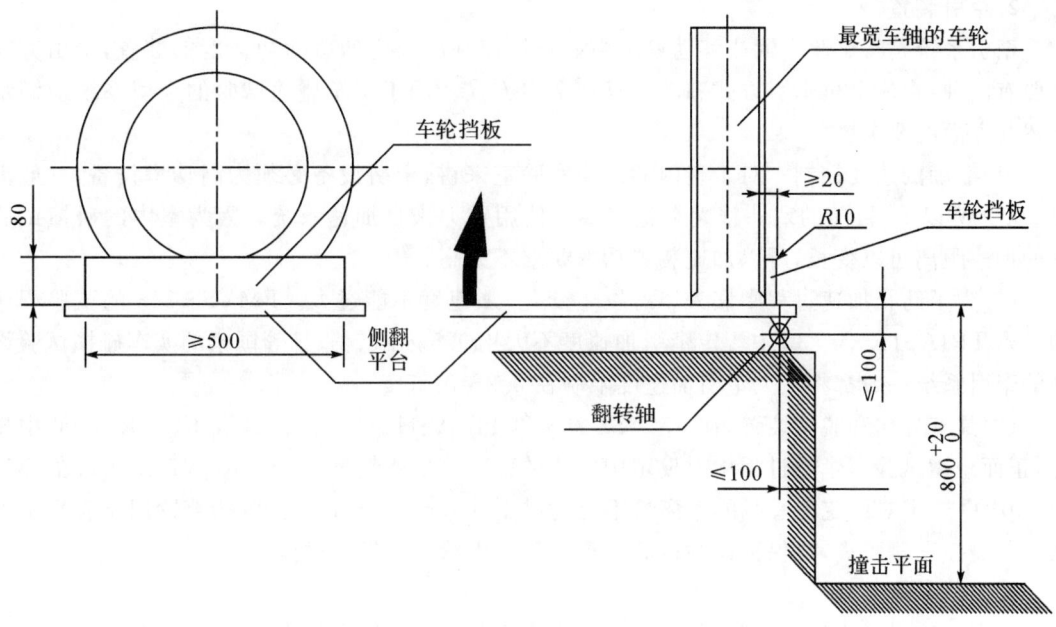

图 6-3 侧翻试验台

②宽车轴处的车轮挡板距翻转轴中心的水平距离不大于 100 mm；

③其他车轴处的车轮挡板应进行调整，以使车辆的垂直纵向中心面（VLCP）平行于翻转轴。

（5）侧翻平台应防止车辆沿其纵轴移动。

（6）撞击平面应为水平、均匀、干燥、光滑的混凝土或其他坚硬材料构成的平面。

6.2 碰撞试验

6.2.1 乘用车碰撞模拟试验室

整车碰撞试验需要建立碰撞实验室，碰撞实验室一般由场地、轨道、牵引设备、照明设备、车辆、障碍壁、假人、测试设备和光学测量系统（摄像设备）等构成。

1. 碰撞实验室的试验场地

试验场地一般为室内。室外的碰撞试验场地一般用于特殊功能的碰撞试验，如大型车辆的碰撞、护栏碰撞等。室外的碰撞试验可以进行碰撞速度较高的试验，也可以进行翻滚等难度较高的试验。但是室外的实验室对于温度、湿度等的控制较差，受到环境的影响大，一般不易维修。

室外碰撞实验室建成成本较低，但维护起来成本较高；相反，室内碰撞实验室建设成本相对较高，但维修成本低。

对于室内碰撞实验室来讲，其牵引设备必须为高功率设备，一般需要 200 kW 以上。场地需要水平、平整，车辆在场地上的行驶没有明显的起伏状态。对于碰撞场地的尺寸而言，必须根据试验的要求（标准）来定。

2. 牵引装置

牵引系统是将试验车辆或移动壁障由静止加速到所设定的碰撞初速度的装置，牵引方式主要有两种：直流电机牵引方式和液压马达牵引方式。用于实车碰撞试验的牵引系统应满足下述几方面的要求。

(1) 准确的速度控制。对于室内的碰撞实验室来讲，牵引设备必须为高功率设备，一般需要 200 kW 以上，目前的室外碰撞实验室部分使用重力来自加速系统。因为室内的碰撞试验室的加速距离可以变长，所以加速装置功率要求不太高。

(2) 为了防止加速过程中假人姿态发生变化，加速度不能过大。FMVSS 208 的试验程序和日本 TRIAS11－4－30 中规定牵引加速度不大于 0.5 g，欧、美、日等国家的实车碰撞试验设施的牵引系统一般都将最大牵引加速度限制在 0.2～0.25 g。

(3) 具有导向和脱钩装置，在 FMVSS 208 和 TRIAS11－4－30 及欧洲 ECE R94.00 中规定，正面碰撞试验车牵引过程中对设定中心线的偏离量不能超过 300 mm(±150 mm)；在 ECE R94.01 中规定对设定中心线的偏离量不能超过 150 mm(±75 mm)。脱钩装置用于实现牵引系统与碰撞车辆脱离，以保证碰撞试验车辆处于自由状态下发生碰撞。

3. 光学测量系统

汽车碰撞是极为短暂的猛烈冲击过程，要全面掌握转瞬即逝的汽车碰撞过程，高速影像分析方法是最有效的。运用序列影像运动分析方法以时间坐标为媒介，使用摄像(影)机拍摄碰撞过程中的序列影像，而后进行定性和定量分析、测量运动参数。

4. 电测量系统

碰撞试验中的电测量项目大体可分为车体加速度响应信号、固定壁障碰撞力和假人动力学响应三个方面。运用传感器来测量测量车辆的冲击波、碰撞力、安全带的张力及其试验假人身体各部位的动力学响应信号等。

5. 壁障

实车碰撞试验系统中，碰撞时与试验车辆相作用的物体表面称为壁障。正面碰撞用固定壁障是一个混凝土主体和可拆卸的硬表面的组合体。侧面碰撞和追尾碰撞采用带有吸能表面的移动壁障。

(1) 固定壁障：按照 CMVDR 294 要求，固定壁障表面至少宽 3 m，高 1.5 m，固定壁障厚度应保证其质量不低于 70 t。壁障表面垂直于壁障前的路面，且覆盖一层 19 mm 厚的胶合板，壁障尺寸和结构应足以限制其表面变形量小于车辆永久变形量的 1%。

(2) 移动壁障：移动壁障的质量、碰撞表面结构按照不同的试验要求是不同的。在 FMVSS 301 法规中，定义了用于追尾、侧面碰撞的移动壁障，碰撞面为刚性平面的移动壁，也可用于该法规中的燃油泄漏试验。FMVSS 214 和 ECE R95 中规定侧面碰撞试验法规中的移动壁障，它代表一辆"平均"的标准车，移动壁的质量代表该地区使用车辆的平均质量，移动壁前段由蜂窝状铝材制成的吸能壁障，用于模拟该地区使用的车辆前端碰撞时的平均刚度。

6. 地坑

要了解碰撞试验过程当中的车辆损坏情况，需要分析车辆损坏过程，需要从车辆下面观测。因此，在固定壁障前下部设置一个观测井，称为观测地坑。地坑内设有反光镜、高速摄影机和照明灯。地坑上盖为一角钢钢筋焊接网格状盖板或钢化玻璃板，既可以防止被试车辆掉入坑内，又对摄影无遮挡作用。

7. 轨道

轨道是被试车辆或移动壁障实现动力驱动的通道，有单轨、多轨等形式。日本汽车研究所碰撞试验场有 6 条轨道，每间隔 15°有一条轨道。这可以方便地进行正面碰撞、侧面碰撞和其他形式的碰撞事故研究，如果要实现 FMVSS 208 和 214 标准试验，单轨道就足够了。

8. 实验室其他配置

国内从 1992 年开始进行汽车被动安全性研究工作，现在能开展实车碰撞试验的单位有：湖南大学、清华大学汽车碰撞实验室、中国汽车技术研究中心（天津）、中国汽车工程研究院（重庆）、国家汽车质量监督检验中心（襄樊）、交通部通州区试验场、上海机动车检测中心、长春汽车检测中心等。为了满足实车碰撞试验法规中严格的环境温度要求，假人标定室、车辆标态间均采用了独立空调房系统，与国外的实车碰撞试验系统相当，可以进行正面碰撞、侧面碰撞、角度碰撞、柱碰、追尾碰撞及动态翻滚试验等。为了保证试验安全性，在固定壁障两边设置了防止车辆撞击的防护栏，以防止由于意外事故造成失控的车辆损坏建筑物。

6.2.2 乘用车碰撞试验

乘用车碰撞试验可以分为整车碰撞试验、模拟碰撞试验。其中整车碰撞试验又可以分为固定壁障碰撞试验、移动壁碰撞试验、车与车碰撞试验，模拟碰撞试验包括台车冲击试验、安全气囊试验、座椅安全带试验等。乘用车碰撞试验还包括其他的一些试验台试验，例如，台架冲击试验和摆式冲击试验。台架冲击试验主要用来对车辆的某一零部件进行冲击，评价其中冲击吸能性能。包括头部冲击试验（仪表板冲击试验、遮阳板冲击试验、椅背后面冲击试验、安全枕冲击试验）和胸部冲击试验；摆式冲击试验就是将被试车辆固定，用一定质量的摆锤撞击。这种试验也是一种实车撞车的代用模拟试验。摆式冲击试验所用设备比较简单，且试验条件稳定、费用很少、占地少、试验重复性好、再现性好，是对各种性能进行评价的有效手段。摆式冲击试验包括低速撞车时的保险杆保护性能试验、侧面及后面撞车时的生存空间试验、侧门强度试验、车顶强度试验、座椅强度试验等。

1. 汽车正面碰撞试验

汽车正面碰撞试验是指被检验车辆以一定速度与一个刚性或可变形壁障发生碰撞的试验。中国正面碰撞标准是 GB 11551－2003《乘用车正面碰撞的乘员保护》。20 世纪 60 年代以来，美国、欧洲、日本等汽车工业发达国家和地区展开了对汽车正面碰撞试验的系统研究，概括起来，正面碰撞试验研究的范围如下：

①正面碰撞试验实现的途径，包括试验方案及固定壁障、牵引装置、控制装置等碰撞试验用主要设备的选择及布置安排。

②碰撞用假人的开发或尸体代替乘员的试验。

③数据采集与处理，图像分析。

④乘员伤害指标的确定。

固定壁障碰撞试验方法就是把试验车辆加速到指定的碰撞速度，然后与固定壁障进行碰撞。通常情况下，汽车碰撞方向与固定壁障垂直。由于固定壁的情况是固定不变的，可以取得固定的试验特性，并且可以反复进行同样的撞车试验，因此可以用固定壁障试验来评价汽车的安全性。根据碰撞范围的不同，可分为全宽碰撞和偏置碰撞（offset）。

美国、欧洲、日本也不断完善汽车正面碰撞法规，规范正面碰撞试验标准。

(1)美国正面碰撞法规 FMVSS 208

1986年,美国率先颁布了 FMVSS 208 法规《乘员碰撞保护》,统一规定了碰撞车速为48.3 km/h,固定壁障为刚性表面。正面碰撞试验按下列3种方式进行。

①车辆纵轴线与壁障表面垂直。

②车辆横截面与壁障表面成30°,碰撞时车辆左前端先触壁。

③车辆横截面与壁障表面成30°,碰撞时车辆右前端先触壁。

法规规定允许使用 Hybrid Ⅱ 和 Hybrid Ⅲ 型假人,给出了乘员伤害指标限值。1993年,美国高速公路安全安全局对 FMVSS 208 做了进一步修改,规定从1997年开始使用 Hybrid Ⅲ 型假人,形成了现行的美国正面碰撞法规——在正面碰撞时前排座椅上的两个 Hybrid Ⅲ 型假人可佩戴或是不佩戴安全带,从而要求轿车必须装备安全气囊。

(2)欧洲的正面碰撞法规 ECE R94.00

虽然欧洲汽车工业发达国家对正面碰撞试验进行了相当长时间的研究,但一直未能形成统一的法规,直到1992年才提出 ECE 草案。草案中规定碰撞速度为50 km/h,固定壁障为刚性表面,碰撞形式为车辆横截面与壁障表面成30°角,且碰撞时车辆驾驶员侧先接触。该草案与美国 FMVSS 208 法规不同的是只进行一种方式的试验,壁障表面带防滑装置,防止碰撞时车辆沿壁障表面滑脱。欧洲试验车辆委员会(EEVC)工作组第11次会议提出了议案,建议自1998年实施新法规。新法规规定碰撞形式如下。

①刚性表面壁障与被试车辆正面偏置碰撞,重叠系数分别为40%、50%、60%。

②吸能壁障正面偏置碰撞,重叠系数分别为40%、50%、60%,碰撞速度分别为50 km/h、55 km/h、60 km/h、64 km/h。同时该规定给出了比 ECE 法规草案更为严格的乘员伤害指标限值。

(3)日本的正面碰撞法规 TRIAS 11-4-30

日本虽然是当今世界的汽车工业发达国家之一,但实车碰撞研究工作却滞后美国、欧洲10年左右。日本在研究美国、欧洲法规的基础上,逐步建立了自己的实车碰撞法规,已于1994年4月开始实施《正面碰撞的安全基准》,碰撞形式为车辆纵轴线与壁障表面垂直,其余内容与美国 FMVSS 208 正面碰撞条件基本一致。

日本正面碰撞试验标准 TRIAS 11-4-30 中采用了车速为50 km/h 的正面碰撞方式,使用代表欧美人体的 Hybrid Ⅲ 假人和兰维 H 点装置 CISO 5549,评价指标也与 FMVSS 208 相同,但在日本现行标准中还允许使用 Hybrid Ⅱ 假人,试验时假人用安全带系紧。

由于日本人体体型与欧美人体体型差异很大,所以在法规 TRIAS 11-4-30 中,对影响坐姿的三维 H 点装置的腿长进行了修正,在假人安放程序中,为了保证正确的坐姿,规定了座椅的调节方法。

(4)中国的正面碰撞法规

1989年,参照美国 FMVSS 208 法规,中国制定了 GB/T 11551—1989《汽车乘员碰撞保护》标准(现已作废)。由于当时不具备试验条件,使得该标准一直未能执行。1999年参照 ECE R94.00 制定了机动车设计法规 CMVDR 294—1999《关于正面碰撞乘员保护的设计规则》。该法规与 ECE R94.00 的区别是将 ECE R94.00 中的碰撞壁角度由30°改为正面碰撞,即采用正面全宽碰撞刚性墙的方式,其他条件与 ECE R94.00 相同,同时针对欧美成年人体型并不完全与亚洲成年人体型分布相同的实际情况,法规 CMVDR 294 在试验中座椅的调整方式上借鉴了日本法规允许前排座椅在碰撞试验时后移的内容,从而确保 Hybrid Ⅲ 型50百分位男性假人在试验中处于正确的位置。2003年,CMVDR 294正式成为GB 11551—2003《乘员车正面碰撞的乘员保护》。

(5)正面碰撞试验的主要考核指标

①假人头部性能指标(HPC)应小于或等于1000;胸部性能指标(THPC)应小于或等于75 mm;大腿性能指标(FPC)应小于或等于10 kN。

②在试验过程中车门不得开启。

③在试验过程中前门的锁止系统不得发生锁止。

④碰撞试验后,不使用工具,对于前排座位,若有门,至少有一个门能够打开;必要时,改变座椅靠背位置使得所有乘员撤离,将假人从约束系统中解脱。如果发生了锁止,通过在松脱装置上施加不超过60 N的压力,该约束系统应能被打开,从车辆中完好地取出假人。在碰撞过程中,燃油供给系统不得发生泄漏,若存在液体连续泄漏,泄漏速率不得超过30 g/min,如果来自燃油供给系统的液体与来自其他系统的液体混合且不同的液体不容易分离和辨认,那么在评定连续泄漏时收集到的所有液体都应计入。

2. 汽车侧面碰撞试验

汽车侧面碰撞试验是指被检验车辆固定,移动变形壁障以一定速度与检验车辆垂直或以一定角度撞向被试车辆的试验。就是在能行走的平台上装备有一定撞车面积的可移动壁,加速到一定速度后,用它来碰撞处于静止状态的试验车。在检查被试验车的侧碰和尾碰安全性时使用这种试验方法。为进行反复试验,平台的构造需要坚固耐用。在SAE J972和美国安全标准中对可移动壁障碰撞试验进行了规定。试验时应该给碰撞后的试验车留出足够的滑动范围。

目前,国际上侧面碰撞标准主要有美国FMVSS 214和欧洲ECE R95。美国、欧洲侧面碰撞的试验方法存在较多的不同之处,主要表现在:碰撞形态不同;移动壁障的台车质量、尺寸及吸能块尺寸、形状和性能不同;试验用侧碰假人不同;碰撞速度不同;碰撞基准点的位置不同;乘员伤害指标不同。

美国是最早执行汽车侧面碰撞保护法规的国家。美国将原来的FMVSS 214《车门侧压静强度》进行了修正,增加了侧面碰撞试验条款,其碰撞形态为27°碰撞角(移动壁障台车纵向轴线与台车运动方向之间的夹角),并采用移动吸能壁障(MDB),碰撞速度为59.3 km/h,假人采用SID型,同时给出了胸部、腰部两点乘员伤害评价指标,该法规于1990年颁布实施。欧洲于1991年发布了ECE《侧碰撞保护》草案,1995年发布了正式的ECE R95法规。日本在汽车侧面碰撞方面的研究始于20世纪90年代初,因在用车辆的平均质量、刚度与欧洲十分相似,在广泛调查研究的基础上,其侧面碰撞法规采用了与欧洲相同的碰撞方式,1998年正式将侧面碰撞法规纳入日本保安基准。国际标准化组织起草的ISON123《侧面碰撞保护》草案,吸收了美国、欧洲对应法规的部分内容。

目前,侧面碰撞法规统一协调化工作的重点是先统一侧面碰撞假人和伤害评价指标。欧洲ECE R95提出的02号修订草案中建议采用EuroSID1的改进型ES2假人,ES2假人已经在欧洲、日本的NCAP安全性评价中被采用。另外一个侧面碰撞假人WorldSID也已经通过评价,这是目前唯一的侧面碰撞生物保真性能满足ISO标准要求的侧面碰撞假人。侧面碰撞试验的考核指标主要如下:

(1)头部性能指标(HPC)应小于或等于1000;当没有发生头部接触时则不必测量或计算HPC值,只记录"无头部接触"。

(2) 胸部性能指标：肋骨变形指标（RDC）应小于或等于 42 mm，黏性指标（VC）应小于或等于 1.0 m/s。

(3) 骨盆性能指标：耻骨结合点力峰值（PSPF）应小于或等于 6 kN。

(4) 腹部性能指标：腹部力峰值（APF）应小于或等于 2.5 kN 的内力（相当于 4.5 kN 的外力）。

(5) 在试验过程中车门不得开启。

(6) 碰撞试验后，不使用工具应能打开足够数量的车门，使乘员能正常进出；必要时可倾斜座椅靠背或座椅，以保证所有乘员能够撤离；将假人从约束系统中解脱出来；将假人从车辆中移出。

(7) 所有内部构件在脱落时均不得产生锋利的凸出物或锯齿边，以防止增加伤害乘员的可能性。

(8) 在不增加乘员受伤危险的情况下，允许出现因永久变形产生的脱落。

(9) 在碰撞试验后，如果燃油供给系统出现液体连续泄漏，其泄漏速度不得超过 30 g/min；如果燃油供给系统泄漏的液体与其他系统泄漏的液体混合，且不同的液体不容易分离和辨认，则在评定连续泄漏的泄露速度时计入所有收集到的液体。

6.2.3 整车碰撞试验

实车碰撞试验主要是对已完成研发的预批量生产的某款车型按试验法规要求进行碰撞试验，以鉴定该车型是否满足法规要求，乘员损伤是否控制在合理范围之内。在实车的碰撞试验中包括固定壁障碰撞测试、移动可变形壁障碰撞测试、车辆翻滚测试和实车对实车碰撞测试等试验方法。移动可变形壁障碰撞测试方法是指一定重量的移动可变形壁障以法规规定的初始速度撞击某静止的试验车辆的试验方法。实车碰撞试验与真实交通事故情况最为接近，它是综合评价汽车安全性能（尤其在法规测试时）最基本也是最有效的方法。从保护乘员的安全出发，以再现交通事故现场的方式来研究汽车碰撞之前和之后的乘员损伤与车辆损坏状况，并在此基础上来改进车辆的结构安全性设计，增加或者改进保护乘员安全装置。其试验结果说服力最强，同时还可以为台车碰撞测试和计算机仿真测试提供试验条件和参考结果，以及进行 FE 模型的有效性验证。但是，实车碰撞测试的缺点就是准备工作相当复杂、准备周期长、费用大、试验重复性差、对碰撞设备的要求很高。随着汽车数量的增加和行驶速度的不断提高，行车安全越来越重要。而在所有汽车事故当中，与碰撞有关的事故占 90% 以上。汽车碰撞是不可避免的，那么如何减少碰撞时对人员的伤害？世界各国都在研究制定日趋严格的碰撞试验方法和标准。

《乘用车正面碰撞的乘员保护》是目前国内在汽车碰撞方面唯一强制实施的标准，所有车辆都必须通过此项试验。自 2006 年 7 月 1 日之后又有两项碰撞标准实施，分别是《汽车侧面碰撞的乘员保护》（见图 6-4）和《乘用车后碰撞燃油系统安全要求》。另外，还有一项推荐性标准是《乘用车正面偏置碰撞的乘员保护》也被纳入国标当中。除此之外，还有四项碰撞试验偶尔也会做，不过都是厂方的行为，主要是作为安全带和安全气囊的匹配试验和车辆研发阶段的性能试验。

两台试验车以等速正面碰撞，为安置各种测量仪器和高速摄像机，首先应该正确地估计撞车地点，撞车地点应该有足够的宽度。试验车的加速度装置可以参考固定壁障碰撞试验。

在直角交叉的 T 形道路上，试验等速的两台试验车，以一辆车的正面冲撞另一辆车的侧面进行试验。撞车后的两车的移动范围相当大，移动方向也不能确定。为此撞车地点需要有足够的面积，否则无法安装各种测量仪器和高速摄像机。

图 6-4 整车碰撞试验

1. 正面碰撞试验

(1) 百分百重叠正面碰撞

客车发生碰撞事故时,客车的结构完整性能够给车内乘员提供足够的生存空间,降低车内乘员的伤亡率。实车碰撞试验与实际事故情况最为接近,是综合评价客车结构安全性能的最基本方法。但是客车的最大质量可达 28 t,采用客车实车正面碰撞固定壁障试验方法,对碰撞试验系统的牵引系统、固定壁障及试验场地提出了比乘用车碰撞试验系统更高的要求。客车的固定壁障正面碰撞试验是用大功率牵引系统牵引客车沿既定路线前行至一定速度时碰撞障碍壁以模拟客车正碰事故的试验方式。

美国和日本都比较注重 100% 重叠刚性固定壁障的碰撞试验,美国的碰撞速度为 56 km/h,日本的碰撞速度是 55 km/h,两者相差不多,并且都采用了 40% 的偏置碰撞作为补充。我国目前唯一施行的强制性检验项目便是 100% 重叠刚性固定壁障的碰撞试验,试验速度为 48~50 km/h。欧洲在碰撞试验方面比较注重对事故形态的模拟,而完全发生正面 100% 重叠的碰撞事故并不多见,所以欧洲并没有强制实施 100% 重叠的正面碰撞试验,相反,对 40% 重叠的偏置碰撞要求相当严格。

正面 100% 重叠碰撞(见图 6-5)的试验方法相对比较简单,只要保证试验车辆以一定的速度撞击壁障便可以了(厂方可以要求以高于国标的速度撞击,只要检测指标满足要求,同样认为该车合格;厂方也可以要求以更低的速度撞击,不过只能作为安全带和安全气囊的匹配试验),不过对试验场地和设施的要求非常严格,试验车辆的准备工作也非常严谨复杂。首先,试验场地应足够大,以容纳跑道、壁障等试验设施,并且必须保证壁障前至少 5 m 的跑道水平光滑。其次,作为主要试验设施的刚性碰撞壁障,其实就是一个钢筋混凝土制成的水泥墩子,其长、宽、高和总质量都有明确规定:前部宽度不小于 3 m,高度不小于 1.5 m,厚度应保证其质量不低于 70 t。刚性壁障的前表面必须平整并且与地面垂直,就像一面墙一样,并要覆以 2 cm 厚的胶合板。其他设施如灯光、高速摄像机等也有相当严格的要求。

图 6-5　100％重叠正面碰撞

车辆准备是一项非常细腻并且十分重要的工作,首先试验车辆应能反映出该系列产品的特征,应包括正常安装的所有装备,并处于正常运行状态,一些零部件可以被等质量代替,但不得对测量结果造成影响。其次,试验车辆质量应是整备质量,燃油箱应注入90％油箱容积的水,所有其他系统(制动系、冷却系等)应排空,排除液体的质量应予以补偿。最后,对乘员舱进行相当严格的调整:转向盘应处于中间位置,在加速过程结束时,转向盘处于自由状态,且处于制造厂规定的车辆直线行驶时的位置;车窗玻璃应处于关闭位置,为便于测量,经厂商同意,车窗玻璃也可以打开,但是必须保证操控手柄处于车窗关闭时的位置(手摇式车窗);变速杆应处于空挡位置;踏板应处于正常的放松位置;车门应关闭但不锁止;如果装有活动车顶或可拆卸车顶,应处于关闭状态,为方便测量,经制造厂同意可以打开;遮阳板应处于收起状态;后视镜应处于正常使用位置;前后扶手应处于放下的状态;头枕应处于最高位置;座椅必须按照规定进行调节。车辆准备工作做好后,便开始放置假人及相应的信号采集设备。一切准备就绪,便可以发车。对车辆的行驶状态也有明确规定:车辆不得靠自身动力驱动,在碰撞瞬间,车辆不应再受到任何附加转向或驱动装置的作用,车辆到达壁障的路线在横向任一方向偏离理论轨迹均不得超过15 cm。现在国内一般采用电机驱动,由钢丝绳带动车辆加速,在碰撞前脱钩,车辆自由撞击壁障,脱钩时的速度即为撞击速度,保证48～50 km/h。当然,如果厂家要求在更高的速度下撞击,并且碰撞结果满足要求,也认为试验合格。

(2)正面柱碰试验

对于正面柱碰试验,欧洲和美国最早施行。其他国家,包括我国在内也一直在做,主要还是厂家的委托试验,大多数都是为了匹配安全气囊和安全带,从未作为执行标准。

正面柱碰的场地要求和车辆准备与100％重叠正面碰撞基本相同。碰撞物体由壁障改为柱子,柱子的直径为10英寸,碰撞速度为28～50 km/h,碰撞位置有严格要求。

正面柱碰的考核指标没有具体要求,试验参数的采集和测量与100％重叠正面碰撞基本一致。目前国内的正面柱碰一般是作为厂方开发新车型的研发试验,有时也会作为车辆安全气囊和安全带的匹配试验,撞击时采集碰撞时的能量以及车身变形信号,会对研发人员改善车身安全性能提供很好的帮助,厂方也会据此编写安全气囊的电子控制系统ECU,丰富安全气囊起爆的控制依据。

2. 侧面碰撞试验

目前国际上侧面碰撞法规还没有统一，主要有美国 FMVSS 214 和欧洲 ECE R95 两种侧面碰撞方式。美国是最早执行汽车侧面碰撞保护法规的国家，1990 年 10 月 FMVSS 214 在美国颁布实施；之后在 1995 年 10 月，欧洲也制定了相应的汽车侧面碰撞法规 ECE R95，到 1998 年 10 月 1 日，侧面碰撞的欧洲指令 96/27/EC 强制执行；日本的侧面碰撞法规采用了与欧洲相同的碰撞方式，1998 年将侧面碰撞法规正式纳入日本保安基准。目前美国、欧洲侧面碰撞试验方法存在较多的不同之处，表现在：碰撞形态不同；移动壁障的台车质量、尺寸以及吸能块尺寸、形状和性能不同；试验用侧碰假人不同；碰撞速度不同；碰撞基准点的位置不同；乘员伤害指标不同。目前侧面碰撞法规统一的协调化工作的重点是先统一侧面碰撞假人和伤害评价指标。欧洲 ECE R95 提出的 02 号修订草案中建议采用 EuroSID-1 的改进型 ES2 假人，ES2 假人已经在欧洲、日本的 NCAP 安全性评价中被采用。另外一个侧面碰撞假人 WorldSID 也已经通过评价，这是目前唯一一个侧面碰撞生物保真性能满足 ISO 标准要求的侧面碰撞假人，将来全世界统一的侧面碰撞假人应该是 WorldSID。

侧面碰撞的试验形式如图 6-6 所示，试验车辆静止，移动变形壁障以一定的速度垂直撞击车身侧面，我国规定的速度为 (50 ± 1) km/h。其中对场地的要求以及试验车辆的准备与 100% 正面碰撞基本相同。移动变形壁障由碰撞块和移动车组成，总质量为 950 kg，重心位置有非常严格的要求。碰撞块由 6 个独立的蜂窝状铝块、两个前铝面板和一个后铝面板组成，蜂窝状铝块已经经过处理，随着变形的增大，力的大小逐渐增加，能够真实地模拟出车辆前端的平均刚度，使该试验能够形象反映出两车相撞时的状态。碰撞块的形状、尺寸以及重心位置等参数都有明确严格的要求。移动车的形状和大小也有规定，尽量与真实车辆相当，其前后轮距为 1500 mm，轴距为 3000 mm。另外，还有一点比较重要：移动车必须要有自己的制动装置，一旦发生碰撞，通过传感器启动该制动装置，让移动壁障尽快停止，避免与试验车发生二次碰撞。该项试验撞击点的位置有明确严格的要求，撞击偏差控制得也比较严格，一般应控制在 25 mm 之内。撞击速度为 (50 ± 1) km/h，并且该速度至少在碰撞前 0.5 m 内保持稳定。

图 6-6　侧面碰撞

由于接触面积小,侧面柱碰的撞击强度比较大,对车辆的要求也相对严格。欧洲和澳大利亚的NCAP中将侧面柱碰列为一项非常重要的内容。美国、日本等其他国家对这项试验也都在做,不过都没有强制要求。我国侧面柱碰试验做得也比较多,不过都是厂家委托的试验,国家并未作强制要求。

侧面柱碰试验的场地要求和车辆准备与100%重叠正面碰撞基本相同。侧面柱碰(见图6-7)的试验方法是将试验车辆放到台车上,台车以29 km/h的速度将试验车辆的侧面撞向柱子,撞击点有严格的要求,柱子直径为10英寸。侧面柱碰的考核指标与侧面碰撞的考核指标基本相同。

图6-7 侧面柱碰

每一项碰撞试验都有其测量的重点,对车型的改进与发展也都起到了推进的作用。特别是国家强制执行的试验标准,从一定程度上甚至能够决定车辆的形状与配置。我国在强制执行《乘用车正面碰撞的乘员保护》标准之前,平头的微面几乎遍地都是,而执行该标准之后,微面系列的车型几乎不约而同地长出了一截"鼻子",并且大部分都配置了驾驶员安全气囊。

车辆本身安全性能的提高并不能从根本上减少事故的发生,只能一定程度上减少事故的损失,要想确保行车安全,驾驶员必须认真遵守交通规则,文明驾驶。

3. 偏置碰撞试验

目前欧洲、澳大利亚的正面碰撞法规中采用的是56 km/h的40%ODB碰撞试验方法。欧洲和澳大利亚的NCAP中的正面碰撞试验,为64 km/h的40%偏置可吸能壁障碰撞试验方法。日本的J-NCAP中,从2000年起正面碰撞试验采用55 km/h的100%刚性固定壁障碰撞和64 km/h的40%偏置可吸能壁障碰撞两项试验,综合评价汽车的正面碰撞安全性。美国的保险公司为了全面了解汽车碰撞的安全性能,除了政府推行的56 km/h的100%刚性固定壁障碰撞试验外,由IIHS(Insurance Institute for Highway Safety)开展64 km/h的40%偏置可吸能壁障碰撞试验,碰撞试验结果用于汽车保险中估损。100%刚性固定壁障和40%偏置可吸能壁障两种碰撞试验方式,乘员的伤害机理不同,对安全车身和乘员约束系统考核的侧重面也不同,两者无法互相代替,只有同时采用才能较全面地评价车辆的正面碰撞安全性能。目前,我国的科研机构已经将《偏置可吸能壁障正面碰撞》推荐至国家,作为推荐标准,相信很快便会成为我国唯一强制施行的 48～50 km/h 的 100% 重叠率的刚性固定壁障碰撞试验的补充。

40% 偏置碰撞(见图 6-8)的试验方法与 100% 重叠正面碰撞基本相同,试验场地的要求与车辆准备两项试验也基本一致。40% 和 100% 两项试验最大的区别在于壁障的选择,40% 偏置碰撞要求在固定壁障前装设一块变形吸能的蜂窝铝块,变形壁障的刚度是按照欧洲车辆的平均刚度设定的,代表"平均车型"的前端刚度。撞击时试验车辆只有车身一侧的 40% 面积与壁障撞击,试验车的跑偏量对试验结果影响较大,要求控制在 ±20 mm 范围内。撞击速度与欧洲标准一致,为 56 km/h。

图 6-8　40% 偏置碰撞

众多试验表明,由于采用刚性壁障,100% 重叠碰撞试验的碰撞强度要大于 40% 偏置碰撞试验,车身加速度、乘员头部伤害和胸部伤害,100% 都要大于 40%,也就是说,在这几个方面 100% 重叠碰撞标准的要求要高于 40% 偏置碰撞的碰撞标准。而在车身变形方面,40% 偏置碰撞试验的驾驶室的绝对侵入量要大于 100% 重叠碰撞试验,尤其对平头车来说,由于前端车身的吸能变形区很小,其驾驶室局部变形很大,方向盘位移也容易超标,也容易造成驾驶员侧车门试验后难以打开,影响假人的取出。而且由于驾驶室变形较大,也造成了乘员大腿载荷远远大于 100% 重叠碰撞试验的情况。由此可以看出,40% 偏置碰撞的碰撞标准相对来说更侧重于对车身结构方面的考核。40% 偏置碰撞的考核指标主要有:

(1) 假人头部性能指标(HPC)应小于或等于 1000,大于 80 g 的合成加速度持续不应超过 3 ms;胸部性能指标(THPC)应小于或等于 50 mm,黏性指标(VC)应小于或等于 1.0 m/s。颈部张力指标弯矩不超过 57 N·m。

(2) 小腿压缩力不超过 8 kN。

(3) 膝部位移不超过 15 mm。

(4) 转向盘竖直向上不超过 80 mm,向后不超过 100 mm。

(5) 其他要求与 100% 重叠正面碰撞的要求基本相同。

6.2.4 台车碰撞试验

所谓台车碰撞试验,是将目标车辆的约束系统、试验假人等按照它们在整车中的实际位置安装在一台车车架上,然后使其经受与在整车碰撞试验中相同的减速度时间历程以考核约束系统性能的一种试验。台车试验又称滑车试验,主要有模拟正面碰撞的正碰台车试验和模拟侧面碰撞的侧碰撞台车试验两大类。台车试验主要用于代替部分的整车碰撞试验进行车辆约束系统的开发。由于同一车身结构可进行多次试验,且试验中不存在破坏整车结构的问题,以及试验准备时间短,因此台车碰撞试验可有效降低约束系统的开发周期和开发成本。

台车冲击试验是一种模拟实车撞车的试验,利用平台车产生与实际撞车接近的减速度,以检验乘员保护装置的性能和零部件的耐惯性冲击力。台车试验常用于评价乘员保护装置的性能和安全部件的耐冲击能力。与试车碰撞试验相比,台车实验具有简便、再现性好、试验费用低的优点。

模拟台车碰撞试验通常是以实车撞车试验中在车身上测得的减速度波形为依据,采用与其近视的梯形波或半正弦波为标准波形。但各国标准不仅对不同的零部件(如安全带、座椅等)规定的滑车碰撞速度和减速度波形不完全一样,而且对同一种部件规定的标准值也不完全一样。为实现各种标准要求,既可用冲撞式模拟试验设备,也可用发射式模拟试验设备进行模拟。因此可以说,模拟碰撞试验方法和形式是多种多样的。从试件响应和零部件损伤来看,对这种模拟试验有重要影响的三个参数是:冲击时的速度,加速度峰值,到峰值加速度的上升时间或总的脉冲持续时间。试验结果表明,这三个参数不是一定相关的,因此理想的模拟试验装置应能对速度、加速度峰值和上升时间或脉冲持续时间进行单独的控制或调整,也就是必须能改变脉冲波形,以满足不同标准要求。

为试验各种汽车安全部件(例如座椅安全带、座椅、转向柱等)和制品的耐冲击性,美、日、英、法、德及荷兰等国的一些制造厂和科研机构已广泛应用 HYGE 冲击试验装置或者有导轨的短驱动长度的模拟碰撞试验装置。这种模拟试验具有不损坏实车、经济、重复性好等优点。对于任意一种台车试验方法应该具备下面几个条件:

(1)能够很好地控制影响台车碰撞试验的参数。

(2)能够模拟测试不同的车型,如轿车碰撞或者卡车碰撞,或者两辆轿车相撞或者两辆卡车相撞。

(3)能够重复和再现汽车结构部件和假人的响应。侧面碰撞测试方法普遍采用的装置有 HYGE 公司生产的 12 英尺或者 24 英尺碰撞仿真滑车系统,液压伺服机构(如 MTS 系统)和减速滑车系统如 VIA 碰撞滑车系统。根据实验设计的复杂程度,台车试验方法测试装置被分成三类——简单、中等复杂和复杂测试装置。无论碰撞测试方法复杂与否,台车碰撞测试装置一般由单滑车系统或者两个滑车系统组成。根据侧面碰撞台车测试方法的发展历程划分,一般认为 1992 年之前出现的台车测试方法是简单台车碰撞试验方法,1992-1997 年之间出现的台车测试方法是中等复杂台车碰撞试验方法,1997 年之后出现的台车测试方法主要是复杂台车碰撞测试方法。

1. 正面碰撞台车试验方法

与实车正碰时车体减速度波形复现方法的不同,正碰台车试验装置可分为加速型台车试验装置和减速型台车试验装置两大类。

(1)加速型正碰台车试验装置

加速型正碰台车试验装置模拟的是车体减速度波形被反向后的加速度波形,是一种利用冲击设备按照目标加速度波形的要求将被试车体加速的装置(试验时车体、假人等需反向安装)。加速型台车试验装置以 HYGE 类型和液压伺服制动类型为代表。在侧撞台车测试方法发展过程中,几乎所有的测试系统都使用了 HYGE 滑车系统。

HYGE 全称为 Hydraulic Generated,是美国本迪克斯(Bendix)公司生产的一种广泛应用的较为先进的冲击试验装置。图 6-9 为一典型的 HYGE 类型正碰台车试验装置的结构原理图。其工作原理如下:HYGE 缸内有 4 个室,从左到右各室充入水(或油)、氮气、空气、水(或油)。图示位置为准备发射状态,封入的加载压力 P_2 约为调定压力 P_1 的 6 倍,但由于主活塞承受调定压力侧的面积 S_1,比承受加载压力侧的面积 S_2 大得多,故 $S_1P_1 > -52P$,主活塞压在量孔板上不动。当将触发压力 P_3,加到主活塞和量孔板之间的小气室时,变成 $P_3(s_1 \sim s_2) > P_1Sl \sim P_2s_2$,平衡状态被破坏,主活塞稍稍向左移动,于是在一瞬间 $S_1 \sim S_2$,由于 $P_2S_2 > P_1S_1$,因此主活塞立刻移向左侧,台车被发射出去。反作用力 $P_2S_2 \sim P_1s_1$ 由反作用座承受。发射的台车借助于高压气体实现制动。通过改变量针的形状,HYGE 可复现各种减速度波形反向后得到的加速度波形。

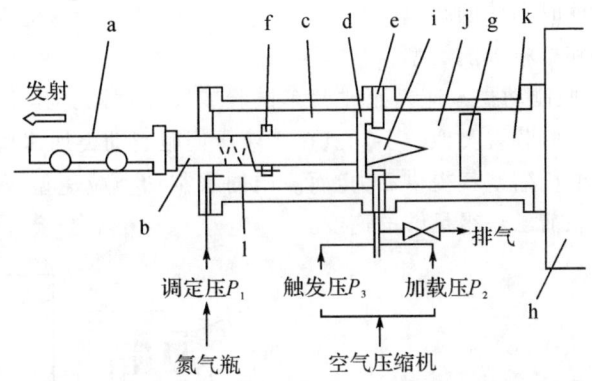

图 6-9 HYGE 类型加速型正碰台车试验装置的结构原理图
a. 台车;b. 推杆;c. 氮气;d. 主活塞;e. 量孔板;f、g. 浮动活塞;
h. 反作用座;i. 量针;j. 空气;k、l. 水或油

图 6-10 所示为一液压伺服制动类加速型正碰台车试验装置的结构原理简图,该类正碰台车试验装置中台车在各时刻加速度的计算公式如下:

$$a = \frac{F_1 - F_2}{m}$$

式中,F_1 由储存在气缸中的压缩空气提供,F_2 为由伺服控制阀控制的伺服制动力,m 为台车总质量。通常在一条加速度曲线的复现过程中,F_1 保持不变,通过改变 F_2 的大小来获得所需要的加速度。

具体的波形调试过程如下:试验前将目标加速度波形输入控制软件,控制软件根据台车总质量等参数计算出每时刻对应的伺服制动力。在首次调试试验结束后,试验得到的加速度波形被反馈给控制软件并与目标波形进行比较后,根据比较结果对每时刻所需要的制动力进行修正。之后,依照同样的方法对波形进行进一步的调试,如此反复。通常通过 3~5 次的反复调试后得到的波形即可与目标波形保持相当高的相关程度。

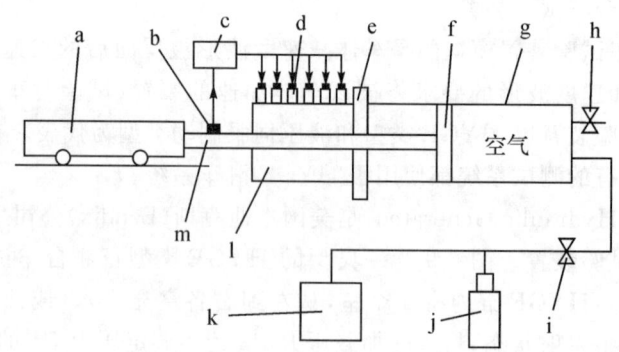

图 6-10 液压伺服制动类加速型正碰台车实验装置的结构原理
a.台车；b.加速度传感器；c.控制软件；d.伺服阀；e.法兰连接件；f.活塞；
g.气缸；h、i.调压阀；j.储气瓶；k.空气压缩机；l.制动装置；m.推杆

(2)减速型台车试验装置

减速型正碰台车试验装置对车体减速度波形的模拟与实车正碰试验中车体的减速过程一致。它需要较长的轨道先将台车逐渐加速到实车碰撞试验前试验车辆的速度，然后利用减速装置使台车按实车碰撞时车体的减速度时间历程做减速运动。减速型正碰台车试验装置可分为液压伺服制动类型和材料吸能类型。

图 6-11 为液压伺服制动类减速型正碰台车试验装置原理图。其工作原理与液压伺服制动类加速型正碰台车试验装置类似。不同点在于液压伺服制动类加速型正碰台车试验装置的台车由储存在气缸中的压缩空气提供动力，而液压伺服制动类减速型正碰台车试验装置的台车则在减速度波形复现前已获得足够的速度。

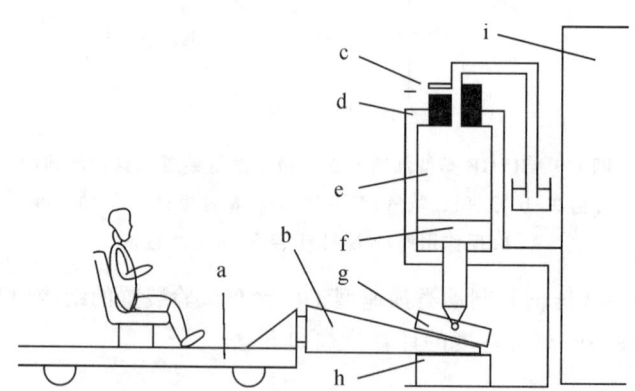

图 6-11 液压伺服制动类减速型正碰台车实验装置的结构原理
a.台车；b.制动楔形块；c.液压伺服阀；d.液压缸；e.液压腔；
f.活塞；g.上制动蹄；h.下制动蹄；i.反作用座

2. 侧面碰撞台车试验方法

国际上关于侧碰撞台车试验方法的研究始于 20 世纪 90 年代中期。目前，做得比较成熟的主要有美国的 Seattle Safety 公司、英国的 IST 公司、奥地利的 DSD 公司以及日本的三菱公司。侧碰撞台车试验装置主要由波形复现器、车门台车和座椅台车组成。按车门与座椅的相对位置，可分为"Sled on Sled"和"Sled after Sled"两种类型。

(1)"Sled on Sled"类型

"Sled on Sled"类型侧碰撞台车试验装置将车门台车作为主台车,座椅台车作为副台车。车门台车固定在伺服台车上,座椅台车则利用滑轨安装在车门台车上。目前"Sled on Sled"类型侧碰台车主要以 Seattle Safety 公司和 IST 公司开发的产品为代表。

图 6-12 为 Seattle Safety 公司开发的侧碰台车原理图。车门的加速度波形由储存在气缸中的压缩空气和伺服阀控制的伺服制动力的合力产生。试验时,对车门加速度波形的调整通过调整伺服制动力来获得,当空气压缩力产生的推力大于伺服制动力时,产生的车门加速度为正值,当空气压缩力产生的推力小于伺服制动力时,产生的车门加速度为负值。在座椅台车和车门台车间安装有一空气制动器,车门固定架上与座椅对应的位置安装有一吸能器。座椅的加速度波形通过吸能器和空气制动器的合力产生。座椅波形的调整通过调整空气制器的制动力来实现。

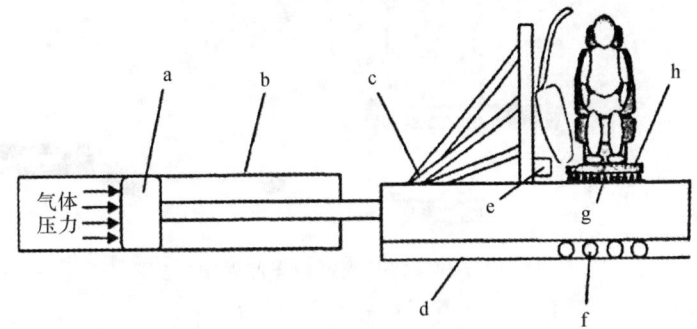

图 6-12 Seattle Safety 侧碰台车原理图
a. 活塞;b. 气缸;c. 车门台车;d. 伺服台车;e. 吸能件;
f. 液压伺服制动装置;g. 空气制动装置;h. 座椅台车

图 6-13 为 IST 公司开发的侧碰台车装置的原理图。与 SeattleSafety 侧碰台车的相同之处在于车门加速度波形的模拟,不同点在于在模拟过程中当车门与座椅开始接触时,座椅台车被锁止在车门台车上。因此,IST 侧碰台车只能模拟实车试验中车门座椅不动的情形。

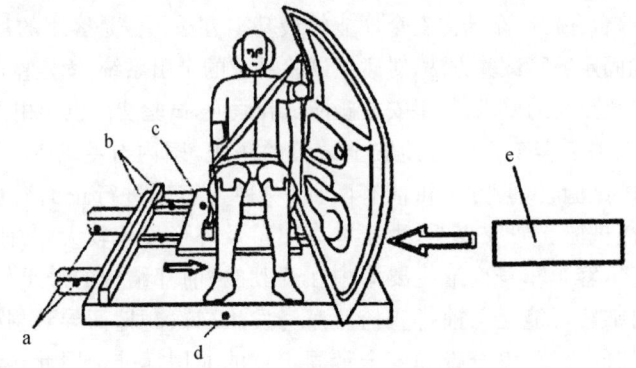

图 6-13 IST 侧碰台车装置原理图
a. 车门台车滑轨;b. 座椅台车滑轨;c. 座椅台车;d. 车门台车;e. 伺服控制液压冲击装置

(2)"Sled after Sled"类型

若以试验中车门运动方向为前进方向,则"Sled after Sled"类型侧碰撞台车试验装置中座椅台车位于车门台车之前。目前"Sled after Sled"类型侧撞台车主要以 DSD 公司和三菱公司开发的产品为代表。这两家公司开发的侧撞台车装置不仅可用于侧碰撞台车试验。还可用于破坏性侧面模拟碰撞中的变行移动壁障(Movable Deformable Barrier, MDB)碰撞试验。

图 6-14 为 DSD 公司的侧碰台车原理图。车门加速度波形通过 HyperG 来复现，座椅的加速度则通过液压缸推动的形式来模拟。HyperG 是 DSD 开发的一种冲击设备，它利用压缩空气提供动力，伺服阀控制的伺服制动装置提供制动力。对冲击波形的调整通过对伺服阀的反馈控制来实现。由于 HyperG 既可实现正的加速度又可实现负的加速度，因此被 DSD 应用于其开发的侧碰撞台车试验装置中，作为车门加速度波形的复现装置。

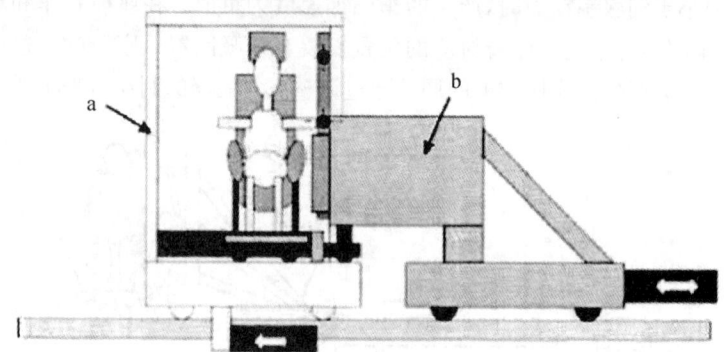

图 6-14　DSD 侧碰台车原理图
a. 座椅台车；b. 车门台车

6.3　客车摆锤碰撞试验与测试

客车发生碰撞事故时，客车的结构完整性能够给车内乘员提供足够的生存空间，降低车内乘员的伤亡率。与乘用车相比，客车正面安全性能较为滞后。为了使客车驾驶员拥有更好的视野，驾驶员与汽车前端面的距离设计得很短，这限制了客车的正面碰撞安全性能。实车碰撞试验与实际事故情况最为接近，是综合评价客车结构安全性能的最基本方法。但是客车的最大质量可达 28 t，采用客车实车正面碰撞固定壁障试验方法，对碰撞试验系统的牵引系统、固定壁障及试验场地提出了比乘用车碰撞试验系统更高的要求，如果安放碰撞试验假人，试验费用也会相当高。

由于国内外尚无关于客车正面碰撞安全试验的法规，国内有些客车厂家也针对个别基本车型做过正面碰撞的试验，试验方法目前有两种，一种为客车进行正面碰撞障碍壁试验，另外一种为正面摆锤碰撞试验。研究表明，由于客车质量及外形尺寸较大，与刚性墙发生正面碰撞时将产生巨大的能量，客车车身变形主要集中在驾驶舱，前部结构的严重侵入导致驾驶员受到挤压而受伤害，车内乘客可能会与前排座椅及车身发生二次碰撞而导致损伤，而目前已有对车内乘员损伤进行考核的座椅、安全带和安全带固定点的通用标准。因此，客车的固定壁障正面碰撞试验方法是否施行有待探讨。由于客车实车固定壁障正面碰撞的试验费用相对较高，对牵引系统设备的要求高，标准的施行可行性很低，因此可采用摆锤撞击试验（见图 6-15）和台车碰撞动态试验相结合的方法来替代客车正面碰撞固定障碍壁试验，前者考察驾驶舱驾驶员的生存空间，后者考察车内乘员的损伤防护，这种方法不仅考察了客车正面碰撞的前部结构强度及车内乘员伤害，而且也降低了客车厂家的试验费用。

图 6-15 摆锤碰撞试验

用摆锤正面撞击客车试验作为评价客车正碰安全性的方法有以下优点：

(1)实车试验一般都为破坏性试验，由于客车价格昂贵，对其进行实车试验成本较高。由于摆锤撞击能量较小，对客车造成的破坏程度较轻，一般变形只发生在客车驾驶室。故若选用摆锤撞击试验作为评价方法，客车在此试验后还可进行侧翻试验，而且对侧翻试验的准确性影响较小，这样可节约成本，便于实车试验的开展。

(2)摆锤正面撞击客车试验中，客车是固定不动的，对比客车存在初速度的碰撞试验，其在试验设备、仪器上可节约较多成本。

(3)摆锤系统装置的造价比较低，而且安装方便，便于操作。

6.3.1 摆锤试验台及其试验条件

1. 摆锤试验台

摆锤应为质量分布均匀的刚性小球，质量大小为 1500 kg±250 kg。撞击截面为宽2500 mm，高800 mm 的矩形，棱角的圆角半径≥1.5 mm。摆锤自由悬挂在两根刚性固定在其上面的摆臂上，摆臂腹板高不小于 100 mm，截面为工字形截面或惯性矩相同的其他形式的截面，两摆臂的间距要不小于 1000 mm，且摆锤悬挂轴到几何中心的距离不小于 3500 mm。摆锤处于悬吊位置时，其撞击面要与车辆的最前部相接触，并使摆锤重心低于驾驶员座椅 R 点50 mm。撞击时，摆锤应从前向后的方向撞击驾驶室前部，撞击方向为水平且平行于车辆的纵向中心平面。对于最大设计总质量不大于 7000 kg 的车辆，撞击的能量为 29.4 kJ，对于最大设计总质量大于 7000 kg 的车辆，撞击能量为 44.1 kJ。

摆锤试验台如图 6-16 所示。

2. 试验条件

(1)车辆的固定

在进行正面摆锤碰撞试验时，客车连同驾驶室需要按照一定的方法将其固定起来。标准中规定，固定车辆用的链条或者钢丝绳应为钢材料制成，并且能承受至少 98 kN 的拉力。车辆的固定分为纵向、横向和后部三个方向的固定。

①纵向固定：将链条或钢丝绳 A 拴在车架前端，以限制车架后移拴系点应对称于车架纵

向中心线，两拴系点的距离不小于 600 mm。链条或钢丝张紧后向下与水平线的夹角不大于 25°，在水平面上的投影与车辆的纵向轴线的夹角不大于 10°。

②横向固定：将链条或钢丝绳 B 拴在车架纵向中心线的两侧，以限制车架横向移动。车架上的拴系点距离车前端距离 3~5 m。链条或者钢丝绳张紧后向下与水平线的夹角不大于 20°，在水平面上的投影与车辆的纵向轴线的夹角不大于 45°，且不小于 25°。

③后部固定：首先将链条或者钢丝绳 C 用约 0.98 kN 的力预紧，然后所有链条或钢丝绳 A 和钢丝绳 B 张紧，使链条或钢丝绳 C 的张紧力不小于 9.8 kN。链条或钢丝绳 C 与水平线角不大于 15°。在车与地面之间于 D 点施加不小于 0.49 kN 的垂直拉力，如图 6-17 所示。

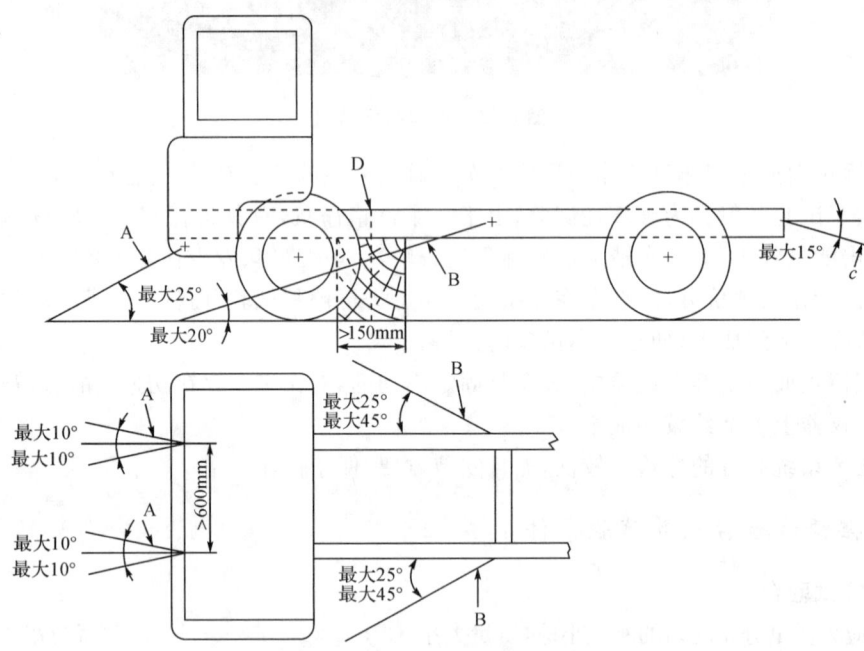

图 6-17　正面撞击试验（驾驶室安装在车辆上）

(2) H 点的测定与座椅靠背角测定

使用标准的三维 H 点假人确定 H 点与座椅靠背角的方法将在下一部分进行详细介绍。

(3) 检验驾驶室残存空间的人体模型

进行上述试验后，驾驶室的残存空间应该仍能放入检验驾驶室残存空间的人体模型（第 50 百分位男性，即尺寸和重量为男性的平均值）。该人体模型如图 6-18 所示，材料为聚苯乙烯，密度为 0.0169 g/mL，质量为 4.54 kg。

(4) 摆锤等效质量的确定

为准确计算摆锤的撞击能量，必须确定其等效质量，等效质量计算公式如下：

$$m_r = \frac{mal}{d^2}$$

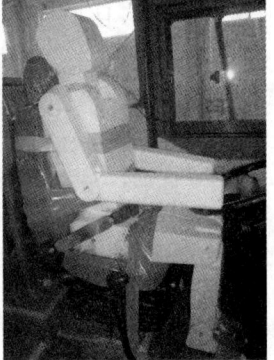

图 6-18　人体模型实物照片

式中，m_r 为摆锤的等效质量；m 为摆锤的质量；a 为摆动半径；l 为摆锤质心到转轴的距离；d 为摆锤撞击中心到转轴的距离。

6.3.2 三维坐标系的建立与"R"点和"H"点的确定

1. 三维坐标系的建立

汽车坐标系(见图 6-19)的确定,是整车设计的基础,充分理解整车坐标系原理、作用和使用方法,是整车设计的一项基本要求。关于汽车坐标系定义的来源,主要依据 ISO 4130－1978《道路车辆三维参考系统和基准符号定义》和 SAEJ 182－2005《汽车基准符号和三维参考系统》。

(1) $Y=0$ 的确定: $Y=0$ 确定为车身对称面,零平面左侧为正,零平面右侧为负,理论上左右对称的特征点的坐标必然是 (X,Y,Z) 和 $(X,-Y,Z)$。

(2) $Z=0$ 的确定: $Z=0$ 的确定,主要考虑尽可能使车身主要设计基准最大可能的一致性。有车架的车,一般取沿车架纵梁上缘上表面平直且较长一段所在平面作为高度方向坐标的零平面;无车架的车辆可沿车身地板下表面平直且较长一段所在平面作为高度方向坐标的零平面。当车身无较长直线段(多为曲线)时,取前轮理论中心线的水平线。零平面上方为正,零平面下方为负。

(3) $X=0$ 的确定:在确定了 Z 平面的基准后,继续确定 $X=0$ 平面。设计上很难在车身上找出在 X 向最稳定的特征。典型特性点——前轴心、司机踵点、SgRP(座椅参考点)虽然都相对稳定,但在设计过程中变化的可能性很大,都不建议作为 X 平面的确定基准。习惯上,以 ISO 标准为例的使用,大多都沿用以前轮心为 $X=0$ 的基准,但该定义并不完全科学,因为前轴心的 X 向在不同的负载状态是变化的,根据不同的悬架型式,最大可达到 10 mm。因此只能定义在某种设计载荷下前轴心的 X 值为 X 平面的确定基准。零平面前方为负,零平面后方为正。

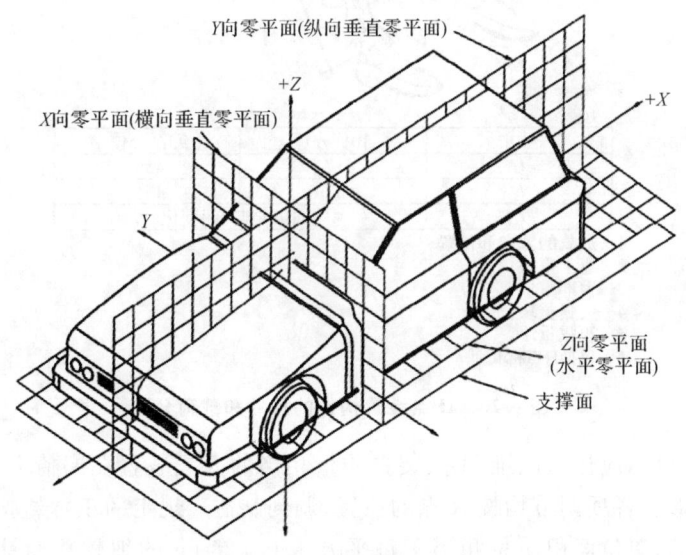

图 6-19 三维坐标系

2. "R"点和"H"点的确定

车在总布置设计之初,先根据总布置要求确定一个座椅调至最后、最下位置时的"跨点",并称该点为 R 点。在汽车设计中,能够比较准确地确定驾驶员或者乘客在座椅中位置的参考点,这个参考点是躯干和大腿相连接的旋转点(胯点)。实车测得的"胯点"位置称为 H 点。

汽车 H 点是与操作方便性及坐姿舒适性相关的车内尺寸的基准点。驾驶员以正常姿势入座后,其体重的大部分通过臀部由座椅和座垫来支撑,一部分通过背部和腰部由靠背来承受,另一部分通过脚作用于汽车地板上。在汽车这种特定的约束坐姿下,驾驶员在操作时身躯上部的活动必然是通过 H 点的转动。并且,汽车 H 点是确定眼椭圆在车身中位置的基准点,汽车 H 点的位置还影响到驾驶员手伸及的界面。可见,汽车 H 点的位置是决定与驾驶员操作方便、乘坐舒适相关的车内尺寸的基准,其位置的确定是十分重要的。

汽车座椅 H 点是通过三维 H 点装置(见图 6-20)来确定的,3D-H 装置的躯干板和座板分别是模拟成年男子的平均躯干和臀部轮廓,并在实际 H 点铰接起来,用来测量实际躯干角。用一根可调长度的大腿杆连接到座板上,建立起大腿的中心线,作为臀部量角器的基准线。3D-H 装置在测量座椅 H 点时,要按照以下顺序来进行:

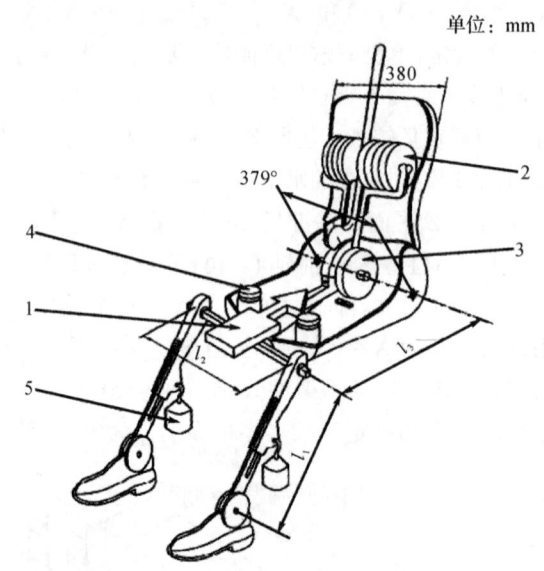

尺寸	50百分位	95百分位
l_1	417.5	459
l_2	431.5	456
l_3	在108至424间变化	

1—加载的方向和位置;
2—躯干重块;
3—臀部重块;
4—大腿重块;
5—小腿重块。
*不包括H点标记钮。

图 6-20　H 点装置构件的尺寸和载荷分布

①被检验的座椅,应让与三维 H 点装置质量相当的人或装置在座椅上试坐,使座椅和靠背产生应有的变形。各项调节均按 R 点的位置,调到制造厂规定的正常驾驶姿势位置。

②将足够大的、单位面积质量相当于每平方米 0.228 kg 的细软普通针织棉布或非织造物,铺在被检查的座椅上,以防止三维 H 点装置接触座椅;在三维 H 点装置的脚下,垫上适当大小的地板覆盖层或其他相应的铺地材料。

③安放三维 H 点装置的座板和靠背,使乘员中心面(C/LO)与装置中心面相重合。将三维 H 点装置小腿杆件调至合适的长度,脚和小腿总成装到座板总成上,通过两 H 点标记钮的直线应垂直于座椅的纵向中心面。

④施加小腿及大腿重块,并调平三维 H 点装置。将背板前倾到前限位块,通过 T 形杆将装置拉离座椅靠背,如果三维 H 点装置有向后滑的趋势,则让其滑动,直至座板接触座椅靠背;如果三维 H 点装置无向后滑动的趋势,则在 T 形杆加一水平向后推力,使之向后滑动,直

至座板接触靠背为止,重新将三维 H 点装置放到座椅上。

⑤装上左右臀部重块,再交替加上八块躯干重块,使三维 H 点装置保持水平。将背板前倾,消除座椅靠背上的张力。摇动时,装置的 T 形杆可能要离开规定的水平和垂直的基准位置。所以,必须对 T 形杆施加适度的侧向力。

⑥拉住 T 形杆,将背板放回到座椅靠背上,使三维 H 点装置在座垫上不能向前滑移。

⑦测量相对于三维坐标测量汽车座椅 H 点的坐标。

6.3.3 正面撞击试验及其安全性的评价

客车正面摆锤碰撞(见图 6-21)试验步骤如下:

(1)检查车辆,记录车辆基本参数,确认试验碰撞能量,计算摆锤提升角度;
(2)确认碰撞点,将车辆按标准要求固定;
(3)确认 R 点,确认摆锤质心位置,调整摆锤高度;
(4)将标准规定的用于验证生存空间的第 50 百分位人体模型放入驾驶室,观察、测量生存空间并记录,取出人体模型;
(5)将摆锤提升至预定角度,开始试验;
(6)碰撞后重新放入人体模型观察,测量生存空间并记录;
(7)验证生存空间;
(8)将车辆拆除,移除试验区,试验结束。

图 6-21 客车正面摆锤碰撞试验

安全性评价为:试验结束中,车门不应开启,只要驾驶室与车架保持连接,固定部件允许变形和损坏。试验后,分别用标准规定的人体模型检验驾驶室生存空间,当座椅处于中间位置时,人体模型不能与车辆的非弹性部件发生接触,或者非弹性部件所产生的变形量不能对乘员乘坐的位置造成挤压伤害,以及减少甚至阻断乘员的逃逸空间。

6.4 客车顶部强度和后围强度试验

为了有效保护商业车驾驶室内的乘员安全,发达国家都制定了相应的法规,其中最具有代表性的是欧洲经济委员会制定的 ECE R29、瑞典的 VVFS 2003:29 和美国工程师制定的 SAE J2420 和 J2422。我国制定的 GB 26512—2011《商用车驾驶室乘员保护》标准规定的试验要求和方法,等同采用了欧洲 ECE R29—02 的要求,内容基本一致。区别在于 ECE R29—02 规定顶部静压和后围强度试验为选作项,而我国规定必须对后围强度进行考核,主要原因是国内载货汽车驾驶室后围处通常设计为卧铺,因此对后围强度试验要求较为严格。

瑞典安全碰撞法规 VVFS 2003:29《瑞典商用车驾驶室安全性法规》为瑞典专门为商用车制定的安全性法规,于 2003 年开始实施。其试验项目也分为三项,即驾驶室顶部静载荷试验、前部副碰撞试验(倾斜 15°角撞击驾驶室 A 柱)和后围撞击三项试验。其中,顶部静载荷为 147 kN(相当于 15000 kg),比 ECE R29—02 增加了 49 kN;使用圆柱摆锤以 15°角撞击驾驶室 A 柱来代替对驾驶室正前部进行碰撞;在后围撞击试验中,以摆锤的撞击能量为 29.4 kJ 对驾驶室后围进行动态撞击试验,而 ECE R29—02 进行的后围强度试验是按照车辆最大允许质量每吨加载 1.96 kN 的静载荷。

6.4.1 客车顶部静压试验

(1)测试标准

GB 18986—2003 中 4.2 条规定:对于 B 级客车,应通过计算或其他适当的方法表明,车辆结构足以承受施加在车顶上,其值相当于该车最大设计总质量的均布静载荷。对于商用车,应该参照 GB 26512—2011《商用车驾驶室乘员保护》来实施顶部静压试验。

(2)试验方法

由于在标准中没有写明具体的试验方法,对于客车上部强度的测量主要有顶部静压强度法和静态加载法。通过大平板均匀施压到客车顶部,通过查看客车顶部结构的变形情况来判定是否满足标准要求。对于商用车顶盖强度试验是使用尺寸覆盖整个车顶的加载装置,以大小相等于前轴最大载荷的压力对驾驶室顶盖进行垂直静压,模拟车辆发生 180°翻滚时,硬地面对驾驶室顶盖的挤压,主要是评价驾驶室顶盖的强度以及生存空间要求。

轻型客车上部结构强度试验应采用顶部静压强度法或静态加载法,暂不允许采用车身顶部加载 CAE 分析方法。

①试验样品为整车,或按实车结构焊装在底架上并包含有车门和地板的车身骨架(骨架结构的车辆可不装内外蒙皮、附件等)。

②试验载荷通过一个长度和宽度不小于试验车身长度和宽度的刚性平板均匀、垂直地施加在车辆顶部结构上;或采用在刚性平板上加沙袋、砝码或铁块等方式均匀、垂直地将载荷施加在车辆顶部结构上。

③试验时车门、车窗关闭。

④试验车辆安装:试验样品为整车时,应通过多处刚性支撑车辆底(车)架下平面的方式消除悬架和轮胎的变形,试验车辆的安装应保证底(车)架固定牢固;试验样品为骨架车身时,样品的安装应保证底(车)架固定牢固。

⑤试验时,以不超过 13 mm/s 的加载速度沿垂直向下方向进行加载,直至达到整车最大总质量的试验载荷,并保持不少于 5 s,直至变形稳定为止。

⑥检查试验期间车身结构变形状态,车门状态,车身与底架连接状态等。

(3)试验设备

①试验设备应能以不超过 13 mm/s 的加载速度自动完成加载及载荷保持。

②试验设备具有足够的加载行程。
③试验设备具有足够高度以满足样品试验安装要求。

(4) 评价指标及符合性判定

符合性判定条件:试验中,若车身结构能够承受规定的载荷,车门没有开启,车身与底架没有分离;试验中和试验后,每一坐垫上方应有≥900 mm 的净高度(从未下陷坐垫的最高点所在平面向上测量);就座乘客搁脚的地板处向上应有≥1350 mm 的净高度(对于轮罩处和质量≤3.5 t 和座位数≤12 的 B 级客车地板处向上应有≥1200 mm 的净高度);试验后,至少有一个车门可以开启,则可判定为合格。

(5) 实例分析

下面以一款商用车顶部静压试验为例来介绍,依照欧洲标准 ECE R29,旨在对货车驾驶室强度及其与车架间的连接强度做出规定,使得车辆在翻车、撞击等恶性事故中能够为车内乘员提供足够的生存空间,保障乘员安全。法规共包含 3 项试验内容:正面摆锤碰撞、驾驶室顶压强度和驾驶室后围静压强度。顶压强度试验要求驾驶室结构能承受与车辆前轴最大负荷相当的载荷,但极限载荷为 10 t。试验后,驾驶室要拥有足够生存空间,且需与车架保持连接,车门不得自行开启,但试验后不要求车门能够开启。

根据车型配置,试验车驾驶室所对应车辆前轴最大载荷可能超 10 t,因此按照法规(ECE R29)该驾驶室应能够承受 10 t 顶部静压载荷。试验在整车状态进行,车架前后端被支起以消除加载过程中车辆的整体下沉运动。所用加载板为钢板,厚度 30 mm,这一厚度能够保证加载板有足够刚性,加载中不会产生大的变形。钢板尺寸略大于驾驶室顶部,确保施加载荷能够均布于驾驶室顶部结构的承载部件。采用缓慢加载,加载方式如图 6-22 所示。试验表明 7t 载

图 6-22 驾驶室顶压强度试验

荷时驾驶室无明显变形,继续加载,驾驶室能承受 10 t 载荷,但出现一定变形,顶盖与 A 柱连接位置出现凹陷。试验中车门未自行开启,且试验后车门能够顺利打开,车内空间能够按要求容纳 50 百分位标准假人。图 6-23 为顶压强度试验后进行的生存空间检验。结果表明该驾驶室满足 ECE R29 顶压试验规范。

图 6-23　生存空间检验

6.4.2　后围强度试验

依据 GB 26512—2011《商用车驾驶室乘员保护》标准,后围强度试验是使用尺寸覆盖整个后围的加载装置,以装载质量的 20% 的载荷对在车架以上部分的驾驶室后围上进行垂直静压,模拟在车辆发生碰撞时,货箱以及货物前冲撞击后围的情况,主要目的是评价驾驶室后围的结构强度,保证驾驶室的乘员生存空间,如图 6-24 所示。

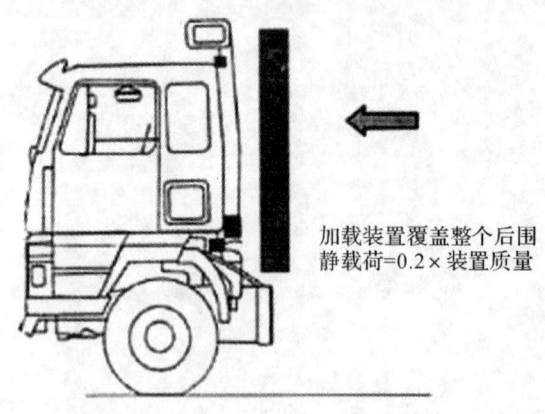

图 6-24　驾驶室后围碰撞示意图

试验过程中应该采取适当的措施保持车辆不移动,为此应拉上手制动、挂上挡,并用挡块挡住车轮,保证车门不开启,车架不移动。只有驾驶室与车架相连接,固定部件允许变形和损坏。在撞击试验后,驾驶室后围如果受到标准中的载荷挤压作用后,应该保持乘员(第 50 百分位假人)有足够的生存空间,驾驶室非弹性部件所产生的变形量不能对乘员的位置造成挤压伤害,以及减少甚至阻断乘员的逃逸空间。

6.5 客车截段和整车侧翻碰撞试验

近几年来,随着公路客运的快速发展,客车特别是大中型客车成为公路旅客运输的主要交通工具,随之而来的是客车交通事故数量增加,加上大中型客车的载客量较大,如果发生事故,死伤人数多,造成严重的经济损失和社会影响。根据公安部的统计,2008年全国共发生道路交通事故265204起,一次死亡10人以上特大道路交通事故29起。汽车安全性不仅是技术问题,在某种程度上更是一个重要的社会问题。在欧、美、日等汽车工业发达的国家和地区,不仅设置了较高的汽车安全技术门槛,而且大力研究汽车安全技术。因此,客车的安全性日益受到政府和社会的关注,从保护人生命和财产安全的角度出发,迫切需要完善我国的客车安全性法规,提高我国客车产品的安全性。

客车事故常见的有正面碰撞、追尾碰撞和侧翻或翻滚碰撞等。客车车身和质量比轿车等小型车大得多,而且其地板一般都比较高,一般认为,若客车与轿车等发生正面或追尾碰撞,客车内乘员的伤害程度较轻。而在侧翻事故中,车体将向某一侧倾倒,与地面接触的侧围会产生变形,结构的变形可能侵入车厢内部,对乘客造成伤害。图6-25翻滚(滚入深沟、山谷等)是更为严重的侧翻事故,一些事故表明,客车滚入深沟后,其侧围和顶部的变形相当严重,乘员的生存空间被压缩得很小。客车的侧翻事故如图6-25所示。

(a)　　　　　　　　　　　　　　　(b)

图 6-25　客车侧翻事故

我国在客车侧翻试验方面,执行的标准是 GB/T 7578—1998《客车上部结构强度的规定》,该标准等效采用 ECE R66 法规《关于就上部结构强度方面批准大型乘客车的统一规定》部分内容,是推荐性标准。由于该国标不是强制性标准,故国内企业一般没有根据该国标申请进行客车侧翻试验。目前国内的企业只是在客车出口认证中申请由检测机构与认证机构一起根据 ECE R66 或 2001/85/EC 指令《8座以上(驾驶员除外)车辆的结构安全要求》做客车侧翻试验。

由于我国客车乘员在交通事故中的伤亡情况非常严重,为了改善这种情况,需要做多方面的工作。其中,对于死亡人数比达到27.4%的翻车事故,在进行客车自身结构安全的改善和保证方面,国内的客车车身结构强度和刚度就需要依靠规范的试验进行验证,因此修订标准和验证标准就具有重要性和迫切性。目前,客车标准分委会正在组织多家单位参照 ECE R66.01 新版本修订 GB/T 17578—1998,并且已经确定修订后的标准为强制性标准。随着修订后强制性标准的执行,规范的客车侧翻试验必定能够促使客车车身结构强度和刚度得以提高,保证我国客车乘员的安全,这一点可以从欧洲实施 ECE R66 后对大客车翻车事故所做的情况统计(见表 6-1)中预见。表 6-1 显示,实施 ECE R66 后的欧洲地区的乘员受保护情况明显比其他地区高。

表 6-1 欧洲大客车翻车事故的乘员保护情况

	所有翻车事故	受到保护的翻车事故	
		数量	乘员保护
合计	314	179	57
匈牙利	88	82	93
欧洲(除匈牙利外)	87	55	63
非欧洲地区	139	42	30

6.5.1 整车侧翻碰撞试验

1. 设备要求

整车侧翻试验中翻转台的尺寸规格如图 6-26 所示,翻转台需要具有足够的刚度,以控制举升车辆时轴间举升角差异小于 1°。翻转台距离地面高度为(800±20) mm。为了限制侧翻过程中车辆侧向滑动,在翻转台上设置侧向限位挡块,高度不得超过翻转台倾斜前车辆放置表面与该表面最近的轮辋部位间距离的 2/3。车辆应该以不超过 5°/s 的角速度缓慢地举升到临界失稳位置,不能产生晃动和动态效应。

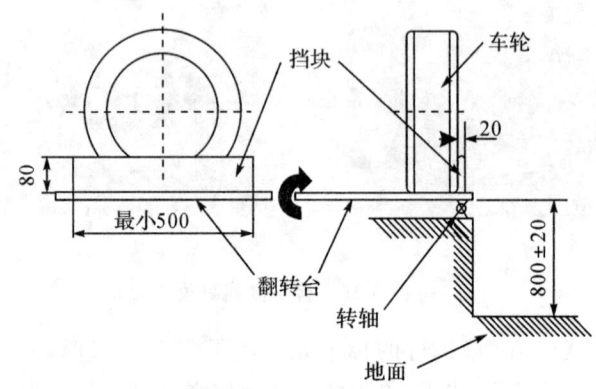

图 6-26 翻转台尺寸规格(单位:mm)

2. 测试前对测试车辆的准备

(1)确定或测量整车质心位置,测量车辆质量(整车运行状态质量或车辆总有效质量)及轴荷分布情况。

(2)确认各项对上部结构强度有影响的部件按照其原来的位置安装。

(3)将燃油放空至最低点,将停放在试验台上的车辆的电瓶取掉,分别加上配重,以使质心位置不变。

(4)由于测试车辆安装了乘员约束装置,故选择了标准规定的两种加载方法之一进行加载:

①在每个乘客座椅上加载每个乘客 50% 质量(即 34 kg)的沙袋;

②加载质量的质心安放在座椅"R"点上方 100 mm 和前方 100 mm 处;

③沙袋固定必须可靠,以保证其在试验过程中不会脱落。

(5)确认轮胎胎压符合制造商规定。

(6)将车辆悬挂系统锁定,使弹簧和悬挂元素相对于车身固定。试验中采用中空方钢管取代减震器并连接的方法,如图 6-27 所示。

(7)车辆门窗均关闭但不锁止。

图 6-27　悬挂系统

测量准备:利用泡沫板和竹签比照生存空间尺寸制作车身变形数据采集模板,并利用角钢制作的支架固定在车内地板上,如图 6-28 所示。同时,至少在车身前段和后段各设置 1 个采集模板,测量点对准车身立柱。

对生存空间上部区域相对应的车身变形数据的测量要注意考虑车身变形的方向。对于车身内部空间高度较低的车辆,不宜应用水平放置的测量杆。在对奇瑞某小型客车的试验中为了验证这一点,在车内同时放置了代表生存空间的泡沫板和带水平测量杆的变形规进行对比,结果是变形规上部的水平测量杆被车身的斜向压力压偏(见图 6-29),导致该点不能采集车身变形数据,也不能判断生存空间是否被侵犯。前述变形规在国内应用较多,在安装测量杆时要注意采取措施避免发生不能测量试验结果的情形。

图 6-28　车身变形数据采集模板　　　　图 6-29　变形规上部测量杆

同时,在车身前后端各设置一个高速摄像机,用以对侧翻全过程进行摄像。此外,车身侧翻方向的选择应根据质心的横向偏距和车身结构特点,选择朝相对于生存空间更危险的一侧侧翻。

3. 侧翻测试程序

将准备好的车辆停放在侧翻试验台上,使车辆的纵向垂直中心平面与试验台转动轴线平行,同时安装好防侧滑挡块。启动侧翻试验台,开始让车辆随着试验台一起向一侧倾斜。在车辆达到不稳定平衡点并开始侧翻前,控制车辆的倾斜过程中不产生晃动以及没有被施加动态力。控制侧翻试验台的角速度不超过 5°/s。当车辆刚开始脱离侧翻试验台时,停止侧翻试验台,等待车辆翻向撞击平面后完全静止。

4. 侧翻试验结果及其测量与数据采集

在整车侧翻试验过程中和结束后,客车的上部结构应该具有足够的强度以确保生存空间不被侵犯。具体指标是:

(1)在试验前车辆生存空间外部的任意部分(如立柱、行李架)在试验过程中不能侵入到生存空间内部。在评估生存空间侵入情况时,应忽略试验前原属于生存空间内的任意部分(如扶手、卫生间)。

(2)生存空间的任意部分不能凸出到变形后的客车结构轮廓外。变形结构的轮廓应该在相邻侧窗和(或)门立柱之间顺序确定。如图 6-30 所示,轮廓在两变形立柱之间理论上是一个面,由侧翻试验前相邻立柱上距地板高度相同的点的连线确定。

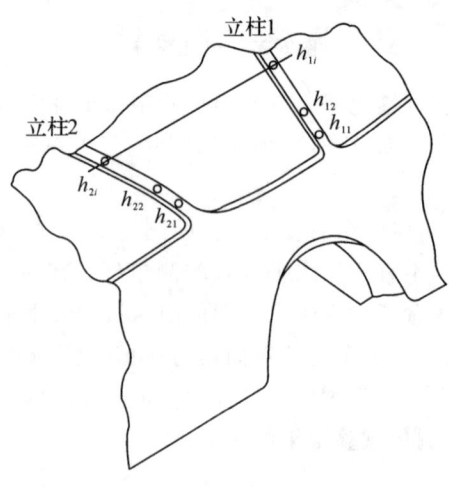

图 6-30　ECE R66 规定的变形结构轮廓示意图

其中，车辆的生存空间定义为在车厢内建立一个轮廓尺寸如图 6-30 所示的铅垂面，然后沿着车辆长度通过 S_R 点进行平移得到，图 6-31 表示了生存空间横向轮廓。S_R 点位于外侧座椅靠背上，车厢地板 500 mm 上方，距侧围内表面 150 mm。若车辆左右两侧地板布置不对称，则 S_R 点位置存在差异，两侧的生存空间也不对称。生存空间在车辆纵向上的末端为最后一排座椅 S_R 点后方 200 mm 处的垂面，若后围与该 S_R 点之间距离小于 200 mm，则生存空间末端为后围内表面。生存空间前端为最前排座椅 S_R 点前方 600 mm 处的垂面。

生存空间在车厢内从前到后是连续的，通过沿着顺序连接所有 S_R 点的直线平移横截面轮廓得到。在最前排 S_R 点的前方和最末排 S_R 点的后方，平移的连线是水平的。

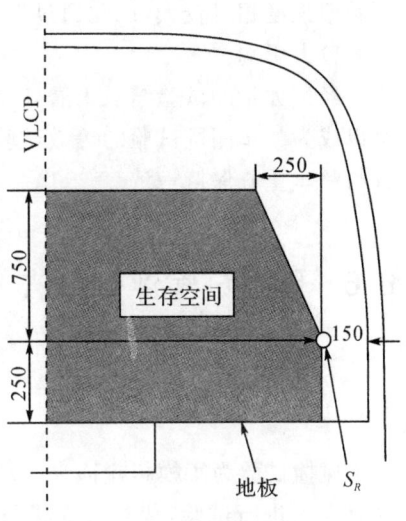

图 6-31　生存空间横向轮廓规格

6.5.2　截段侧翻碰撞试验

修订后的标准 GB 17578—2013《客车上部结构强度要求及试验方法》，在原标准的基础上增加了客车整车侧翻试验的四种等效试验方法，分别为车身截段侧翻试验、准静态负荷试验、计算机模拟整车侧翻测试和基于部件的准静态计算。准静态负荷试验法与整车侧翻试验正好相反，即被测车辆固定不动，采用外力作用于车辆侧翻时与地面接触的部位，逐渐增加压力，直到生存空间被车身部件侵入为止。此方法的评定标准为基准能量法，由于操作较难，一般不予选取。

车身截段侧翻试验法是可以代替整车侧翻的试验方法，通常是以车身骨架加上一定配载来替代相应整车车身段，取车身截断并配以一定的载荷，使得车身截断与整车等效一致，进行侧翻试验。车身截段的侧翻测试程序与整车的侧翻测试程序相同。但是车身截段强度低于整车强度，且加工制作方便，成本较低。由于忽略了底盘、蒙皮、内饰、玻璃、地板等车身部件，因此车身截段的强度要弱于整车强度。但由于客车侧翻试验是破坏性试验，试验成本较高，目前截段侧翻方法常作为等效替代方法用于验证客车上部结构强度，可大大缩短试验周期、节约试验成本。

车身截段侧翻试验尽管只是整车的一部分，但其总质量及质心高度应与整车保持一致。该试验影响因素较多，但最主要的影响因素有以下两点。

一是客车车身截段与实车重心一致性匹配问题。车身截段的总质量与整车保持一致相对容易，只要配重物合理即可满足要求，但难点是如何保证质心一致。由于质心的不同，会导致侧翻过程的初始能量差异。截段质心高则会导致初始能量过大，反之则过低，每厘米的质心高度影响率在千分之五左右。为保证车身截段质心与整车质心一致，需要对车身截段配重。配重方式主要有沙袋配重和金属配重。两种配重方式均可保证车身截段重心与整车重心一致。沙袋配重，可以将配重载荷均匀地分布于车身截段，与整车状况更趋向于一致，配重沙袋在试验全过程有足够的紧固度，沙袋在试验过程中不能发生偏移。金属块配重，操作起来简单但重心匹配精度相对较低。

二是客车车身截段选取位置影响。截段选取的位置对试验结果也有较大影响，车身前后围骨架强度相对较大,试验通过率高,车身中段相对较弱,因此截段不同位置的选取对试验结果有较大影响。

经过大量的试验结果来看,车身截段侧翻的方法比整车试验更为苛刻,车身截段侧翻试验可以成为整车侧翻试验的等效试验方法。但在该方法实施过程中,应注意车身截段的重心位置与整车重心保持一致。

6.6 碰撞试验评价方法

6.6.1 碰撞试验用假人

碰撞试验为了模拟碰撞真实环境的严重性,人在车中往往是很危险的,这就决定了通常不用真人来进行试验,代替真人进行试验的有假人、动物、死尸。1951 年 Swearingen 开发了第一个用于评价约束系统的人类——假人。为了模拟人的行为,这个假人提供了能调节的关节摩擦,有一定的重量分配,模拟人的向前和侧向弯曲。1960 年,美国最早开发出了汽车碰撞试验模拟假人 VIP,随之美国汽车工程师协会标准 SAE 对 50th 模拟假人(即第 50 百分位的假人,美国 50%男子的体重和座高等体格参数比该假人低)的尺寸、重量、弹簧常数等进行了规定。

随着仿生学和撞车事故中人体伤害机理研究的深入,模拟假人的研究开发也有了新的进展:1971 年开发了混合 I 型假人 Hybrid Ⅰ,在此基础上通过对 Hybrid Ⅰ 的头部、颈部、肩部、脊椎和膝部进行改进,同时增强测试仪器的配置,于 1972 年开发出了混合 Ⅱ 型假人 Hybrid Ⅱ,并于 1973 年在 FMVSS 208 标准《乘员碰撞保护》中将 Hybrid Ⅱ 50th 假人作为评定汽车碰撞试验中乘员碰撞保护性能的标准设施,并在联邦法规中制定了假人的标准。Hybrid Ⅱ 型试验假人除了作为测定 FMVSS 208 标准中人体伤害指标的试验假人外,在 FMVSS 212 和 201 中也都有应用。1976 年,通用汽车公司对 Hybrid Ⅱ 的颈部、胸部、膝部进行大量改进,开发出了更接近人体特征的混合 Ⅲ 型假人 Hybrid Ⅲ,其可安装的数据采集通道可根据需要设置,大多在 100 个以上,大大超过了 Hybrid Ⅱ,适应了更进一步的研究需要。而且颈部等处的改进,使得 Hybrid Ⅲ 假人测得的伤害指标值可能高于 Hybrid Ⅱ,从而对车辆的乘员保护性能提出了更高的要求。为进一步满足汽车碰撞试验研究以及生物力学研究的需要,为满足标准要求,在美国运输部(DOT)的支持下,美国密执安大学于 1980 年开发了侧碰假人 SID。1990 年 SAE 同 GM 合作对 SID 进行改进,开发出了 BIO SID 假人,继而又研发出了儿童假人。目前,美国已经研究开发出了一个试验假人家族。

欧洲各国也在进行汽车碰撞试验用假人的开发研究,联合国欧洲经济委员会法规中 R16《关于汽车安全带及其后援系统认证的统一条件的协定》的附录 7 中便规定了在欧洲使用的一条腿的假人(假人重 74.5 kg,身高 175 cm),该假人仅用于 ECE R16 中的安全带动态试验,试验中只要求用高速摄影测量假人盆腔和胸部处的位移。此外欧洲也开发出了侧面碰撞用 Euro SID 假人,并已用于碰撞试验。不同假人尺寸如表 6-2 所示。

表 6-2　不同假人尺寸的列表

项目	婴儿			儿童		成人		
	6个月	12个月	18个月	3岁	6岁	6%女性	50%男性	95%男性
尺寸/mm								
坐高度	439	480	505	546	635	812	907	970
臀部至膝盖	170	198	221	284	381	521	589	638
膝盖至地板	125	155	173	221	358	464	544	594
肩至肘	130	150	160	193	234	305	366	381
肘至指尖	175	198	213	254	310	399	465	503
站立高度	671	747	913	953	1168	1510	1751	1873
质量/kg								
头	2.11	2.49	2.72	3.05	3.48	3.68	4.54	4.96
颈	0.29	0.34	0.35	0.43	0.41	0.51	1.54	2.04
躯干	3.04	4.38	5.22	6.61	10.76	24.14	40.23	53.00
上肢	0.85	1.18	1.31	1.79	1.98	4.76	8.5	10.94
下肢	1.53	1.31	1.60	2.63	4.28	13.52	23.36	31.79
总重	7.82	9.7	11.2	14.51	20.91	46.82	78.2	102.73

关于汽车碰撞用试验假人,迄今为止还没有统一的国标标准,各国使用最多的还是 Hybrid Ⅱ 和 Hybrid Ⅲ 型假人。假人按人体类型分,可以分为成年假人和儿童假人。成年假人按体型大小又分为中等身材男性假人、小身材女性假人和大身材男性假人。在汽车碰撞试验中最常用到的是中等身材假人,其代表了欧美男性第50百分位成年人的平均身材。为了在设计中考虑不同的人体体型,又按照欧美人体分布的两端极限,分别开发了小身材和大身材假人。小身材女性假人代表欧美第5百分位女性成年人的体型,大身材男性假人代表欧美第95百分位男性成年人的体型。儿童假人的身高、体重是指定年龄组儿童的平均身高和体重,而不考虑性别。

按碰撞试验的类型分,假人又可以分为正面碰撞假人和侧面碰撞假人。现在允许作为商品出售的侧面碰撞假人有三种:SID、Euro SID 和 BIO SID。这三种假人都是按第50百分位成年男性的身材开发的,SID 是美国侧面碰撞试验法规指定的试验假人,Euro SID 是欧洲、日本等国家的侧面碰撞试验法规指定的试验假人。

1. Hybrid Ⅲ 50th 男性假人

如前介绍,Hybrid Ⅲ 50th 假人是运用最广泛的一类假人,并且是美国汽车安全法规规定的位移碰撞试验用假人,下面以其为例说明碰撞试验用假人的结构及其传感器配置。

Hybrid Ⅲ 50th 是一坐姿假人(见图6-32),其主要结构

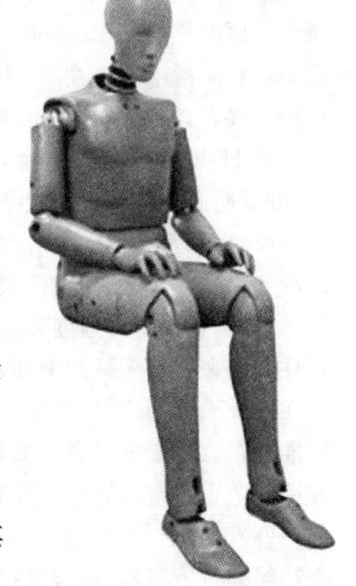

图 6-32　Hybrid Ⅲ 50th 男性假人

如下：

(1)具有一个铸铝颅骨及颅骨后盖，其表面覆以维尼龙皮肤，且颅骨后盖可以打开以安放测试仪器。

(2)其颈部由异丁烯橡胶和铝合金分段结合而成，在动态前弯曲和后仰中能伸缩。

(3)沿着经不得轴线有一拉索，可以限制颈部的拉伸，从而控制其反应特性并增强其耐用性。

(4)其两个铝制锁骨和锁骨连接总成都有整体铸造的肩胛骨以同肩部连接。

(5)具有6个覆以Polymer缓冲材料的弹簧钢肋骨，以模拟人体胸部的力－变形特性。每根肋骨分成左右两部分，分别与胸椎骨和前胸骨连接。胸骨和胸部位移传感器的探头相接触，该传感器测量胸骨相对脊椎的变形。

(6)其胸部皮肤由维尼龙皮肤辅以维尼龙泡沫组成，其结构类似于一件短夹克，在后背处有一拉链，可以方便地拆卸安装。

(7)其先前弯曲的橡胶腰椎模拟乘员没精打采的坐姿。

(8)通常，腿骨总成和手臂总成是由钢管组成，并覆以维尼龙泡沫和维尼龙皮肤，根据需要，腿部总成亦可换成安装有各种传感器的特制总成。

(9)铝质膝盖骨表面安装有吸能的成型橡胶，膝盖滑动表面为钢表面，膝盖的特殊结构允许胫骨产生相对错移，以模拟韧带的损伤。在膝盖内可安装测试这种错移的位移传感器。

(10)多数钢制骨骼的连接端都采用铜或铝质连接，在主要关节连接处还加有一种称为"Delrin"的材料做成的垫片，这种垫片能提高关节运动的平滑性，并使得关节处能保持一定的摩擦力。

美国联邦法规要求该假人使用下述材料：颈部为异丁橡胶，乙烯树脂皮肤胸罩包着乙烯树脂泡沫，在胸罩内侧还贴有Ens01映衬垫，腰椎为聚丙烯酸酯材料，膝盖中嵌有异丁橡胶。

2. Hybrid Ⅲ 5th 女性假人

第5百分位女性假人是由FTSS公司、汽车工程师协会(SAE)生物力学委员会、疾病预防控制中心及俄亥俄州立大学研制，虚拟身材较小的部分成年人。从Hybrid Ⅲ 50th的假人缩放而成。原型产生于1988年，于1991年进行了再次升级，以评估安全带和碰撞下潜。在1997年进行了再次升级，以改善能力，评估安全气囊，特别是为司机接近方向盘提供试验条件。

该Hybrid Ⅲ 5th女性假人(图6-33)是动态测试的重要假人，并证明满足最新的测试条件，包括衡量胸部的黏性标准。

(1)头部及颈部。头骨是一个铸铝零件，颈部由一个分割的橡胶和铝制成，它准确地模拟了人类的动态旋转弯曲的反应。

(2)上躯干。高强度弹簧钢肋骨与聚合物基阻尼材料附加到脊柱方块来模拟人类的胸部，匹配人类的挠度特点。加速度计安装在胸骨平行的位置，即使在高压缩率的情况下，精确测量黏性标准。在急性安全气囊下加载有低摩擦的抑制垂直运动的肋骨，并撞到防止过量压缩的肋骨笼上面。

(3)下躯干。圆柱形丁基橡胶腰椎安装在骨盆腔，其中有一个轴腰椎力传感器，直腰椎提供了一个直立的姿态，代表人在驾驶位置。盆骨是一个乙烯基皮肤/聚氨酯泡沫塑造的铝铸件。球

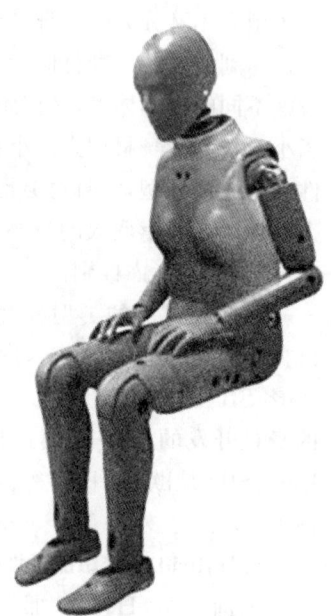

图6-33 Hybrid Ⅲ 5th 女性假人

接合股骨附件,表明人类的髋关节的旋转特性。腹部可以配备符合螺栓传感器来衡量负荷点,以预测碰撞下潜。双腿可以接受一系列完整的膝盖和胫骨的位移和力传感器,以评估下肢损伤。

3. Hybrid Ⅲ 95th 男性假人

Hybrid Ⅲ 95th 大型男性假人(图 6-34)目前正在建立 C 级水平,原型开发的部门是 FTSS 公司、汽车工程师协会(SAE)生物力学委员会、疾病预防控制中心及俄亥俄州立大学。其代表了体型较大的大部分成年人,是基于对美国生物力学题为研究而制成的。原型 1988 年出现在美国,用来评价汽车乘员安全和军事安全,特别是用来在汽车和军事武器中测试安全带的性能。

Hybrid Ⅲ 95th 大型男性假人的各个部分组成和 Hybrid Ⅲ 50th 男性假人相似。

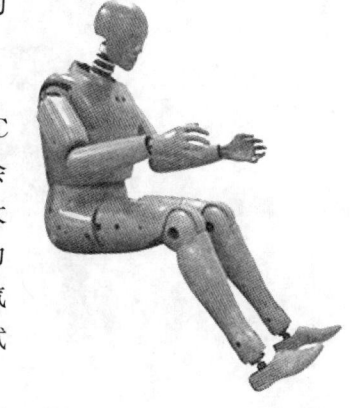

图 6-34　Hybrid Ⅲ 95th 男性假人

4. 侧面碰撞假人

与正面碰撞中使用统一的假人 Hybrid Ⅲ 不同,侧碰试验没有统一的假人。可用于侧撞试验的假人包括 Euro SID 假人、SID、BIO SID 假人等,由于手部对侧面碰撞试验结果影响不大,却对结果的重复性有一定的影响,因此各种侧面碰撞假人都设计了上臂部分见图 6-35。SID 假人是美国侧面碰撞法规试验采用的标准假人,由 Hybrid Ⅲ 50 百分位男性假人改制,体重 76.5 kg,坐高 899 mm,臀宽 373 mm。Euro SID 假人是欧洲侧面碰撞法规的标准假人,代表 50 百分位的男性乘员,体重 72 kg,坐高 904 mm。BIO SID 侧撞假人是由美国通用汽车公司(GM)和美国汽车工程协会(SAE)合作开发,它比 Euro SID 和 SID 都更复杂,没有应用于法规试验中。

美国侧碰假人(SID)是由 Hybrid Ⅱ 型第 50 百分位男性试验假人修改而成,目的是在试验汽车侧碰的耐撞性时,能提供似人的侧向响应。NHTSA 要求 SID 假人进行颈部摆锤试验、腰部弯曲试验、腹部压缩试验、胸部冲击试验、盆骨冲击试验等标定实验。除 SID 假人外,美国还有 BIO SID 侧碰假人。

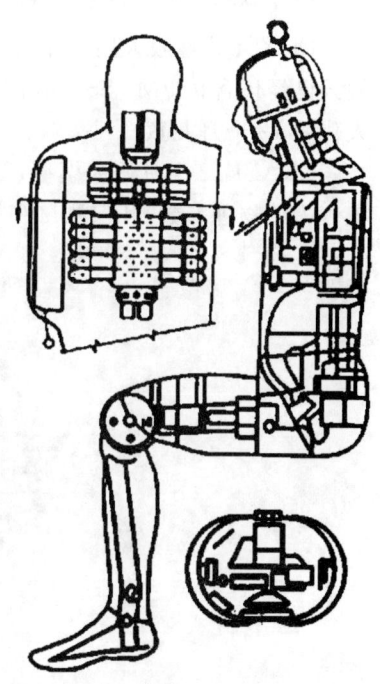

图 6-35　侧碰撞假人结构示意图

欧洲侧碰假人(Euro SID)代表第 50 百分位成年男性假人,是由模拟肌肉的泡沫和橡胶包裹的金属和塑料骨架组成。肋骨笼子由刚性脊柱和 3 个独立的挠性肋骨模型组成,具有似人的变形特性。臂和肩部部件在承受侧面碰撞时具有似人的回旋方式。Euro SID 侧碰假人结构示意图如图 6-36 所示。

SID 假人和 Euro SID 假人是美国和欧洲基于两套不同的法规研发出来的,存在着许多的差异,同样的试验应用于不同的假人在关于汽车安全性的评定和测定损伤程度方面可能得到不同的结果,这种不同引起了汽车行业的巨大关注。

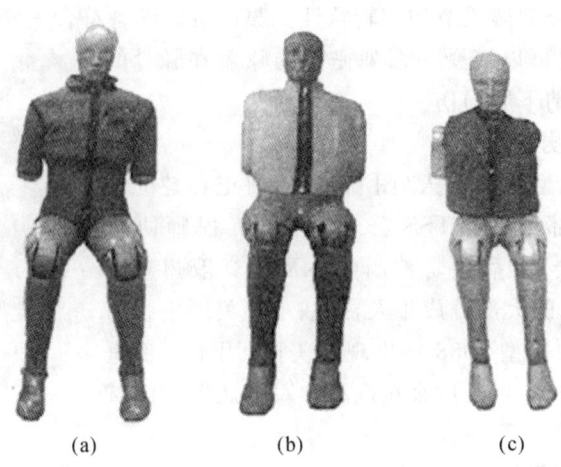

(a)　　　　　　　(b)　　　　　　　(c)

图 6-36　几种典型的侧面碰撞假人

5．儿童假人

(1)CRABI 儿童假人(见图 6-37)。

CRABI 儿童假人用于评估气囊展开时，对 12 个月儿童在离位状态下的伤害程度。这种假人已经包含在 FMVSS 208 法规中，并在国际标准化的离位(OOP)试验中，推荐使用这种假人代替 12 个月儿童。

CRABI 12 个月假人模型，是直立混合Ⅲ型 50 百分位假人模型比例缩小后得到的模型。该假人的物理参数、几何测量和质量分布的信息，都来源于人体测量学。

图 6-37　儿童假人示意图

(2)TNO P 系列儿童假人(P3/4 P3 P6 P10 和 P1)。

在 70 年代后期，ECE 委员会起草了儿童约束系统的法规，即《关于批准驾驶车内儿童乘员约束装置的统一规定》，由此 TNO 最先开发了儿童假人模型(见图 6-38)，来评估车辆内部的约束装置。1982 年，ECE-R44 开始执行，法规最初描述了 4 种假人，P3/4，P3，P6 和 P10，分别代表 9 个月大的儿童，3 岁、6 岁和 10 岁儿童。1988 年，TNO 又开发了一个简单的 P0 假人代表刚出生婴儿，1995 年，在 ECE-R44 中又规定 P1 假人，代表 18 个月儿童。

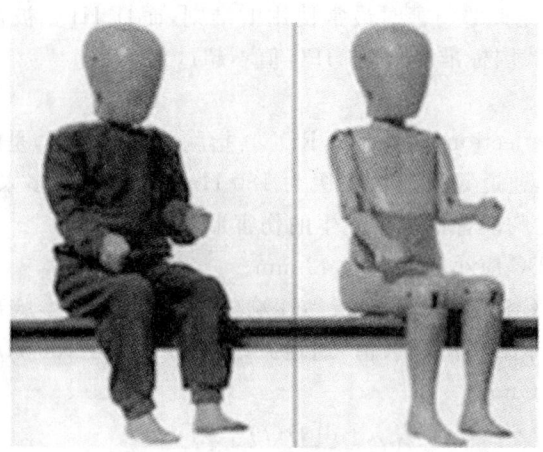

图 6-38 TNO P 系列儿童假人

(3)Q3 儿童假人

1993 年,一个特殊的儿童假人工作组,包括了欧洲的一些 CRS 生产商、研究所和试验站,着手开发 Q 系列儿童假人,作为 P 系列假人的继承者。3 岁假人模型 Q3 是 Q 系列的最早的假人。其潜在的应用领域(包括侧面碰撞试验),生物逼真性和损伤评估能力,都比 TNO P3 假人要好。

6.6.2 乘员安全评价

由于目前我国没有强制颁布关于客车正面碰撞和侧面碰撞的法规要求,因此对客车乘员安全的评价指标也参考乘用车的法规。

乘员的伤害主要是由下述几种原因造成的:第一,在碰撞时,汽车结构发生变形,汽车构件侵入乘员生存空间,使乘员受到伤害;第二,在碰撞时,由于汽车结构破损等原因,使得乘员的部分身体或全部身体暴露到汽车外面而受伤;第三,当汽车结构设计较好时,尽管汽车构件没有侵入乘员生存空间,乘员身体也没有暴露到汽车外部,但在碰撞的作用下,汽车的速度急剧减小,这时乘员由于惯性作用继续移动,与汽车内部结构(如方向盘、仪表板等)发生碰撞而造成伤害。在第三种情况下乘员受到的伤害是直接由二次碰撞造成的。

碰撞试验中,乘员碰撞保护的定量分析主要取决于试验假人的伤害评价指标。试验用假人一般使用 50 百分位的混合假人。各个国家主要的伤害评价指标基本相同,主要有如下几项:

1. 假人头部的合成加速度(Head Performance Criterion,HPC)

目前国际上常用的评价头部伤害程度是通过计算头部性能指标 HPC。当头部发生接触时,它包括从初始接触到最后接触的整个接触过程的计算。

$$\mathrm{HIC} = (t_2 - t_1)\left[\int_{t_1}^{t_2} a \mathrm{d}t\right]^{2.5}$$

式中:HIC 为假人头部质心处的合成加速度倍数;a 为假人头部质心处的加速度,值为重力加速度的倍数;t_1, t_2 为碰撞过程中所选择的两时刻,单位 s;他们应使 HIC 计算结果达到最大值。

HPC 的局限在于:虽然头部的生物力学响应包括可以引起头部伤害的角运动,但 HPC 仅考虑了线性加速度;HPC 只在硬接触发生时有效,因此冲击的时间区间受限制。虽然有这些限制,但 HPC 仍然是研究头部伤害时最常使用的准则,而且 HPC 被认为可以很好地区分接触和非接触冲击响应。我国标准中规定 HPC 值不超过 1000。

2. 胸部性能指标

胸部变形量(Rib Deflection Criterion,RDC):指胸部变形峰值,是胸部位移传感器测得的任一肋骨的变形最大值,通道频率滤波等级为 180 Hz。国际上较多采用 RDC 来评价乘员胸部损伤,认为肋骨骨折是胸部普遍最会发生的伤害形式。

我国标准中规定 RDC 应小于或等于 42 mm。

黏性指标(Viscous Criterion,VC):指黏性响应的峰值,是在半胸部任一肋骨上测得的瞬时压缩量与肋骨变形速率乘积的最大值,通道频率滤波等级为 180 Hz。为计算此值,半胸部肋骨腔的标准宽度为 140 mm。

$$VC = \frac{d[D(t)]}{dt} \times \frac{D(t)}{D(c)}$$

式中:$\frac{d[D(t)]}{dt} = V(m/s)$——胸腔变形速率;

$\frac{D(t)}{D(0)} = C$——胸腔挤压变形率;

$D(0)$——胸腔原始宽度 0.1 m。

胸部的重要器官,心脏、大动脉、肺等都是由软组织组成的。生物力学研究表明软组织的损伤主要由胸部的速率敏感变形引起的,胸部侧向碰撞损伤容忍限度为 1.0 m/s,因此黏性指标不得大于 1.0 m/s,否则乘员将受到严重伤害。

我国标准中规定黏性指标应小于或等于 1.0 m/s。

3. 骨盆性能指标(Pubic Symphysis Peak Force,PSPF)

指耻骨结合点力的峰值(PSPF),是由骨盆耻骨处安装的载荷传感器测得的力最大值,通道频率滤波等级为 600 Hz。

我国标准中规定耻骨结合点力的峰值(PSPF)应小于或等于 6 kN。

4. 腹部性能指标(Abdomen Peak Force,APF)

腹部受力峰值,是安装在假人碰撞侧表面覆盖物下部 39 mm 处的力传感器测得的 3 个力合力的最大值,通道频率滤波等级为 600 Hz。我国标准中规定腹部力峰值(APF)应小于或等于 2.5 kN 的内力(相当于 4.5 kN 的外力)。

参考文献

[1] 王欣,颜长征,覃祯员,等. 客车正面碰撞标准研究[J]. 交通标准化,2011(243).

[2] 李世豪. 中国客车[M]. 北京:人民交通出版社,2009.

[3] 郑安文. 汽车安全[M]. 北京:北京大学出版社,2014.

[4] 张金焕,杜汇良,马春生. 汽车碰撞安全性设计[M]. 北京:清华大学出版社,2010.

[5] 高水德,张绍理,姚常青. 国外客车被动安全研究[J]. 客车技术与研究,2006(3):7-10.

[6] GB 26512—2011. 商用车驾驶室乘员保护[S]. 北京:中国标准出版社,2011.

[7] 陆文斌,欧建华,王佳怡.《商用车驾驶室乘员保护》试验要求与方法研究[J]. 质量与标

准化,2011-9:854-857.

[8]张明君,王阳.商用车驾驶室乘员保护标准对比及发展趋势分析[J].汽车工程师,2012(11):22-34.

[9]李三红,郭孔辉,赵幼平,郭有利.商用车摆锤正面撞击试验和仿真[J].中国机械工程,2005-12:2153-2156.

[10]公安部 2008 年全国道路交通事故情况[EB/OL].[2009-01-04].http://www.Mps.gov.cn/n16/index.html.

[11]高少华.客车侧翻实验法规及其发展趋势[J].机电技术,2009(3):140-142.

[12]天克纯.光纤通信光电接收器的研究与实现[J].光通信技术,2008(10):33-34.

[13]刘正愚,刘志宇.客车侧翻试验[J].四川兵工学报,2010-12:87-89.

[14]赵东旭.营运客车上部结构强度试验研究与分析[J].商用汽车,2011-11:62-64.

[15]吕文芬,张胜兰,郭健忠.客车上部结构强度技术及发展现状[J].湖北汽车工业学院学报.

[16]张金焕,杜汇良,马春生.汽车碰撞安全型设计[M].北京:清华大学出版社,2010.

[17]钟志华,张维刚,曹立波.汽车碰撞安全技术[M].北京:机械工业出版社,2005.

[18]葛如海.汽车安全工程[M].北京:化学工业出版社,2005.

[19]刘艳杰.汽车碰撞的安全性[M].哈尔滨:黑龙江大学出版社,2014.

[20]孙鹰.GB 18986-2003《轻型客车结构安全要求》的说明[J].交通标准化,2003(8):18-26.

[21]谢庆喜,赵幼平,郭友利,等.重型货车驾驶室顶压强度研究[J].汽车工程,2009,31(12):1181-1184.

[22]程东盖.某轻型卡车的碰撞安全仿真分析[D].南京理工大学,2013.

第七章　运动图像分析技术

运动图像分析技术是摄影测量技术、图像处理技术以及人工智能技术等交叉的一门边缘科学技术,即对被测物体的运动用图像处理的方法进行解析,实现定性分析和定量的动态摄影测量。运动图像分析主要包括目标的跟踪和运动估计。图像运动分析因其测试分析过程的非接触性、单机二维计量特性以及多机组合三维测试能力,在测试技术领域中占有重要地位,更是汽车被动安全研究中一种不可替代的研究手段。图像运动分析作为一种非接触性运动测量技术,已被广泛地应用于航天飞行器试验、弹道测试、流体形态测试,以及生物、医学分析等工程领域。

汽车碰撞过程是一个瞬时冲击过程,汽车碰撞由发生到结束全过程大约为 0.2 s,由于此过程时间短、变形大,使用点测量方法很难全面地了解试验过程中结构件的动态变形过程以及乘员的运动形态等。图像运动分析法能够得到大量电测量系统无法获知的重要信息,在汽车被动安全研究中已经起到了其他数据采集手段无法替代的作用。例如汽车碰撞试验中车身、模型人、气袋等关键元素的位移、速度;同时利用两套采集系统同步采集,可以对试验中得到的各种数据进行更加有效的综合分析。汽车碰撞要观察和分析,整个过程靠肉眼和普通摄像机是无法确认的,只能借助于记录高速运动状态的高速摄像机来记录碰撞过程。

7.1　高速摄像技术

7.1.1　高速摄像机

高速摄像机是在高速电子快门的支持下,相机镜头采集光信号成像于感光芯片上,感光芯片高速记录影像并转为电信号,经过处理器处理然后由存储芯片实时存储起来。高速摄影技术具有实时目标捕获、图像快速记录、即时回放、图像直观清晰等突出优点,是其他测量技术手段所难以替代的。

高速摄影机综合使用了光、机、电、光电传感器和计算机等一系列技术。按摄影速度高速摄影机可分为低高速摄影(24~300 幅/s)、中高速摄影(300~1000 幅/s)、高速摄影(1000~100000 幅/s、超高速摄影(100000 幅/s 以上),按其记录图像介质不同可分为模拟式高速摄影机和数字式高速摄影机。

高速运动目标受到自然光或人工辅助照明灯光的照射产生反射光,或者运动目标本身发光,这些光的一部分透过高速成像系统的成像物镜,经物镜成像后,落在光电成像器件的像感面上,受驱动电路控制的光电器件,会对像感面上的目标像快速响应,即根据像感面上目标像光能量的分布，在各采样点即像素点产生响应大小的电荷包，完成图像的光电转换。带有图像信息的各个电荷包被迅速转移到读出寄存器中。读出信号经信号处理后传输至电脑中，由电脑对图像进行读出显示和判读，并将结果输出。因此，一套完整的高速成像系统由光学成像、光电成像、信号传输、控制、图像存储与处理等几部分组成。

实车碰撞试验中的光学测量系统主要由高速摄像机和灯光照明这两大部分构成。高速摄像机是光学测量系统的核心部分。汽车运动图像的记录工具还可以分为传统的摄影机，用磁带记录运动图像模拟信号源的摄影机和目前最为先进的全数字实时摄影机。传统的摄影机胶片冲洗处理过程中手工操作过多，处理周期长，当试验完成时无法及时了解试验结果，而且处理技术要求严格，需要昂贵的仪器和训练有素的摄影专业技术人员才能胜任这一工作。未受过专业培训的一般工程技术人员很难获得清晰高质量图像，一旦操作失误，将给费用昂贵的汽车碰撞试验造成严重的经济损失。另外，作为试验结果存储媒介的胶片保存也较为困难。

随着电子光学技术的发展，现在汽车碰撞试验中已大量使用全数字的新型高速摄像机，利用大容量的 RAM 高速存储由高速 CCD 摄像获得数字图像。高速摄像机影像获取过程自动化程度高，使用非常方便。高速摄像机拍摄汽车碰撞试验过程能够在试验完成后，可以马上看到慢放的碰撞过程图像，进行定性分析。可以直接以数字图像格式下载到计算机硬盘上保存，也可以以 PAL 制的视频图像保存到磁带上。作为试验结果载体的数字图像，能够作为资源在所有的计算机多媒体软件上进行后处理。

一部正常电影的拍摄和回放是 24 帧/秒，而电视采用 25 帧/s（PAL 格式）或者 29.97 帧/秒（NTSC 格式）。一般家庭用摄像机，DV 最多能达到 100 帧/s，手机 30 帧/s，而高速摄像机一般可以 500~10000 帧/s 的速度记录，有些军方专用的高速摄像机甚至可达到 100 万~1000 万帧/s，但这导致了每张像素不会太高，甚至不会超过一个家用数码照相机的像素水平。一般以 16 m/s(57.6 km/h)的速度发生碰撞时，要求的拍摄速度至少为 500 帧/s。一架高速摄像机的组成部分大体可以分为：

(1)高速摄像机：相机主机、镜头、电源适配器、内存备份、触发输入接口、控制软件系统、电缆线一套、手动外部触发控制系统，以及视频监视转接器与独立操作单元。

(2)其他配件：电子快门线（以及相机连接线）、转接头、三脚架（或独脚架脚钉）、全景水平校准系统、低角度转接头、备用中轴、短轴、台面和墙面接口、夹具、车窗夹、笔记本、移动硬盘以及配套软件光盘，灯光（如果在室内做试验，其中包括灯架、夹具、臂、灯杆、天地杆系统、背景支撑系统、Sky Track 系统、Still Life 台等）。

①三脚架：三脚架可以提高车辆碰撞摄影（或电影拍摄）的质量，包括可随身携带的小巧三脚架（适合手掌尺寸的数码相机或摄像机），以及高大坚固型影室三脚架（适合大型相机或全尺寸的 ENG 摄像机），如图 7-1 所示。

②云台：云台赋予了摄影师对摄像机（或相机）的真正控制。首先应在摄影云台（例如三向、齿轮式、球形或摇摄云台）和摄像云台（摇摄和俯仰或液压云台）之间做出选择。摄像云台也深受使用长焦镜头的野生动物摄影师和体育摄影师的青睐。如果功能多样、特定用途设计或使用快捷精确等因素是影响支撑系统选择的决定因素，那么首先应选择云台，一般而言运用于车辆碰撞试验中的云台都会选用三向可调节云台。一旦物色到理想的云台，则应为其寻找相匹配的三脚架，如图 7-2 所示。

图 7-1　三脚架

(a) 三向可调节云台　　　　(b) 三脚架三节三维云台套装

图 7-2　云台与三脚架

7.1.2　高速摄像机的操作过程

下面以美国 IDT 高速摄像机的简易操作过程为例来说明高速摄像机在汽车碰撞试验中是如何操作的。

(1) 在计算机上安装驱动软件,安装过程和常用软件没有区别。

(2) 组装三脚架,以及把云台固定在三脚架的正确位置上。

(3) 将相机固定在三脚架上,连接供电线缆及以太网线数据线缆。

(4) 安装镜头,在需要观察大范围物体运动时往往选择焦距 50 mm 以下的标准镜头或者广角镜头,而拍摄直径在 10 cm 左右的小目标运动时往往选择焦距在 50 mm 以上的微距镜头甚至焦距在 200 mm 以上的长焦镜头,目标直径在毫米级甚至更小时可能需要借助专业的光学放大系统比如显微镜来进行拍摄。

(5) 打开软件(点击图标如图 7-3 所示,启动软件),在计算机检测到一个新的相机时会提示将该相机的标定文件导入到计算机的软件安装目录中,如果网络没有正常连接,选择打开相机,点击 OK 即可。

图 7-3　软件启动图标

(6)设置网络 IP 地址,如果相机的 IP 地址与计算机的 IP 地址不相兼容,点击 IP Address 可对相机 IP 进行修改,修改好后,点击 TEST IP ADDRESS,软件显示有效,会自动重新启动高速摄像机,重新启动后,重新打开软件使用。

(7)将以太网线缆连上计算机,相机通电。

(8)打开操作界面,控制面板如图 7-4 所示。对相机拍摄的主要参数进行设置,例如,芯片增益、拍摄图像的分辨率、每秒钟拍摄图像的帧数、每张图片的曝光时间、触发位置的设置、记录时间等。

图 7-4　操作面板

图 7-4 中,●图标为录制键;■图标为停止键,相机进入 REDAY 状态;▶图标为对焦键,相机会进入 LIVE 状态;✓为触发键。先点击对焦键,再点击录制建就可完成一次拍摄。

(9)在 LIVE 状态下可以进行调整的参数有芯片增益、拍摄速度、曝光时间等,并且增益值越大图像越亮,图像质量越差,根据所需要的拍摄虚度进行选择;在设置曝光时间时,数字越大越亮,越小越暗。摄影分辨率要在 REDAY 状态下设置。在 trigger Config 选择高电平,低电平或接触触发时可以调整触发位置。

(10)相机对焦,选取合适的参数,发出指令(可以用外部触发的方式)开始记录图像。完成记录之后,在软件工具栏选择存盘按键将弹出文件保存窗口,如图 7-5 所示。

客车安全技术

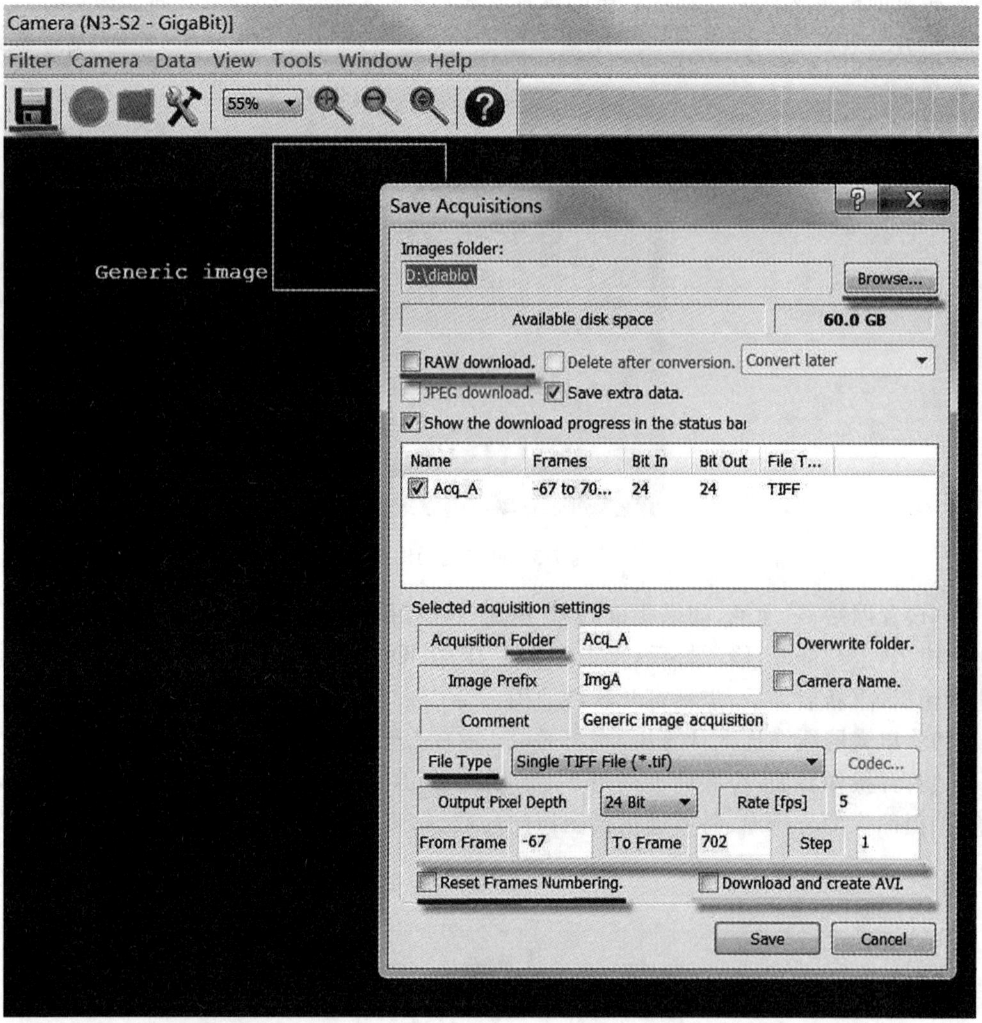

图 7-5 录像保存设置

对文件名、文件格式、保存范围(选择保存图像的起始位置)等的设置,各种参数选择好后,点击 SAVE 保存文件。当选择文件格式为 AVI 时,点击 CODEC 将弹出 AVI 选择窗口。可以选择压缩率及编码(注:编码的多少取决于系统按照了多少编码)。

高速摄像机价格昂贵,在使用的时候应该注意保护,在拍摄时应该使用标配电压(基本为 220 V),电压过高容易损坏高速摄像机。拍摄时镜头不能对照强光,对照强光拍摄不仅容易损坏镜头,不利于运动目标的识别,而且影响拍摄出来的视频质量。

7.2 碰撞试验中的图像采集

车辆碰撞过程是一个比较剧烈的冲击过程,使用电测量方法很难了解碰撞过程中构件的动态变形以及乘员的运动形态,仅能做简单的定性分析.而序列影像运动分析是用摄影胶片记录运动过程的序列影像,不但可以进行定性分析,还可以进行精确的定量分析。利用高速摄影记录汽车碰撞瞬间各个部位的变化以及人体模型的手里状况,可生产出安全系数更高的汽车。人们先把碰撞过程拍摄成小电影,然后再以很慢的速度放映,以便观察在碰撞期间车身如何变形,从而发现薄弱的部位。

光学测量系统用于获取直观的二维影像,分析碰撞过程中车体的变形及其乘员的运动形态,适用于从总体上了解碰撞全过程。序列影像运动分析是指使用摄像机或摄像机拍摄运动过程中的序列影像,而后进行定性分析和定量分析。定性分析是指对运动过程的序列影像缓慢回放、逐帧分析,可以看到对于人眼来说发生得太快的事件,从而分析运动过程中的细节。定量分析是指在拍摄前,将试验车的相关点设置醒目的标志点,对所摄取的车辆碰撞过程的序列影像在像平面内逐帧进行像平面坐标判读,应用摄像测量学的理论,求解待测量点的位置,从而获取试验车发生碰撞时的特征参数,为车辆碰撞研究提供可靠的数据。

7.2.1 测点的布置

为了细致地了解试验车辆在撞击中的变形过程,在实车碰撞试验前,已经在车身特征点、典型点或关键点上综合人体工程学、力学原理以及车身制造工艺学等因素标识了多个醒目的测点,如图 7-6 所示。在采集到的视频图像中表现为具有特定形状的标识点,对汽车碰撞图像进行处理的最终目的是要获取这些标识点的运动情况,进而通过计算分析得到这些位置在碰撞过程中的运动规律。

图 7-6 客车测点布置图

7.2.2 图像的采集

图像采集系统是电测量系统的有效补充,它具有和电测系统相似的实时优势,同时又弥补了前者只能识别电信号的不足,把视觉影像和物理量的变化实时结合,形成完整的实时采集系统。在车辆碰撞试验的过程中可以同时使用多台高速摄像设备和视频采集设备以及同步继电器开关和同步闪光灯等,同步摄取运动过程的序列影像。将摄像头分别放置在试验车不同的方位,进行整个试验过程拍摄,并将影像保存为 AVI 视频文件格式。

7.2.3 车身变形标识点像平面坐标的判读及校正

由试验台配置的标定装置对所布置的各个测点进行初始标定,并且编制图像识别软件识别测点的轨迹,即确定其在每帧影像中的像平面坐标。但由于实际车身在撞击过程的外形是复杂的三维曲面,而影像成像的过程为一中心投影过程,图像的像平面是二维平面信息,因此存在信息丢失和信息失真,要加以校正,再现车身的三维变形曲面,即映射为物方坐标。

7.3 图像分析与处理技术

图像处理与分析是认知科学与计算机科学中的一个活跃分支,始于 20 世纪 60 年代初。该领域的理论研究自 70 年代经历了爆炸性的发展之后,到 20 世纪末逐步走向成熟。对图像进行一系列的操作,以达到预期目的的技术被称作图像处理。图像处理可分为模拟图像处理和数字图像处理。所谓数字图像处理,就是利用计算机对数字图像进行一系列操作,从而获得某种预期结果的技术。根据抽象程度不同,数字图像处理可分为三个层次,狭义图像处理、图像分析和图像理解。

狭义图像处理是对输入图像进行某种变换得到输出图像,是一种从图像到图像的过程,通常也指图像预处理。

图像分析主要是对图像中感兴趣的目标进行检测和测量,从而建立对图像的描述。图像分析是一个从图像到数值或符号的过程。

图像理解则是在图像分析的基础上,基于人工智能和认知理论,研究图像中各目标的性质和它们之间的相互联系,从而把握对图像所描述的客观世界的理解。

狭义图像处理、图像分析和图像理解之间相互联系又相互区别,狭义图像处理是低层操作,它主要在图像的像素级上进行处理,所处理的数据量非常大,图像分析则进入中层,经过图像分割和特征提取,把原来以像素构成的图像转交成比较简洁的非图像形式的描述,图像理解是高层操作,它对描述中抽象出来的符号进行推理。三个过程随着抽象程度的提高所处理的数据量逐渐减少,处理的方法逐渐复杂。

图像处理、分析技术最早成功地应用于航天遥感技术,用于对宇宙飞船发回的图像所进行的各种处理。而后,对该技术应用的研究迅速从宇航领域扩展到生物医学、信息科学、资源环境科学、天文学、物理学、工业、交通、农业、国防、教育、艺术等各个领域与行业。在国内,图像处理、分析技术已经有了较快的发展,除以上提到的诸多领域,该技术在智能交通运输和汽车安全方面也已经有了广泛的应用,其中涉及了对车牌识别和车辆外形轮廓特征识别等方面的研究。

为了获得汽车碰撞试验过程中的运动图像,需要对碰撞过程的图像进行记录。为了对汽车碰撞过程进行全方位的了解,需要进行多角度的图像记录。

为了便于在图像处理过程中非汽车及假人上的目标点进行标识与跟踪,以获得需要的变形以及运动数据,在图像记录之前还需要在被试验车辆上的重要位置贴上标志点。将获得的图像导入计算机,由计算机进行存储分析和分析处理,都必须先将其转化为数字化图像。对于传统高速摄影得到的胶片可用扫描仪进行数字化;对于传统普通得到的磁带可用视频卡进行数字化;而对于先进的数字化摄像,因其输出即为数字量,可不要转化。对于现实中的物体图像的数字化存在尺寸分辨率、颜色分辨率问题,而对于现实中的时间上的延续运动的物体图像的数字化还存在时间分辨率的问题,这些问题解决的好坏依赖于图像采集设备。分辨率的高低对图像运动分析的精度将有重大影响。数字化的图像在计算机中存储的格式有许多种,通常的由 bmp、tif、gif、pcx、did、jpg、avi、mpg 等(有许多通用的软件可以对这些格式相互转化),也可以是自定义的特殊格式。

7.4 序列运动图像分析

用影像测量获得运动物体运动学参数的常用方式有高速摄影和录像拍摄分析。录像拍摄和分析由于录像的可见性和可用计算机进行图像处理,具有反馈速度快、处理简便、价格低廉等优点。录像分析系统作为一个综合系统可以分为录像拍摄系统和录像解析系统。录像解析实质上就是将记录在录像带上的图像信息采集下,然后通过计算机将感兴趣的运动节点进行数字化采集的过程。目前,国内开发比较成功的运动录像解析系统为爱捷系统,国际上有美国的 Peak 系统、Motion 系统,德国的 Simi 系统,瑞典的 Qualisys 系统等。

由图像采集过程中得到的一系列图像称为序列图像。为了分析汽车碰撞过程中的各种运动参数(如变形、速度、加速度、相对运动、角度、角速度等),需要对序列图像中特定目标的位置进行标识、跟踪和分析,这个过程叫作序列远动图像分析。进行序列运动分析耗时费力,工作量巨大,处理分析图像数据周期长,必须借助计算机软件来实现。一般软件主要进行下面三个方面的工作:数字化序列图像在计算机中的连续重播;任意目标的标识与跟踪;自动分析已标识目标的各种运动状态参数,方便而直观地显示这些运动状态参数。下面来对序列图像运动分析的过程进行介绍。

7.4.1 图像运动分析法

图像运动分析是图像采集的后续步骤,按照分析过程和采集过程的关系,可以分为实时分析和离线分析。实时分析对系统的软硬件要求很苛刻,一般为自动分析,很难由人工完成。因此,它适用于处理试验结果离散性较小,影像连续性较好的问题。离线分析系统只需在一般的终端上由人工配合专用的软件完成,并可以处理比较复杂的图像信息,如变形、离散度都很大的碰撞图像分析。

清华大学汽车碰撞实验室自行组建了图像采集系统并自主开发了序列图像运动分析软件。该图像运动分析系统由图像采集系统和图像处理系统两部分组成,其中图像采集系统如图 7-7 所示。

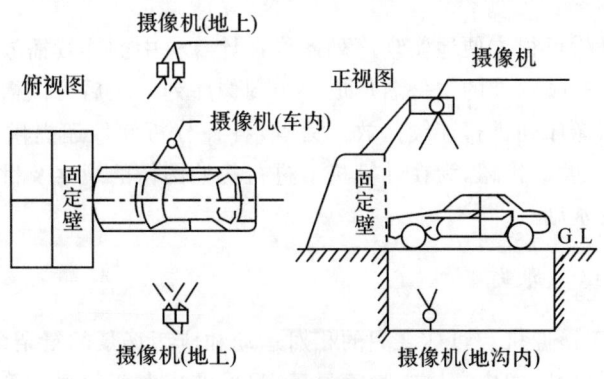

图 7-7 图像采集系统的组成

7.4.2 图像运动分析法的应用

图像运动分析系统的应用有以下几方面：

(1)气囊匹配分析

气袋由控制器、发生器、袋子3部分组成，其展开过程在30 ms左右即完成。控制器的控制信号可以由电测量系统得出，袋子的展开形态、过程很难转换为电信号，而只能从图像运动分析中得出。

(2)车速测量

ISO 3784中规定的汽车碰撞试验中，碰撞速度测量精度应在1‰以内，并应在碰撞发生前0.2 s内进行。通常测量车速的典型方法有多普勒效应法、五轮仪测定法、光电开关测量法。考虑到碰撞试验的特殊性，除了采用光电开关作为主要车速测量手段外，可以用摄像机监测固定壁前方的区域，对捕获的图像序列进行坐标判读，即可测得比较准确的车速，作为对前一种方法的校验。

(3)车身变形测量

车身在碰撞过程中的动态变形测量在SAEJ 211中推荐了图像运动分析、加速度积分和特殊的位移传感器3种测量方法。汽车碰撞过程为一短暂的猛烈冲击，并且车身变形的发展具有不可预见性，所以选用接触式传感器电测量的方法有一定困难。目前普遍使用图像运动分析方法来测量车身动态变形、残余变形及转向盘后移量。

(4)模型人运动形态分析

在汽车碰撞试验中，要求了解模型人的运动形态，分析乘员在碰撞过程中的空间轨迹。按照SAEJ 138的建议，在模型人身上设置醒目的标志点，使用图像运动分析方法可以对模型人的运动形态进行观测，还可由序列图像运动分析得到车体各部分及模型人身体各部分的位移、速度、加速度曲线。

(5)其他领域的应用

碰撞实验中模型人的运动速度和位移，座椅和运载装置的运动速度等参数，这些工作在电测系统中不能完成，只能通过图像采集和分析来完成。

7.4.3 数字化序列图像在计算机中的再现

序列图像运动分析可很方便地实现序列图像在计算机中的连续播放。首先指定所要播放的序列图像的帧数和每帧图像的文件名形成一个图像序列。之后可以播放文件中所指定的任何一帧图像或对该图像序列进行连续播放。另外，各种分析软件还提供了暂时、单帧前进、单帧后退、返回序列头一帧的按钮，为在计算机上进行每帧图像的观察及目标标识跟踪过程中的人机对话提供了必要基础。

7.4.4 目标的标识与跟踪

实际应用中，由于摄像机和目标之间的相对运动和应用场景的复杂多变，采集的视频图像一般具有光照变化明显、图像中杂物和噪声显著、目标的姿态变化很大等特点。它的研究需要图像处理、模式识别、概率论及随机过程、泛函及优化和偏微分方程等多学科的知识。

在进行运动图像的解析时，运动节点坐标通常采用人机交互的方式获得，由人工逐幅点取运动节点。这往往费时费力，且有可能产生较大误差。利用先进的数字图像处理技术，进行运动节点的自动识别，是实现运动分析自动化的重要步骤。

目标的标识与跟踪就是指根据视频图像中的时空相关信息在每一帧图像中确定目标的位置、大小或形状信息等。具体而言就是通过人工或计算机半自动或自动地得到序列图像中所需研究的目标的坐标位置，最终形成所有目标的时间序列坐标库，以便依据该坐标进行目标的运动分析，达到序列图像运动分析的目的。运动目标跟踪在处理过程中要完成两个主要任务：一是目标检测与分类，检测出相关目标在图像帧中的位置；二是连续图像帧目标位置关系，在图像中确定出能代表目标的点，并确定其位置坐标，随着时间变化确定出目标踪迹。根据目标标识与跟踪的自动化程度，可分为逐帧人工定位标识、逐帧带标志目标自动辨识、连续帧单一带标志目标自动跟踪和连续帧所有带标志目标自动跟踪几个层次。

(1) 逐帧人工定位标识

用鼠标和键盘配合，在计算机屏幕上点取每一幅图像中所研究的目标，每取一次，软件立即自动将所取目标的坐标位置存入硬盘，最终形成所有目标的时间序列坐标库，省却了人工读取和记录坐标值的过程，与原来的图像分析仪相比，极大地提高了效率。

(2) 逐帧带标志目标自动辨识

用人的肉眼目标准确性较高，可事先贴上特殊的形状颜色的标志，有计算机自动精确定位到其中心。本软件具体地用人工大致定位、计算机自动修正的方法实现，由于这种方法不必靠肉眼去准确定位，因而可以大大降低工作人员的眼睛负担。

(3) 连续帧单一带标志目标自动跟踪

若自动跟踪功能处于开启状态，且上一帧某一带标志且目标已标识并被选中，则进入下一帧时，该带标志目标就会自动被标识并被选中，也就形成了该单一带标志目标在连续帧中的自动跟踪。

(4) 连续帧所有带标志目标自动跟踪

开启自动跟踪功能，选中第一帧中所有已标识的带标志目标，按下连续播放键，则序列图像上所有帧上的所有带标志目标都被自动标识，这就完成了连续帧所有带标志的自动跟踪。

计算机识别使用的自动辨识和自动跟踪方案在实际的使用中能很好地辨识和跟踪目标，具有较高的工作效率，特别是对时间分辨率高、图像序列帧数多的高速摄像摄影更为有效，但它要求所跟踪的目标带有特殊标志，而人工标识同时可以标识序列图像中任意位置的任意目标，还可对不适当的标识进行修改。SIMA 序列图像运动分析计算机软件同时实现了以上几种方法，综合使用这些方法可以快速准确地进行运动目标的标识。

为了进行目标的运动分析，对同一序列图像中多目标的标识要进行编号，而且对于同一序列图像中的所有同一目标编号必须一致。

另外，序列图像运动分析计算机软件不仅能方便地以点来表示目标，自动记录其坐标值，还可以方便地综合利用点、线、平面和椭圆来概括抽象出运动目标及其环境位移，自动记录其位移关系形成时间序列位形库，这样就使得该软件可以对运动目标及其环境进行相对运动分析。

7.4.5 目标的运动分析

一旦形成了所研究的目标时间序列坐标库和时间序列位移库，运用序列运动图像分析计算机软件即可得到所研究目标的运动状态参数，如变形、位移、速度、相对运动、角度和角速度等。

(1)位移、速度、加速度

计算机分析软件可求已标识目标的位移、速度、加速度。在屏幕上用鼠标右键点取序列图像任意一帧中某一标识目标的标识点,屏幕上就会弹出窗口显示该目标位置曲线。在该窗口的菜单中选取 D-D,在该窗口的菜单中选取 V,则该窗口中的曲线就变成该目标的速度曲线;在该窗口的菜单中选取 A,则该窗口中的曲线就变成该目标的加速度曲线。在该窗口的菜单还有水平方向、垂直方向及合成值的选择,可分别显示目标的位移、速度、加速度的水平分量、垂直分量级合成值。在该窗口中还有一个读数尺,用鼠标拖动该读数尺,可方便地读出曲线的值。屏幕上还可以弹出任意多个这样的窗口,便于各个目标之间相互比较,也可以随便关闭、缩小或是移动这些窗口。

(2)相对位移、相对速度、相对加速度

当曲线模式设置为"线性"时,可求两个已标识目标的相对位移、相对速度、相对加速度。该功能与上一个相似,不过因为求的是两个已标识目标的相对关系,所以要在屏幕上用鼠标的右键点取任意一帧中的两个已标识目标的标识点。

(3)角度、角速度、角加速度

当曲线模式设置为"角度"时,可求两个已标识目标的标识点连线与屏幕水平线之间的角度、角速度、角加速度。在屏幕上用鼠标的右键点取任意一帧中的两个已标识目标的标识点,屏幕上就会弹出窗口显示这两个标识点连线与屏幕水平线的夹角随时间变化的曲线。在该窗口的菜单中选取 V 或 A,就得到角速度或角加速度。

(4)相对角度、相对角速度、相对角加速度

当曲线模式设置为"相对角度"时,可求两个已标识目标的标识点连线与另外两个已标识目标标识点连线之间的相对角度、相对角速度、相对角加速度。在屏幕上用鼠标的右键点取任意一帧中的两个已标识目标的标识点,之后再点取两个已标识目标的标识点,屏幕上就会弹出窗口显示这两个标识点连线与屏幕水平线的夹角随时间变化的曲线。在该窗口的菜单中选取 V 或 A,就得到角速度或角加速度。

(5)相对运动与变形

在屏幕上用鼠标指定相对坐标系后,就可求出所有的已标识目标相对该坐标系的运动情况和变形过程,在屏幕上还可以进行任意两帧已标识目标的位形比较。

7.5 序列运动图像分析实例

使用图形分析软件可快速方便直观地得到诸如汽车碰撞速度、方向盘后移量、车体相对变形和乘员相对车体运动等汽车碰撞试验所需的重要数据。图 7-8 为一组关于客车正面碰撞过程的序列图像。

利用图像中的标识点,即可实现目标的跟踪和分析。指定了标识点跟踪以后,计算机会自动识别图像中的标识点的运动情况,得出每一点的运动轨迹。客车上的标识点足够多了以后,可以得到整个客车轮廓的运动情况。

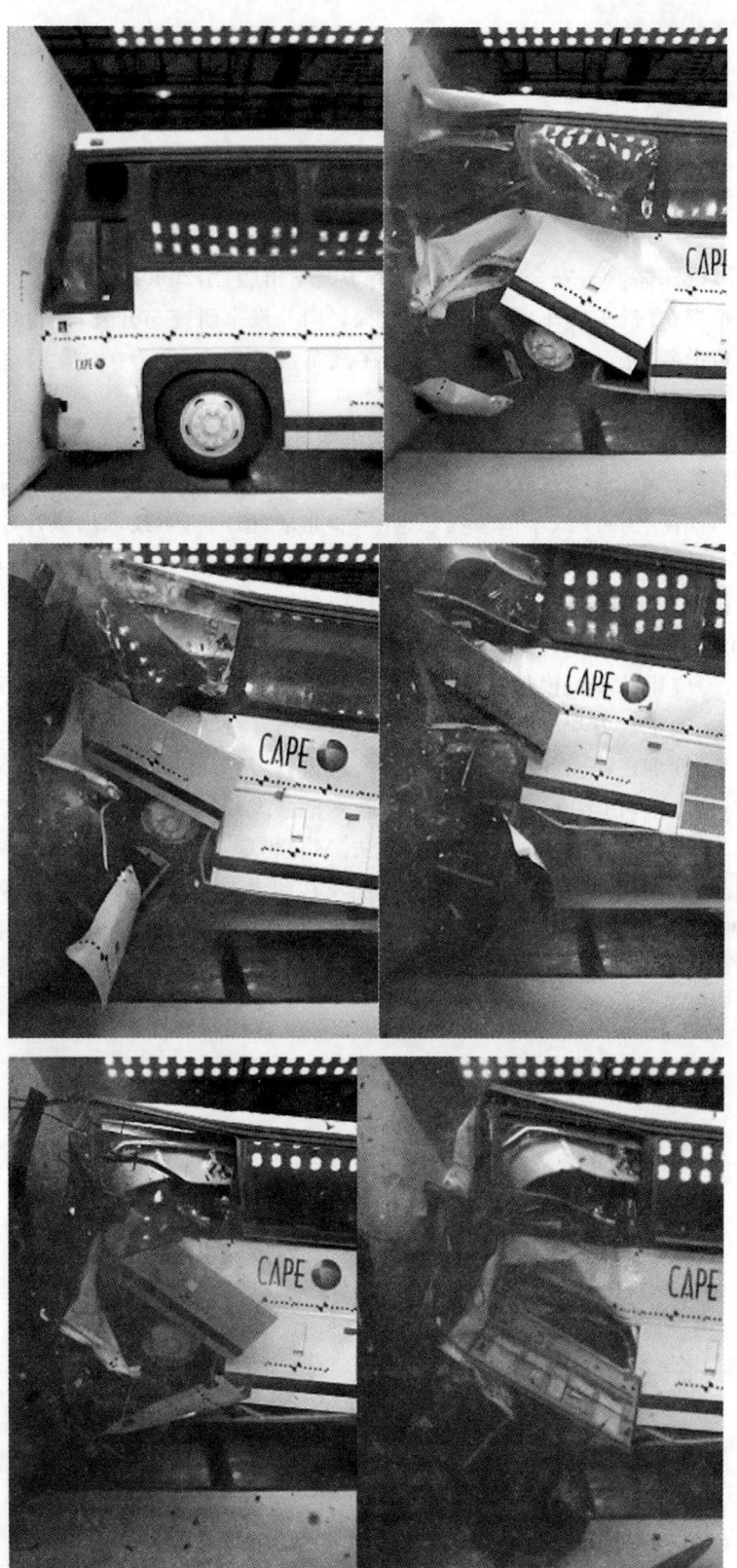

图 7-8 客车正面碰撞过程序列图

参考文献

[1] 孙正,郁道银.动态规划在运动图像分析中的应用[J].光电工程,2006,03(03):31-35.

[2] 黄世霖.汽车碰撞与安全[M].北京:清华大学出版社,2000.

[3] 王阳,孙振东.汽车实车碰撞试验方法探讨[J].汽车研究与开发,2001(3):32-34.

[4] 郑维,黄世霖,张金换.图像运动分析在汽车被动安全研究中的应用[J].公路交通科技,2003.06(03):152-162.

[5] 冯文灏.工业测量[M].武汉:武汉大学出版社,2004.

[6] 程家增,陈宝心.爆破过程高速摄像方法研究[D].武汉:武汉理工大学,2010.05.

[7] 周金宝,汪涛,王可.汽车试验场总论[M].北京:中国科学技术出版社,2013.

[8] 郭九大,林逸,王望予.汽车被动安全性研究的三维乘员多体系统模型[J].吉林工业大学自然科学学报.1997,(4):6-10.

[9] 李锦第,张天侠.汽车碰撞试验中视频图像的处理方法研究[D].东北大学,2007.01.

[10] 朱西产.应用计算机模拟技术研究汽车碰撞安全性[J].世界汽车,1997(3):15-16.

[11] 方兴.运动生物力学中的录像分析系统[J].体育科学,1995,15(4):46-48.

[12] 张金焕,杜汇良,马春生.汽车碰撞安全性设计[M].北京:清华大学出版社,2010.

[13] 何文,钟志华,杨济匡.汽车安全气囊技术的新发展[J].汽车安全,2000(4):33-37.

[14] 李培华.序列图像中运动目标跟踪方法[M].北京:科学出版社,2010.

[15] 冯毅.序列运动图像中的标志自动识别及其动力学特性计算[D].东南大学,2002.

[16] 赵春晖,潘泉,赵彦,等.视频图像运动目标分析[M].北京:国防工业出版社,2011.

第八章 客车碰撞仿真基本理论与建模方法

8.1 基本力学模型与方程

8.1.1 概述

常见的车辆被动安全的数值分析方法类型包括：
1. 由解析法发展得到的弹簧\阻尼质量单元分析方法；
2. 多刚体仿真分析方法；
3. 有限元仿真分析方法。

目前，有限元仿真分析方法使用较多，多刚体仿真分析方法其次，弹簧质量单元分析方法使用最少。

有限元法（Finite Element Method，FEM），是建立在待定场函数离散化基础上的一种求解边值或初值问题的数值方法，是20世纪中期兴起的应用数学、力学及计算机科学相互渗透、综合利用的交叉学科。其实质是用有限个单元的组合代替连续体，从而将无限自由度问题转化为有限自由度问题。从20世纪40年代有限元概念的提出到现在成为现代力学的标志，其发展已经从二维到三维问题，从弹性材料扩展到其他诸如塑性等更加复杂的材料本构，从线性问题发展到非线性问题。汽车碰撞是个瞬态的大位移和大变形的过程，系统具有几何和材料等多重非线性，它涉及材料在动载下的本构关系、接触算法等问题，由于问题的复杂性，动态非线性有限元方法已成为主要的研究手段。汽车碰撞问题是典型的非线性、大变形和大位移问题，它涉及众多的学科和领域，尤其是有限元理论、计算数学、计算力学、弹塑性力学、计算机图形学等，并且这些理论本身也在不断发展和完善。

目前在国际上有一系列的有限元工程分析的软件，如 ABAQUS、ADINA、MSC 系列、PAMCRASH、ANSYS、NASTRAN、HYPERWORKS 和 LS-DYNA 等，按照功能的差异大致上可以分为三类：有限元前处理器、有限元求解器和有限元后处理器。

8.1.2 非线性有限元基本理论

汽车耐撞性分析的有限元法是20世纪80年代以后才发展和完善起来的先进技术，如今已在汽车工业发达国家得到广泛的应用，并取得了巨大的成就。碰撞有限元法用于工程实际分析的一般过程如图8-1所示。

与碰撞试验方法不同的是,有限元法是一种数值方法,分析与计算都是在计算机上完成的,它所具有的优势是方便、快捷并且花费相对低廉,因此在当今的汽车碰撞安全性研究中占有非常重要的地位。与碰撞试验一样,碰撞有限元法的应用也是十分广泛的,如进行整车的碰撞分析,部件或结构的碰撞分析,或者是安全带、安全气囊与假人的碰撞作用分析等。其求解的内容可包括车身、车架等的撞击变形及动态响应以及人体的碰撞响应等多种未知量;求解的结果可直接用来评价车辆或部件碰撞安全性能的好坏,以帮助改进结构设计中的缺陷。

尽管有限元法具有强大的优势和功能,但它并不能脱离试验而单独存在。这是因为一方面,碰撞计算所需要的众多参数,如材料特性、部件连接特性等,都必须由试验来提供;另一方面,有限元分析受人为因素的影响较大,如模型的建立、仿真参数的选择等,可因为分析人员的不同而相异。因此,仿真计算的结果一般需要通过试验加以验证,只有经过验证的模型才是正确和可用的模型。

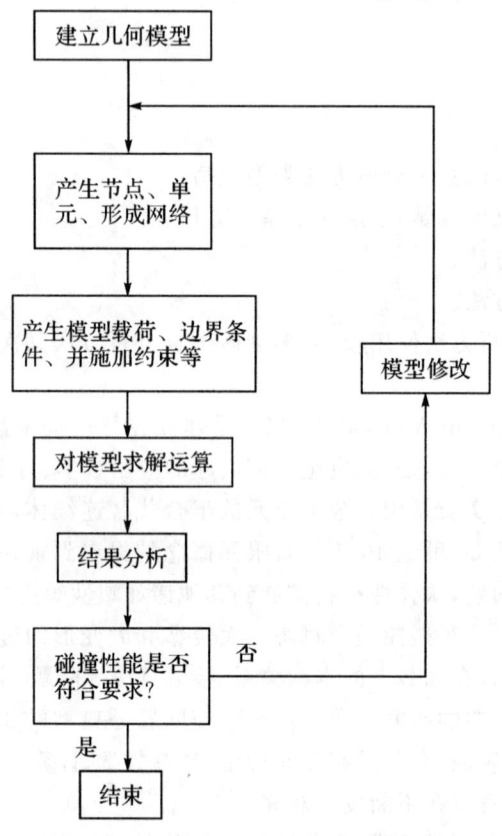

图 8-1 碰撞有限元分析的一般过程

汽车碰撞是个瞬态的大位移和大变形的过程,系统具有几何和材料等多重非线性,它涉及材料在动载下的本构关系、接触算法等问题,由于问题的复杂性,目前一般是采用显式算法的有限元方式建立汽车碰撞的有限元模型,其基本方程建立过程描述如下:

考虑空间物体(见图 8-2),令其在 $t=0$ 时在固定参考系 $\{X_a\}$ 中的初始形状为 B_o,B_o 中任一点的初始位置为 $X_a(a=1,2,3)$。

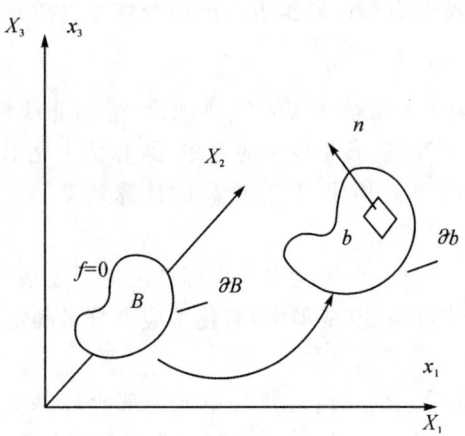

图 8-2　物体变形过程描述

8.1.3　显式有限元软件积分的特点和方法

有限元法最后要求解联立微分方程组,要用到数值积分方法。显式积分方法是条件稳定的,要求时间步长足够小,以使应力波传递在一个时间步长中不跨越有限元模型中的最小单元。实践证明,显式积分方法所允许的时间步长恰好与精确描述材料本构关系所要求的时间步长是同阶的。此外,显式积分方法避免了刚度矩阵的形成及相关的矩阵运算,从而允许用较少的计算机容量进行大规模的有限元问题分析,同时,显式积分方法简单明了,单次求解速度很快。因此,显式积分方法长期以来一直是大变形接触碰撞问题分析的唯一积分方法,中心差分法是一种常用的显式积分方法。

8.1.4　单元类型和特性说明

汽车车身主要结构大多是由薄壁构件组成,应在有限元分析模型中薄壳单元成为主体,因此在汽车前碰撞结构耐撞性分析中最常用的单元是三维薄壳单元,仅用到少量的梁单元和体单元。由于薄壳单元具有多种算法,选择合适的单元算法会对计算效率和计算结果的准确性产生很大影响。下面简单介绍在汽车碰撞有限元仿真计算中常用到的两种壳单元:四节点 Hughes-Liu 壳单元(简称 H4 单元)和四节点 Blytskho-Lin-Tsay 壳单元(简称 B4 单元)的算法。

8.1.4.1　Hughes-Liu 壳单元

从显式算法的发展来看,最早引入的是 1976 年 Hughes T. J. R 和 Liu W. K. 开发的薄壳单元,简称 HL 单元。Hughes-Liu 薄壳单元是由 8 节点六面体实体单元退化得到的 4 节点四边形薄壳单元,适用于大位移、大转动和大应变的情况。它满足薄壳单元 Kirchhoff 假设:

(1)壳在厚度方向不可压缩($\varepsilon_z = 0$);
(2)变形前的中面法线在变形后仍为直线;
(3)变形前的中面法线在旋转一个角度后仍垂直于变形后的中面。

8 节点六面体实体单元退化成 4 节点四边形壳单元时,每个壳单元节点对应 2 个实体单元的节点,由一根不伸长的纤维连接。这个约束条件使得实体单元 2 个节点的 6 个自由度退化成壳单元 1 个节点 5 个自由度。虽然在每一时步计算过程中,该纤维的长度保持不变,但在每一时步计算完成后,又须按节点横向纤维方向的应变修改壳单元的厚度。

8.1.4.2 BeIytscho-Lin-Tsay 壳单元

Belytschko-Lin-Tsay 壳单元是基于薄壳经典理论,采用非线性材料模型,多层单点积分和沙漏黏性阻尼控制的四节点四边形非线性薄壳单元,算法上适合于大位移和大转动。这种类型的单元与 Hughes-Liu 壳单元相比,具有更高的计算效率。它的计算高效性是基于以下两个运动学假设:

(1)在组集旋转分量时,通过一个单元嵌入坐标系避免了复杂的非线性力学特性;

(2)在组集方程时选择速度应变(变形率)简化了应力分量确定,因为此时采用的是更普遍使用的柯西应力矢量。

Belytschko-Lin-Tsay 壳单元的几何形状与单元局部坐标基矢量同 Hughes-Liu 壳单元。类似于 Hughes-Liu 单元一样,Belytschko-Lin-Tsay 壳单元内任意点的位移可分为中面(节点平移)位移和与单元转动有关的位移(节点转动)。根据薄壳理论的 Mindlin 假设,单元内部任意点的速度矢量 y 可以根据该点在参考面上对应点速度矢量和角速度矢量来求得。

8.1.5 材料的特性

固体材料在受力后会产生变形,从变形开始到被破坏一般可能经过两个阶段,即弹性变形阶段和塑性变形阶段。根据材料的特性不同,有的弹性阶段比较明显,而塑性阶段很不明显,例如一般的脆性材料,在弹性阶段后紧跟着就被破坏;有的弹性变形不明显,变形一开始就伴随有塑性变形,例如混凝土材料;有的弹性和塑性的变形都非常明显,并且具有一些比较特殊的工程特性,对力学分析和计算都产生重要影响,例如钢等金属材料。车体在侧面碰撞时产生大变形和大位移,金属材料的变形特性同时包括了弹性变形和塑性变形,所以我们必须结合材料的弹塑性特性进行研究。

图 8-3 为一般金属材料的简单拉伸曲线,A 点处的应力称为比例极限压力。当应力超过 B 点处的弹性极限应力以后,曲线的 $B-C$ 段接近为水平线,即应变大量增加而应力变化很小,这种现象称为屈服(或称流动),C 点处意味着弹性变形阶段的结束,塑性变形阶段的开始,该点处的应力称为屈服极限应力口(或称流动极限)。可见应力在达到屈服极限应力之前已经经历了线性和非线性的弹性阶段。在超过屈服极限应力之后将进入非线性的弹塑性变形阶段。

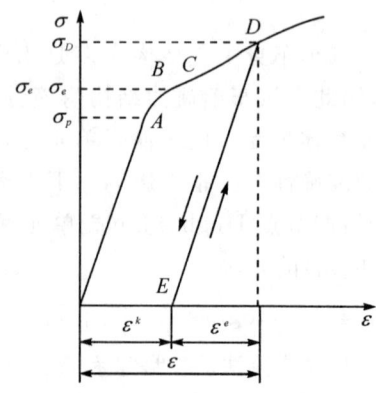

图 8-3 金属材料的应力应变曲线

如果在 D 点处卸载,应力应变曲线不能按照原路线回到初始状态,而是沿图中 $D-E$ 线按弹性规律应力恢复到零,而应变不为零。总应变 ε 包括弹性应变 ε_e 和塑性应变 ε_p:

$$\varepsilon = \varepsilon_e + \varepsilon_p。$$

如果在 D 点卸载后重新加载,则在该点以前($\sigma < \sigma_D$)材料呈现弹性特性,在该点以后($\sigma > \sigma_D$)材料重新进入塑性阶段。材料在应力超过屈服极限应力 σ_s 后,其内部对变形的抵抗能力有所增加,称为强化(或硬化)。

金属材料的应力应变曲线与弹性变形阶段相比,塑性变形阶段有如下几个主要特

(1) 塑性变形不可恢复,所以外力功不可逆,塑性变形消耗能量;

(2) 应力与应变之间的关系是非线性的,其比例系数不仅与材料性质有关,还和塑性应变有关。由于本构方程的非线性,不能使用叠加原理;

(3) 因为加载与卸载的规律不同,应力与应变之间不存在一一对应的关系,即应力与对应的应变不能唯一地确定,而与加载路径有关;

(4) 在弹性区,加载和卸载都服从广义虎克定律;在塑性区,加载过程服从塑性规律,卸载过程服从弹性的虎克定律。

根据不同的材料和应用领域,对复杂的力学特性进行简化形成不同的弹塑性力学模型。理想弹塑性(弹性完全塑性)模型、理想刚塑性(性完全塑性)模型、理想弹塑性线性强化(弹性线性强化)模型、理想刚塑性线性强化(刚性线性强化)模型、幂次强化模型。对于汽车车身低碳钢钣金件材料比较适合采用理想弹塑性线性强化模型,如图 8-4 所示。

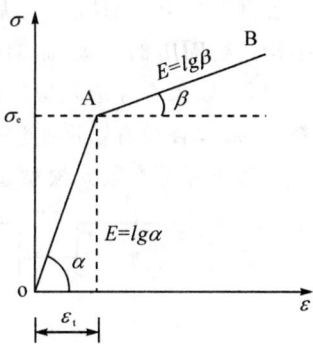

图 8-4 理想弹塑性线性强化模型

弹塑性力学对于求解具体问题,需要找到满足平衡方程、几何方程、物理方程的应力、应变值。

8.1.6 接触类型和接触算法

动态非线性问题中表面的相互作用十分复杂,具有高度非线性特征,处理好接触算法要解决两个问题。一是要解决接触对的搜索问题,即接触搜寻算法,目前有主从面算法、一体化接触算法和级域算法;二是接触力的计算算法,常用的有罚函数法、Lagrangian 乘子法和 Hertz 接触力法。

罚函数法最早于 1982 年用于 DYNA2D 程序,其基本原理是:在每一个时间步首先检查各从节点是否穿透主面,如没有穿透则不做任何处理。如果穿透,则在该节点与被穿透主面间引入一个较大的界面接触力,其大小与穿透深度、主面的刚度成正比。在物理上相当于在两者之间放置一法向弹簧,以限制从节点穿透主面。获得的接触力称为罚函数值。"对称罚函数法"则是同时对每个主节点也做上述处理,目前 LS-DYNA 中 90% 的接触算法都采用对称罚函数法。

罚函数法由于计算简单,并且与显式算法完全兼容,因此使用广泛,但它有可能引入接触点的穿透,在接触过程中能量不守恒并可能影响显式算法的稳定性的缺点,这是因为有部分能量被存储在碰撞体的"罚弹簧"内。罚函数法的另一个缺点在于其计算结果依赖罚因子的选择。1988 年,钟志华提出了"防御节点法",该方法在显式求解法中运用 Lagrangian 乘子法来计算接触力。防御节点的主要思路是通过引入防御节点把一般的点面接触变换为简单的点点接触,其精度和可靠性都优于罚函数法。

8.2 汽车碰撞仿真建模和应用

根据二维 CAD 图纸建立三维 CAD 模型,把建立好的三维几何模型转换格式,导入到 HYPERMESH 前处理软件中,划分网格。在划分网格的过程中,板、壳等可以通过抽中面的形式,画成二维单元;三维的几何体,则画成实体单元。网格划分完毕后,需要对划分好的网格进行网络质量的检查,看是否满足质量要求,不满足要求的部分需要重新调整划分网格的单元直至网格质量符合计算需要。在划分好的网格基础上,设置各网络的单元属性和材料参数等,对各网格建立 PART 并把属性和参数赋予到对应的 PART 上。完成属性和材料定义后,对各结构进行对应的连接,添加边界条件、接触定义等。进行穿透检查,观察定义的网格是否有穿透现象,如果有穿透现象的话,对网格进行局部的调整。调整完成后,对整个模型进行错误检查,如果检查没有错误则进行显式求解。计算完成后,进行后处理。

客车碰撞有限元模型建模过程,如图 8-5 所示。

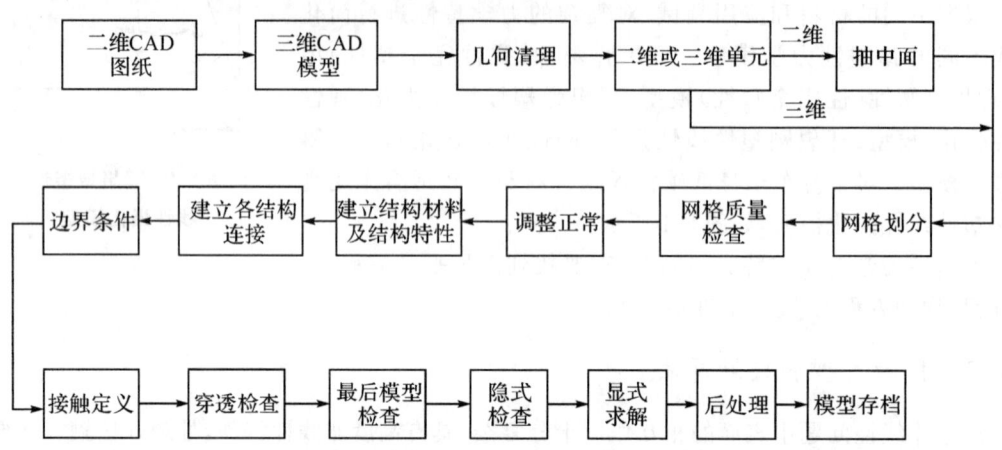

图 8-5 客车侧翻有限元建模过程示意图

8.2.1 几何模型的建立

根据厂家提供的二维 CAD 图纸,使用 CATIA 软件建立了相应客车部件的三维几何模型。模型主要包括左右侧围骨架结构总成、前后骨架结构总成、顶盖骨架结构总成、车架以及底盘骨架结构总成。最后将各部件装配成整车的装配体,如图 8-6 所示。

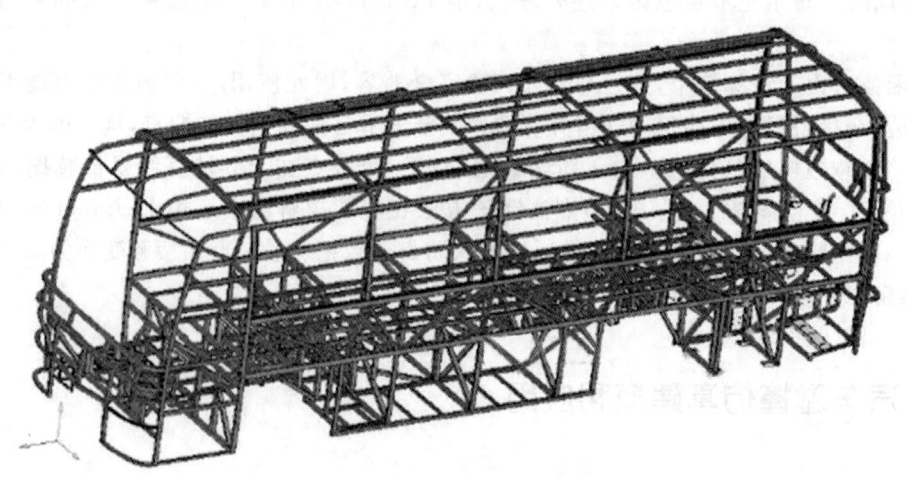

图 8-6 客车三维 CAD 模型示意图

8.2.2 有限元模型的建立和后处理分析

8.2.2.1 几何清理以及网格划分

为了保证计算的准确性同时减少计算时间,应在保证客车车身结构特性的同时,最大程度上简化车身的几何结构以及网格单元,这样才能保证在合理的计算时间内所得的计算结果的精确性。

客车建模及网格划分处理过程如下:
(1)三角形单元不要超过5%。
(2)忽略直径小于6 mm的孔;保留直径大于6 mm的孔,且孔周围划分两圈偶数个单元。
(3)圆角半径小于5 mm,则忽略。圆角半径大于5 mm,则保留。圆角至少用一个(在单元尺寸允许的情况下,最好用两或多个)单元划分。
(4)单元的法向量一致。
(5)单元质量标准如表8-1所示。

表8-1 网格质量标准

序号	质量参数	允许最小/最大值
1	单元最小边长(Minimum side Length)	5 mm
2	单元最大边长(Maximum side Length)	100 mm
3	单元最大与最小边长的最大长比例(Maximum Aspect Ratio)	5
4	单元翘曲最大角度(Maximum Warpage Angle)	10^0
5	四角形单元雅克比(Jacobian)	0.6
6	单元对应边中点连线的夹角中最小角的余角(Skew Ratio)	45^0
7	四角形单元最小内角(Minimum Quad Internal Angle)	45^0
8	四角形单元最大内角(Maximum Quad Internal Angle)	135^0
9	三角形单元最小内角(Minimum Quad Internal Angle)	15^0
10	三角形单元最大内角(Minimum Quad Internal Angle)	120^0

为了节省计算时间,略去一些非承载部件如前后风挡玻璃、侧窗玻璃、内部件、地板及各种功能部件。去掉骨架结构的倒角。为了让保证计算模型得到精确性,需要考虑单元形状、单元大小及各结构梁连接方式。根据经验,碰撞接触变形部位的网格划分应该较细,通常可取10~20 mm;变形的远端可取100 mm以上;中间的过渡区域可取50 mm左右。由于车身骨架是主要变形部件,一般采用大小为10 mm的壳单元来模拟客车车身骨架结构(见图8-7)和底盘骨架结构(见图8-8)。

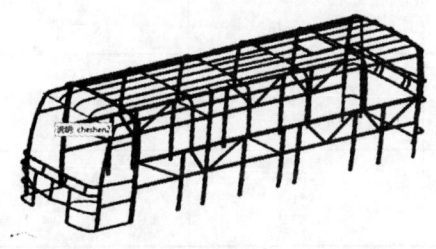

图8-7 客车车身骨架有限元模型

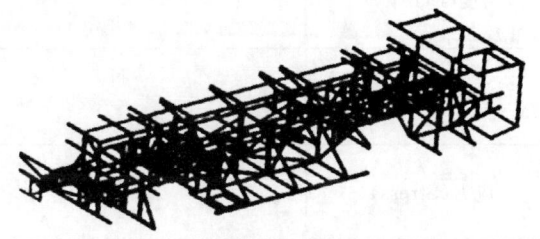

图8-8 客车底盘骨架有限元模型

对于轮胎总成及前后桥的结构变形较小,为了节省计算时间,两者均采用大小为 50 mm 的壳单元来模拟(见图 8-9)。

图 8-9　前后桥和轮胎有限元模型

8.2.2.2　设置物理属性

在 HyperMesh 软件中,需要建立一定数量的部件用来定义客车每个部件的材料和属性,component 包含模型中所有结构的网格、材料和属性的对应关系,部分情况下还包括这些结构的计算控制参数和边界条件,部件能实现材料和属性的关联。

在同一个软件中,为了能够使计算机方便识别和准确计算,其中的单位一定要统一。常用单位的标准见表 8-2。

表 8-2　单位制

项目 \ 类别	国际标准单位制(SI Units)	推荐单位制	常用单位制
时间(Time)	sec 1	msec 1e−3	sec 1
长度(Length)	m 1	mm 1000	mm 1000
质量(Mass)	kg 1	kg 1	t 1e−3
密度(Density)	kg/m^3 1	kg/mm^3 1e−9	t/mm^3 1e−12
力(Force)	N 1	kN 1e−3	N 1
应力(Stress)	$Pa(N/m^2)$ 1	GPa 1e−9	MPa 1e−6

汽车生产中用到的材料类型越来越多,汽车仿真模型一般需要多种不同的材料类型,因此材料参数的设定对于碰撞仿真结果有较重要的意义。汽车材料基本上可分为金属材料和非金属材料,其中使用的非金属材料不是吸收能量的主要部分。

在汽车模型中定义材料时,主要使用 LS-DYNA 软件提供的 24 号分段线塑性材料模型(PICEWISE LINER PLASTICITY)。该 24 号材料模型是多线性塑性材料模型,也就是材料达到屈服后硬化曲线由多个线段组成。材料参数定义包括密度、弹性模量、泊松比、屈服应力以及有效应力—应变曲线。它采用一个非常通用的塑性法则,特别适用于钢材料的定义。采用这个材料模型可通过塑性应变来定义失效,建立 Cowper-Symond 应变率模型来模拟应变率。

需要特别指出的是,汽车零部件在理论上是用给定牌号的材料冲压而成,但是成品之后的材料特性与原材料的特性相差较远。因为金属板材在冲压成形后,既可能变厚,也可能变薄;既可能变硬,也可能变软;还有可能产生微裂纹,所有这些变化都将影响材料最后的变形性能。

应力—应变曲线一般通过材料的拉伸试验获得,由于条件的限制,不能对汽车所有的钢板材料进行拉伸试验。因此,材料的应力—应变曲线参考了美国某汽车公司车身模型材料以及其他国家车身模型相近的材料模型,和美国国家碰撞中心(NCAC)已有的材料模型。材料的应变率系数根据经验取 $C=8000$,$P=8$。由于在汽车碰撞仿真过程中,汽车材料主要以塑性变形为主,弹性范围的变形时间相对比较短,所以一般在定义材料的应力—应变曲线时,起始点直接从屈服点开始,在本书中所用的 24 号材料都是采用的这种方式定义的。

除了上述的物理属性要定义外,还要定义材料的厚度等属性,在 HyperMesh 软件中通过 components 给部件赋予材料类型和属性。

8.2.2.3　简单连接设置

在汽车仿真过程中,焊接的模拟对于整车碰撞仿真很重要,同时需要通过一些零部件试验,来获得焊点在高速拉伸情况下的断裂特性,以此作为焊点仿真的基础,使仿真结果与试验的焊点失效结果保持一致,从而保证碰撞仿真变形的可信性。焊点的处理方式主要有三种:

(1)刚性连接。这种方法是在零件相互连接的翻边处,直接约束对应节点的自由度,一般采用 6 自由度和 3 自由度(只限制 3 个平动自由度)的连接。在被约束的自由度方向具有相同的位移时,相互连接的两个节点就可以采用"刚性"或"可断裂刚性"进行连接。

在 LS-DYNA 软件中,当下式满足时,可断裂钢性联接焊点失效。

$$\left(\frac{|f_n|}{S_n}\right)^a + \left(\frac{|f_s|}{S_s}\right)^b \geq 1$$

式中,f_n 和 f_s 分别为界面法向和切向作用力,f_n 为法向拉力时非零。a 和 b 可取 2,表示焊点失效法向拉力和切向剪力满足二次曲线关系。S_n 为法向力破坏极限力,S_s 为剪切力破坏极限力,由试验确定。

(2)公共节点。这种方法是将不同零部件上相对应的节点进行合并,相邻的零部件在焊接处为同一个节点,一般在在几何数模较准确、对应的节点位置很近等情况下可采用。

(3)公共单元。这种方法一般是在点焊连接的地方划分三排单元,中间的一排单位即为点焊处(单元大约 6 mm×6 mm)。采用这种方法的缺点是建模任务重,但是可得到较高的计算结果。

实际中的物理连接一般还有焊接、铆接、螺栓连接、铰接等方式。这些连接方式特点不同,在仿真时对整车的刚度和零部件的变形吸能效果有着非常重要的影响。对于其他的联接方式,如铆接、螺栓连接、铰接等其模拟方式与点焊基本相同。它们之间的区别在于:铆接、螺栓连接、铰接的刚性杆不能传递扭矩,也就是刚性杆两端的节点可以相对转动;同时,汽车上铆接、螺栓连接、铰接等在仿真时的失效概率比较小,因此在仿真时一般不考虑这些连接的失效问题。同时,在建模过程中对有些连接进行适当的简化和特殊处理。例如:车门和端板的实际连接是压合工艺,在本书中采用节点约束来实现的;某些铆接、螺栓连接在建模过程中采用刚体连接来代替;车门窗玻璃的安装采用点焊来模拟,焊点间距较大;门铰链采用实体单元进行建模,其铰链销是利用在同一轴线上的四个节点的圆柱型铰链单元(Cylingdrical Joint)模拟(该单元的建立要求相互铰接的两个层必须为刚体,所以铰链模型材料必须定义为刚体),得到的车门铰链模型,如图 8-10 所示。

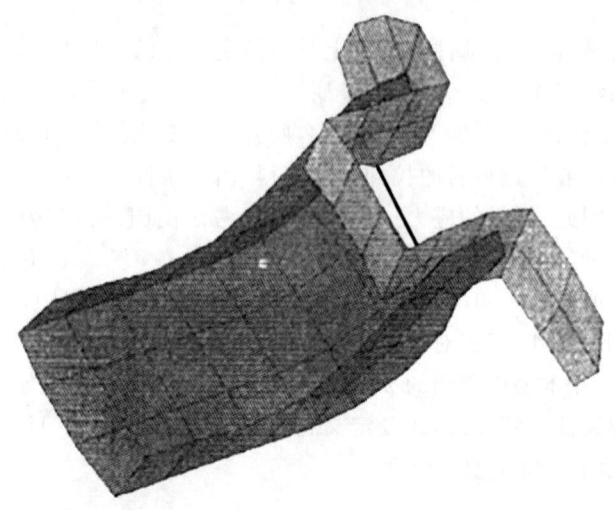

图 8-10　车门连接铰链

8.2.2.4　接触条件设置

在整车模型中,特别是车身中,需要对相邻结构定义相互接触,否则在计算中将可能出现相邻部件互相穿透现象。使用 HyperMesh 进行仿真建模时,接触在 Analysis 页面中的 Interfaces 菜单中定义,如图 8-11 所示。

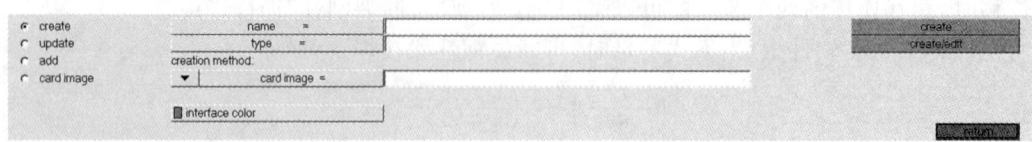

图 8-11　Interfaces:create 菜单

8.2.2.5　边界条件设置

加载设置菜单可通过单击图形界面工具栏中进入,如图 8-12 所示。在加载设置中可以选择速度、位移、力等不同种类的加载载荷类型。

图 8-12　加载设置菜单

8.2.2.6 模型检查与调试

模型的检查和调试这一步骤非常关键。除了常规的网格穿透检查外,还要对部件的材料、属性、载荷定义等进行一系列的检查。

8.2.2.7 计算结果与后处理

1. HyperMesh 后处理。在 HyperMesh 页面菜单中 post 选项可以进入其后处理面板,如图 8-13 所示。

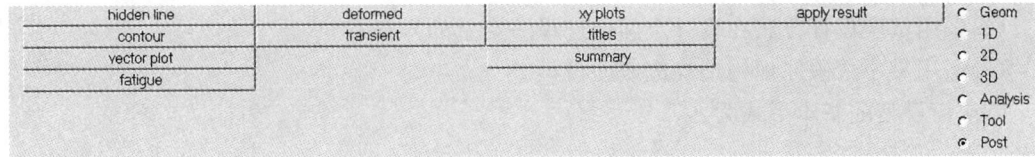

图 8-13　HyperMesh 后处理面板

2. HyperGraph 后处理。LS-DYNA 计算结果中除可得到 d3plot 文件外还可得到 binout 数据文件和 ASC Ⅱ型数据文件。这些文件均可在 HyperGraph 中处理,基本的工具栏如图 8-14 所示。

图 8-14　HyperGraph 后处理工具栏

8.3　汽车碰撞仿真中常见的优化方法

8.3.1　基于 DOE 的优化设计方法

试验设计(DOE)是指有关试验的设计方法,是指在明确的试验目标前提下,对投入的试验因素、各因素水平及试验次数作具体的设计和安排。试验设计适用于产品开发和过程优化,因为这些产品的输出可能受到大量潜在因素的影响。试验的目标是使关键的产品特性达到最大或者最优,或者减小其变异的幅度。通过科学、合理的安排试验,可以识别产品系统中更为关键的因素,其影响大小和因素之间可能存在的交互作用,其结果可以用来提高产品开发的质量水平和过程优化的水平。

8.3.2　基于近似模型的优化设计方法

代理模型是根据已知离散样本的输入和响应信息而构建的一个近似的数学模型,该模型可以用于预测设计空间内样本以外输入对应的响应值。通常由拟合精度(已知样本)和预测精度(非样本)来评价代理模型的好坏。目前,结构优化中常用的代理模型有响应表面模型、Kriging 模型、径向基函数模型以及人工神经网络模型等等。近似模型的方法常和 DOE 方法结合起来操作。

8.3.2.1 响应表面模型

响应表面法(Response Surface Methodology,RSM)是通过一个多项式函数来近似非线性响应的研究对象的一种方法,该方法起初多用于对材料实验的拟合,后来在结构优化、参数优化等领域都得到了广泛的应用。响应表面法涉及统计学方法和数学方法,可以对受多个因素影响的目标量进行数学拟合。

利用响应表面方法来构造近似模型的主要步骤为:
(1)确定近似函数的形式和阶次;
(2)采用试验设计方法在设计空间内选择一定量的样本;
(3)运用最小二乘原理构造响应表面模型。

响应面模型的基本形式为:

$$f(x) = \beta_0 + \sum_{i=1}^{m}\beta_i \cdot x_i + \sum_{i=1}^{m}\sum_{j \geqslant i}^{m}\beta_{ij} \cdot x_i x_j + \cdots$$

其中,x为设计变量,输入样本值后利用最小二乘法求得各β的值,即获得了所需的响应面模型。

在得到响应面模型后,通常还需要通过方差分析中的决定系数R^2和调整决定系数R_{adj}^2来对其拟合精度进行验证,这两个系数越接近1,表示模型的拟合精度越高,可以通过添加或删减多项式的某些项来获得较为理想的模型。

8.3.2.2 Kriging模型

Kriging模型是一种估计方差最小的无偏估计模型,它不仅可以拟合高度非线性对象,还能同时去除数值噪声,提高拟合效率。该方法最早是由南非地质学者Danie Krige于1951年提出,用来确定矿产储量分布,Giunta于1997年将该模型从地质界引入多学科优化设计中,取得了不错的成效。

Kriging模型可以表示为:$f(x) = g(x) + z(x)$

其中,$g(x)$为已知的多项式函数,是一个确定性部分,称为确定性漂移;$z(x)$为均值为0,方差为6^2,协方差不为0的随机过程,成为涨落。$g(x)$提供了设计空间的全局近似模型,一般情况下可取为常数,而$z(x)$在全局模型的基础上创建了局部偏差。

Kriging模型的最大优点是易于拟合非线性程度较高的问题,而且它既可以用来解决各向同性问题,也可以用来解决各向异性问题;其缺点是寻优过程需要较多的计算时间,这在各向异性的高维问题尤为突出。

8.3.2.3 神经网络模型

神经网络模型(Artificial Neural Network,ANN)是由大量的简单处理单元经过互连形成的一种网络系统模型。神经网络算法有多种网络模型,如BP网络、径向基网络等等。

广泛采用的BP网络是由Rumelhart等人于1985年提出的,采用Widrow Hoff学习算法和非线性可微转移函数的多层网络,适合于预测、模式识别及非线性函数逼近。其结构简单,可操作性强,容错性能也很好,能模拟任意的非线性输入输出关系,是目前应用较为广泛的神经网络模型。它是一种通过信息的反向传播对误差进行修正的多层映射网络,由一个输入层,若干个隐含层和一个输出层及各层之间的节点连接权所组成。从输入层向输出层各相邻的神经元之间进行全连接,同层神经元之间不连接。输入层和输出层神经元的个数根据需要确定,而隐含层的层数和节点个数目前尚无统一的理论指导。输入层接受输入信号,经加权后传递到隐含层,隐含层的节点经加权和去阈值处理后传递到输出层,为确保计算收敛,通常对样本数据进行归一化处理。神经网络模型能拟合多输入、多输出的非线性问题,具备很强的学习和适应能力,在识别技术、自动控制、通信工程参数优化等很多领域都获得了广泛的应用,解决了许多传统方法难以解决的问题。

8.3.3 基于微型遗传算法的多目标优化设计方法

遗传算法是一种通过借鉴生物界的进化规律,模拟自然进化过程搜索问题最优解的方法。其主要特点是对函数不要求连续性和求导,而是直接操作结构对象。因此相对于其他的求解方法,遗传算法有着很大的优势和极强的适应性。可以很好地应用于多目标优化的求解计算中。目前,大部分遗传算法的进化种群规模较大,在进行计算时求解的时间会比较长,从而大大降低了求解的效率。使得遗传算法在解决一些工程实例时的速度相对于其他算法有着很大的差距。

因此,相对于传统的遗传算法,刘桂萍等提出了一种微型多目标遗传算法,它的基本原理与传统的遗传算法相同,最大的区别在于种群规模的不同。微型多目标遗传算法的进化种群规模一般为 5~8 个个体,这样就会大大地减少计算次数,提高了计算效率。但利用小种群进行迭代计算时,很有可能会得到局部最优解,从而产生早熟收敛的问题。为了解决这一问题,在计算过程中进行重启动判断。当外部种群在连续的 n 代内发生重复的情况时,说明符合重启动的条件,程序进行重启动。重启动时重新生成一个子代,该子代的大小与当前种群相同,其中包括已经搜索到的最优个体和在搜索空间中随机产生的个体。在搜索空间中随机产生新个体时,为了最大限度地避免再次发生早熟收敛的情况,搜索会分别在非支配解分布稀疏和密集的范围进行。

在微型多目标遗传算法中,如果要处理的多目标问题没有约束,通过比较个体间的非支配级和个体拥挤距离来进行选择。通过非支配级操作确定个体的非支配级,通 NSGA Ⅱ 的个体拥挤距离计算方法确定个体的拥挤距离。首先根据要解决的问题计算每个个体的目标函数,通过对个体间目标函数的比较确定非支配级,优先选择非支配级数小的个体。如果相互比较的个体之间非支配级相同,那么就对它们的个体拥挤距离进行比较,优先选择拥挤距离大的个体。在进化过程中,当外部种群迭代相同时,算法会认为产生早熟收敛的情况,从而进入重启动阶段。如果要处理的多目标问题包含约束,在以上过程的基础上需要对约束进行处理。Deb 等人提出了一种比较好的约束处理方法,即计算每个个体的约束违反值。当某个个体为可行解时,约束违反值为零;如果个体不是可行解,那么它所对应的约束违反值和此个体的优劣程度有关,该个体越优则约束违反值越小。如果多目标优化模型只有在有关函数式中的变量搜索范围,那么我们把它看作是求解的必备条件。所以如果模型中只有变量的搜索范围而没有其他约束条件时,我们把这种模型看作无约束问题来处理。

微型多目标遗传算法由于采用的是小种群进化规模,并且很好地解决了早熟收敛的问题,求解精度和求解效率较其他的遗传算法具有很大程度的改进,并且通过了大量测试函数的验证。因此,对多目标优化采用微型遗传算法进行处理,其流程图如图 8-15 所示。

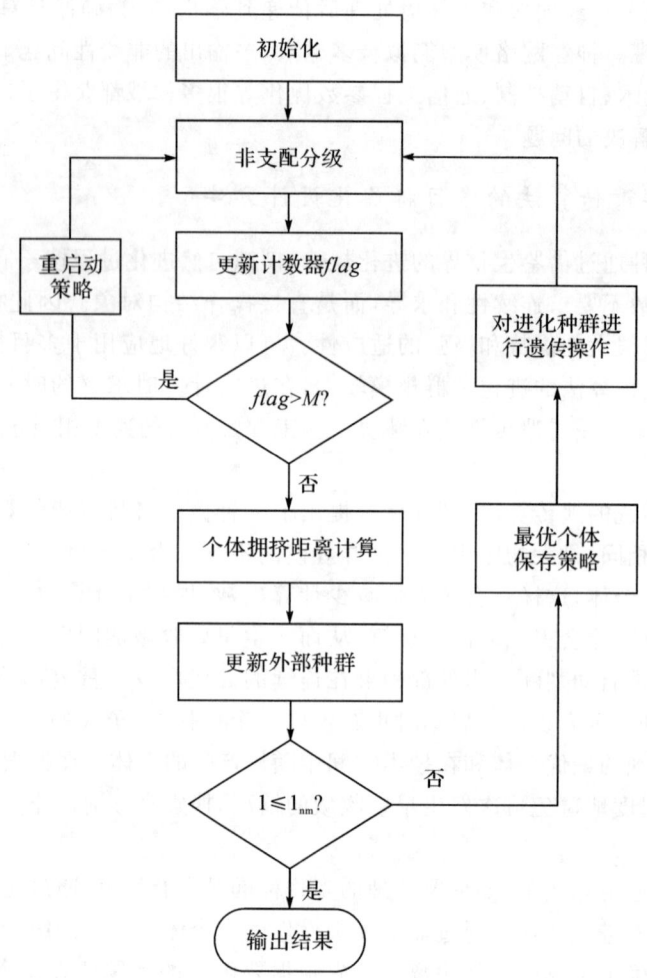

图 8-15 umoga 的基本流程图

参考文献

[1] 钟志华,李光耀. 薄板冲压成型过程的计算机仿真与应用[M]. 北京:北京理工大学出版社,1998.

[2] 王勖成,邵敏编. 有限元单元法基本原理和数值方法[M]. 北京:清华大学出版社,1996.

[3] 钟志华,杨济匡. 汽车安全气囊技术及其应用[J]. 中国机械工程,2000,11(2):234-237.

[4] 张维刚,钟志华. 汽车正碰撞吸能部件改进的计算机仿真[J]. 汽车工程,2002,24(1):6-9.

[5] 李红建. 轿车车体抗撞性研究[D]. 硕士学位论文,长春:吉林大学,2002.

[6] 贾宏波,黄金陵,郭孔辉等. 汽车车身结构碰撞性能的计算机仿真模拟、评价与改进[J]. 吉林工业大学学报,1998:31-33.

[7] Zhong Zhihua. Finite element procedures of contact impact problems[M]. NY: Oxford University Press,1993:57—59.

[8]贾宏波,黄金陵,李掌宇等.车身碰撞仿真技术在红旗轿车车身开发中的应用[J].汽车工程,1998,20(5):257—261.

[9]龚剑,刘凤梧,黄世霖等.整车碰撞模拟计算及其在改进设计中的运用[C].中国汽车工程学会第七届汽车安全技术会议,2002.

[10]杨华.汽车碰撞试验缓冲吸能装置的计算机仿真与试验研究[D].硕士学位论文,长沙:湖南大学,2002.

[11]陆勇.混合动力轿车高压电及整车碰撞安全性研究[D].博士学位论文,长沙:湖南大学,2008.

第九章 客车正面碰撞安全性设计

9.1 概　述

调查表明,客车正面碰撞和斜侧碰撞占客车总事故的40%～60%。在正面碰撞中,由于驾驶员所处的特殊位置,其中约有一半驾驶员受到严重伤害,其主要原因是客车驾驶室的变形和驾驶员的惯性冲。大中型客车为了使驾驶员有良好的视野,较多地采用平头结构,这导致客车在发生正面碰撞时驾驶舱空间会变成吸能区,从而导致车内的乘员尤其是驾驶员会受到严重的损伤。为了保护驾驶员不受到大的损伤,应该使驾驶舱的变形受到一定的限制,从而保证驾驶员有一定的安全工作区。

美国对客车前碰安全研究较多的是校车(School Bus)。美国在20世纪90年代通过牵引的方式对校车进行了整车正面碰撞的试验。试验方法和评价指标来自美国机动车法规FMVSS 208《碰撞乘员保护》,在驾驶员和乘员位置分别放置了50%的Hybrid Ⅲ型假人,试验速度为48.6 km/h,对假人的损伤指标评价参考 FMVSS 208《碰撞乘员保护》里面的对应规定。图9-1所示为典型的校车外形图,其前部有一个长长的车头,在发生正面碰撞事故时,通过车头变形吸能可以有效地保护校车上的驾驶员和乘客的安全。

图 9-1　美国校车外形

欧洲和日本也对大客车正面碰撞安全性作了深入的研究,但是他们没有采用长头大客车的方式,而是通过加长前悬和改进大客车的车身结构来保证大客车的安全性要求。图9-2是日本某大客车进行正面刚性墙碰撞试验的场景。近几年,欧洲汽车研究人员开展了对客车的100%正面碰撞、部分正面碰撞、正面柱碰试验,但是具体通过哪种方式来对客车前部结构强度进行最终考核以及对客车输入多少碰撞能没有明确提出。图 9-3 为国外进行客车正面碰撞试验的方式汇总。

图 9-2　大客车正面刚性墙碰撞试验

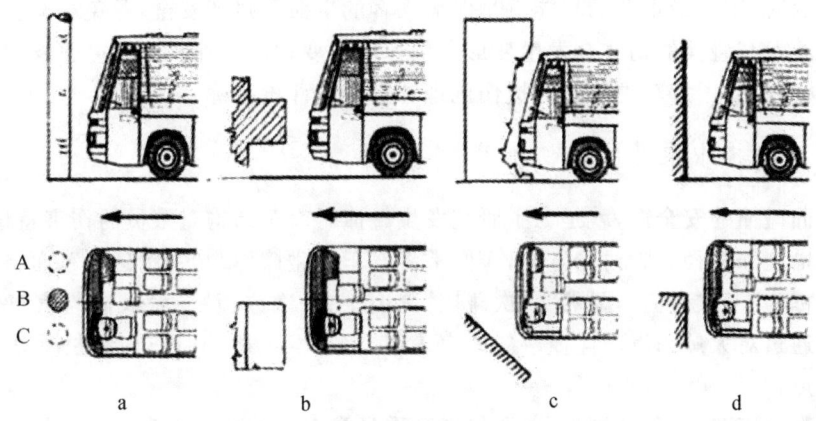

图 9-3　客车正面碰撞试验方式汇总
a. 撞柱　b. 正面撞击局部凸起刚性障碍物　c. 带一定角度撞击刚性障碍物
d. 正面偏置撞击刚性障碍物

我国大客车在高速公路发生追尾碰撞的事故较多，尤其是当大客车追尾大中型载货车时，由于大客车的前部刚度小于载货车的后部刚度，客车的损毁和客车上乘员的损伤都相当严重。大中型载货车的车架离地高度一般在 1.0～1.5 m 之间，货箱位于车架之上，但是货箱都比车架长，客车追尾货车的事故中都是客车车头与货车车厢先接触，货车货箱会直接侵入客车驾驶室。随着国家标准《汽车和挂车侧面防护要求》(GB 11567.1—2001)、《汽车和挂车后下部防护要求》(GB 11567.2—2001)的出台，N2、N3、O3、O4 类车辆的后下部必须装备符合规定的后下部防护装置，该装置对追尾碰撞的机动车必须具有足够的阻挡能力，以防止发生追尾碰撞时的钻入，而且规定防撞杠还要采用吸能的设计。

国家标准 GB 11382—89《客车前保险杠效能试验方法——正面固定式障壁碰撞试验》规定了各型客车正面固定式障壁碰撞的试验方法，但是其碰撞车速仅为 3 km/h，属于轻微碰撞类型，主要用于检验客车保险杠自身抵御轻微损伤的能力。当客车发生高速碰撞的时候，保险杠的吸能能力就十分有限。

在碰撞试验方法上,在国外进行客车正面碰撞试验的研究,基本上都是采用牵引方式对客车进行加速,最后撞击固定装置来完成。国外通常结合计算机模拟仿真来对客车正面碰撞试验进行研究。国内有些客车厂家,也针对个别基本车型做过正面碰撞的试验,试验方法目前有两种,一种为客车进行正面碰撞侧障壁试验,试验产品主要是 2009 年 11 月南京依维柯和江铃全顺等轻型客车,试验标准依照 GB 11551—2003《乘用车正面碰撞的乘员保护》,检查项目为碰撞后驾驶员和副驾驶员位置的碰撞假人的人体损伤情况、车辆燃油泄漏情况、车门打开情况等;另外一种为正面摆锤碰撞试验,2009 年 2 月宇通客车按照联合国欧洲经济委员会法规 ECE R29《商用车驾驶室乘员保护》,采用摆锤方式对某款客车进行了正面碰撞试验,评价标准也和 ECE R29 一致,查看试验后驾驶员的生存空间是否足够。

9.2 客车正面碰撞中乘员的损伤机理和安全性的评价指标

客车作为大量乘员运输的载体,其最主要的功能就是安全地把乘客运送到目的地,当发生正面碰撞事故时,客车最重要的功能就是保障乘客的生命和财产安全,避免和减少伤亡。任何碰撞都意味着参与碰撞的物体会发生变形和加速度的变化。要在正面碰撞事故中保护车内乘员的安全,就需要先了解车内乘员的损伤机理和安全性评价指标。

9.2.1 正面碰撞中乘员的损伤机理

客车正面碰撞的安全性,就是为了研究发生碰撞时汽车结构对乘员的伤害特性,寻找降低乘员伤害的措施和途径。为讨论方便,人们常将汽车的碰撞称为"一次碰撞",而将人体与车内部件的碰撞称为"二次碰撞",显然"二次碰撞"是由于"一次碰撞"导致人体与汽车快速相对运动造成的。通过对大量的汽车碰撞事故研究表明,汽车发生碰撞时车内乘员受伤害的主要原因有以下几点:

(1)"一次碰撞"过程过分剧烈,以致传递到乘员身上的加速度值和碰撞力超过了人体的耐受极限,导致人体器官受到损伤。

(2)碰撞过程中驾驶室外刚硬物体(仪表台或转向机构的方向盘)侵入乘坐室内部,直接将乘员挤压致伤。

(3)乘员在车内遭受单次或多次"二次碰撞"而受伤。

(4)在碰撞过程中,乘坐室变形太大,以致乘员缺乏生存空间而死亡。

根据车辆碰撞过程中乘员的损伤机理,车辆碰撞性能的基本要求及评价指标主要有以下几个方面:

(1)在车辆的碰撞动能转化为结构变形能的过程中,碰撞加速度和碰撞力的总体水平应限制在一定的范围内。

(2)作用于乘员的碰撞力及传递到乘员身上的加速度值应限制在合理的数值内。

(3)为乘员提供足够的生存空间。

(4)应具备乘员约束系统,避免乘员在碰撞发生时与车内部件发生相对运动。

(5)减少乘员受"二次碰撞"的潜在威胁。

对于车身结构来说,评价和改进其碰撞性能应着重于第一和第三点。国内外的有关研究、试验及模拟结果都表明:碰撞过程中车身合理的压塌顺序是决定车身前部缓冲吸能能力和控制总体加速度水平的关键,对于保证乘员有足够的生存空间也有一定意义。所谓合理的压塌顺序,是指车辆在碰撞过程中,保险杠总成应首先产生塑性变形以吸收部分动能,随着碰撞过程的继续,前纵梁及其总成结构相继屈曲,分散吸收碰撞力和能量,而车身中后部结构不应产生大的塑性变形。

9.2.2 正面碰撞中乘员安全性的评价指标

汽车碰撞后乘员的许多伤害都是由于"一次碰撞"中的碰撞加速度过大和"二次碰撞"中的结构变形导致的乘员伤害。国家标准 GB 11551—2003《乘用车正面碰撞的乘员保护》中,对前排乘员主要伤害部位评价指标做出了相应的规定。

(1) 头部性能指标(HPC)

头部重心处的加速度由加速度的三维分量计算得出,加速度采用分量测量时,CFC(测量通道的频率等级)为 1000,如果发生头部与车辆部件接触,应根据测得的加速度按式(9.1)计算,要求 HPC≤1000。

$$\mathrm{HPC} = (t_2 - t_1)\left[\frac{1}{t_2 - t_1}\int_{t_1}^{t_2} a\,\mathrm{d}t\right]^{2.5} \tag{9.1}$$

式中,$(t_2 - t_1)$ 是头部接触起点与记录结束两个时刻之间的某一段时间间隔,在该时间间隔内 HPC 值应为最大,$(t_2 - t_1)$≤36 ms;a 为假人头部重心处的合成加速度,单位为 G。

(2) 胸部性能指标(ThPC)

以胸部变形的绝对值作为胸部性能指标,要求 ThPC≤75 mm,或者脚部合成加速度在 3 ms 内不大于 60 G。

(3) 大腿性能指标(FPC)

测量轴向传递至假人每条大腿的压力,以此表示大腿性能指标,单位为 kN,要求 FPC≤10 kN。

以上是国标 GB 11551—2003《乘用车正面碰撞的乘员保护》中对前排乘员主要伤害部位评价指标做出的规定,虽然该标准只限于 M1 类汽车,但对大中型客车 M2 和 M3 正面碰撞的乘员保护也具有一定的参考价值。

安全车身结构主要是为了减少一次碰撞带来的危害,而乘员保护系统则是为了减少二次碰撞造成的乘员损伤或避免二次碰撞。减少二次碰撞的可能性和对乘员的伤害的主要措施,包括安装安全带及提高安全带的固定强度、安装安全气囊等。而可折叠的吸能转向盘、膝部的缓冲垫、车内饰件软化、仪表板的软化以及避免风窗玻璃碎片的侵害等,都是在二次碰撞发生时减少对乘员伤害的措施。大量实践表明,良好的汽车乘员保护系统设计可以大幅减轻乘员受伤害的程度,降低死亡率。

9.3 客车正面碰撞安全性设计的基础

尽管客车前碰撞在碰撞形态上与乘用车有一定程度上的相似,但是由于客车自身结构与乘用车有着非常大的差别,所以在进行大客车前碰撞设计时,需要了解客车前部相关的结构,这样可以有针对性地进行耐撞性能设计。客车前碰撞安全性设计中,最重要的问题是控制正面碰撞中客车的变形量,同时尽可能吸收碰撞的初始动能,这就需要尽可能全面掌握各种基础结构件的吸能特性。此外,还需要了解一些常见的客车正面碰撞吸能的解决方案。

9.3.1 客车前部结构

1. 根据车头的长短可以分为长头客车、短头客车和平头客车

长头结构通常在校车上采用,平头结构一般多用于公交车、长途客运客车和旅游客车。对于前碰撞而言,长头结构就意味着在碰撞中有足够长的吸能区,在前碰撞中有着先天的优势。而国内客车法规中对于车辆的总长度有着严格的规定,对于总长一定的客车,长头结构占据了一部分乘员区的布置空间,使得客车的空间利用率降低,这也就在某种程度上制约了长头客车的应用。随着一些特定领域(如儿童校车)对正面碰撞法规的要求越来越严格,长头结构越来越多地应用在校车上,如图9-4所示为某型长头校车。

当客车为平头结构时,空间利用效率显著提高,这也正是平头客车是当今客车的主流形式的原因。平头客车也有其明显的缺点,在前碰撞事故中,客车前部吸能区非常有限,一旦碰撞程度很剧烈,乘员的伤亡会比较严重。图9-5和图9-6分别为某型城市公交车和某型长途大巴车。

短头客车结构则处在长头客车和平头客车之间,是一个客车空间利用率和前碰撞安全的折中方案,通常运用在一些旅游客车和城市公交车上。图9-7为某型短头城市公交客车。

2. 根据驾驶区高低可以分为高驾驶区客车和低驾驶区客车

客车的乘员区可以分为驾驶区和乘客区,驾驶区一般是驾驶员和副驾驶就座的区域,而乘客区则是乘客们就座或者站立的区域。图9-4和图9-6为高驾驶区车型,图9-5和图9-7为低驾驶区车型。

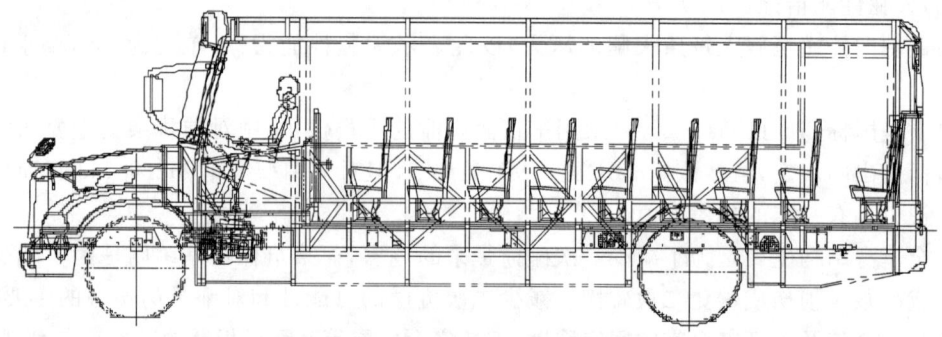

图9-4 某型前置发动机长头客车(校车)

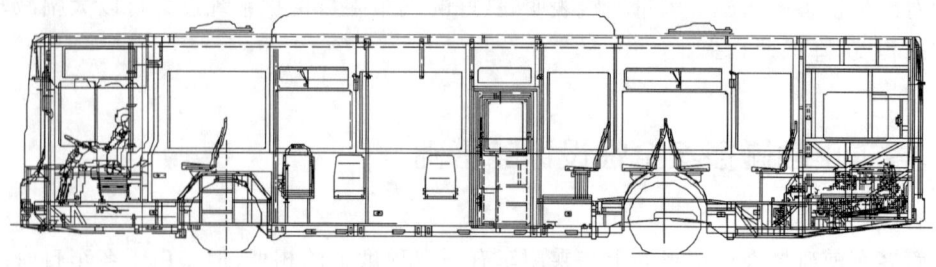

图9-5 某型后置发动机平头城市公交车

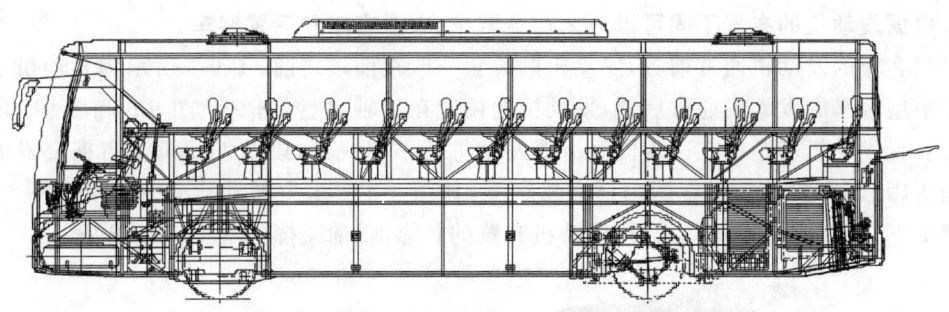

图 9-6　某型后置发动机平头高驾驶区大巴车

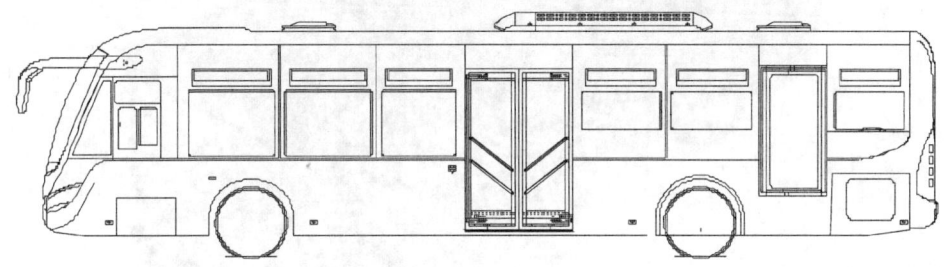

图 9-7　某型短头城市公交客车

高驾驶区车型驾驶区的高低通常没有什么优劣之分,通常是根据客车总体布置的需要而定。长途客运客车和旅游客运客车通常需要随车携带备胎,备胎通常放置于驾驶区下方,故长途客运和旅游客运客车通常都是高驾驶区布置。城市公交车通常不需要放置备胎,乘客区地板距离地面较低,所以公交车通常是低驾驶区布置。

此外,有一种客车俗称一层半客车,如图9-8所示,仅车头部分为双层结构,这种客车驾驶区也是低驾驶区,它的驾驶区上方布置了乘客区,比一般的同长度的高驾驶区客车可以多布置4~6个座椅。

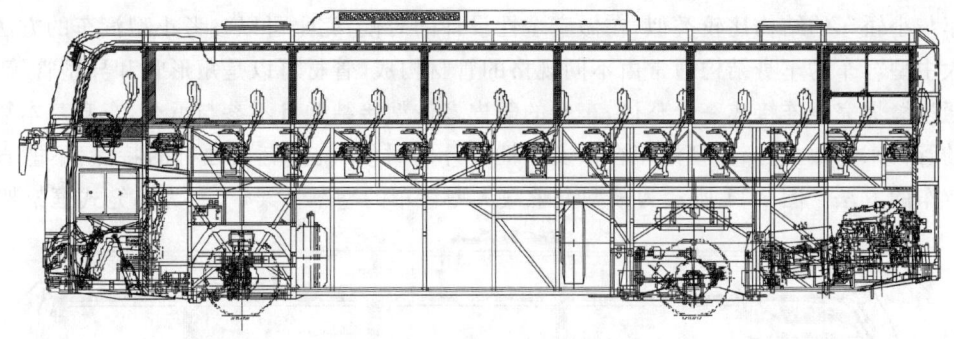

图 9-8　某型一层半客车

对于高驾驶区结构,司机地板及其下方的空间可以构建更多的吸能结构,驾驶区可以做得比较坚固一些,且在前碰撞中,前部结构所受外力中心的高度与整车质心位置的高度比较相近,在碰撞过程中前后方向上不会产生较大的翻转力矩,碰撞的姿态比较平稳。对于低驾驶区结构,司机地板下方的空间非常有限,一方面不利于布置吸能区,另一方面在前碰撞中前部结构对外力的受力中心几乎是在驾驶区地板骨架上平面的位置,驾驶区上平面的空间非常容易受到外界的侵入,从而导致驾驶员的生存空间受到严重侵入。

3. 根据发动机的布置不同可以分为前置客车、中置客车和后置客车

轻型客车的发动机通常前置,发动机的位置一般在前轴之前,图 9-4 所示为发动机前置客车。大中型客车的发动机通常后置,发动机的位置在后轴之后,图 9-5、图 9-6 和图 9-7 所示车型均为后置发动机客车。在国内因为卧式发动机还不够成熟,以及发动机会占据宝贵的行李舱空间等因素,中置发动机在国内还非常罕见,如图 9-9 所示为国外某型中置发动机大客车。一般情况下,就前碰撞安全性来说,发动机布置的越靠前,前碰撞的安全性会越好。

图 9-9　国外某型中置发动机客车

4. 根据车身承载结构件不同可以分为薄板冲压件承载客车和管材承载客车

根据客车车身的承载结构件可以将客车分为轻型客车和大中型客车两大分支。轻型客车车身结构件通常为薄板冲压件,通过点焊连接形成白车身,车身蒙皮一般都参与承载,在国内其典型的代表车型主要有江铃全顺、南京依维柯都灵和四川丰田考斯特(见图 9-10)等,这一类客车与小轿车的结构比较类似,在做安全性设计的时候,完全可以参考小型汽车的方法来操作。大中型客车的车身结构通常由不同规格的管材构成,管材可以是矩形管和异型管等,管材之间通过缝焊完全连接成一个整体,车身的蒙皮多为粘接结构且不参与承载,车身基本靠连成一体的管材来承载,这一类型的车在做安全性设计的时候,就具有其独有的特点,不能直接借用小汽车的方法。图 9-11 所示为某型全承载大型客车的整车骨架,车身为鸟笼式框架架构。

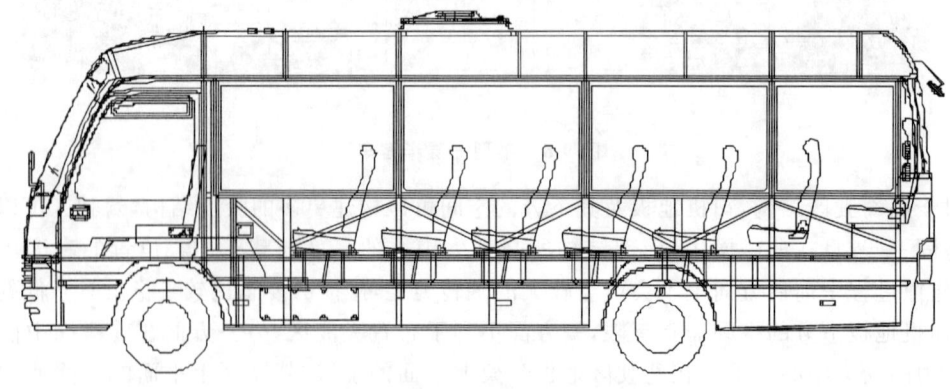

图 9-10　四川丰田考斯特车型

第九章 客车正面碰撞安全性设计

图 9-11 某型全承载大客车的整车骨架

9.3.2 基础结构件的吸能特性

汽车车身结构几乎都是由薄壁金属件构成的,轻型客车中的结构件基本都是薄壁件,大中型客车中所用的各种型材和管材也可以将其视为薄壁件。轻型客车的结构设计完全可以参照小型汽车的方法,这里就不再赘述。大中型客车的结构件通常是在发生碰撞时,受到强烈撞击的薄壁构件会发生塑性变形,这种塑性变形本身伴随着碰撞能量的吸收。因此,车辆结构的碰撞吸能设计很大程度上是薄壁构件的碰撞性能设计。与一般的吸能元件不同,薄壁构件的碰撞吸能除了与本身的材料有关外,还与焊点、材料壁厚、横截面以及预变形密切相关。因此,下面将就这几个方面进行讨论。

1. 焊点与吸能

薄壁构件的形成是通过对金属薄板进行冲压、弯折等冷加工变形后,再通过焊点(点焊)连接而构成的,焊点断开或焊点处的材料撕裂能够有效地吸收碰撞动能,但焊点强度过低则会严重影响薄壁构件对碰撞能量的吸收。

如图 9-12 所示的两根薄壁梁,它们唯一的区别是焊点强度不同。给定台车同样的碰撞初

(a)

(b)

图 9-12 焊接构成的薄壁梁
(a)焊点较弱的薄壁梁 (b)焊点较强的薄壁梁

速度($v=25$ km/h),两者碰撞变形的结果如图 9-13 所示,台车碰撞加速度结果如图 9-14 所示。其中,图 9-12(a)所示的薄壁梁在碰撞过程中出现了焊点过早开裂,梁发生弯折变形,材料塑性变形较小,因而所吸收的动能较少,台车撞击加速度峰值较高;图 9-12(b)所示的薄壁梁在碰撞时未出现焊点开裂,变形模式为皱褶变形,台车动能被充分吸收,故台车撞击加速度峰值较低。

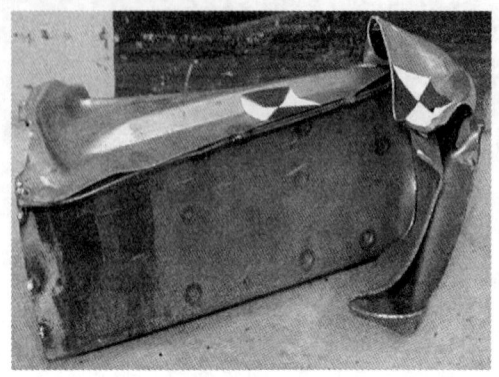
(a)焊点较弱的薄壁梁

(b)焊点较强的薄壁梁

图 9-13 薄壁梁的碰撞变形结果

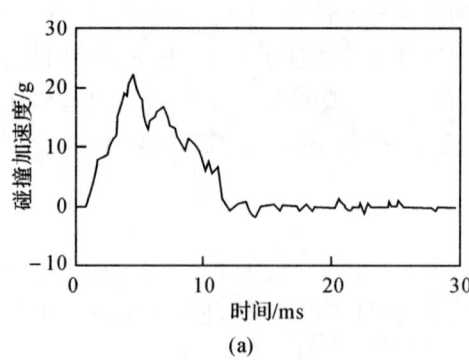
(a)

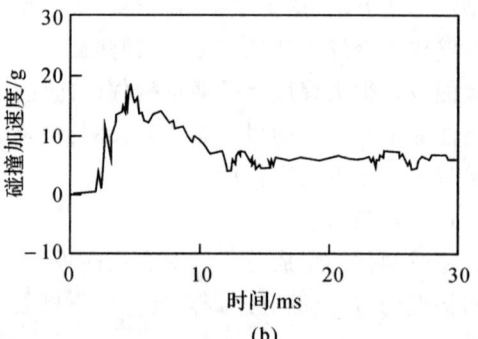
(b)

图 9-14 台车撞击加速度曲线
(a)对应于焊点开裂梁的撞击加速度曲线 (b)对应于焊点未开裂梁的撞击加速度曲线

在设计碰撞吸能用的薄壁构件时,为了不影响其撞击吸能特性,应尽量避免焊点在碰撞过程中过早脱开。一般情况下,焊点的开裂与以下因素有关。

(1)焊接强度:它包括法向拉脱力 F_{ns} 与切向剪脱力 F_{ts},如图 9-15 所示。当焊点实际的受力与 F_{ns} 及 F_{ts} 满足一定的关系时,焊点就会开裂。

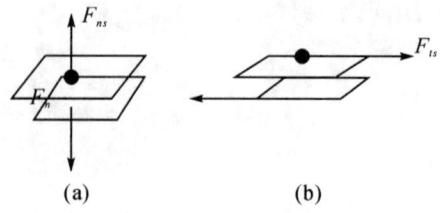

图 9-15 点焊的数学模型
(a)焊点法向拉脱力 (b)焊点

(2) 焊接形式:焊接形式主要是指焊沿的形式,不同的焊沿将导致截面承受碰撞的能力各不相同。如图 9-16 所示,同一种方形截面可以有六种(或更多)的焊接形式。在同等的焊点强度条件下,假定图 9-16(a)所示形式承受碰撞的能力(指碰撞力值)为 1,则图 9-16(b)所示形式将为 1.35,而图 9-16(f)所示形式为 1.05。

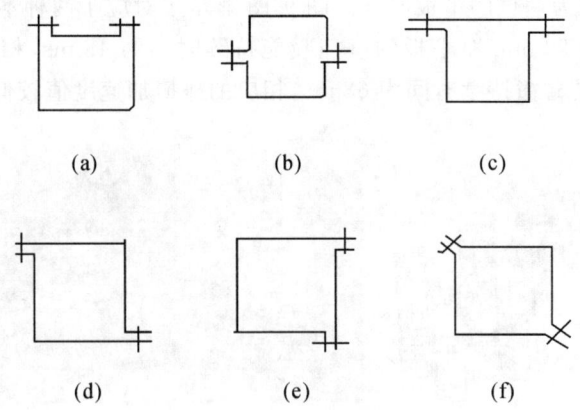

图 9-16　不同焊接形式的方形

(3) 焊点的疏密程度。

碰撞有限元分析可以较为精确地预测焊点在碰撞时的开裂状态。对于点焊,可采用如下失效判据准则:

$$\left(\frac{|F_n|}{F_{ns}}\right)^n + \left(\frac{|F_t|}{F_{ts}}\right)^m \geqslant 1 \tag{9.2}$$

式中: F_{ns}, F_{ts} ——分别为焊点失效的法向力和切向力(N),其数值由试验测得;

n, m ——指数值;

F_n, F_t ——分别为焊点实际承受的法向力与切向力(N)。

对于对焊,分为以下两种情况:

(1) 对于塑性失效,失效时的有效塑性应变 $\varepsilon^p_{fail} = c$ (c 为给定值)。

(2) 对于脆性失效,失效条件为:

$$\beta\sqrt{\sigma_n^2 + 3(\tau_n^2 + \tau_t^2)} \geqslant \sigma_f \tag{9.3}$$

式中: σ_n ——法向应力(MPa);

τ_n ——沿焊缝方向的切应力(MPa);

τ_t ——垂直于焊缝方向的切应力(MPa);

σ_f ——给定失效应力(MPa);

β ——经验系数。

对于一些工程实际中的特定情况,比如焊接形式、焊点的疏密程度以及焊接强度本身都不可能朝更有利的方向改进时,还可从焊点的布置上加以考虑,即尽可能地将焊点布置在构件变形时的拉应力与剪力较小的位置,如对于直梁件的皱褶压缩变形来说,焊点的理想布置位置是变形皱褶的波峰与波谷之间的平衡处,而直梁件的变形波长则可通过仿真计算进行预测。

2. 壁厚与吸能

薄壁构件的壁厚与碰撞吸能是直接相关的,对于同样模式的变形,变形所吸收的能量与壁厚之间是指数增长的关系。在结构设计中,壁厚的选择必须与实际情况相适应,壁厚太小容易变形,但可能不具备足够的吸能能力,而壁厚过大又不易变形吸能。

图 9-17 所示是通过壁厚优化达到理想碰撞吸能的一个实例。该装置利用竖直放置的一块平板吸收台车的碰撞动能,其中平板厚度是影响碰撞吸能特性的主要因素。通过碰撞有限元仿真计算,可得到较为理想的平板厚度。图 9-18 显示了对应于两种不同厚度平板时的台车碰撞加速度曲线,其中 20 mm 厚平板的碰撞吸能持续时间为 48 ms,相应的碰撞加速度值较高;而 15 mm 厚平板的碰撞持续时间为 68 ms,相应的碰撞加速度值较低。

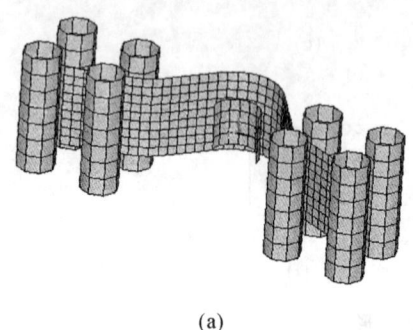
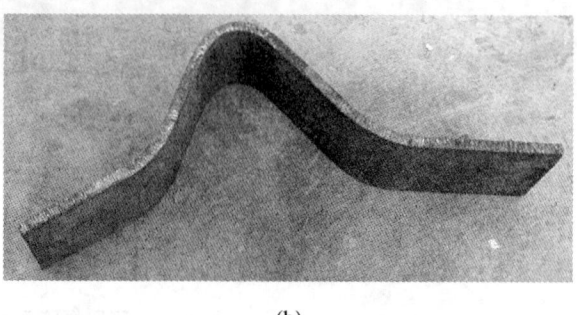

(a) (b)

图 9-17 平板的受撞仿真与实际碰撞变形
(a)平板的受撞仿真 (b)平板的受撞变形

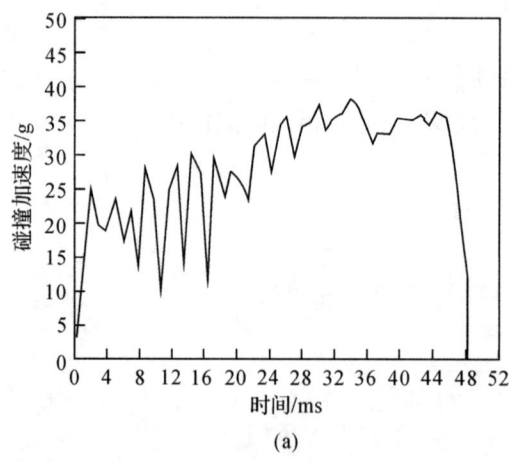
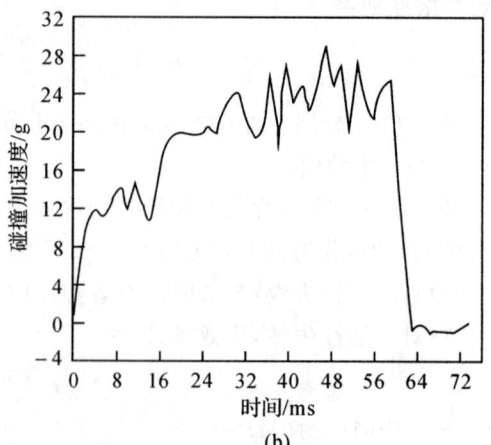

(a) (b)

图 9-18 台车碰撞加速度曲线
(a)对应于 20mm 厚平板的撞击加速度 (b)对应于 17mm 厚平板的撞击加速度

从上例可以看出,壁厚对碰撞变形吸能特性的影响有两个方面:一是碰撞所产生的最大阻力不同;二是缓冲吸能时间的长短不同。这两点造成了不同壁厚薄壁构件的碰撞吸能特性的差异。在汽车薄壁构件的碰撞性能设计中,可充分利用上述特点来优化选择合适的壁厚。当然,汽车薄壁构件的壁厚还要受到其他方面要求的限制,比如重量限制、制造工艺限制等。设计的方法是在规定的壁厚范围之内进行优化选择。

3. 横截面与吸能

汽车上主要的吸能结构通常为薄壁直梁件。直梁件可以有各种不同形状的横截面,而不同的横截面可能导致直梁件的碰撞吸能水平不同。

以规则形状的横截面为例,直梁件一般有矩形、圆形和正多边形等形式,比较典型的截面形状有如图 9-19 所示的 5 种,虽然这些横截面具有相同的周边长,但它们所导致的碰撞特性不同。国外曾对这些横截面梁的碰撞力进行了对比研究,得出的结果如表 9-1 所示。

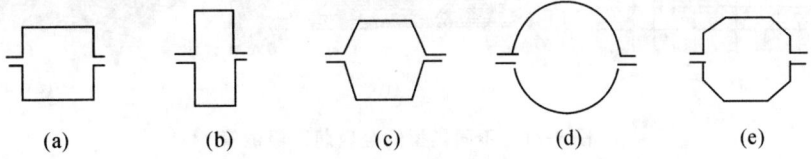

图 9-19　不同形状的横截面
(a)正方形　(b)矩形(长宽比为 3)　(c)正六边形　(d)圆形　(e)正八边形

表 9-1　各种横截面梁的碰撞力(相对于截面形式的比值)

截面形式	a	b	c	d	e
碰撞力值	100%	69%	107%	114%	115%

从表 9-1 的数据可以看出,不同的截面形式导致梁承受碰撞的能力各不相同,最大的正八边形梁的吸能能力是长宽比为 3 的矩形梁的 1.7 倍。因此,在设计薄壁直梁件的碰撞性能时,可以根据需要从横截面的形状加以考虑,长宽比较大的截面吸能能力较弱,而接近于圆形的截面则有较强的吸能能力。因此,在设计薄壁直梁件的碰撞性能时,可以根据需要从横截面的形状加以考虑,即如果需要提高直梁件的碰撞力,可以采用如图 9-19(e)所示的横截面;而如果需要降低碰撞力,则可采用如图 9-19(b)所示的横截面。

当然,实际车辆结构之中的直梁件,其横截面的形状可能比图 9-19 所示的各种形状要复杂得多,图 9-20 所示就是一个车辆前纵梁(帽形梁)的横截面实例。对该前纵梁的碰撞研究表明,改变图中所示的各个尺寸参数,梁的碰撞变形及吸能水平都会发生一定的变化。因此可以说,横截面是与碰撞吸能紧密相关的又一个重要参量。实际中,有限元仿真分析可以很好地模拟这些基础吸能部件的特性,如图 9-21 和图 9-22 所示为不同类型的金属薄壁吸能管及其变形模式。同时需要更进一步,通过台车试验验证吸能部件的吸能特性,图 9-23 所示为吸能部件测试的试验台车。

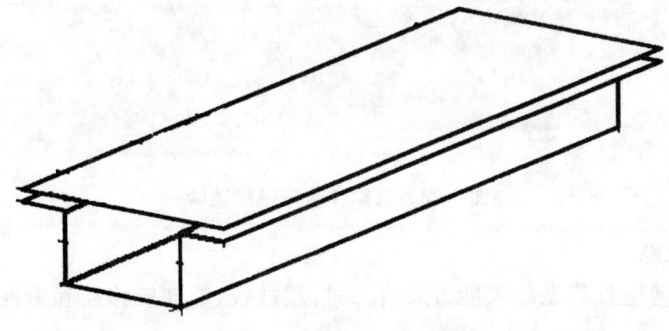

图 9-20　帽形梁结构示意图

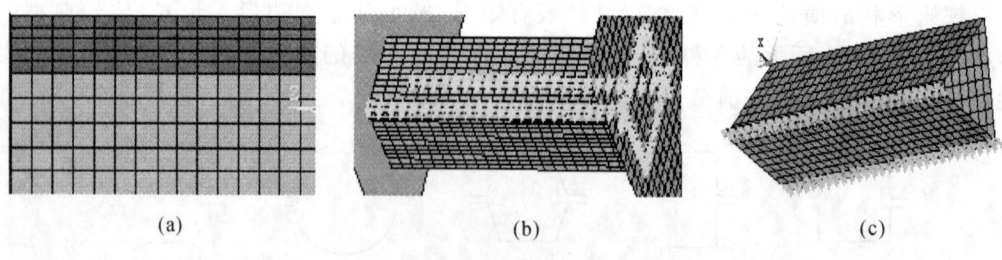

图 9-21　不同类型的金属薄壁吸能管
(a)矩形截面点焊式　(b)矩形截面焊缝式　(c)三角形截面焊缝式

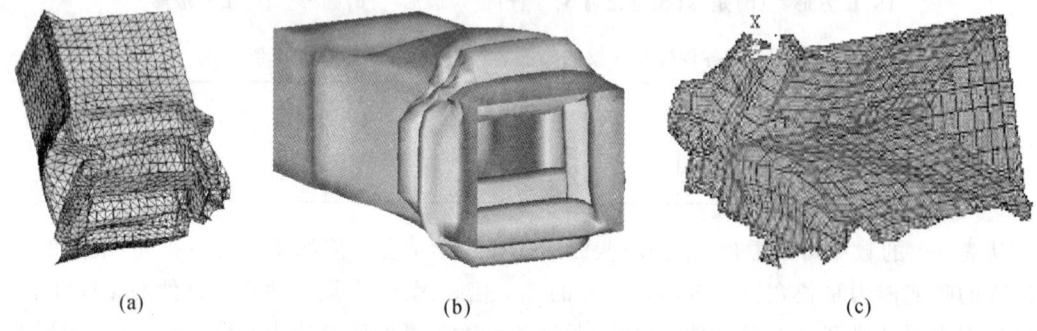

图 9-22　不同类型的金属薄壁管的变形模式
(a)矩形截面点焊式　(b)矩形截面焊缝式　(c)三角形截面焊缝式

图 9-23　直梁件台车碰撞试验

4. 预变形与吸能

汽车车身结构薄壁件典型的吸能方式有三种：塑性铰、塑性铰移动和中性面拉张，如图 9-24 所示。

表 9-2 为三种吸能方式的吸能效率。从表中可以看出塑性铰移动和中性面拉张方式可以较好地利用更多的材料参与变形，能够使等质量的同种材料吸收更多的能量。通过对吸能结构的局部加强和局部弱化，可以引导它在碰撞变形中产生较多的塑性铰和中性面拉张，再结合

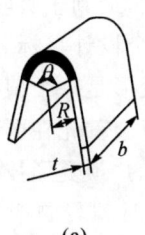 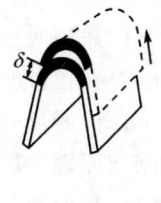 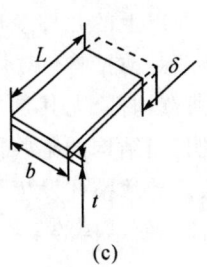

(a)   (b)   (c)

图 9-24 薄壁件典型吸能方式
(a)塑性铰   (b)塑性铰移动   (c)中性面拉张

单位质量材料的吸能效率进行反求,能够较好地设计出合理的吸能结构。最后可以通过计算机仿真模拟评估设计的可行性。

表 9-2 不同吸能方式的吸能效率

吸能方式	单位质量变形材料吸能	单位质量材料吸能
塑性铰	$\dfrac{\sigma_s t}{4\rho R}$	$\dfrac{\sigma_s t \theta}{4\rho R}$
塑性铰移动	$\dfrac{\sigma_s t}{4\rho R}$	$\dfrac{\sigma_s t(l-\theta R)}{2\rho l R}$
中性面拉张	$\dfrac{\sigma_s \delta}{\rho l}$	$\dfrac{\sigma_s \delta}{\rho R}$

表中:σ_s—材料的屈服应力(MPa);
t—材料厚度(mm);
ρ—材料密度(kg/mm³);
R—弯曲半径(mm);
l—材料长度(mm);
θ—角度(Rad);
δ—应变量(mm)。

一般来讲,薄壁构件在受到碰撞时的变形模式往往根据边界条件、载荷条件以及约束条件的不同而不同,变形的模式可表现为弯折变形、翘曲变形或者皱褶压缩变形等,如图 9-25 所示。

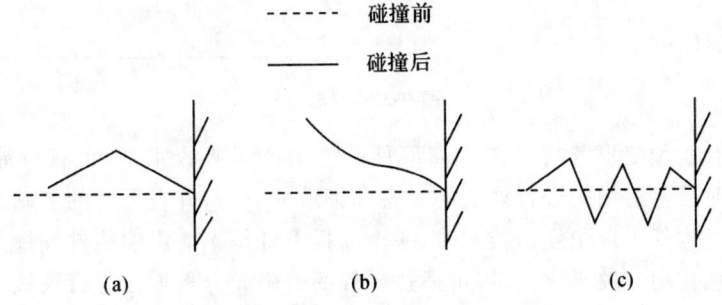

图 9-25 直梁件碰撞变形模式
(a)中部弯折   (b)根部弯折   (c)皱褶压缩

很明显,在以上的几种变形模式当中,只有皱褶压缩的变形量最大,最利于吸收碰撞能量,因此,皱褶压缩是薄壁构件(尤其是薄壁直梁件)碰撞吸能设计时的一个设计目标和方向。

如何使薄壁构件(尤其是薄壁直梁件)在碰撞时自动地发生皱褶变形是一个值得研究的课题。经验表明,当结构的某些部位相对于其他部位明显较弱时,结构就会首先在弱化部位发生皱褶屈曲,从而导致整体发生皱褶变形。根据该原理发展了一种所谓的"预变形技术",即通过人工的方法预先使结构的某些部位弱化或强化,从而引导结构在碰撞时朝着皱褶压缩的方向发展。

图 9-26 显示了对一根薄壁梁的两种弱化方式,分别为腹板弱化和边缘弱化。

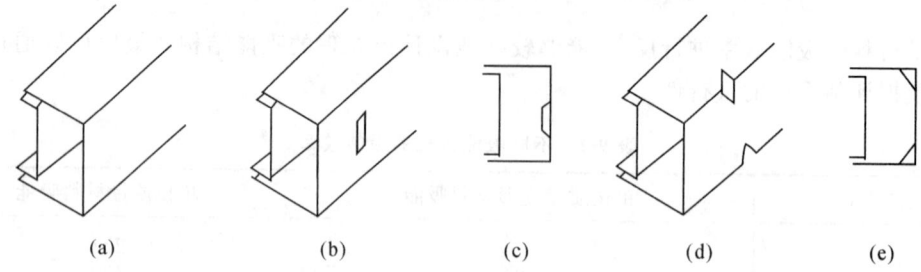

图 9-26　结构弱化示意
(a)原始梁　(b)腹板弱化　(c)腹板弱　(d)边缘弱化　(e)边缘弱

从以上的讨论可以看出,影响薄壁构件碰撞性能的因素是多方面的。为了达到理想的碰撞吸能目的,除了需要考虑预变形的部位及预变形的方式外,同时还需综合考虑其他的因素,比如壁厚与横截面的形状、局部部位的加强等。例如,对于图 9-27 所示的 S 形梁,通过参数仿真优化设计研究表明,其碰撞吸能能力的变化范围相当大,最好时的碰撞吸能能力是最差时的碰撞吸能能力的两倍多。

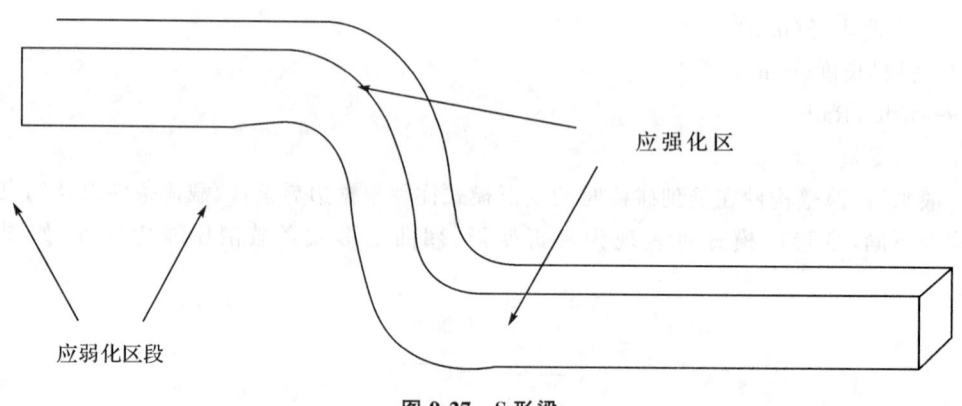

图 9-27　S 形梁

需要说明的是,预变形既有可能提高部件的撞击能量吸收水平,也有可能起到相反的作用。因此,设计时需要对结构进行认真的观察和细致的分析,并在可行的基础上采取其他相应的措施。当然,对构件采取预变形技术时,一个前提条件是不能影响构件发挥正常的作用或功能,如支撑或承载作用。关于这一点,可通过一般的有限元分析方法进行校核。

9.3.3 客车正面碰撞吸能的设计思路

1. 客车在正面碰撞中遭遇的对象和客车正面碰撞的相容性

在大中型客车发生正面碰撞事故中,客车属于大型车辆,遭遇到比起自身车体小的车辆,因客车车身重量和车体强度要远远大于小型汽车,客车会有先天的优势,但一旦遭遇到大型货车,则会有非常大的安全风险。据相关部门统计,截至 2013 年,我国汽车保有量已经达到 1.37 亿辆,货车数量 2016 万辆,而大中型客车的保有量只有 249 万辆左右,客车在整个汽车保有量中只占很小的一部分,小型汽车占绝大多数。就碰撞遭遇的对象分布而言,客车正面碰撞主要防范的危险对象是大型汽车,包括同类型的客车以及大中型货车。

客车前碰撞事故中,需要考虑两个方面的因素:首先,要考虑客车内乘员的安全;其次,也要顾及与之发生碰撞的其他车辆的安全。当大中型客车与小型汽车发生正面碰撞的时候,大中型客车的前部强度要远远大于小型汽车,此时小型汽车车上乘员会面临更大的安全风险;当大中型客车与大型货车发生面对面撞击或者同向追尾时,通常情况下客车的前部强度要小于大型货车的前部强度和后部强度,此时客车上的乘员就面临较大的安全风险。因此,既要最大限度地保障客车自身乘员的安全,又顾及与之发生碰撞的其他车辆上的乘员的安全,客车在前碰撞事故中的碰撞相容性就显得格外重要。处理碰撞相容性最简单可行的方法就是在前保险杠里头增加内横梁。

图 9-28 所示为一款平头客车的前部保险杠及其内横梁,可翻转的保险杠面罩后设置了保险杠内横梁,这是平头和短头客车前部碰撞保护的必要装备。

图 9-29 所示是沃尔沃客车正在进行客车和小型汽车的正面碰撞相容性试验,试验中客车作为强势的一方,必须尽可能考虑到小型汽车一方的安全性,一方面前部结构要有吸能特性,另一方面客车保险杠内横梁的高度要尽可能与小汽车在大致相同的高度,防止小型汽车在碰撞中潜到客车车底。

图 9-28 客车前保险杠内横梁

图 9-29　沃尔沃客车与小汽车正面碰撞相容性试验

2. 吸能方案的选择

继碰撞相容性问题之后,客车前碰撞安全的最主要的问题就是客车前部结构的吸能效果,尽最大可能增大客车前部的强度,以尽可能小的变形量吸收尽可能多的碰撞能量。前面的章节已经详细介绍了各种基础结构件的吸能特性,就不再赘述,这里主要从宏观的角度去探讨各种不同客车在正面碰撞吸能方案的选择问题。

(1)前置发动机长头客车

对于前置发动机长头客车,驾驶区和乘客区距离车辆最前端的距离较长,前置的左右大梁一方面作为发动机等部件的支承部件,另一方面则起到碰撞吸能梁的作用,所以其在前碰撞安全性方面有着先天的优势,很容易达到或者满足各种法规要求。在中国专用校车安全技术条件中,要求专用校车前部应设置碰撞安全结构。若为前横置发动机,则发动机曲轴中心线应位于前风窗玻璃最前点以前;若为前纵置发动机,则发动机第一缸和第二缸的中心线应位于前风窗玻璃最前点以前;若大中型专用校车其前部碰撞性能不低于前两种结构,可以不限定发动机布置形式。

前纵置发动机长头方案最容易满足法规要求,因而在专用校车上得到广泛使用。但是,过长的车头一方面会影响驾驶员的视野,同时也会导致可用的乘员区空间变少,所以,现在越来越多的专用校车在前纵梁上并列附加吸能盒,吸能盒的应用可以使前大梁的长度大大缩短。常见的吸能盒中的吸能部件,可以是波纹管,可以是依次剪断螺栓阵列,也可以是依次折弯的钢柱阵列等。图 9-30 所示为一款长头客车的前纵梁复合吸能机构,在大梁内侧并列放置了吸能盒,前大梁前方安置了保险杠内横梁,这样就可以让客车在轻微、中度和较严重的正面碰撞状况下都有较好的吸能表现,同时也可以一定程度上减小车头的长度。

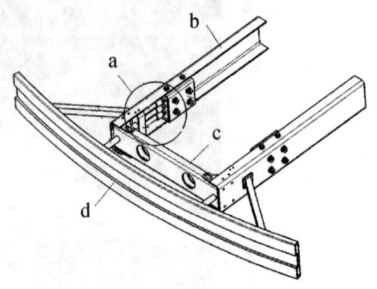

图 9-30　长头客车前纵梁
复合吸能结构
(a)吸能盒　(b)大梁
(c)大梁内横梁　(d)保险杠内横梁

(2)低驾驶区客车

低驾驶区客车基本都为平头结构,图 9-5 和图 9-8 中所示的均为低驾驶区结构。一方面,这一类客车驾驶室下方空间有限,从地面到驾驶区通常只有一级踏步,受到客车接近角以及转向系统的限制,驾驶区的地板通常只有一层骨架,很难布置吸能区;另一方面,驾驶区离地高度小,当发生追尾货车的事故时,由于刹车点头效应,客车驾驶区地板高度一旦低于货车的尾部防碰撞保护装置(通常为后保险杠)的高度,吸能装置就会完全失效。

如图 9-31 所示是模拟低驾驶区客车追尾大型货车的示意图,若相对速度过大,货车的后保险杠和大梁可能突破客车前围板而侵入到驾驶区,这种情况下,驾驶员的生存空间就会被严重侵入,直接危及驾驶员的生命安全。

由上述可知,低驾驶区客车的正面碰撞安全性的主要问题不在于吸能区的设计,最好的做法是尽可能地做强前围板的结构,尽可能阻止前围板被外界侵入。通常低地板公交车和一层半客车的前围板都做得比较壮实,下风挡玻璃的下横梁和左右 A 柱尽可能用截面尺寸更大的方钢,防止正面碰撞时仪表台后移而挤伤驾驶员。

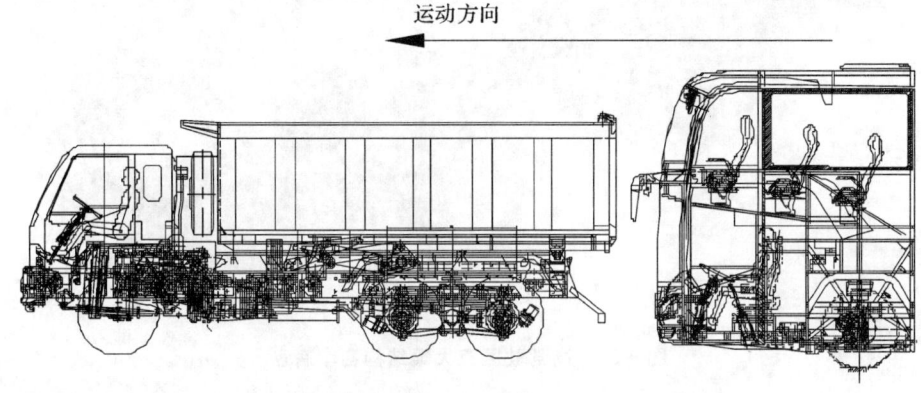

图 9-31 低驾驶区客车追尾大型货车的模拟视图

(3)高驾驶区客车

高驾驶区客车的驾驶区地板下通常放置有备胎,图 9-32 所示为一款高驾驶区格栅式客车底盘。高驾驶区客车从地面到驾驶区地板平面一般不少于 3 级踏步,这种结构的好处是可以方便地在驾驶区下方布置前置大梁,如果是全承载车型,则可以布置多层骨架,大大增强驾驶区的纵向强度。

图 9-32 高驾驶区格栅式客车底盘

当客车采用高驾驶区结构时,在追尾大型货车的状况下,因为驾驶区高度较高,客车的前围板被严重侵入的可能性大大降低,故在高驾驶区客车中就可以采用吸能结构设计。国内大多数高驾驶区客车的前部结构通常采用直大梁结构,如图 9-33 所示为一款高驾驶区直大梁结构底盘,这一般是因为直大梁结构简单且成本较低,但这种结构在平头车上几乎没有布置吸能区的可能性。

图 9-33　高驾驶区直大梁结构客车底盘

欧美等发达国家的客车比较注重正面碰撞的吸能效果,其前部结构基本不采用直大梁结构。驾驶区下方的备胎的安装方式一般不同于国内常见的上下摇臂装卸,而采取车头的前后抽取式(见图 9-34),这样可以更加合理地利用备胎仓的周围空间布置吸能区。如图 9-35 所

图 9-34　前后抽取式备胎安装实例

示,是赛特拉客车的一种前部结构,其驾驶区下方布置前后抽取式备胎,备胎仓的上下左右都设置了吸能结构,驾驶员座椅固定板和方向管柱固定板为一体的刚性结构(以下统称为刚性驾驶员区),当备胎仓周围的吸能结构开始向后变形吸能时,刚性驾驶区可以依次剪断座椅下方的螺栓阵列,这种前部吸能结构不仅保障了驾驶员的生存空间,同时又起到了最优的碰撞吸能效果,是非常理想的客车正面碰撞的解决方案。

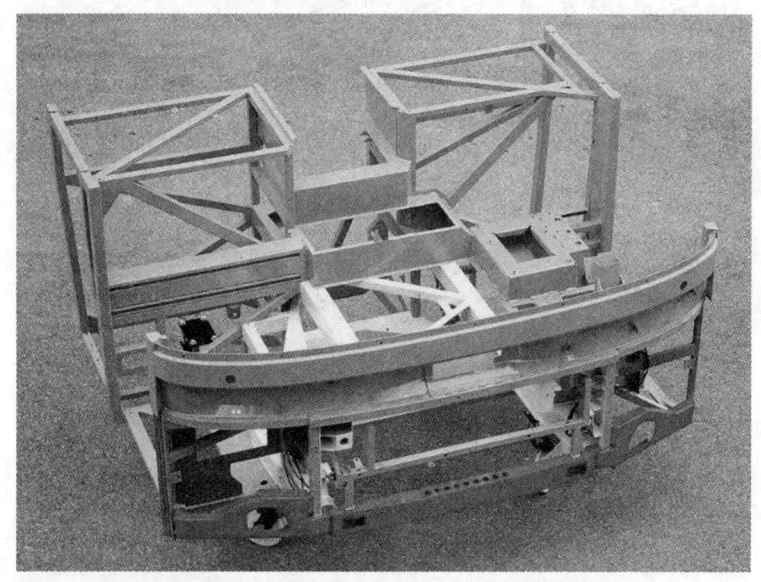

图 9-35　赛特拉客车的一种前部结构图

3. 客车正面碰撞过程中碰撞力的传递

客车在正常行驶过程中,地面反作用力是通过悬挂传递车身上的,从而推动客车向前运动,如图 9-36 所示。而客车在正面碰撞过程中,受到的力是由前向后,如图 9-37 所示,外力作用于车身上,车身上的力必定要向后传递,这里就会产生力的传递问题。

正面碰撞中外力会从前围板,经过驾驶区地板、左右侧围和悬挂向后传递,这些外力经过的区域会成为潜在的变形吸能区。在客车正面碰撞设计中,这些区域都是需要考虑的区域。通常情况下,非长头客车的乘客门和司机门布置在前轴之前的位置,一旦布置了乘客门,那么前悬位置的侧面位置就被削弱,这就需要通过增强乘客门门框的结构来弥补,同时乘客门踏步也需要强化结构,最大限度地让碰撞力向后传递。

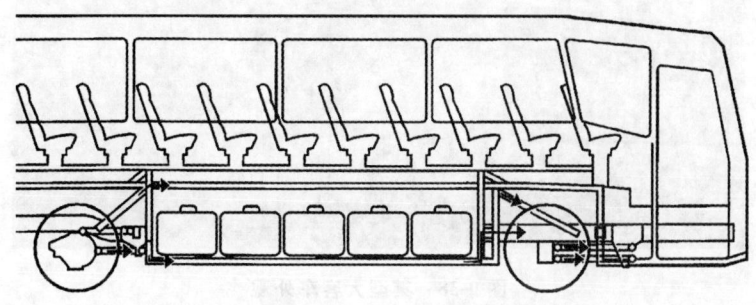

图 9-36　客车在正常行驶过程中外力的传递路径

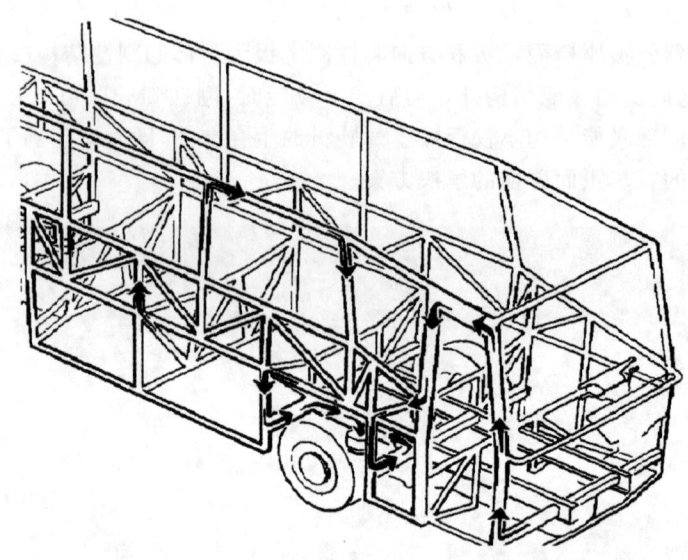

图 9-37　客车在正面碰撞过程中外力的传递路径

9.4　客车正面碰撞安全性设计实例

9.4.1　建立模型

以某型大客车的三维 CAD 模型为基础,如图 9-38 所示,根据模型简化的原则,建立该大客车的有限元数学模型,如图 9-39 所示。

图 9-38　某型大客车外观

图 9-39　大客车有限元数学模型

为了保证计算的准确性及缩小计算规模,在尽可能如实地反映汽车车身结构主要力学特性的前提下,力求简化车身结构的几何模型,以便有限元模型采用较少的单元和较简单的单元形态。模型简化的正确、合理直接关系到有限元计算结果的正确度及精确度。建立的模型应满足下列要求:

(1)计算模型必须具有足够的准确性,所形成的计算模型要能反映车身结构的实际状况。在此既要考虑形状与构成的一致性,又要考虑支承情况和边界约束条件的一致性,还要考虑载荷和实际情况的一致性。

(2)计算模型要具有良好的经济性。复杂的计算模型一般具有较高的准确性,但计算模型并不总是越精确、越复杂就越好。复杂计算模型的建立相应地会花费更多的时间、人力、物力去进行前处理,数据准备工作,数据计算和后处理,从而使计算费用大大增加。

9.4.2　确定客车正面碰撞的边界条件

首先需要确定大客车在典型前碰撞事故中的碰撞能量,即是确定其质量和速度,来确定前碰吸能模块的吸能容量,再根据薄壁件的吸能理论和吸能方式设计出合理的前端结构。

CMVDR 294 中规定的 M1 类车辆的正面碰撞速度为 50 km/h,这样的速度与刚性障碍壁相撞,主要用于评估等质量和等速度的两车在 100% 正面相撞中车内乘员的损伤情况。大客车属于 M3 类车辆,国内外到目前为止还没有制定针对大客车正面碰撞的安全法规。考虑到大客车前碰撞事故多为与大型载货车追尾,由于两车同方向运动,有效碰撞速度远远不及各种法规中规定的 M1 类车辆的正面碰撞速度,故将 30 km/h 作为有效碰撞速度。大客车车身长度一般小于 12 m,根据车身大小和结构形式的不同,其整备质量大致在 8~15 t,全承载车身结构的大型客车整备质量可以不超过 10 t。由此可以确定碰撞能量约为 350 kJ。大客车吸收的能量也约为 350 kJ。前碰撞吸能模块是重要的吸能部件,其吸能要能占到总动能的 50% 以上为好。大客车多为平头结构,这就对前碰撞吸能模块的纵向长度有了很大的限制。为了不过多地改变客车前部结构和客车的整体造型,吸能模块总的纵向安装长度限制不大于 400 mm。吸能模块的材料选用客车车身结构常用的低碳钢或者与之力学性能相近的材料。

前碰吸能模块如图 9-40 所示,主要由面罩、横向矩形管、中间支承板、纵向方形管和后支承板等通过焊接和螺栓连接组合而成。中间支承板和后支承板之间垂直方向安装了三根不同截面尺寸的方形管,这三根方形管沿车宽方向布置了四排,总共为 12 根方形管。后支承板主要支承由前部纵向方形管传递过来的冲击,再均匀地传递到与前碰吸能模块相连的客车前部结构,这就要求后支承板有足够的强度,后支承板为厚度不小于 5 mm 的匀质钢板,如果考虑到大客车的前碰撞有偏置的情况,还需要进一步提高其强度。为了做到前碰吸能模块的通用化,在后支承板上预留一系列的标准螺栓孔,通过螺栓将其连接到客车前部结构上,可以方便地与各种客车进行匹配以及进行安装位置的调整。

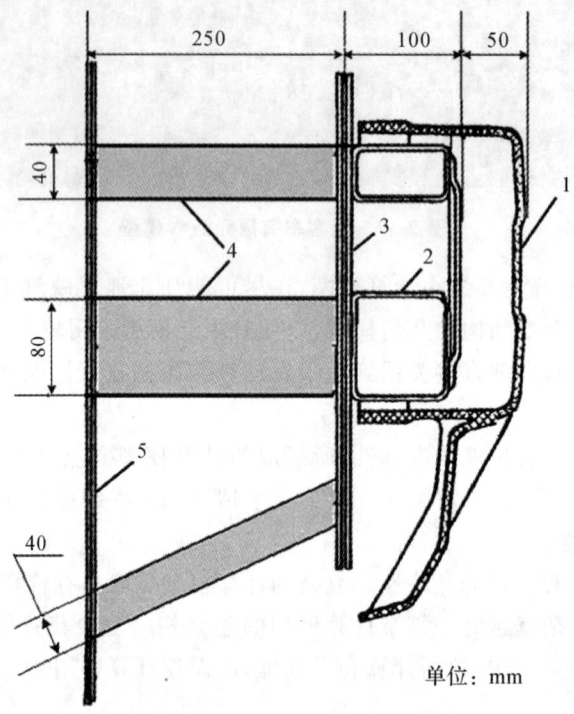

图 9-40 前碰吸能模块示意图
1—面罩;2—横向矩形管;3—中间支承板;4—纵向方形管;5—后支承板

9.4.3 前碰吸能模块的碰撞吸能特性

为了检验吸能模块的吸能能力,通过采用计算机仿真的方法模拟低速压缩试验,可以方便地得到吸能模块的变形抗力对应压缩量的变化曲线,并统计吸能模块吸收的能量的变化情况。

为了准确模拟吸能模块的吸能方式,需要合理地选用单元的最小尺寸,根据 Werizbicki 对薄壁直梁件的研究,方形薄壁梁的折叠半径可以估计为 $r=0.72C^{1/3}t^{2/3}$,其中 C 为界面宽度,t 为板厚,单元尺寸应该小于 $0.5\pi r$,本文选取为 10 mm。

将吸能模块的后支承板完全固定,即约束其全部自由度,用恒速运动的刚性板轴向压溃吸能模块,压缩过程如图 9-41 所示,L 表示压缩量。低碳钢的材料特性对应变率的变化很敏感,在汽车碰撞中,应变率在 500/s 以下的,可以采用 Cowper-Symonds 公式处理:

$$\sigma_y=\sigma_o\left(1+\frac{\dot{\varepsilon}}{C}\right)^{1/P} \tag{9.4}$$

其中,σ_y 和 σ_o 分别是动态和静态屈服应力;$\dot{\varepsilon}$ 为应变率,C、P 为特定参数,对低碳钢而言 C 和 P 分别取 40 和 5。低速碰撞中速度为 1.27m/s,可以不用考虑应变率变化带来的影响。

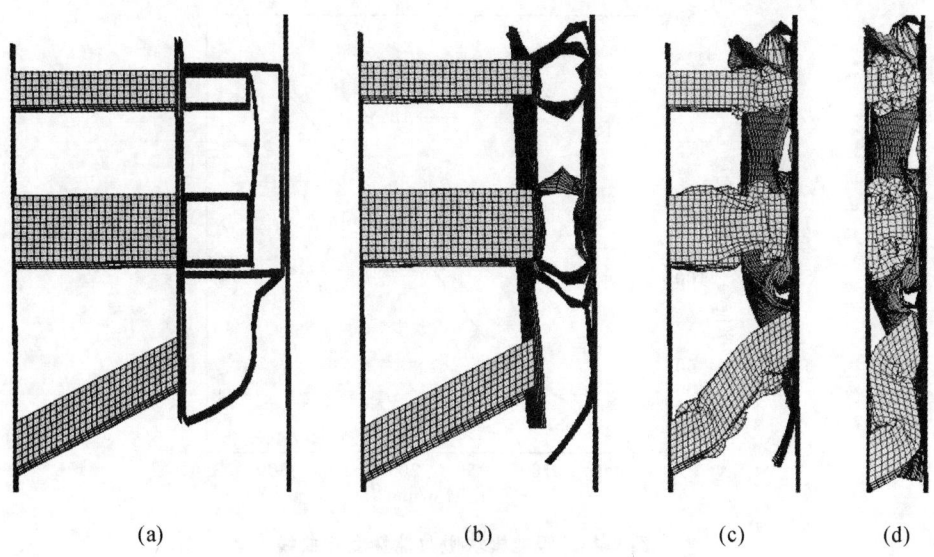

图 9-41　吸能模块压缩历程(压缩量为 L)

(a)$L=0$　　(b)$L=80$mm　　(c)$L=180$mm　　(d)$L=300$mm

总压缩量为 320 mm,分别取压缩速度 1 m/s 不考虑应变率的影响和压缩速度 8 m/s 考虑应变率的影响,得到刚性板的反力和吸收的能量随吸能模块压缩量变化的曲线分别如图 9-42 和图 9-43 所示,碰撞速度为 8 m/s 时的碰撞力和吸收的能量约为速度为 1 m/s 时的两倍,分别达到 1600 kN 和 240 kJ。可见高速碰撞中应变率的影响不可忽略,高速碰撞中应变率的增大可以增大材料的吸能能力。

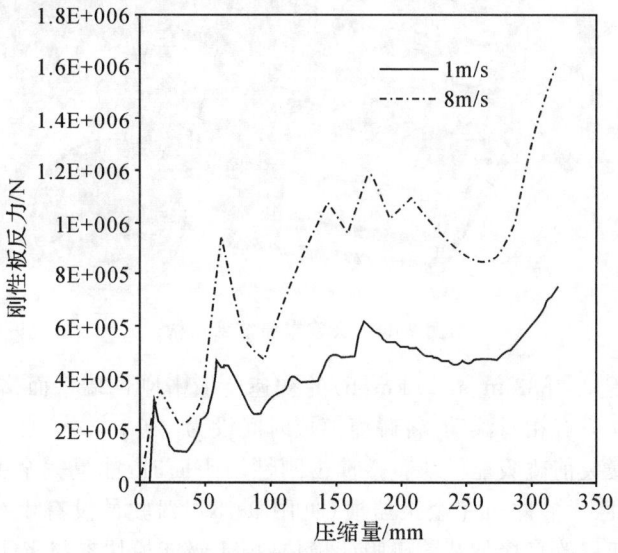

图 9-42　吸能模块压缩力变化曲线图

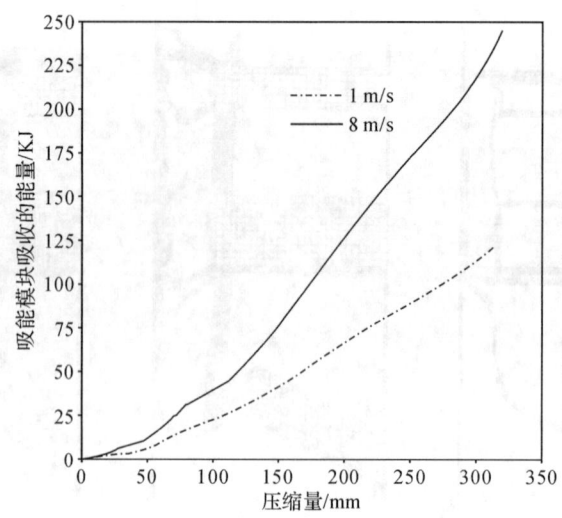

图 9-43　吸能模块吸收能量变化曲线

9.4.4　前碰吸能模块匹配研究

为了进一步检验前碰吸能模块的吸能效果,将其安装在前文建立的高床承载大客车模型上,通过计算机仿真进行整车正面刚性墙碰撞试验。大客车原前部结构如图 9-44 所示。

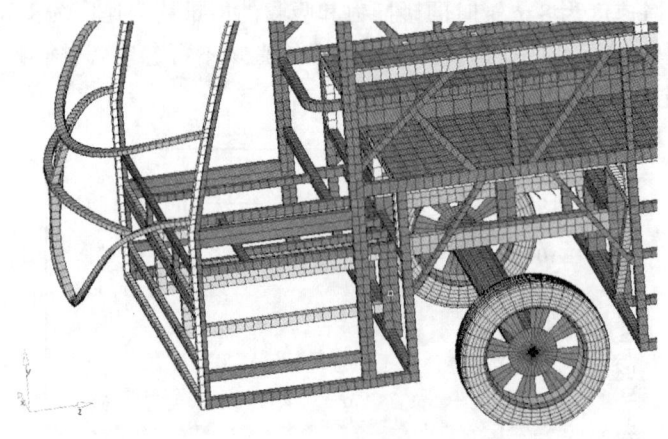

图 9-44　大客车原前部结构

将大客车车体施加 8.33 m/s(30 km/h)的初速度撞击刚性墙平面,轮胎施加等效的转动速度使得轮胎和地面只有相对滚动,将碰撞模拟时间设为 130 ms。

当大客车没有安装前碰吸能模块直接撞击刚性墙平面时,能量完全由客车前围和驾驶舱吸收,驾驶舱因受到巨大的冲击完全被压溃(见图 9-45),驾驶员没有生存的可能。若不对大客车前部结构做任何修改直接加装前碰吸能模块,由于吸能模块参与吸能,驾驶室没有完全被压溃(见图 9-46),其最大侵入量减少到 450 mm,驾驶员仍有一定的生存空间。可见大客车前部的刚度不足,为了前碰吸能模块能更充分地吸收能量并将冲击载荷均匀地向后传递,需要适当地加强大客车前部结构。

在驾驶室下面的纵梁间增加斜撑梁,在驾驶员侧的侧围上增加纵梁,将前轮的轮拱换成横截面更大的型材,改进后的前部结构如图 9-47 所示。

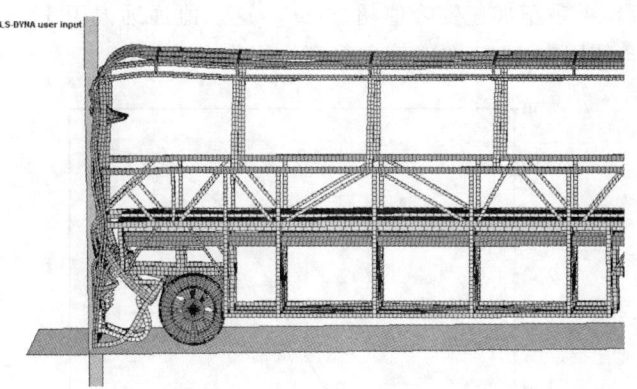

图 9-45 未安装吸能模块客车变形图

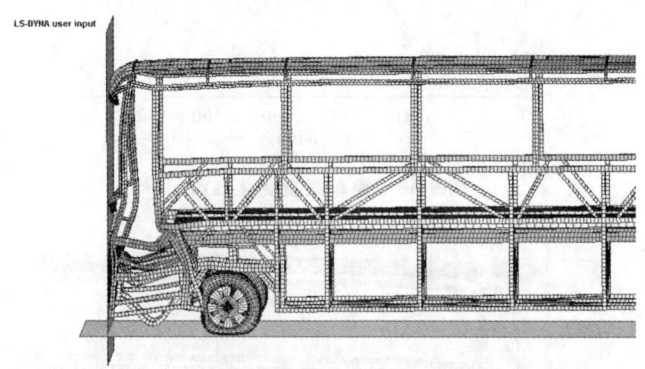

图 9-46 直接安装吸能模块客车变形图

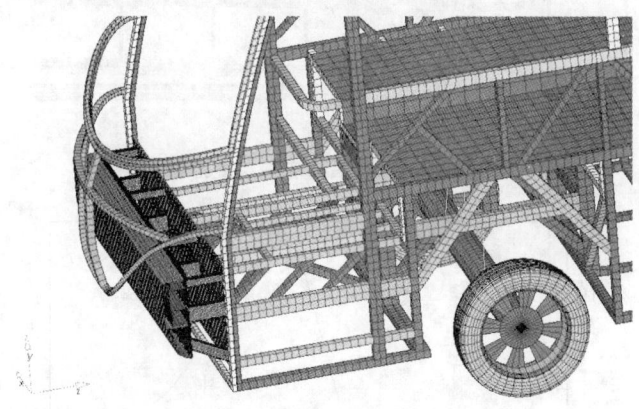

图 9-47 改进后的大客车前部结构

改进前部结构后的大客车加装前碰吸能模块进行了整车碰撞仿真模拟,从整车能量变化曲线(见图 9-48)可知大客车在仿真模拟终止时刻动能已接近于零,前碰吸能模块和大客车的前部结构已经吸收了绝大部分碰撞能量,大客车的运动已接近停止,其中前碰吸能模块吸收的能量为 171 kJ,吸能比为 48%,非常接近正面碰撞中的推荐值 50%,刚性墙最大反力为 1218 kN,符合吸能块压缩试验中测量的结果。图 9-49 所示为前部最大变形图,驾驶室最大侵入量为 182 mm,驾驶员仍然有较大的生存空间。图 9-50 为大客车整车质心的加速度变化曲线,在 80 ms 时刻质心加速度最大峰值出现为 11.5 g。对比某小轿车在法规试验中的车身减速度波形(见图 9-51),小轿车加速度峰值超过 40 g,这一值远远大于 11.5 g,据此可以推断若大客车上的乘员配合使用安全带,在碰撞中受到的损伤会比较小。

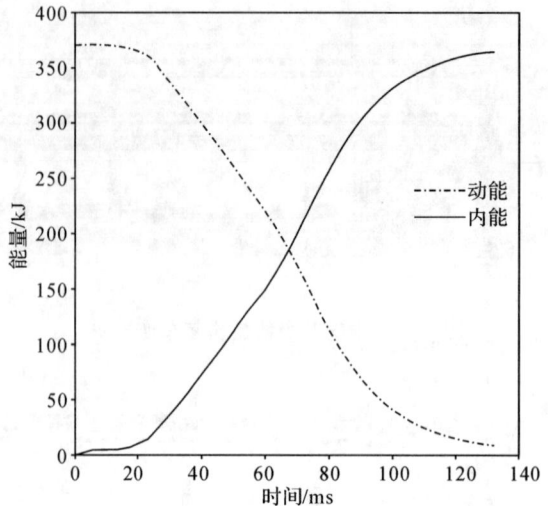

图 9-48 整车能量变化曲线

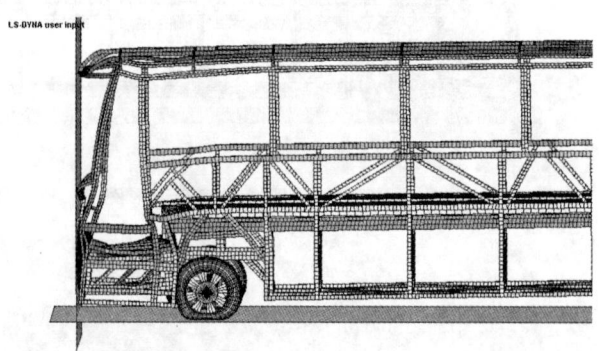

图 9-49 改进后客车前部变形图

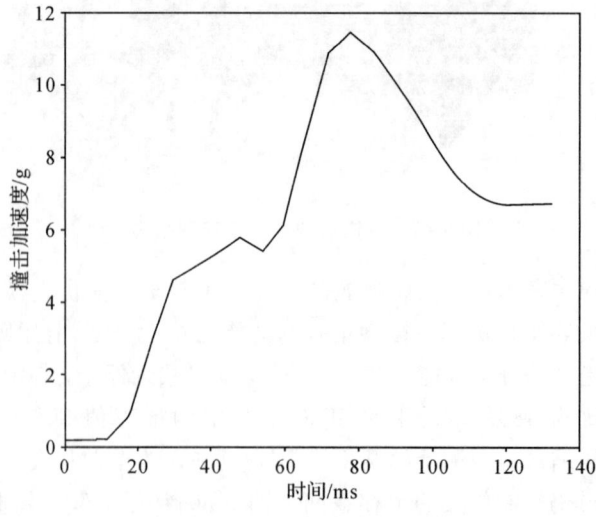

图 9-50 大客车质心加速度历程

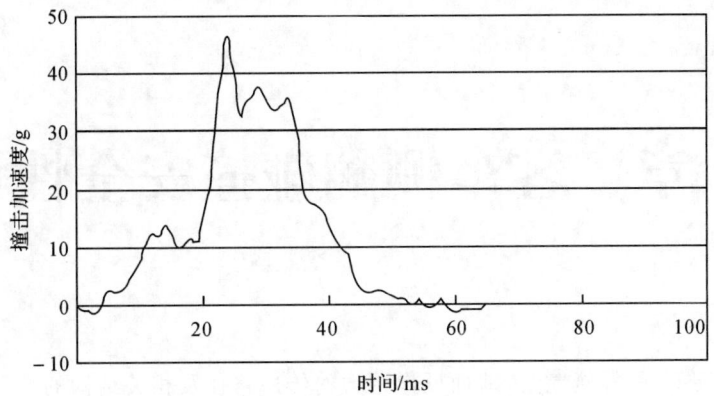

图 9-51 某小型汽车质心的加速度历程

参考文献

[1]唐焱,刘俊杰,高吟. 某小型客车正面碰撞建模与仿真分析[J]. 机械设计与制造,2015,(6):248—251.

[2]冯兰芳,夏兆义,何强等. 基于LS-DYNA的微型客车正面碰撞分析[J]. 郑州大学学报(工学版),2013,34(1):99—103.

[3]孙后环,刘闯,王宏楠. 中型客车正面碰撞仿真及结构改进[J]. 南京工业大学学报(自然科学版),2012,34(6):126—130.

[4]曹立波,周登科,朱结等. 全承载式客车正面碰撞安全性的改进[J]. 汽车安全与节能学报,2015,(1):58—65.

[5]唐友名,谭卫锋,周水庭. 副级吸能机构对客车—轿车正面碰撞影响的分析[J]. 中国安全科学学报,2015,25(7):1—6.

[6]叶松奎. 基于尖顶等效方波的客车正面碰撞安全性结构优化[J]. 客车技术与研究,2014,(1):7—10.

[7]王欣,颜长征,覃祯员等. 客车正面碰撞标准研究[J]. 交通标准化,2011,(8):6—10.

第十章 客车侧翻碰撞安全性设计

本章节讲述客车侧翻碰撞时,地面反作用力的传递路径及相关结构的变形形式,阐述了客车侧翻安全性设计的理论依据。用最直接明了的方法引导读者分析和解决客车侧翻碰撞响应问题,能够使初学者以最快的时间进入客车侧翻碰撞分析领域,同时使读者学习并掌握客车骨架结构及底盘零部件结构的力学简化模型和有限元分析方法;可使读者应用 HyperMesh 和 LS-DYNA 等有限元软件进行有限元前处理及结果求解;掌握其中最基本的分析评价方法和相关分析技术,能够提升自己参与客车侧翻碰撞分析方面的工作能力。

10.1 概　述

汽车碰撞的计算机仿真分析,由于其可以直观地再现汽车碰撞过程中的物理变化过程,及能提取各个零部件的运动过程及变形吸能数据,目前在世界各国都得到了广泛的应用。本章通过详细讲解客车侧翻碰撞的有限元分析,让大家在学习前面理论的基础上,能够把所学知识运用到具体的仿真实践中去,对客车侧翻碰撞时的能量转换及运动变化过程有更深刻的认识。

大家对仿真分析要了解透彻,必须先弄明白什么是有限元模型?为什么要划分网格?有哪些算法?边界条件如何判定?

有限元仿真算法一般分为隐式算法和显式算法。隐式仿真算法的特点是要求解联立方程组,每步求解都需迭代,且存在收敛性问题;但它是无条件稳定的,即仿真时间步长可以任意大而不会导致数值稳定性问题。显式仿真算法的特点在于不求解联立方程组,因而无须存储系数矩阵,占内存空间小,且单项求解速度快,无收敛性问题;但显式仿真算法存在数值稳定性问题,即仿真时间步长不能超过其临界值。由于汽车碰撞过程具有很强的非线性特征,且是一个瞬态过程,其物理本质决定了它的仿真只能采用足够小的时间步长,否则就会带来收敛性问题或过大的计算误差,由于隐式仿真算法必须迭代求解,其无条件稳定性特征在汽车碰撞仿真中并无太多优势。因此,汽车碰撞过程的仿真目前一般都用显式仿真算法。

对于客车侧翻碰撞仿真分析来说,有两类单元应用最多,它们是基于层面和纤维理论的 Hughes-Liu 类型的单元和基于局部坐标变换的 Belytschko-Tsay 类型的单元。由于碰撞过程的计算机仿真分析已成为客车侧翻碰撞结构安全性设计与改进的重要方法和手段。因此,如何保证仿真的精度及准确性对工程应用至关重要。其中,仿真的精度及准确性除了与有限元核心计算有关外,还在很大程度上依赖于仿真模型建立的精度。

在建立客车碰撞有限元模型时,都是利用设计人员提供的 CAD 数模来进行几何前处理(即去除一些对仿真分析结果影响很小的结构等),然后再进行单元网格划分,再给定计算所需的各种边界条件、载荷条件及约束条件等。到目前为止,客车侧翻碰撞仿真建模一般先用专用的有限元前处理软件(如 HyperMesh 软件等),对几何体进行网格划分、单元质量检查、不合格单元修改、设置模型材料参数、边界条件以及接触定义等方面;然后应用 LS-DYNA 软件的求解器对已经检查合格的有限元模型进行求解。

总的说来,客车零部件建模一般是单一的,工作量较小;相比之下,整车建模不仅复杂,而且工作量巨大。其建模的复杂性在于必须对整车结构与特征进行分析、分解,从而达到既简化又准确建模的目的;工作量巨大是因为一般车辆都包含成百上千个零部件,要对这些不同部件各自的特征与相互间的连接关系作准确的模拟也不是一件容易的事,所以整车建模除了要依赖零部件自身的建模技术外,还有其特定的建模技术与要点。

整车分析的第一步是熟悉车辆,并积累一些关于整车的基本信息。这些信息对整车的碰撞仿真分析是不可缺少的,比如车辆总质量、总体尺寸、车辆类型等。整车分析还包括查看同类车辆的碰撞试验录像,以帮助建立合理、有效的整车有限元模型,尤其是特别关键部分的建模要充分反映汽车碰撞的变形特征。整车分析的第二步是确定重要的和非重要的结构部件,以及可能失效或坍塌的区域。一般来讲,重要的结构部件是指对整车变形模式起决定作用的部件,而失效区域则依赖于碰撞类型及车体结构的刚度分布状况。确定重要结构部件的目的是为了建模时对其加以仔细对待,比如采用精确的几何模型和细化的网格尺寸等;而对非重要的或基本上不会发生碰撞变形的结构部件,如发动机,则可以尽量简化,采用近似的几何形状以及较稀疏的网格尺寸等。因此,有效区分重要和非重要结构部件能大大简化建模和计算工作量,并同时保证仿真计算结果的精度及可靠性。

整车建模与零部件建模的另一个重要的区别是,整车建模涉及不同部件之间的连接问题,仿真分析时必须对各种连接加以准确描述。实际的物理连接方式一般为焊接、电焊、铆接、螺栓连接、铰接等,这些连接有各自的特点,在碰撞时对整车的刚性以及部件的变形吸能都起着非常重要的影响。有限元仿真模型中可采用的部件连接方法是节点约束或节点合并。例如,缝焊可以采用刚性杆来模拟。

由于众多因素会影响整车模型建立的准确性,所以在模型用于碰撞仿真分析之前,需要采用一定的方式加以校核和验证,其中一个重要的校核项目是模型重心的位置。一般有限元前处理软件可以自动计算出模型的重心,校核的方法是将计算出的重心位置和测出的重心位置相对比,如果符合,就从一个侧面说明了模型的准确性;另外,相对于碰撞变形仿真计算来说,车身模型的静态弯曲刚度和扭曲刚度是很容易计算的,因此,也可把这两者作为碰撞分析前的校核项目。

以上从几个主要的方面探讨了整车建模的技术与要点。实际应用中,还将涉及很多具体的细节,如转向机构、悬挂系统的运动特性模拟以及校核等。另外,整车模型的准确度最终取决于仿真计算和碰撞试验结果的接近度,有关验证参数,可以根据不同的碰撞类型或不同的分析研究目的而确定。

10.2 客车侧翻碰撞过程中力的传递路径及主要变形

客车在触地瞬间,受到地面反作用力沿着顶弧杆和侧窗立柱兵分两路传向整车各个部位,使这些部件产生应变,变成内能,直至这些能量几乎被整车吸收如图 10-1 所示。客车侧翻碰撞时各刚度突变部位的变形方式如图 10-2 所示。

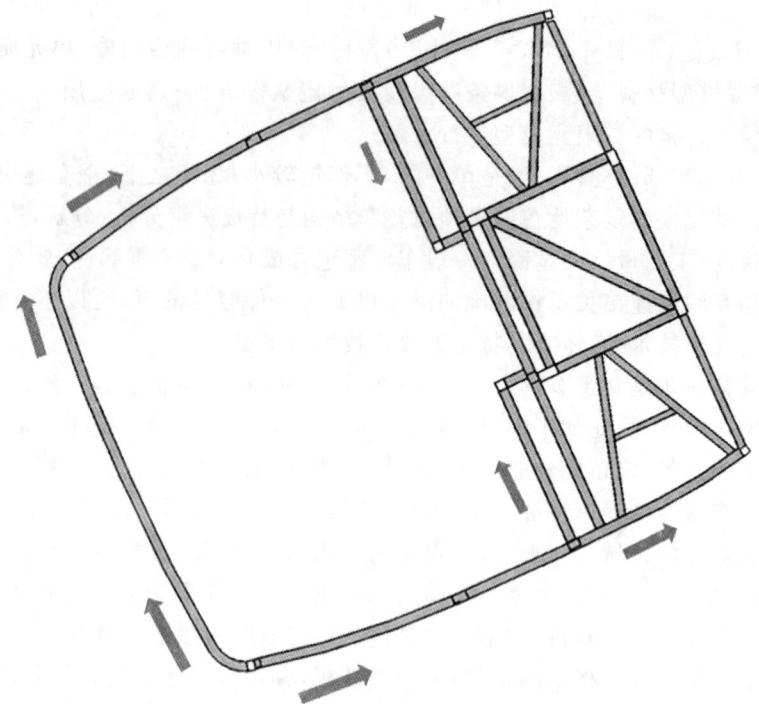

图 10-1　客车侧翻碰撞时力的传递路径

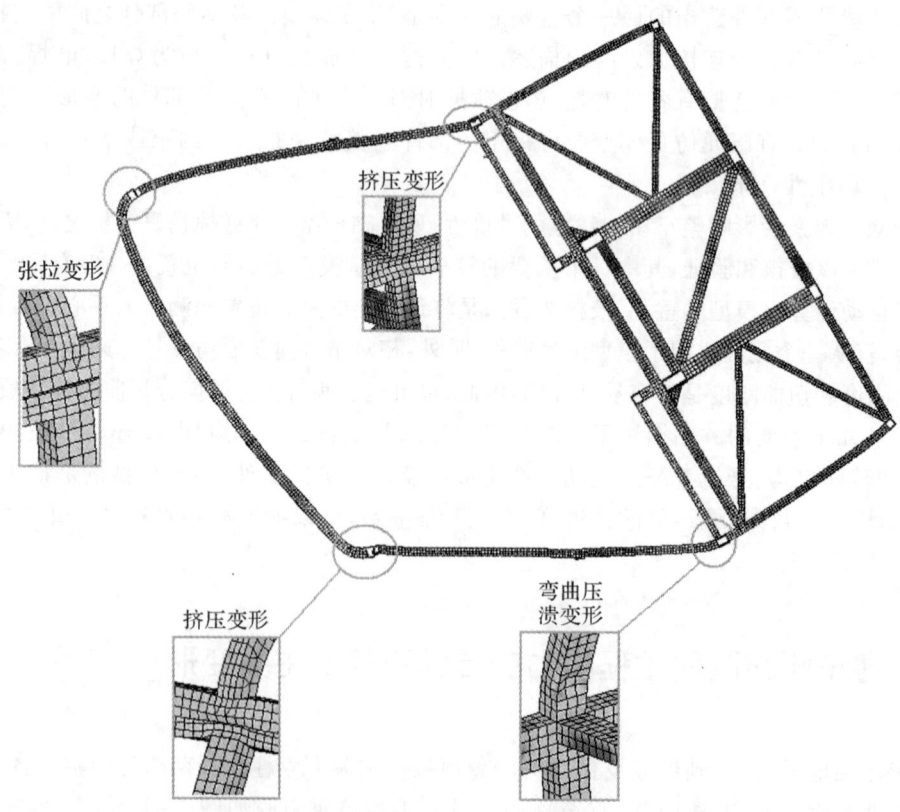

图 10-2　客车侧翻碰撞时各刚度突变部位的变形方式

10.3 客车抗侧翻结构设计

10.3.1 弯曲刚度

弯曲刚度是指物体抵抗其弯曲变形的能力,其物理意义即使截面产生单位转角所需施加的弯矩,它体现了截面抵抗弯曲变形的能力。以材料的弹性模量与被弯构件横截面绕其中性轴的惯性矩的乘积来表示材料抵抗弯曲变形的能力。

从上式可以看出采用合理的截面形状,在面积基本不变的情况下,使惯性矩 I 尽可能增大,可有效地减小梁的变形。为此,工程上的受弯构件多采用空心圆形、工字形、箱形等薄壁截面。材料的弹性模量 E 值愈大,梁的抗弯刚度也会愈大。但对钢材来说,各类钢的 E 值非常接近,故选用优质钢对提高梁的抗弯刚度意义并不大。

10.3.2 抗弯截面系数

比值 I_x/Z_{max} 仅与截面的形状与尺寸有关,称为抗弯截面系数,并用 W_x 表示,即 $W_x = I_x/Z_{max}$。由公式可见,最大弯曲正应力与弯矩成正比,与抗弯截面系数成反比。如图 10-3 所示,抗弯截面系数 W_x 综合反映了横截面的形状与尺寸对弯曲正应力的影响。

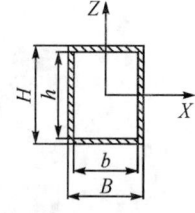

图 10-3 方钢惯性矩

10.3.3 抗侧翻车身结构设计

客车车身的主体结构主要是由各种规格的方钢拼焊而成的。因此在设计车身时,要充分利用方钢轴向抗拉、压的强度,横向易压溃的特性来进行设计,还有由于不同厚度的管材进行焊接的时候易造成焊接缺陷,故在重要的部位要加焊补强板进行补强。近年来,各国对客车的被动安全要求越来越严格,故近年来各国客车制造商为了满足法规的要求,在设计客车车身骨架时,都有一套较成熟的设计方法。如现国内几大客车厂家在设计车身骨架结构时,均有遵守如下几点注意事项:

(1) 每个侧窗立柱所在的横截面上的所有方钢必须形成封闭环结构;
(2) 侧窗窗距不宜过大,大约为 1350 mm;
(3) 整车骨架的质量占整车整备质量的 20% 左右;
(4) 前后围立柱及与其相接的侧围立柱的厚度比侧窗立柱大一半即可,同时保证在设计的时候每米承受的重量在 1.5 t 左右。

10.4 客车整车侧翻碰撞仿真分析

将客车整车骨架的 CAD 模型简化并生成 CAE 模型,是对整车空间结构、材料力学及有限元分析等多方面知识的综合运用和集成体现。整车 CAE 模型的品质直接影响到碰撞仿真结果的准确性和分析计算效率的高低。通常在建立整车 CAE 模型中首先将车身骨架、底架、底盘零件、内饰件等部件的 CAD 模型分别进行几何处理,然后按各自的要求划分不同大小的单元网格,接着对已经划分完毕的部件进行组装,按照要求设置各部件间相应的连接方式、接触类型、边界条件和控制参数。最后输出可以计算的 K 文件。

下面将以常用的有限元前处理软件 HyperMesh 及碰撞分析软件 LS-DYNA 对客车整车侧翻碰撞仿真分析进行讲解。

10.4.1 整车侧翻碰撞仿真分析建模流程

在进行整车有限元建模前,一定要按流程进行操作,这样才不至于仿真建模时,各部件毫无章法的构建及参数设置的遗漏等问题,故希望初学者养成良好的有限元建模习惯,对后期整车各部件的装配及问题查找节省精力。初学者可以借鉴图 10-4 的流程图按顺序进行创建有限元模型。

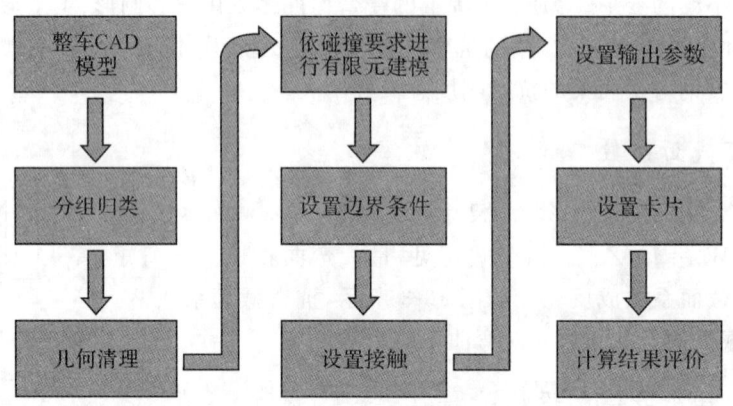

图 10-4 客车整车侧翻碰撞仿真分析建模流程

10.4.2 侧翻碰撞仿真分析建模

首先打开 HyperWorks 软件平台中的 HyperMesh 模块,选中的 LS-DYNA 模版,导入整车 CAD 模型并对其按照客车前后围、左右侧围、顶盖、底架等六大片,底盘零部件总成及等效质量点进行分组归类,对各大片进行几何清理,按照侧翻碰撞的要求进行划分网格并结合 F10 进行网格质量检查。

1. 有限元建模准则

目前,客车整车骨架的单元大小一般为 15 mm,最小 5 mm,最大 20 mm。对壳单元一般以四边形单元为主,三角形单元为辅,对实体部件一般采用六面体、四面体或三棱柱网格单元,其中以六面体单元为佳。为了提高计算效率、节约计算时间、提高计算精度,则需对一些部件及连接关系进行模型简化处理。简化的原则如下:

(1)简化后的部件能够正确反映其原有的特性及运动关系;

(2)尽可能采用 shell 单元,少用 solid 单元;

(3)省略对碰撞影响较小的部件或用 1D 弹簧、阻尼、铰链等代替;

(4)在实际碰撞中基本不变形的部件(发动机、变速箱、车桥等)可用刚性单元代替;

(5)对大部件为保持其外形和周围部件碰撞、接触的真实性,可用其表面网格代替整个部件,在必要时可以单独对其赋予速度和转动惯量;

(6)所有部件组装在一起后,对其更新节点及单元编号;

(7)CO_2 保护焊一般用 rigidbody 进行模拟,方钢之间的连接采用共节点的方式;

(8)建议尽量使用单元直接连接,少用接触等关键字连接。

在仿真计算中 1D 单元和附近单元均不具备接触特性,如果接触将会发生穿透。计算中 2D 与 3D 单元具备接触特性,但计算中如果双方材料特性差别较大,则会出现计算错误,这时一般在 3D 单元表面抽取一个与 3D 表面共节点的 2D 封闭面单元,将 2D 与 3D 单元的接触特性转换为两个 2D 单元间的接触。

2. 设置材料参数

在客车整车侧翻碰撞中常用的材料本构模型有 MATL1、MATL3、MATL20 和 MATL24。其中 MATL1 为弹性材料模型,MATL3 为理想线性弹塑性材料模型,MATL20 为刚性材料模型,MATL24 为弹塑性材料。

(1)MATL1 弹性材料

此材料主要用于一些不需要考虑应力应变的部件,如轮胎、轮辋、推力杆支座及各种 1D 单元的杆件等。MATL1 关键字卡片如图 10-5 所示。

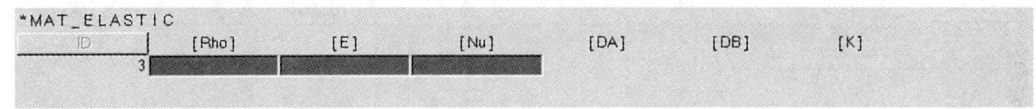

图 10-5　MATL1 关键字卡片

Rho 为密度;

E 为弹性模量;

Nu 为泊松比;

(2)MATL3 理想线性弹塑性材料

这材料主要用于客车中的乘客区玻璃,其关键字卡片如图 10-6 所示。

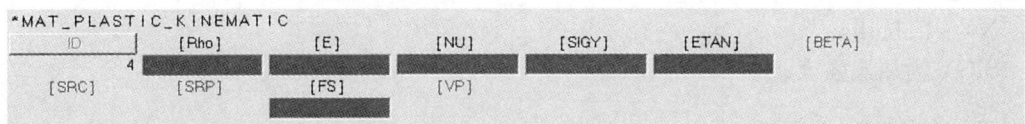

图 10-6　MATL3 关键字卡片

Rho 为密度;

E 为弹性模量;

Nu 为泊松比;

SIGY 为屈服强度;

ETAN 为切向模量;

BETA 为硬化系数,其值在 0 到 1 范围内,0 为运动硬化,1 为各项同性硬化;

SRC 为 Cowper and Symonds 动态力学模型中的 C 值;

SRP 为 Cowper and Symonds 动态力学模型中的 P 值。

(3)MATL20 刚性材料

此材料主要用于客车侧翻分析的生存空间、翻转平台、配重块等;其关键字卡片如图 10-7 所示。

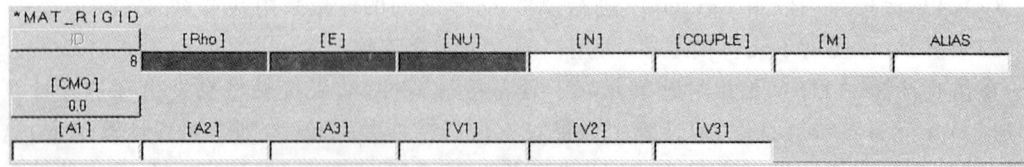

图 10-7　MATL20 关键字卡片

Rho 为密度；

E 为弹性模量；

Nu 为泊松比；

(4) MATL24 弹塑性材料

此材料主要用于客车骨架方钢、塑料制品、玻璃钢等零部件。其关键字卡片如图 10-8 所示。

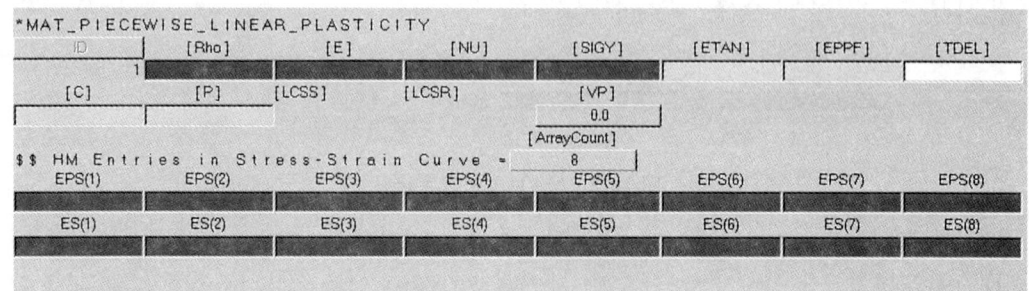

图 10-8　MATL24 关键字卡片

Rho 为密度；

E 为弹性模量；

Nu 为泊松比；

SIGY 为屈服强度；

注：

红色方框内的参数是必须输入的，黄色方框内的参数可根据实际情况输入，其中[EPPF]根据应变率来删除单元，[C],[P]在考虑应变率参数时输入，在侧翻过程中，由于触地速度较小，故可以不要考虑材料的应变率的影响。

3. 设置材料特性

(1) 1D beam 单元的特性

beam 单元关键字卡片如图 10-9 所示。

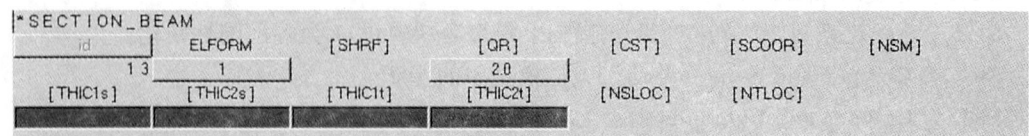

图 10-9　beam 单元关键字卡片

ELFORM 为单元类型选项。其中选 3 时为可定义不同截面积的梁，选 9 时为焊点梁。

(2)2D 壳单元特性

壳单元的关键字卡片如图 10-10 所示。

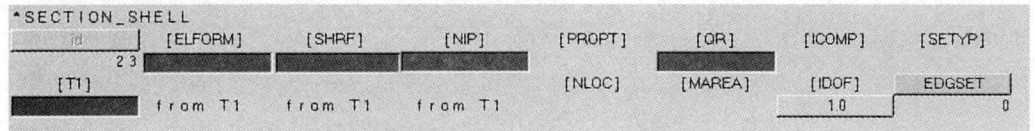

图 10-10 壳单元关键字卡片

ELFORM 为有求解积分算法,整车碰撞中一般选择 2 或 16,选 2 为 Belytschko-Tsay 算法,它能最快地显示动力学壳单元,但不能精确地处理翘曲,因此不能在粗网格模型中使用。16 为全积分函数,计算速度与 2 相比稍慢,但能很好地处理壳体翘曲和预防沙漏。

SHRF 是剪切因子,默认值为 1,推荐使用 5/6。

NIP 为通过单元厚度的积分点数值,最大为 100,如果输入为 0 或空白,则积分值为 2。

QR 为积分法则。

ICOMP 为材料各向异性标志,仅用于材料 22、23、33、34、36 等。

SETYP 为二维固态网格类型,1 为拉氏网格,2 为欧拉网格,3 为 ALE 网格。

T1—T4 为四节点处的网格厚度。

NLOC 为指定参考面位置,1.0 为顶面;0.0 为中面;-1.0 为底面。

(3)实体材料的特性

实体单元关键字卡片如图 10-11 所示。

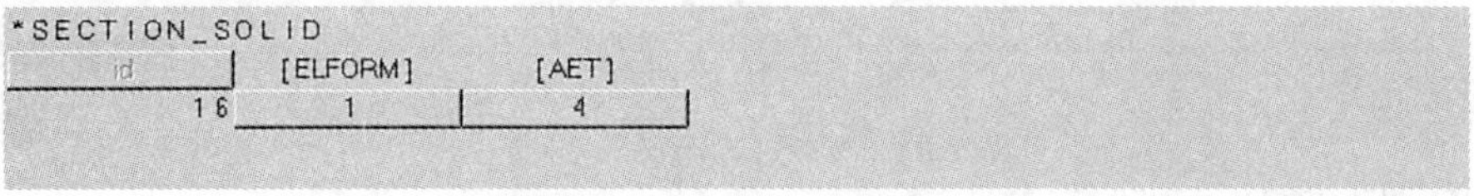

图 10-11 实体单元关键字卡片

ELFORM 为单元类型选项。当值为 1 时为静水压力实体计算类型。

AET 为周围环境类型选项,为 1 时为绝热状态,2 时为绝热和压力守恒状态,3 时为有系统压力流出时状态,4 时为有系统压力流入时状态。

4. 设置边界条件

(1)设置约束

约束设置关键字卡片如图 10-12 所示。

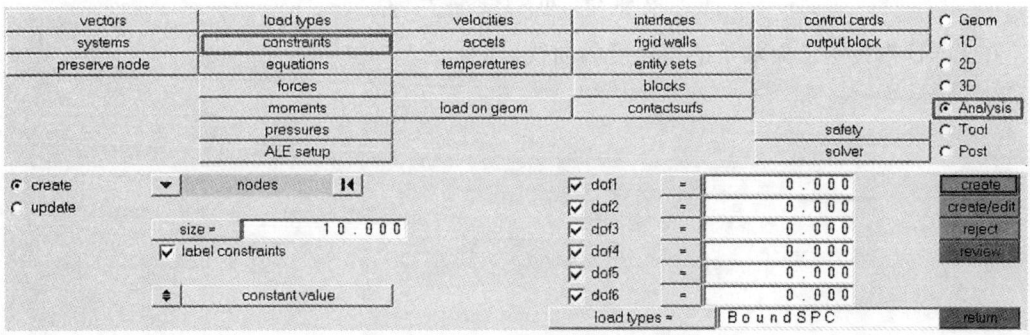

图 10-12 约束设置关键字卡片

(2)施加重力加速度

重力加速度关键字卡片如图10-13所示。

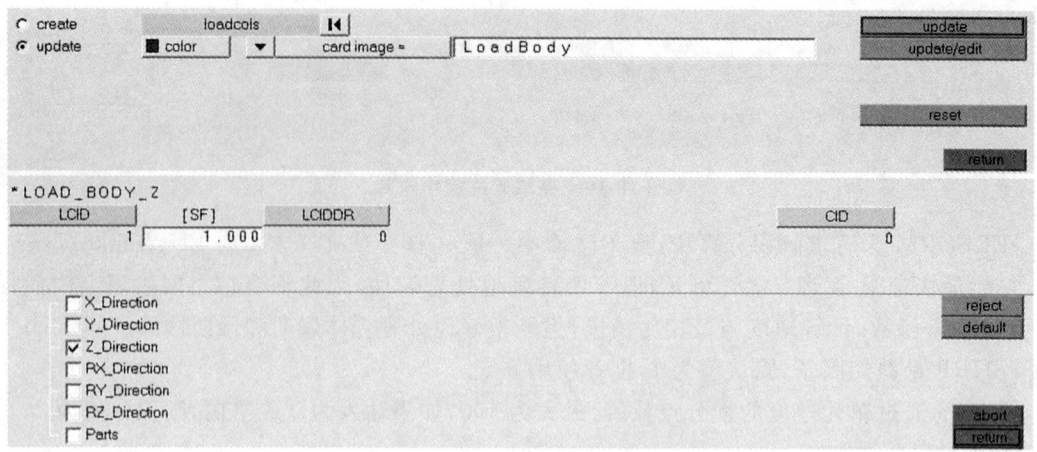

图 10-13　重力加速度关键字卡片

LCID 中指定重力加速度曲线，SF 为加速度的比例系数。

(3)施加角速度

角速度关键字卡片如图10-14所示。

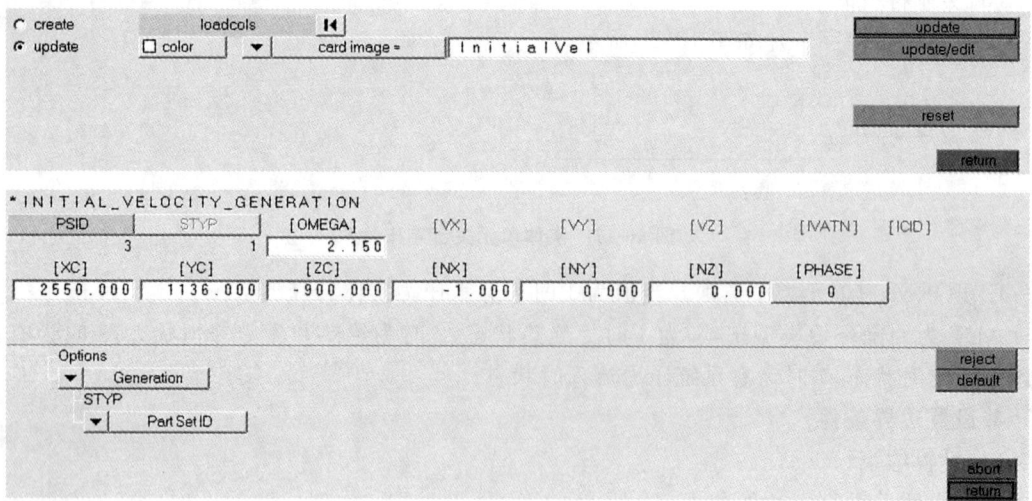

图 10-14　角速度关键字卡片

在 LCID 内指定上面赋予的角速度的曲线。

（4）创建地面

地面设置关键字卡片如图 10-15 所示。

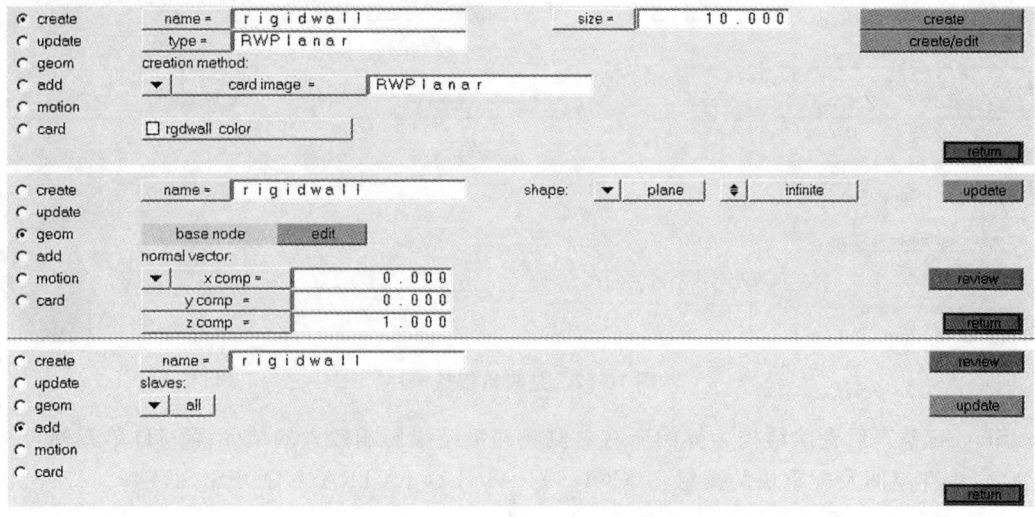

图 10-15　地面设置关键字卡片

5. 设置接触

非对称接触算法中主、从定义的一般原则：

①粗网格表面定义为主面，细网格表面为从面；

②主、从面相关材料刚度相差悬殊，材料刚度大的一面为主面。

③平直或凹面为主面，凸面为从面。

有一点值得注意的是，如有刚体包含在接触界面中，刚体的网格也必须适当，不可过粗。

（1）车辆与地面的接触：*RIGIDWALL_PLANAR_ID

车辆与地面的接触卡片如图 10-16 所示。

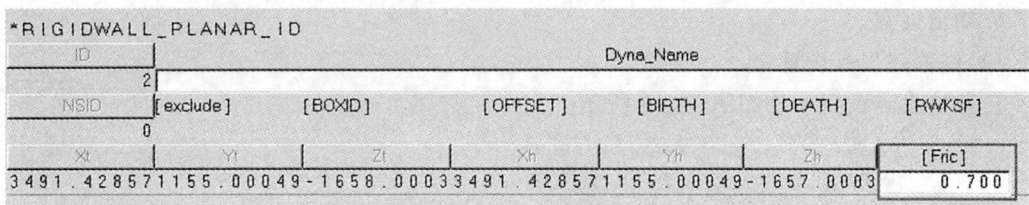

图 10-16　车辆与地面接触卡片

Slaves：选择 all。

（2）轮胎与翻转平台的接触：*CONTACT_AUTOMATIC_SURFACE_TO_SURFACE_ID

设置 FS=0.3，FD=0.3，SFS=1，SFM=1，IGNORE=1；

Master：选择 comps 为轮胎组元；

Slave：选择 comps 为翻转平台组元。

（3）整车的自接触：*CONTACT_AUTOMATIC_SINGLE_SURFACE_ID

整车自接触卡片如图 10-17 所示。

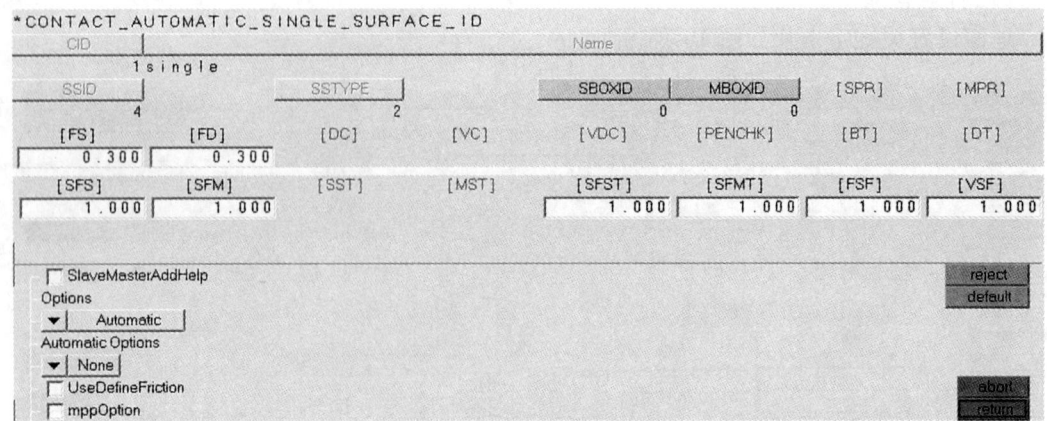

图 10-17　整车自接触卡片

Slaves：整车后台阶结构为界的所有对侧翻碰撞结果影响较大的单元（除 1D 单元外）。

(4)生存空间及配重块的接触：*CONSTRAINED_EXTRA_NODES_SET

生存空间及配重块的接触卡片如图 10-18 所示。

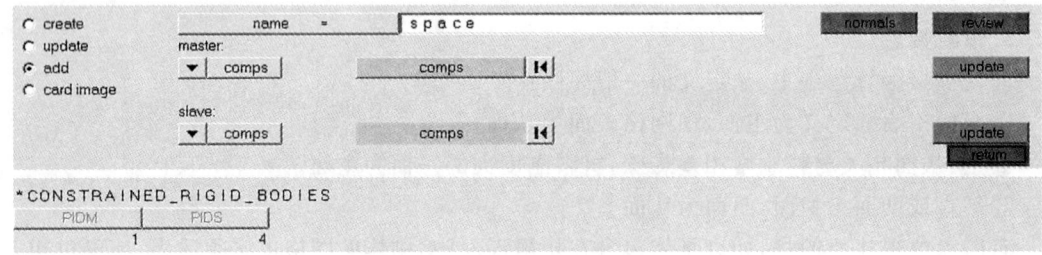

图 10-18　生存空间及配置块接触卡片

Slaves：选择一些在侧翻碰撞过程中不会变形（如车架上的单元）的结点建立一个点集。

6. 输出设置

(1)位移输出点设置

位移输出点设置卡片如图 10-19 所示。

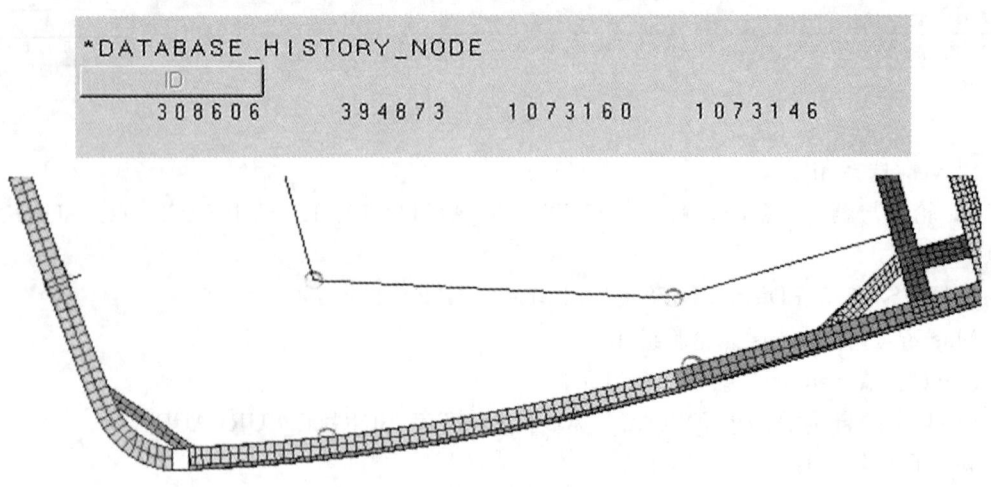

图 10-19　位移输出点设置卡片

在 BC 面板的 Analysis 模块下进入 output block 设定生存空间斜坡上的最低点、最高点及与立柱相对应的点。

(2)截面反作用力的输出设置

如着地瞬间顶弧杆上点的反作用力的设置：

Analysis—>rigid walls—>creat：命名，type 选择 XsectionPlane—>geom：选择定义的基准点，定义方向，定义平面类型及大小—>add：选择所定义的组元或 sets。

截面反作用力设置卡片如图 10-20 所示。

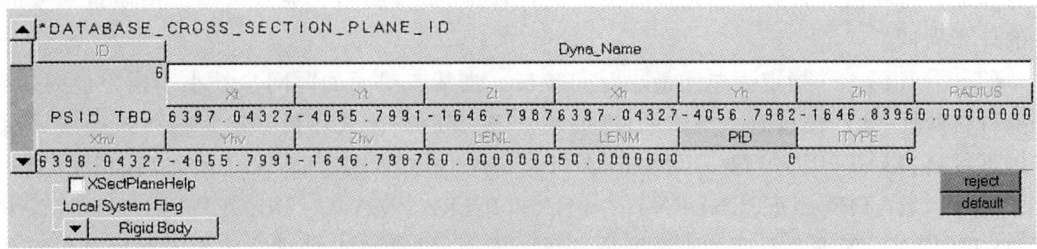

图 10-20　截面反作用力设置卡片

7. 卡片设置

(1)控制计算结束时间(图 10-21)

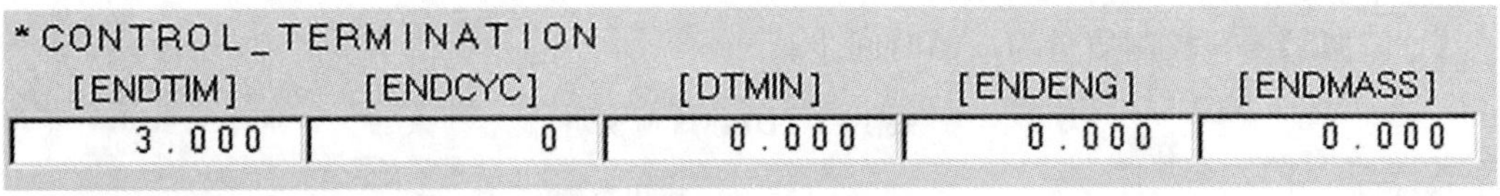

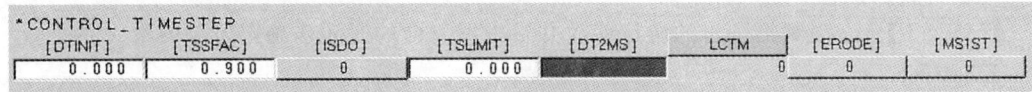

图 10-21　计算时间设置卡片

【ENDTIM】——强制的计算结束时间。

【ENDCYC】——计算循环次数。当达到指定循环次数而没有到达 ENDTIM 指定的计算结束时间时，同样终止计算。循环次数等于时间步的数目。

【DTMIN】——初始时间步长的缩放因子，用以决定最小时间步长(TSMIN)，TSMIN＝DTSTART * DTMIN。式中 DTSTART 是由 LS-DYNA 决定的初始时间步长。当达到 TSMIN 时，LS-DYNA 计算终止并输出一个重启动文件。

【ENDENG】——控制计算结束的能量比例变化。

【ENDMASS】——控制计算结束的质量比例变化。当且仅当用质量缩放控制最小时间步长时，该选项才起作用。

(2)控制计算时间步(图 10-22)

图 10-22　计算时间步设置卡片

【DTNIT】——初始时间步长。

EQ.0.0：由 LS-DYNA 决定时间步长。

【TSSFAC】——计算时间步长的缩放因子。默认为 0.9。

【ISDO】——4节点壳单元时间步长计算的根据。

EQ.0:特征长度＝面积/min{最长边,最长对角线}

EQ.1:特征长度＝面积/最长对角线

EQ.2:时间步长取决于条波速度(bar wave speed)和 MAX{最短边,面积/min(最长边,最长对角线)}。该选项提供的时间步长相对很大,可能导致计算的不稳定,尤其是在应用三角形单元时。

EQ.3:时间步长取决于最大特征值。该选项适用于材料的声音传播速度渐变的结构。用于计算最大特征值的计算开销是很有意义的,但时间步长的增长通常考虑不用质量缩放的较短的计算周期。

【TSUMIT】——指定壳单元最小时间步长。当某一单元的时间步长小于给定值时,该单元的材料属性(弹性模量而不是质量)将被调整,使其时间步长不低于给定值。该选项只适用于以下材料:MAT_PLASTIC_KINEMATIC,MAT_POWER_LAW_PLASTICITY,MAT_STRAIN_RATE_DEPENDENT_PLASTICITY, MAT_PIECEWISE_LINEAR_PLASTICITY。不推荐所谓的刚度缩放选项。下面的 DT2MS 选项适用于所有材料和所有单元类型,并且是首选的(表 10-1)。如果 TSUMIT 和 DT2MS 两个选项都被激活并且 TSUMIT 值为正,则 TSUMIT 的值自动置为 1E−18,使其功能被屏蔽。如果其值为负并且其绝对值大于｜DT2MS｜,则｜TSUMIT｜优先应用到质量缩放中,如果其绝对值小于｜DT2MS｜,则 TSUMIT 的值自动置为 1E−18。

【DT2MS】——控制质量缩放的时间步长。

表 10-1　DT2MS 值说明

DT2MS 值	应用范围
大于 0	用于初始影响无关紧要的准静态分析和时间历程分析
等于 0	默认
小于 0	允许的最小时间步长为 TSSFAC * ｜DT2MS｜,当且仅当时间步长小于判断标准时,质量缩放才会进行。该选项可用于质量增加影响不大的瞬态分析。 警告:超单元和 ELMENT_DIRECT_MATRIX_INPUT 不进行质量缩放,所以 DT2MS 不影响他们的时间步长。这种情况下计算会出错终止,DT2MS 应输入一个较小的值。

【LCTM】——限制最大时间步长的曲线。

【ERODE】——到达 TSMIN(见下面卡片 CONTROL_TERMINATION)时,实体单元和t−壳单元的侵蚀标记。如果此项不设,计算会终止。

EQ.0:无侵蚀

EQ.1:有侵蚀

【MS1ST】——限制第一步的质量缩放并且根据之前的时间步确定质量矢量。

EQ.0:否

EQ.1:是

注:红色方框内输入的参数可以根据单元大小来输入,

(3)控制沙漏(图 10-23)

*CONTROL_HOURGLASS

[IHQ]	[QH]
1	0.100

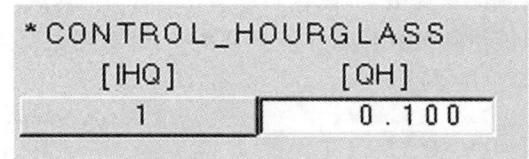

图 10-23　沙漏设置卡片

【IHQ】——沙漏控制类型：

EQ.1：标准 LS-DYNA 类型。(默认)

EQ.2：Flanagan－Belyschko 积分类型。

EQ.3：有精确体积的 Flanagan－Belyschko 积分类型。

EQ.4：类型 2 的刚度形式。

EQ.5：类型 3 的刚度形式。

EQ.6：……

EQ.7：适用于单元类型为 16 的全积分壳单元。当 IHQ＝8 时，激活翘曲刚度，以得到精确解。该选项会增加 25％的计算开销。

在壳单元中，IHQ<4 的是基于 Belyschko-Tsay 公式的黏性沙漏控制模式，IHQ＝4,5,6 为刚度控制模式。刚度控制模式在大变形问题中可能使响应变得过于刚硬，使用时要注意。在高速问题中推荐采用黏性模式，在低速问题中推荐采用刚度模式。对于大变形问题，推荐使用选项 3 或 5。

【QH】——沙漏系数。该值如果超过 0.15 可能引起计算不稳定。缺省值为 0.1，可适用于除 IHQ＝6 以外的所有选项。

(4)控制能量(图 10-24)

*CONTROL_ENERGY

[HGEN]	[RWEN]	[SLNTEN]	[RYLEN]
2	2	2	1

图 10-24　能量设置卡片

【HGEN】——沙漏能计算选项。该选项需要大量存储空间，并增加 10％的计算开销。

EQ.1：不计算沙漏能。(默认)

EQ.2：计算沙漏能并包含在能量平衡中，计算结果写入 GLSTAT 和 MATSUM 文件中。

【RWEN】——刚性墙能量耗散选项。

EQ.1：不计算刚性墙能量耗散。

EQ.2：计算刚性墙能量耗散并包含在能量平衡中，计算结果写入 GLSTAT 文件中。(默认)

【SLNTEN】——滑移面能量耗散控制选项。

EQ.1：不计算滑移面能量耗散。(当接触激活时，该选项自动设为 2)

EQ.2：计算滑移面能量耗散并包含在能量平衡中，计算结果写入 GLSTAT 和 SLEOUT 文件中。

【RYLEN】——阻尼衰减能量耗散控制选项

EQ.1:不计算阻尼衰减能量耗散。(默认)

EQ.2:计算阻尼衰减能量耗散并包含在能量平衡中,计算结果写入 GLSTAT 文件中。

(5)控制时间输出步(图 10-25)

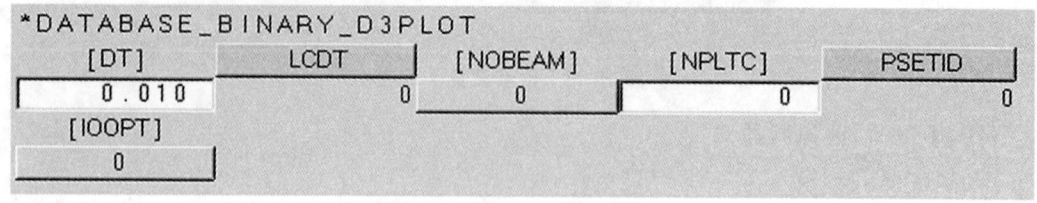

图 10-25　输出步长设置卡片

【DT】——输出的时间间隔。

【LCDT】——指定输出时间间隔的曲线。

【NOBEAM】——关于是 DATABESE-BINARY-D3POLT 或 DATABESE-BINARY-D3PART 的选择标志。EQ.0:被描述成 beam 单元的离散的弹簧和减震器单元添加到 D3POLT 或 D3PART 的数据中。单元的球形坐标 x、y、z 还有合力也添加进去。

EQ.1:非不连续的弹簧和减震器单元添加进去。旧的数据要转换的 KEYWORD 中时这个选择被选择。在旧的数据中没有必须为 beam 和弹簧单元创建单独的 ID 号,然而弹簧和减震器单元也用 beam 表示,这样就会出错。

EQ.2:同 0 一样。在 beam 中可以同时出现合力和轴力。

【NPLTC】——仅用于 D3POLT 或 D3PART 中 DT=ENDTIME/NPLTC。这个优先于 DT。

【PSETID】——仅用于 D3PART 的 SET－ID 号。

【IOOPT】——仅用于 D3PLOT 的选择。

EQ.1:在这时刻每个 plot 产生,载荷曲线的值也被加进来到当前的时刻,来决定下一个 plot 的时间。这个为默认的。

EQ.2:在这时刻每个 plot 产生,下一个 plot 的时间 T 被算出来,T＝当前的时间＋载荷曲线值在 T 时刻。

EQ.3:载荷曲线里每个纵坐标都产生一个 plot。曲线的准确值被忽略。

(6)输出结果(图 10-26)

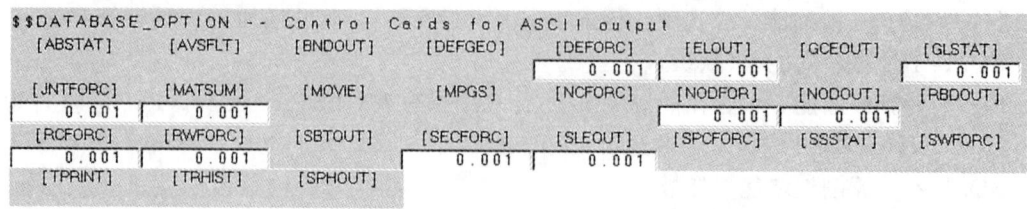

图 10-26　输出结果设置卡片

【ABSTAT】——气囊统计表。输出体积、压强、内能、气体质量流入率、气体质量流出率、质量、温度、密度。

【AVSFLT】——AVS 数据。

【BNDOUT】——边界环境的力和能量。输出三个方向的力。

【DEFGEO】——变形的几何体的文件。
【DEFORC】——离散单元。输出三个方向的力。
【ELOUT】——单元数据。

表 10-2 单元数据输出表

梁单元	平面应力	块	平面应变
轴向合力	xx,yy,zz 应力	xx,yy,zz 应力	xx,yy,zz 应变
S 方向剪切合力	xy,yz,zx 应力	xy,yz,zx 应力	xy,yz,zx 应变
T 方向剪切合力	塑性应变	有效应力	下表面应变
S 方向合力矩		屈服函数	上表面应变
T 方向合力矩			
扭力合力			

【GCEOUT】——几何接触实体。包含三个方向力和力矩。
【GLSTAT】——总体数据。
【JNTFORC】——运动副力文件。
【MATSUM】——材料能量。

表 10-3 能量输出表

GLSTAT	JNTFORC	MATSUM
动能	x,y,z 三方向的力	动能
内能	x,y,z 三方向的力矩	内能
总能量		沙漏能
比率		x,y,z 三方向的动量
刚性墙能量		x,y,z 三方向的刚体速度
弹簧和阻尼能量		总动能
沙漏能		总内能
阻尼能		总沙漏能
滑移面能量		
外功		
x,y,z 三方向速度		
时间步		
单元 ID 号控制的时间步		

【NCFORC】——接触面节点力。
【NODFOR】——节点力组。
【NODOUT】——节点数据。

表 10-4　节点数据输出表

NCFORC	NODOUT	NODFOR
x 方向力	位移	x,y,z 三方向力
y 方向力	速度	
z 方向力	加速度	
	转动量	
	角速度	
	角加速度	

【RBDOUT】——刚体数据。
【RCFORC】——接触面合成力。
【RWFORC】——刚性墙所受的力。

表 10-5　力输出表

RBDOUT	RCFORC	RWFORC
三方向合位移	三方向合力	法向力
三方向合速度		三方向合力
三方向合加速度		

【SBTOUT】——安全带输出文件。
【SECFORC】——横截面通过的力(见 DATABASE_CROSS_SECTION_OPTION)。
【SLEOUT】——滑移面的能量。
【SPCFORC】——单点约束的反作用力。
【SPHOUT】——SPH 数据(见 DATABASE_HISTORY_OPTION)。
【SSSTAT】——子系统数据。
【SWFORC】——节点约束反力(焊点和铆钉)。

表 10-6　力和能量输出表

SECFORC	SLEOUT	SPCFORC	SWFORC
x,y,z 三方向力	Slave 能量	x,y,z 三方向力	轴向力
x,y,z 三方向力矩	Master 能量	x,y,z 三方向力矩	剪切力
x,y,z 三方向中心			
面积			
合力			

【TPRINT】——结构对的热量输出。
【TRHIST】——追踪质点时间历程信息。

(7)控制接触(图10-27)

*CONTROL_CONTACT							
[SLSFAC]	[RWPNAL]	[ISLCHK]	[SHLTHK]	[PENOPT]	[THKCHG]	[ORIEN]	[ENMASS]
0.100	1.000						
[USRSTR]	[USRFRC]	[NSBCS]	[INTERM]	[XPENE]	[SSTHK]	[ECDT]	[TIEDPRJ]

图 10-27 接触设置卡片

【SLSFAC】——滑移面惩罚因子。

EQ.0:缺省值=0.1。

【RWPNAL】——刚性墙惩罚因子,用来处理刚体与固定刚性墙的相互作用。

EQ.0.0:不考虑刚体与刚性墙的相互作用。

GT.0.0:刚体与刚性墙进行相互作用,推荐值为 1。每个从节点将保存 7 个变量。如果所有节点对于刚性墙都是从节点,则会大大增加对内存的要求。

【ISLCHK】——接触面初始穿透检查。

EQ.0:自动设为 1。

EQ.1:不检查。

EQ.2:完全检查初始穿透。

【SHLTHK】——在面−面接触和点−面接触类型中考虑壳单元厚度的选项。选项 1 和 2 会激活新的接触算法。厚度偏置通常包括在单面接触、约束算法、自动面面接触和自动点面接触类型中。

EQ.0:不考虑厚度偏置。

EQ.1:考虑厚度偏置但刚体除外。

EQ.2:考虑厚度偏置,包括刚体。

【PENOPT】——惩罚刚度值选项。

EQ.0:自动设为 1。

EQ.1:主动截面和从节点刚度的最小值。(默认)

EQ.2:用主动截面的刚度值。(过去的方法)

EQ.3:用从节点的刚度值。

EQ.4:用从节点的刚度值,面积或质量加权。

EQ.5:与 4 相同,但是厚度加权。通常不推荐使用。

选项 4 和 5 推荐在金属成型计算中使用。

【THKCHG】——单面接触中考虑壳单元厚度变化的选项。

EQ.0:不考虑。(默认)

EQ.1:考虑壳单元厚度变化。

【ORIEN】——初始化过程中接触面截面自动再定位选项。

EQ.0:自动设为 1。

EQ.1:仅自动(part)输入时激活。接触面由 part 定义。

EQ.2:手动(segment)和自动输入(part)都激活。

EQ.3:不激活。

【ENMASS】——对接触过程中销蚀掉的节点的质量的处理。该选项影响所有当周围单元失效而自动移除相应节点的接触类型。通常,销蚀掉的节点的移除会使计算更稳定,但是质量的减少会导致错误的结果。

EQ.0：从计算中移除销蚀的节点。（默认）

EQ.1：保留体单元销蚀的节点并在接触中继续起作用。

EQ.2：保留体单元和壳单元销蚀的节点并在接触中继续起作用。

【USRSTR】——·········

【USRFRC】——·········

【NSBCS】——·········

【INTERM】——·········

【XPENE】——·········

【SSTHK】——·········

【ECDT】——·········

【TIEDPRJ】——·········

10.5 碰撞结果分析与评价

国内外法规均要求，客车在发生侧翻时，客车上部所有构件都不能侵入生存空间。在侧翻仿真分析时，必须满足能量守恒定理，沙漏能占总能量之比要小于5％。

碰撞模型计算完成后可采用 Hyperview 或者 LS-Prepost 进行结果后处理。后处理一般进行以下几方面的分析：

(1)查看计算是否正常计算完成。

(2)检查模型质量增加比例是否控制在2％以内。

(3)绘出能量比率曲线,查看在整个分析过程中能量是否守恒。

(4)绘出能量曲线（动能、内能、沙漏能、滑移能、总能量）。

(5)检查滑移能初始值是否为负值。

(6)分析过程中沙漏能是否超过内能的5％。

(7)从总体的变形动画来看,碰撞过程是否合理。

(8)绘出整车加速度曲线。

(9)绘出生存空间与侧窗立柱间距曲线。

(10)分析车体变形行为。

10.6 LS-DYNA 常见的问题汇总

1. 计算不稳定

一些表示计算不稳定的消息如：

"out-of-range velocities"速度超出范围；

"negative volume in brick element"体单元负体积；

"termination due to mass increase"因质量增加而终止。

用来克服显式求解中的不稳定的方法如下：

首先(也是最重要的)是使用可获得的最新的 LS-DYNA 版本。

其次是增加 d3plot 的输出频率到可以显示出不稳定的出现过程,这可以提供导致不稳定性发生的线索。

其他的一些解决数值不稳定性的技巧:

*试着用双精度 LS-DYNA 版本运行一次。

*试着减小时间步(time-step)缩放系数(即使使用了质量缩放 mass-scaling)。

*单元类型和/或沙漏(hourglass)控制。对出现不稳定的减缩体和壳单元,试着用沙漏控制 type4 和沙漏系数 0.05。或者试着用类型 16 的壳单元,沙漏控制 type8。如果壳响应主要是弹性,设置 BWC=1 和 PROJ=1(仅对 B-T 壳)。避免使用 type=2 体单元。对体单元部件,在厚度方向最少用两个体单元。

*接触。设置接触的 bucket sorts 之间周期数为 0,这样会使用缺省的分类间隔。如果参与接触的两个部件的相对速度异常的大,可能需要减小 bucket sort 的间隔(比如减小到 5,2 甚至 1)。如果仿真过程中有明显的接触穿透出现,转换到使用 * contact_automatic_surface_to_surface 或者 * contact_automatic_single_surface,并设置 SOFT=1。确保几何考虑了壳单元的厚度。如果壳非常薄,比如小于 1 mm,放大或者设置接触厚度到一个更加合理的值。

*避免冗余的接触定义,也就是说不要对同样的两个部件定义多于一个的接触对。

*查找出现不稳定的部件的材料定义中的错误(比如误输入,不一致的单位系统等)。

*关掉所有的 * damping。

这些技巧是一些通用的方法,可能并不适合于所有的情况。

2. 负体积

泡沫材料的负体积(或其他软的材料)对于承受很大变形的材料,比如说泡沫,一个单元可能变得非常扭曲以至于单元的体积计算得到一个负值。这可能发生在材料还没有达到失效标准前。对一个拉格朗日(Lagrangian)网格在没有采取网格光滑(meshsmoothing)或者重划分(remeshing)时能适应多大变形有个内在的限制。LS-DYNA 中计算得到负体积(negativevolume)会导致计算终止,除非在 * control_timestep 卡里面设置 ERODE 选项为 1,而且在 * control_termination 里设置 DTMIN 项为任何非零的值,在这种情况下,出现负体积的单元会被删掉而且计算继续进行(大多数情况)。有时即使 ERODE 和 DTMIN 换上面说的设置了,负体积可能还是会导致因错误终止。

有助于克服负体积的一些方法如下:

*简单地把材料应力-应变曲线在大应变时硬化。这种方法会非常有效。

*有时候修改初始网格来适应特定的变形场将阻止负体积的形成。此外,负体积通常只对非常严重的变形情况是个问题,而且特别是仅发生在像泡沫这样软的材料上面。

*减小时间步缩放系数(timestep scale factor)。缺省的 0.9 可能不足以防止数值不稳定。

*避免用全积分的体单元(单元类型 2 和 3),它们在包含大变形和扭曲的仿真中往往不是很稳定。全积分单元在大变形的时候鲁棒性不如单点积分单元,因为单元的一个积分点可能出现负的 Jacobian 而整个单元还维持正的体积。在计算中用全积分单元因计算出现负的 Jacobian 而终止会比单元积分单元来得快。

*用缺省的单元方程(单点积分体单元)和类型 4 或者 5 的沙漏(hourglass)控制(将会刚化响应)。对泡沫材料首先的沙漏方程是:如果低速冲击 type 6,系数 1.0;高速冲击 type 2 或

者3。
* 对泡沫用四面体(tetrahedral)单元来建模,使用类型10体单元。
* 增加DAMP参数(foam model 57)到最大的推荐值0.5。
* 对包含泡沫的接触,用*contact选项卡B来关掉shooting node logic。
* 使用*contact_interior卡用part set来定义需要用contact_interior来处理的parts,在set_part卡1的第5项DA4来定义contact_interior类型。缺省类型是1,推荐用于单一的压缩。在版本970里,类型1的体单元可以设置type=2,这样可以处理压缩和减切混合的模式。
* 如果用mat_126,尝试ELFORM=0。
* 尝试用EFG方程(*section_solid_EFG)。因为这个方程非常费时,所以只用在变形严重的地方,而且只用于六面体单元。

3. 负的滑动能

这是由于在建立模型时PART与PART之间有初始穿透,尤其是壳单元模型时很容易发生,应当避免这种情况的出现,否则容易在有初始穿透的地方产生塑性铰,原因是程序在求解的开始阶段给予穿透相应的接触力消除穿透,使材料发生局部塑性变形。

4. LS-DYNA求解中途退出的解决方案

LS-DYNA在求解过程中由于模型的各种问题常发生中途退出的问题,归纳起来一般有三种现象:一是单元负体积,二是节点速度无限大,三是程序崩溃。

(1)单元负体积:这主要是由于人工时间步长设置的不合理,调小人工时间步长可解决该问题。

还有就是材料参数和单元公式的选择合理问题。

(2)节点速度无限大:一般是由于材料等参数的单位不一致引起,在建立模型时应注意单位的统一,另外还有接触问题,若本该发生接触的地方没有定义接触,在计算过程中可能会产生节点速度无限大。

(3)程序崩溃:该现象不常发生,若发生,首先检查硬盘空间是否已满,其次检查求解的规模是否超过程序的规模,最后就是对于特定的问题程序本身的问题。

当然对于程序中途退出问题原因是比较复杂的,不过对于其他一些刚开始就中断的现象,LS-DYNA都会提示用户怎样改正,如格式的不对、符号的缺少等等。

5. 处理LS-DYNA中的退化单元

在网格划分过程中,我们常遇到退化单元,如果不对它进行一定的处理,可能会对求解产生不稳定的影响。在LS-DYNA中,同一Part ID下既有四面体,又有五面体和六面体,则四面体、五面体既为退化单元,节点排列分别为N1,N2,N3,N4,N4,N4,N4,N4和N1,N2,N3,N4,N5,N5,N6,N6。这样退化四面体单元中节点4有5倍于节点1-3的质量,而引起求解的困难。其实在LS-DYNA的单元公式中,类型10和15分别为四面体和五面体单元,比退化单元更稳定。所以为网格划分的方便起见,我们还是在同一Part ID下划分网格,通过*CONTROL_SOLID关键字来自动把退化单元处理成类型10和15的四面体和五面体单元。

6. LS-DYNA中对于单元过度翘曲的处理方法

有两种方法:

(1)采用默认B-T算法,同时利用*control_shell控制字设置参数BWC=1,激活翘曲刚度选项。

(2)采用含有翘曲刚度控制的单元算法,第10号算法。该算法是针对单元翘曲而开发的算法,处理这种情况能够很好地保证求解的精度。

除了上述方法外,在计算时要注意控制沙漏,确保求解稳定。

参考文献

[1] 钟志华,张维刚,曹立波等. 汽车碰撞安全技术[M]. 北京:机械工业出版社,2005.

[2] 胡远志,曾必强,谢书港等. 基于 LS-DYNA 和 HyperWorks 的汽车安全仿真与分析[M]. 北京:清华大学出版社,2011.

[3] 谭继锦,张代胜. 汽车结构有限元分析[M]. 北京:清华大学出版社,2009.

[4] 全国汽车标准化技术委员会. GB 17578－2013 客车上部结构强度要求及试验方法[S]. 北京:中华人民共和国国家质量监督检验检疫总局,中国国家标准化管理委员会发布,2013.

[5] UNECE. R66-Uniform technical prescriptions concerning the approval of large passenger vehicles with regard to the strength of their superstructure[S]. 2006.

第十一章　客车－轿车碰撞兼容性设计

碰撞兼容性已发展成被动安全领域最新研究方向。传统的汽车安全理念认为高星级的汽车就是安全的,但这不完全正确。真正的车与车碰撞过程中,存在着很多不可预知的因素,而且在实际发生的车辆碰撞事故中,车对车的碰撞绝大多数发生在不同重量级的车型之间。据统计,两车质量差一倍,事故死亡率要提高四倍。两车碰撞时,相对速度很高,产生更为巨大的局部冲击力。相对于车与障碍物碰撞试验,两车对碰存在着重量、材质的差异、吸能区受力不均,情况更为复杂。为了给消费者提供更为安全的汽车,更为真实地反映实际碰撞状况,开展车辆碰撞相容性的研究是非常有必要的。

车辆兼容性包括车辆自身的防撞性、保护车内乘员的安全性、对对方车辆的攻击性以及对其乘员的伤害性。碰撞形态主要包括交通事故中车与车或车与其他物体的碰撞。在碰撞中,乘员和财产损失最小时才能够表明两辆车具有好的兼容性。随着碰撞法规日趋完善和公众对汽车安全性关注的日益增加,汽车碰撞的兼容性也会越来越多地引起人们的注意。

世界卫生组织、哈佛大学公共卫生学院和世界银行联合研究得出:到2020年,道路交通事故将成为导致人类死亡的第三大原因,每年致死人数将超过140万。其中,侧面碰撞事故占事故总数的30%左右,仅次于正面碰撞;而在造成乘员死亡和重伤的两车侧面碰撞事故中,被撞击车辆驾驶员的死亡概率是撞击车辆驾驶员死亡概率的几倍甚至几十倍以上。居高不下的伤亡概率威胁着人们的生命安全,因此,要想使事故中车辆所有乘员的损伤风险降至最低,对汽车正面碰撞和侧面碰撞的兼容性研究就显得尤为重要。

根据2004年美国致命事故报告系统(FARS数据库)报告,侧面碰撞造成的社会损失每年已经超过30亿美元。根据FARS数据库统计,60%的机动车交通事故是由最常见的前面碰撞造成的,22%的机动车交通事故是由侧面碰撞事故造成的。由此可知,前面碰撞事故和侧面碰撞事故已经是交通事故造成死亡和损伤的最主要原因。

国际协调研究机构(IHRA)对国际领域所有碰撞数据库统计表明,大概有1/3的乘员死亡和各种损伤是由侧面碰撞造成的,致命事故分布如图11-1所示。

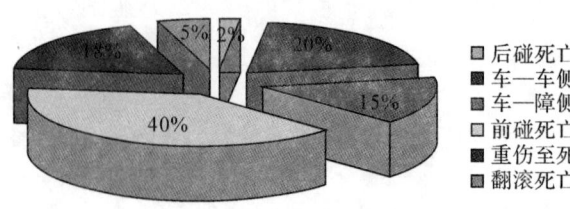

图 11-1　致命事故分布图

值得注意的是，汽车侧面碰撞事故的危害还不止如此。表 11-1 显示了 2004 年美国不同汽车事故乘员致伤或致死的人数。在该表中，虽然侧面碰撞事故仅占所有交通事故的 22%，但是，29% 的致命公路汽车交通事故是由侧面碰撞事故造成的，同时还使 24% 的乘员丧失劳动能力。通过比较发现，侧面碰撞事故比前面碰撞事故造成的损伤更严重，其中，各自的致残致命损伤分别为 65.5% 和 51%。

同时，汽车侧面是车体中强度较薄弱的部位，尤其是轿车，因其侧面是车门，强度更为薄弱。统计发现：乘员与车门外板之间仅有 20～30 cm 的空间，而碰撞造成车门等物侵入却达到 15～46 cm。相关数据显示，2003 年我国一共发生交通事故 667507 起，总伤亡人数 598546 人次，其中侧面碰撞事故占 32%，造成的人员伤亡占伤亡总数的 31.1%。

因此，汽车侧面碰撞安全性的研究越来越受到各个国家、各个科研院所、各个汽车厂商和消费者的关注。

表 11-1　单车和多车交通事故乘员损伤

2004 年 FARS 数据

碰撞位置	无损伤	可能损伤	不致残损伤	致残损伤	致命损伤	不可知损伤	总和	乘员百分比	致残百分比	致命百分比
前面	13289	5533	8351	8462	19966	170	55771	64.4%	15.2%	35.8%
左侧	1639	748	1184	1422	5294	28	10315	11.9%	13.8%	51.3%
右侧	1401	620	1209	1572	4730	24	9556	11.0%	16.5%	49.5%
后面	2474	922	867	754	1790	51	6858	7.9%	11%	26.1%
其他	917	180	505	505	1953	62	4122	4.8%	12.3%	47.4%
总和	19720	8003	12116	12715	33733	335	86624	100%	14.7%	38.9%
侧面百分比	15.4%	17.1%	19.7%	22.4%	29.7%	15.5%	22.9%		15.1%	50.4%

11.1　碰撞兼容性理论与分析方法

很多研究表明两车正面相撞事故是两车事故的主要类型，车辆的安全性设计不仅应该关注对车内乘员的保护，也应关注对参与碰撞事故的另一车内乘员的保护。碰撞相容性的定义是通过优化车体设计，以减小参与碰撞的双方车辆中乘员的损伤。碰撞相容性的研究得到了各国政府和汽车制造商的高度重视。美国国家高速公路安全管理局（NHTSA）在 20 世纪 90 年代中期，启动了车辆侵害性和相容性研究项目。1996 年欧盟汽车安全促进委员会（EEVC）成立了碰撞相容性研究工作组 WG15，于 2003 年启动了车辆碰撞相容性研究项目 VC-COMPACT，研究用以评估车辆碰撞相容性的试验方法和评价体系。在车辆碰撞相容性试验方面，研究集中在试验障壁的开发，已提出了 3 种试验障壁方案，即移动可变性障壁（Moving Deformable Barrier，MDB），全宽可变形障壁（Full width Deformable Barrier，

FDB 和渐进式可变形障壁(Progressive Deformable Barrier,PDB)试验。目前相关法规和试验评价方法的研究仍在进行中。在提高车辆碰撞相容性的研究方面,也已取得了长足的进展。本田公司的 Masuhiro 等提出的一种新的车体前部结构(Advanced Compatibility Engineering Body,ACE 车身),可有效地提高正面碰撞的相容性,目前已广泛地使用在该公司的各种车型上。Volvo 公司 Lars Forsman 提出的 Safety Cage 结构,已应用于该公司的 SUV 车型,有效地减小了对乘用车的侵害性。国内的相关研究机构也开展了碰撞相容性方面的研究工作,广州本田于 2006 年在长春进行了国内首次本田奥德赛和本田雅阁的两车对碰试验。长城汽车作为国内自主品牌汽车企业,也于 2008 年首次进行了长城嘉誉和精灵的两车对碰试验。

为了评价汽车结构的相互作用以及前端碰撞作用力水平和乘员舱强度等,欧洲汽车安全委员会(EEVC)的兼容性和前面碰撞工作小组(WG15)开发了渐进型变形壁障 PDB 测试程序,其测试方法被选为汽车安全碰撞测试法规候选方法之一。

渐进型变形壁障 PDB 设计来源于汽车前端的刚度变化,为了更真实地模拟汽车前端结构刚度变化和测试程序的规范性,通过分析一系列车型前面碰撞结果,渐进型变形壁障 PDB 被设计成前后两部分和上下两部分,PDB 前部变形强度为 0.34 MPa,PDB 后部的上部变形强度从 0.34 MPa 渐进至 0.68 MPa,而下部变形强度则从 0.68 MPa 渐进至 1.02 MPa,各部分的变形强度如图 11-2 所示。

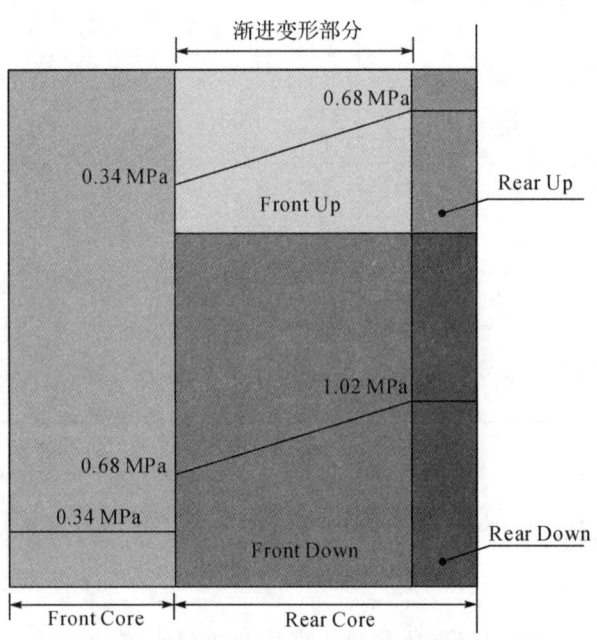

图 11-2　渐进型变形壁障 PDB 各部分变形强度

渐进型变形壁障 PDB 测试的评估方法归纳起来主要考察如下 3 个参数。
(1) 变形深度:X 方向的刚度描述;
(2) 变形高度:Z 方向的几何特征描述;
(3) 变形的表面积。

基于上面三个独立参数,渐进型变形壁障 PDB 的变形保护评价公式可以这样表达:
$$\text{PPAD} = \frac{0.52}{10} R^{0.55} \tag{11.1}$$

其中，

$$R = \sum_{i=1}^{14} \left(\frac{Z_i}{Z_{lim}}\right)^4 \left(\frac{X_i}{X_{lim}}\right)^2 S_i \tag{11.2}$$

i——表示深度参考等级；
Z_i——表示某深度参考等级变形表面积的平均变形高度；
X_i——表示某深度参考等级变形表面积的平均变形量；
S_i——表示变形深度的表面积。

根据欧洲的试验结果，$Z_{lim}=400$ mm，$X_{lim}=300$ mm。

如果 PPAD 值越小，表示该试验车辆的兼容性越好，碰撞事故中保护其他车辆乘员的效果越好。部分车辆的 PPAD 值如表 11-2 所示。

表 11-2 部分车辆 PPAD 值

	车辆类型	PPAD 值	刚度特性	几何特性
Dodge Neon	小型轿车	4.84	24.1%	75.9%
Ford Taurus	中型轿车	5.56	24%	76%
Dodge Caravan	小型卡车	8.88	35.8%	64.2%
Ford Explorer	SUV	12.61	36%	64%
Ford F250	大型皮卡	14.97	28.7%	71.3%

11.2 碰撞兼容性的影响因素

在两车碰撞过程中，影响汽车兼容性问题的主要因素有三个：质量、刚度特性和几何特性。因此，更好地理解这三个主要因素在理论方面的影响有助于控制它们来达到提高汽车碰撞兼容性的目的。针对质量因素，主要研究乘用车两车质量比值，针对刚度特性因素，主要研究撞击车的主要吸能部件结构对目标车的相对高度，针对几何特性因素，主要研究撞击车前部相对目标车的接触面积。

11.2.1 两车质量比

在两车碰撞中，汽车质量是影响兼容性最主要的因素，并直接影响汽车在碰撞过程中的运动特性。众所周知，在弹性碰撞中，两个物体的动量变化是相等的，质量轻的物体的速度变化大。考虑到加速度的变化，质量轻的车辆乘员获得的加速度级别较大。

上述分析显示，在车对车碰撞中，质量因素直接影响两车的速度改变量。由两车的碰撞试验可知，速度的改变大小和两车的质量比有关，与每个车的绝对质量无关。在此结论基础之上，利用数学工具就可以建立速度改变量与两车质量比的数学表达式。

根据动量守恒定律，碰撞之前车辆动量总和等于碰撞之后两车动量总和。因此，对车辆 1 的质量 m_1 和初始速度 v_1，车辆 2 的质量 m_2 和初始速度 v_2 在完全弹性碰撞之后两车速度 v_f 达到一致，碰撞之前和碰撞之后的两车动量通过如下公式求得：

$$m_1 \times v_1 + m_2 \times v_2 = (m_1 + m_2) \times v_f \tag{11.3}$$

$$v_f = \frac{m_1 \times v_1 + m_2 \times v_2}{m_1 + m_2} = \frac{v_1 + \frac{m_2}{m_1} \times v_2}{1 + \frac{m_2}{m_1}} \tag{11.4}$$

车辆 1 的速度改变量 Δv_1 由初始速度 v_1 与碰撞结果速度 v_f 求得：

$$\Delta v_1 = v_f - v_1 \tag{11.5}$$

把式(11.4)中的速度 v_f 代入式(11.5)中，车辆 1 的速度改变量可以通过两车质量比和两车初始速度(v_1 和 v_2)来表达：

$$\Delta v_1 = \frac{v_1 + \frac{m_2}{m_1} \times v_2}{1 + \frac{m_2}{m_1}} - v_1 = \frac{v_2 - v_1}{\frac{m_1}{m_2} + 1} \tag{11.6}$$

上面方程也可以用速度差 v_c 来表示：

$$v_c = v_2 - v_1$$

得到，

$$\Delta v_1 = \frac{v_c}{1 + \frac{m_1}{m_2}} = v_c \times \frac{m_2}{m_1 + m_2} \tag{11.7}$$

基于式(11.7)，车辆 1 的速度改变量 Δv_1 在质量比 m_1/m_2 小于 1、等于 1 和大于 1 三种情况下，其限制范围如下：

$$\frac{m_1}{m_2} < 1 \quad \Rightarrow \frac{1}{2} \cdot v_c < \Delta v_1 < v_c$$

$$\frac{m_1}{m_2} = 1 \quad \Rightarrow \Delta v_1 = \frac{1}{2} \cdot v_c$$

$$\frac{m_1}{m_2} > 1 \quad \Rightarrow 0 < \Delta v_1 < \frac{1}{2} \cdot v_c$$

当车对车碰撞过程中速度的改变量作为一个考虑因素时，同时还需要考虑到乘员舱的加速度因素。在质量比 m_1/m_2 小于 1 的情况下，车辆 1 获得的速度改变量大于车辆 2，如果两车的碰撞持续时间一致的话，那么根据牛顿定律，可知车辆 1 获得的加速度将超过车辆 2 的加速度。

在 US-NCAP 实车碰撞试验中，车辆 2 的初始速度为 0，把该限制条件代入上述方程式中，得到：

$$v_f = \Delta v_2 = \frac{m_1 \times v_1}{m_1 + m_2} = \frac{v_1}{1 + \frac{m_2}{m_1}} \tag{11.8}$$

$$\Delta v_1 = \frac{v_1}{1 + \frac{m_2}{m_1}} - v_1 = \frac{-\frac{m_2}{m_1}}{1 + \frac{m_2}{m_1}} \times v_1 \tag{11.9}$$

由式(11.8)和式(11.9)可知，在质量比 m_1/m_2 大于 1 的情况下，车辆 1 的速度改变量 Δv_1 为负值，车辆 2 的速度改变量 Δv_2 为正值；在质量比 m_1/m_2 小于 1 的情况下，车辆 1 的速度改变量 Δv_1 为负值，车辆 2 的速度改变量 Δv_2 为正值。

假设汽车碰撞过程是完全塑性碰撞，则碰撞之后总动能为：

$$CE_{after} = \frac{1}{2} \times (m_1 + m_2) \times v_f^2 \tag{11.10}$$

汽车结构变形吸收能量为碰撞前后动能之差,因此,

$$\Delta E = CE_{before} - CE_{after} \tag{11.11}$$

即为,

$$\Delta E = \frac{1}{2} \times \frac{m_1 \times m_2}{m_1 + m_2} \cdot (v_2 - v_1)^2 \tag{11.12}$$

设 $f(x)$ 函数表达式为:

$$f(x) = \frac{m_1 \times m_2}{m_1 + m_2} = \frac{1}{\frac{1}{m_2} + \frac{1}{m_1}} \tag{11.13}$$

假设

$$\frac{m_1}{m_2} = k \tag{11.14}$$

即

$$m_1 = k \cdot m_2 \tag{11.15}$$

把式(11.15)代入式(11.13),则有

$$f(x) = \frac{k \cdot m_2}{1 + k} \tag{11.16}$$

这时能量吸收表达式为

$$\Delta E = \frac{1}{2} \times \frac{k \cdot m_2}{1 + k} \times (v_2 - v_1)^2 \tag{11.17}$$

根据式(11.17)可知,如果 ΔE 大于1时,随着不断增大,则表达式值不断增大,在两车初始速度差值不变的情况下,即汽车结构吸收的能量不断增大;当 ΔE 小于1时,随着不断减少,则表达式值不断减少,在两车初始速度差值不变的情况下,即汽车结构吸收的能量不断减少。

然而,考虑到消费者不同的需求,如不同的汽车特性和应用、燃油经济性等,控制车辆的质量是一件非常困难的事情。因此,世界范围内的研究者开始试着建立车辆质量与车辆刚度的关系特性和车辆质量与车辆几何的关系特性。

11.2.2 汽车刚度

在车对车碰撞中,车辆的前部刚度是最可能进行改进的因素。其研究方法有:集中参数模型研究、假人自由体模型、变形能量计算研究。在线性塑性变形过程中,可以精确控制车辆的刚度,图形表示出来就是车辆的力变形响应曲线的斜率。然而,汽车碰撞过程中力变形曲线是非线性响应曲线,因此,关键不是去寻求它的"刚度",而是寻求能够简单表述汽车碰撞特性的非线性力变形响应。

下面利用最简单的质量弹簧模型来分析车对车侧面碰撞中刚度变形之间的关系,简单集中参数模型如图11-3所示。

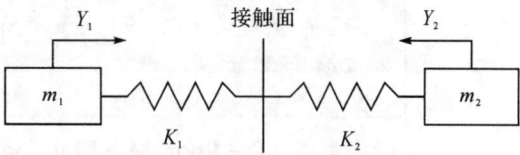

图11-3 简单集中参数模型

根据牛顿第三定律,图11-3的集中参数模型可以用力表达式这样描述,描述如下:

$$F_1 = F_2 \tag{11.18}$$

有，

$$K_1 \times Y_1 = K_2 \times Y_2 \tag{11.19}$$

即

$$\frac{K_1}{K_2} = \frac{Y_2}{Y_1} \tag{11.20}$$

其中，m_1 表示车辆 1 的质量，K_1 表示车辆 1 前端刚度，Y_1 表示车辆 1 前端在车对车侧面碰撞过程中的变形；m_2 表示车辆 2 的质量，K_2 表示车辆 2 侧面刚度，Y_2 表示车辆 2 前端在车对车侧面碰撞过程中的变形。

因此，当侧面碰撞中两车刚度比大于 1 时，则有车辆 1 的前端变形小于车辆 2 的侧面变形，这表示在实车碰撞中，被撞车辆 2 的侧面变形侵入量大于撞击车辆 1 的前端变形，结果就是车辆 2 的乘员将受到更大的损伤，如从碰撞变形角度来看，车辆 2 的侧面碰撞耐撞性不高，侧面刚度需要进一步提高，例如，SUV 前面撞击轿车侧面。

在按照国家法规进行的侧面碰撞和 NCAP 侧面碰撞试验时，碰撞中的两车刚度比一般是小于 1 的，即可变形移动壁障的变形量大是正常的，反之，则表明被试验车的侧面碰撞耐撞性不好。

图 11-4 对比表述了福特 F150 前端偏置刚度 2001 年版和 2004 年改进版之后的变形情况。图 11-5 为福特 F150 前面偏置碰撞力位移曲线图。图 11-6 描述了可变形壁障作用力与位移的关系，并表述出变形能量刚度公式的三种计算方法。

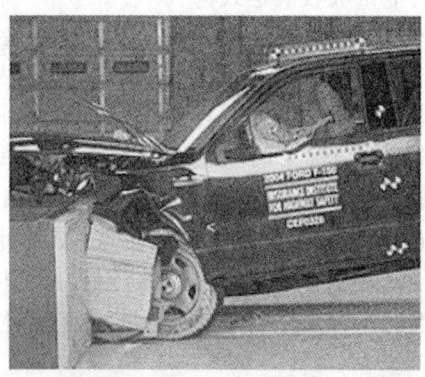

P = Poor, M = Marginal, A = Acceptable, G = Good

图 11-4 福特 F150 前端偏置碰撞结果对比（2001 版和 2004 版）

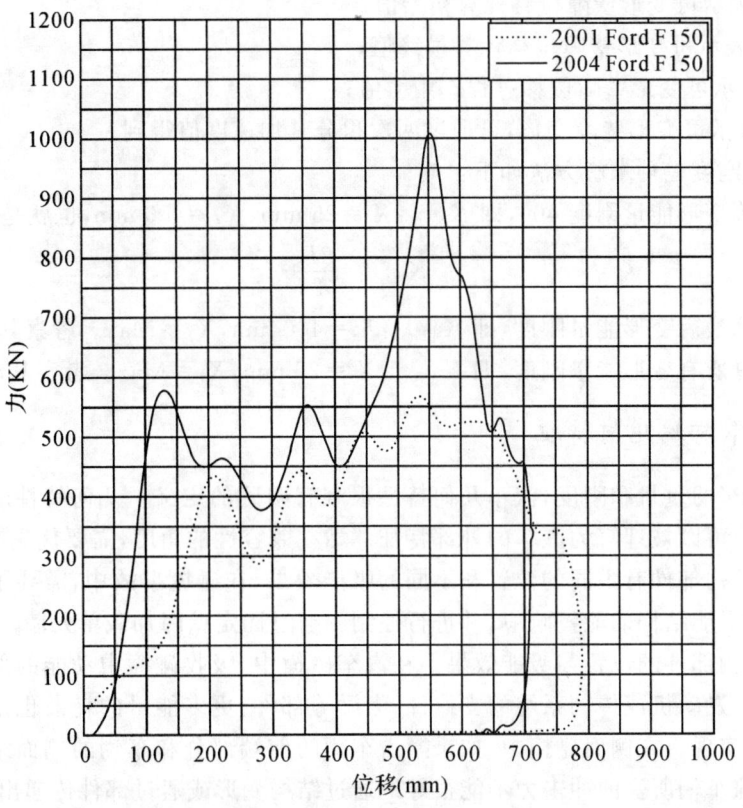

图 11-5 福特 F150 力位移特性曲线图

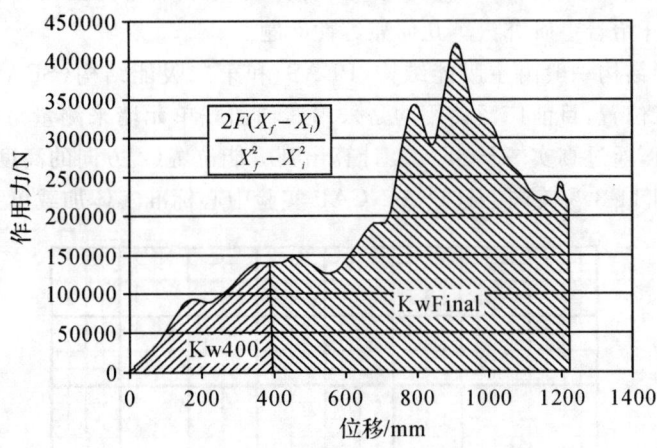

图 11-6 可变形壁障作用力与位移关系图

如图 11-6 所示,变形能量刚度 K_W 表达式如下:

$$\frac{1}{2} \times K_W \times (X_f^2 - X_i^2) = F \times (X_f - X_i) \tag{11.21}$$

求解变形能量刚度 K_W,得到

$$K_W = \frac{2F(X_f - X_i)}{X_f^2 - X_i^2} \tag{11.22}$$

其中，X_i——表示可变形壁障位移计算初始值；

X_f——表示可变形壁障位移计算最终值；

F——表示可变形壁障位移过程作用力值；

X——表示可变形壁障变形，可通过两次积分其加速度值得到。

变形能量刚度三种求解方法如下：

其一，计算变形能量刚度 400，即 $K_{W400}:X_i=25\text{ mm}, X_f=400\text{ mm}$，也就是

$$K_{W400}=\frac{2F}{425}$$

其二，计算最后变形能量刚度，即 $K_{WFinal}:X_i=400\text{ mm}, X_f=\text{Max}$。考察其动态变形过程。

其三，计算所有变形能量刚度，即 $K_{WTotal}:X_i=25\text{ mm}, X_f=\text{Max}$。考察其动态变形过程。

11.2.3 汽车前端几何特征

不同于汽车的重量和刚度，汽车几何特性很难有明确的定义。几何特性既可以被理解为汽车的形状，也可以被理解为汽车的外部特征。站在兼容性的角度，需要优先考虑汽车几何特性，因为吸能结构部件有不同的位置和不同的吸能效果，在碰撞事故中，需要了解到其吸能结构对其他车辆吸能结构的能量响应，并进行控制。通过固定壁障加载单元墙，就可以知道某一车辆的吸能机构部件的位置与吸能效果。在汽车碰撞中，吸收碰撞中动能的部件主要有乘员舱的支撑结构、发动机或传动系统的支撑件、纵梁等部件，更多能量的耗散也是通过两车前端的结构变形来实现。在侧面碰撞中，如果撞击车辆的前端部分和车辆的侧面结构几何兼容性较差，那么被撞车辆所受的冲击力不能很好地通过结构变形或通过部件传递出去，则很有可能使乘员所受损伤等级在 4 级以上。

目前，有关汽车前端几何特性还没有相应的法规和消费者碰撞测试。但是，美国的联合汽车制造商（AAM）开始着手研究汽车几何兼容性问题。

汽车前端吸能结构一般由主吸能结构（PEAS）和第二吸能结构（SEAS）组成。为了便于测量汽车前端吸能位置，目前广泛使用的是采用三轴加载单元墙来测量每个单元的三轴受力值和三轴受力矩值，通过真实 AHOF 400 计算出其吸能位置（Z 方向的高度）。图 11-7 为有限元加载单元墙。图 11-8 为美国 NHTSA-NCAP 实验中心标准实体加载单元墙示意图。

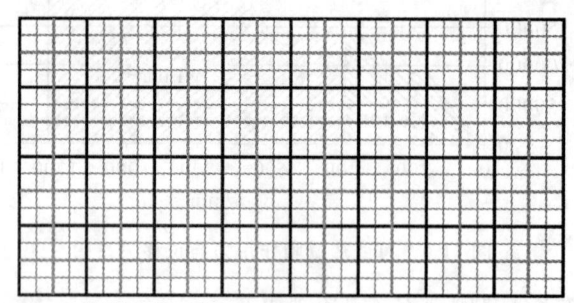

红-2X8加载单元墙，绿-8X16加载单元前，黄-16X32加载单元墙

图 11-7 有限元加载单元墙

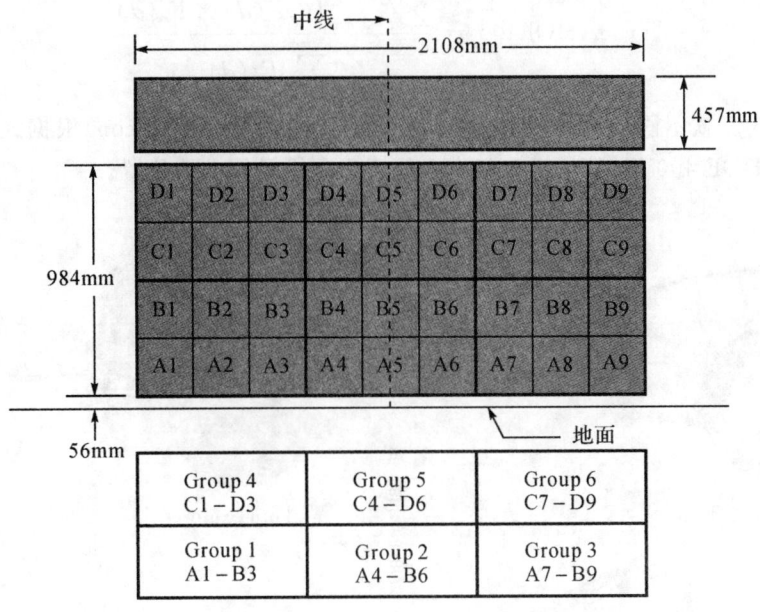

图 11-8 NHTSA-NCAP 标准加载单元墙

为了便于计算出汽车前端吸能结构位置,根据力矩理论,如图 11-9 所示,首先计算出 HOF 值,然后加权平均得到要求解的真实 AHOF 值,该值就是吸能结构位置点,被用来描述汽车前端几何兼容性特征。

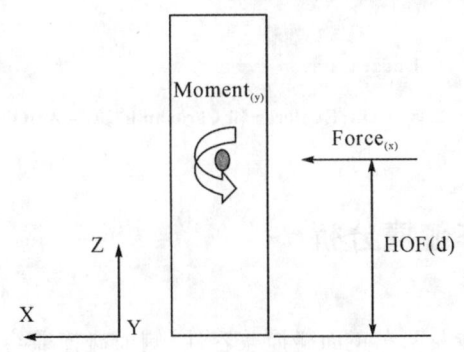

图 11-9 多轴加载单元 HOF 图

通过式(11.23)求解 HOF,

$$\text{HOF}(d) = \frac{M_y(d)}{F_x(d)} \tag{11.23}$$

其中,d— 表示动态变形量;

$F_x(d)$— 表示碰撞方向加载单元测的作用力;

$M_y(d)$— 表示绕 y 轴的力矩;

HOF— 表示力矩 $M_y(d)$ 的力臂。

真实 AHOF400 通过式(11.24)求解:

$$\mathrm{TrueAHOF400} = \frac{\sum_{d=25\mathrm{mm}}^{400\mathrm{mm}} HOF(d) \times F_x(d)}{\sum_{d=25\mathrm{mm}}^{400\mathrm{mm}} F_x(d)} \qquad (11.24)$$

图 11-10 为三款不同车(福特 Explorer、道奇 Caravan 和道奇 Neon)根据式(11.24)计算得到的真实 AHOF 400 值,其位置点基本上位于汽车纵梁偏上的位置。

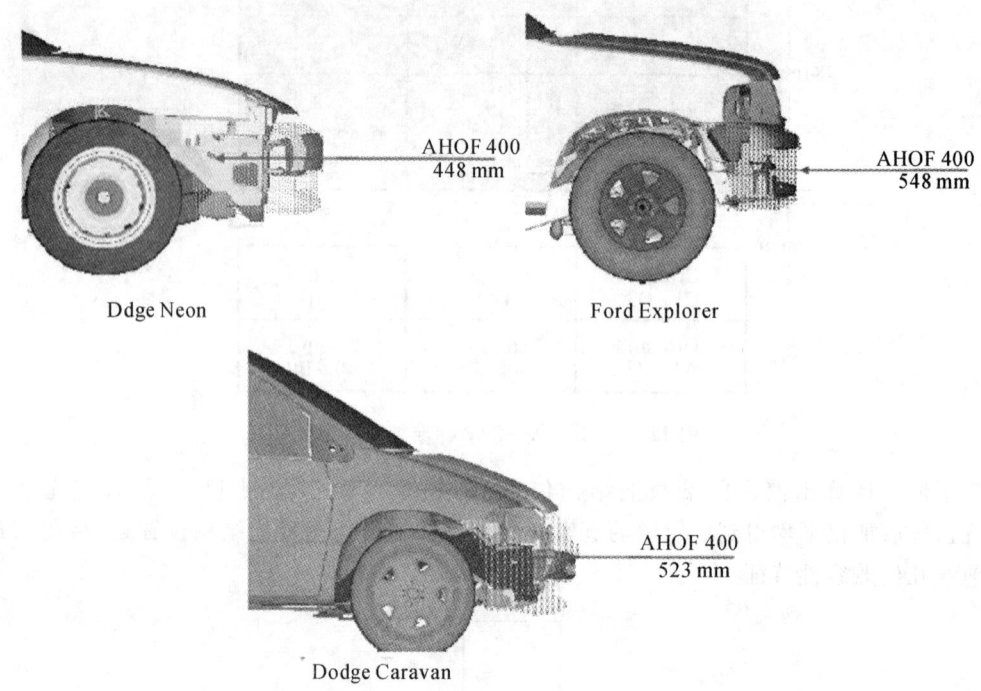

图 11-10　车辆 Neon,Explorer 和 Caravan 的真实 AHOF400 位置

11.3　乘用车—轿车碰撞分析

碰撞兼容性研究范围涉及两车正面碰撞兼容性、侧面碰撞兼容性和追尾碰撞兼容性以及真实事故数据统计分析。目前国外兼容性研究主要集中在正面碰撞和真实事故统计这两个领域。正面碰撞兼容性研究内容包括了求解汽车前端主要吸能位置和定义 AHOF(Average Height of Force)参数、PDB(Progressive Deformation Barrier)碰撞测试方法、固定壁障加载单元墙等方面。我国对汽车碰撞兼容性的研究起步比较晚,从 2002 年至今,陆续有专家教授开始研究汽车安全兼容性方面的问题。

11.3.1　国内外研究现状

为了更好地反映真实碰撞,长城汽车技术研究院于 2007 年底开始了车辆碰撞相容性研究。利用 CAE 技术建立了多款车的对碰相容性分析,如精灵轿车和嘉誉 MPV 的正对碰相容性分析、精灵轿车和嘉誉 MPV 的 50% 偏置相容性分析以及精灵轿车和哈弗车的侧碰相容性分析。2008 年 4 月 8 日,长城汽车在其安全性实验室对精灵轿车和嘉誉 MPV 进行了 100%

正对碰相容性试验。其中嘉誉 MPV 的车重是精灵轿车的 1.6 倍。碰撞过程中,精灵和嘉誉的车门没有自动打开,碰撞后,两车车门均能开启;安全气囊全部起爆,点火时间正常,转向管柱和脚踏板没有明显位移;假人完好,伤害值在理想范围内;两车 A 柱没有明显变形,机舱完整。CAE 部对试验数据和仿真数据就车体变形、B 柱加速度、A 柱后移量、驾驶员伤害值以及三踏板等位移情况进行了相关性研究。常规碰撞试验中使用的壁障与实际的车辆相比,对碰撞能量产生的分散效果并不相同,车与车发生碰撞时,碰撞能量的分散情况要比车与材质均匀的障碍物碰撞更复杂,对方车辆结构和零件硬度的不均匀性产生的局部区域的集中冲击力如果不能被有效分散,乘员舱的变形将加大,乘员受到的冲击也会变大。通过试验数据和仿真结果的对比,可以发现车辆的变形趋势一致,提取的 B 柱加速度、A 柱后移量、转向管柱移动量、三踏板位移和假人相关数据也基本相同,这充分证实了在碰撞相容性分析中 CAE 技术的作用。只有进行了相关性分析的运算模型才是精确模型,在此基础上进行的碰撞结构改进才是最有效的。

与正面撞击刚性壁障试验数据对比,车辆在正面碰撞过程中,发生变形的区域主要是车辆的前端结构,B 柱以后几乎不会发生变形。因此通常将 B 柱采集到的 X 向减速度信号作为车体的减速度信号。通过"车对车"与"车对壁障"小车的 B 柱减速度曲线对比,"车对车"的车体减速度曲线要比"车对壁障"滞后一些。以长城汽车精灵、嘉誉为例,精灵轿车与嘉誉两车以 45 km/h 车速对碰与精灵轿车以 45 km/h 车速撞击刚性壁障 B 柱加速度第一峰值变化不大,第二峰值以后滞后了 10 ms 左右,同时峰值会有所增大。分析认为,与撞击刚性壁障相比,两车对碰时车身前部结构刚度差异必然导致这样的结果。然而,第一峰值变化不大,使安全气囊可在正常的点火时刻起爆,从而正常地保护驾驶员头部,第二峰值的增大可能会导致驾驶员胸部伤害值略有增加。"车对车"与"车对壁障"小车驾驶员头部合成加速度曲线对比发现"车对车"并没有对驾驶员头部造成额外的伤害,因为"车对车"与"车对壁障"小车气囊点火时刻差别不大,所以驾驶员头部合成加速度曲线变化不大。"车对车"与"车对壁障"驾驶员胸部合成加速度曲线稍有变化,从而印证了车体减速度影响假人胸部伤害值的推断。车对车发生碰撞是现实生活中发生率最高的一种交通事故形式,相对于车对障碍物碰撞试验而言,车对车碰撞试验能够更真实地反应实际情况,由此在车对车碰撞试验中获得的数据在车辆安全性研究方面更具现实意义和指导意义。

高校方面,湖南大学也进行了微型客车正面碰撞相容性研究。与一般乘用车相比,微型客车的车身前部结构有较大的不同,造成了微型客车存在较严重的碰撞相容性问题。首先比较微型客车前部结构与乘用车的差异,然后利用正面碰撞试验数据和仿真结果对比研究微型客车和乘用车的正面碰撞特性,指出微型客车前部结构刚度远大于乘用车,而乘员舱的刚度则存在不足。最后进行微型客车与乘用车的 100% 重叠和 50% 重叠正面碰撞仿真分析,结果表明由于微型客车前部刚度较大,在碰撞过程中造成乘用车乘员生存空间受到严重挤压。同时仿真结果也表明,随着重叠率降低,微型客车的车体变形也将增大。

对于乘用车—轿车侧面碰撞分析,湖南大学博士后唐友名副教授在其博士论文里进行了大量的研究。对汽车侧面碰撞事故中乘用车两车的兼容性问题进行了系统的理论研究、损伤流行病学研究和碰撞仿真研究,并根据逆向求解理念,反求出了两车侧面碰撞集中参数理论模型的非线性弹簧和阻尼响应,从而达到降低交通事故中所有乘员的损伤风险。一方面利用美国国家汽车取样系统耐撞性数据库 NASS/CDS 2007 年的乘用车两车侧面碰撞真实交通事故进行了损伤流行病学研究,并结合致命交通事故数据库系统 FARS 2001 年的统计数据,研究发现：①在两车侧面碰撞交通事故中，主要涉及碰撞交通事故的车辆类型为乘用车辆(LTV 和 CAR)，而在乘用车辆侧面碰撞交通事故中，被撞击车辆的乘员损伤比率是撞击车辆乘员损伤比率的数倍，驾驶员死亡比率则高达几十倍。②在乘用车辆(LTV 和 CAR)的侧面碰撞真实事故中，造成撞击车辆乘员损伤等级 3 以上且损伤概率 50% 以上的速度变化值为 34 km/h，造成被撞击车辆乘员损伤等级 3 以上且损伤概率 50% 以上的速度变化值为 28.5 km/h。另一方面在有限元显式理论、二维碰撞力学理论和罚函数力学理论基础上，按照美国 FMVSS 214 法规建立和验证了一系列车辆有限元模型(包括 Taurus、Explorer、F250 和 Silverado)和可变形壁障有限元模型(US-MDB)，并依照美国新车评价侧面碰撞(US-SINCAP)规定进行了一系列仿真分析，研究了目标车在侧碰仿真中车门槛梁位置(第 1 水平级)、车门中部位置(第 3 水平级)和车窗下边框位置(第 4 水平级)的变形侵入情况。研究结果表明，在一般情况下，车门中部变形侵入量最大，车门槛梁的变形侵入量最小。在碰撞仿真研究基础上，选取 Taurus 轿车侧面变形侵入量为研究目标，分析其侧向速度变化值为 28.2 km/h 时，乘用车两车质量比、撞击车接近速度和接触面积、主要吸能结构相对位置等侧面碰撞因素对侧面变形侵入量的函数关系。结合真实世界事故统计分析数据，分析了变形侵入量对乘员损伤等级的影响。研究发现：①两车质量比是影响目标车中性变形侵入量(或乘员损伤)的首要因素，当两车质量比为 1.6 时，中性变形侵入量最小，最小值为 402 mm，乘员损伤 AIS 最小值为 3.23。②两车主要吸能结构位置发生变化时，被撞目标车的侧面变形侵入量也会发生变化，随着撞击车保险杠高度的降低，车门中部和车门顶端的变形侵入量逐渐减小，车门槛梁的变形侵入量值先增大后减小。

11.3.2 乘用车—轿车侧面碰撞兼容性的影响因素

侧面碰撞过程中影响乘员安全的主要因素是车辆侧面结构侵入量、侵入速度、侵入区域、车门内饰系统的刚度(包括内饰板结构刚度、内饰板与车门内板间填充的吸能泡沫材料刚度特性)和侧面乘员约束系统(安全气囊、气帘和乘员座椅)等。而影响车辆侧面结构侵入量的主要因素是目标车和撞击车的质量、撞击车的接近速度、撞击车的主要吸能结构位置、撞击车接触面积和撞击车的撞击角度。由于在实际侧面碰撞试验时，撞击车的撞击角度是固定的，因此，重点分析两车质量比、撞击车主要吸能结构位置、撞击车的接近速度和撞击车的接触面积对车辆侧面结构侵入量的影响。

11.3.2.1 中性变形侵入量

在两车侧面碰撞仿真过程中，不同的水平级和不同的测量位置点，它的变形侵入量值不一样。为了总体衡量目标车侧面的变形侵入程度，引入中性变形侵入量。其计算方法如式(11.25)所示。

$$\bar{C} = \sum_{i=1}^{5} w_i \int_{a_i}^{b_i} f_i(x) \mathrm{d}x \qquad (11.25)$$

式中：$\bar{C}$——表示中性变形侵入量；

i——表示水平级别(美国 NCAP 实车侧碰中只测量目标车 5 个水平级的变形侵入量，各水平级具体位置见第 5.6 节)；

w_i——表示加权系数；

a_i——表示测量位置起点值；

b_i——表示测量位置终点值；

$f_i(x)$—— 表示目标车侧面第 i 水平级的变形侵入函数。

11.3.2.2 接触面积

在侧面碰撞中，撞击车的前端会接触到目标车的侧面结构（包括车门、B柱等），从而产生一个接触面积，该接触面积不是指撞击车的所有前端几何面积，也不是指目标车的所有侧围几何面积，而是指在本仿真试验中撞击车前端与目标车侧围接触的有效面积，如撞击车前端接触到目标车车窗的面积不计算在内，具体计算方法和计算区域如图 11-11 所示。

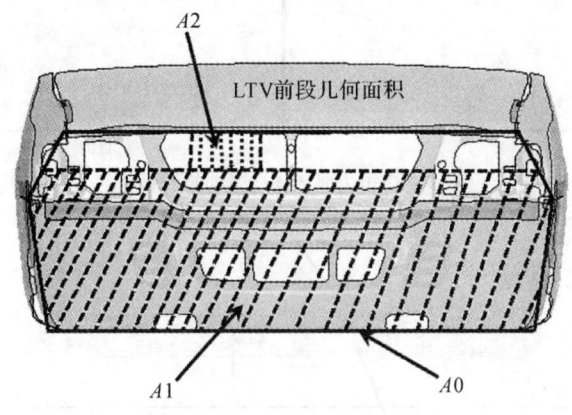

图 11-11 接触面积示意图

图 11-11 中，A_0 表示撞击车 LTV（包括 SUV 和卡车等乘用车）前端几何特征面积，A_1 表示撞击车 LTV 与目标车前后车门的接触面积，A_2 表示撞击车 LTV 前端与目标车 B 柱的接触面积。

撞击车前端与目标车侧面结构的有效接触面积通过式(11.26)求得：

$$A_C = A_1 + A_2 \tag{11.26}$$

11.3.2.3 保险杠相对高度

在汽车前端结构部件中，保险杠及前纵梁是主要的吸能部件。汽车保险杠骨架作为吸收缓和外界冲击力的安全装置，对防护车身前后部和保护驾乘人员起着极其重要的作用。特别是前保险杠骨架，在高速碰撞发生时，必须保证自身不会断裂并能有效连接车身的两根纵梁，把碰撞的大量动能传递给两根纵梁，由纵梁将碰撞能量分成若干小的能量流被各种钣金件吸收，从而确保驾乘人员的生存空间。

在侧面碰撞兼容性仿真研究中，我们不仅需要考察撞击车的前端吸能特性，也要考察目标车的侧面吸能和乘员保护特性。因此，为了研究撞击车前保险杠高度对目标车乘员损伤的影响，引入变量保险杠相对高度，定义为撞击车的前保险杠相对于目标车车门槛梁的相对高度，其测量方法如图 11-12 所示，计算方法见式(11.27)。

图 11-12 中，H_1 表示为撞击车前保险杠中部离地高度，H_2 表示为目标车车门槛梁中部离地高度。

保险杠相对高度计算表达式：

$$H_b = H_1 - H_2 \tag{11.27}$$

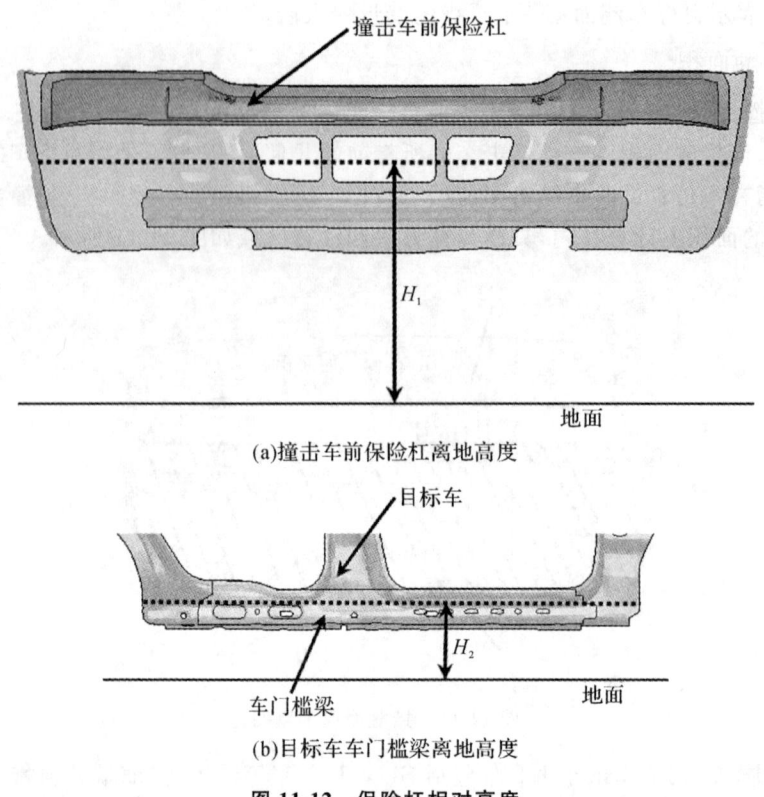

图 11-12　保险杠相对高度

11.4　客车—轿车碰撞分析

近年来,随着客车的年保有量和增长量在持续增长,在客运中扮演着越来越重要的角色,安全问题也随之受到大家的关注。由于客车和轿车这两种车型在尺寸上的差异非常的大,客车底盘高,碰撞能量大,对小型轿车具有较高的攻击性,在两类车发生碰撞时小型轿车乘员具有较高的伤亡率,碰撞相容性很差。一旦事故发生轿车的风挡玻璃和轿车前排乘员头部将直接与大型车底部发生激烈碰撞,此类事故中,轿车车身前端变形非常的小,安全气囊难以打开,通常会导致轿车乘客的非死即伤。因此客车与轿车碰撞兼容性的研究关键在于客车防护装置的设计开发上。

根据以往的研究,为了提高卡车和货车的碰撞安全性能,减少交通事故中人员的伤亡,国家有关部门发布了汽车前、后及侧面的防护装置的标准,对于防护装置进行了严格的规定,防止车辆发生碰撞时轿车钻入货车下端。随着我国车辆出口的日益增加,根据欧洲机动车型认证要求,国内卡车和货车必须满足 ECE R93 和 ECE R29。然而对于客车这方面,国家目前并没有相关的法规和标准,所以急需研究设计一种客车前部防护结构,可以有效防止轿车与客车碰撞时钻入客车底部,导致轿车严重损伤,车内乘员群死群伤。同时研究探讨客车的碰撞安全性能,促进国家对客车前、后及侧面的防护装置法规和标准的推出,具有重要的意义。

11.4.1 国内外研究现状

国外很早就开始了以碰撞试验与计算机安全方针相结合的方式对防护装置进行研究,在汽车追尾碰撞过程中,追尾汽车车体前半部分为主要碰撞部分,其中相互连接的部件很多,各部件定义的材料属性、单元类型又都不相同,最终通过对相邻结构定义相互接触,来防止运算过程中可能出现的穿透现象。但是主要内容放在货车的前部防钻入和后部防追尾上,对于客车并没有太多的研究。早期对于货车的设计理念更多的考虑是如何保护好货物,而并没有太多地考虑到对行人和其他车辆的安全。随着众多轿车追尾卡车的事故出现,国外在最近十年也开始重视起对汽车前后下部防护装置的研究。最近美国著名的汽车安全评价结构 IIHS 等对汽车后防护装置的安全性做了专门的碰撞试验,发现许多卡车的防撞装置的防护性能都不够理想,并且建议联邦政府对相关的法规进行修订以加强车辆前后下部防护装置的安全性。目前国外研究的中心是如何对重型车辆的后防护装置的相关标准进行改良。Alexander Berg 等通过实车碰撞试验验证了 ECE R58 的试验方法并不能在事故中对小车内的乘员进行保护,并且提供了自己的修改建议。此外,新型的吸能式的前后下部防护装置也逐渐成为研究的热点,例如来自意大利巴勒莫大学的 Cappcllo 就提供了一种高效吸能式的前后下部防护装置。相较于传统的前后下部防护装置,这种新式装置能够抵消相当一部分碰撞所产生的巨大能量,从而大大减少了与卡车相撞的轿车乘员所承受的伤害。Inqrassia 也通过模拟一款经济型轿车与一辆重型卡车的碰撞来分析了一种新型吸能式的防护装置,并且详细描述了该装置参数优化设计过程。可是新型吸能式前后下部防护装置还处于理论研究阶段,还并没有比较成型的产品上市。不过相信随着越来越多的人对其进行研究,比较成熟的产品一定会在不久的将来出现在汽车配件市场上。

我国关于汽车前后下部防护装置的研究虽然起步较晚,但是随着社会对于车辆钻碰及追尾事故的重视程度的增加,相关的研究也逐渐多了起来。此前,国务院正式发布了《道路交通"十二五"规划》,将道路交通完善工作作为一项重要工作展开。该规划指出,至 2013 年,重中型货运车辆侧面及前后下部防护装置、车身反光标识等安全装置安装率必须达到 100%,完好率达到 80% 以上。至 2015 年,重型货运车侧面及前后下部防护装置、车身反光标识等安全装置的完好率必须达到 90% 以上。

最近几年,国内对于车辆前后下部防护装置的研究也逐渐多了起来。西北大学交通与汽车工程学院的叶新娜、黄海波等在撰写的《货车后下部防护装置的改进与仿真》里,对比研究了槽钢结构和圆钢结构用作后下部防护装置的效果,认为圆钢结构强度更好。乔维高、张金虎在《吸能式保险杠的研究现状及发展趋势》中指出,材料为碳钢的钢板和横截面为矩形的钢管具有很好的吸能特性和抗撞刚性,因此新型吸能式后防护装置一般使用这两种材料。铝合金的密度比较低,强度比较高,塑性比较好,比较适合用作吸能盒的材料。具有多边形横截面的薄壁梁相比实心钢体质量轻很多,强度一般也能满足要求,并且成本也较低,因此得到广泛应用。因此,可以选用六边形截面铝合金制成薄壁吸能盒。同济大学汽车安全技术研究所的黄学勤等人对后防护装置的离地高度对其防护性能的影响做了研究,得出后防护装置安装的离地高度越低,在碰撞过程中期吸收的能量就越少,变形就越小的结论。湖南大学汽车车身先进设计国家重点实验室的白中浩等人对一种已经获得了专利的新型后防护装置进行了碰撞相容性的优化设计,建立了该结构的有限元碰撞模型,并通过实车碰撞试验对模型进行了验证。西北大学的张志勇也通过计算机碰撞安全性仿真,研究后防护装置的构件在满足国家标准情况下所需要最小壁厚的量化值。上海机动车检测中心的杨一辉发明了一种 N 字形的后防护装置,并分析了该装置的吸能保护机理,通过实车碰撞和仿真分析相结合验证了该结构虽然简单但是防护性能良好。

综上所述,国内外对车辆前后下部防护装置的研究对象主要集中在卡车和货车,对于客车却较少涉及。目前的研究重点主要集中在几何尺寸、材料、结构刚度、离地高度几个方面,此外,各种新式改良的防护装置在不断地涌现。相信不久的将来,随着对客车前后下部防护装置的研究的深入,我国客车的被动安全性能和兼容性会越来越好。

11.4.2 客车—轿车正面碰撞兼容性的影响因素

影响客车和轿车正面碰撞兼容性的因素同样主要也是以下 3 个方面:两车质量比、前部刚度比和前部纵梁高度差。

11.4.2.1 两车质量比

从道路上发生的事故中可以发现,整备质量对碰撞具有非常重要的影响,碰撞中对方车辆质量越大,另一方车辆乘员受到的伤害就越大。在碰撞过程中,假设质量分别为 m_1 和 m_2($m_1 < m_2$)的两个车辆发生碰撞,速度分别为 v_1 和 v_2 发生瞬间碰撞,根据能量守恒定律,可以计算出:

$$\Delta v_1 = \frac{m_2}{m_1 + m_2}(v_1 + v_2) \tag{11.28}$$

$$\Delta v_2 = \frac{m_1}{m_1 + m_2}(v_1 + v_2) \tag{11.29}$$

从式中可以看出,小质量的车要比大质量的车承受更大的速度改变量,从而承担更大的风险。对于车辆前部刚度的设计原则,一般是碰撞负载等级应该控制在使双方车辆的车身加速度不超过 40~50 g 的基准。在满足该要求后,车内乘员配上约束系统,事故的伤亡就能够降到最低。

11.4.2.2 前部刚度比

假设车辆前部的刚度为 K,质量 m,碰撞时的速度为 v,碰撞时的最大动态变形量为 X。则有如下关系:

$$K = \frac{(mv^2)}{X^2} \tag{11.30}$$

从式(11.27)可以看出,车辆碰撞速度一定时,车辆的前部结构变形量与其刚度成反比,因此,人们在购买轿车的时候都希望购买车身骨架刚度强的车辆,这样车辆一旦发生碰撞,车辆具有相对较小的变形,能很好地保护车内乘员的安全。在车身设计过程中,考虑到前部刚度对碰撞兼容性的影响,对于质量较小的轿车应适当增加前部刚度,能够有效地改善汽车碰撞兼容性。对于质量较大的客车应该适当降低车辆的前部刚度,降低在碰撞事故中对对方车辆造成的伤害。

11.4.2.3 前部纵梁高度差

汽车纵梁高度差对碰撞的兼容性也有很大的影响,为了减小碰撞导致驾驶室变形等伤害,汽车前部都会设计有保险杠、吸能盒和纵梁等吸能部件,但是由于轿车和客车前部纵梁高度不同,碰撞时吸能部件存在明显高度差,导致碰撞时不能发生溃缩吸能,更严重的还会发生钻碰现象。如轿车和客车碰撞时轿车经常会"钻"到客车保险杠的下面,从而造成对轿车乘员的严重伤害。表 11-3 列举了一些轿车和客车的纵梁高度,可以看出客车和小轿车的高度差很大,很容易发生钻碰。

表 11-3　常见车型纵梁高度差　　　　　　　　　　（单位:mm）

车型	最低点	最高点	纵梁平均高度
Taurus	392	530	461
Yaris	412	510	461
Camry	421	533	477
mini 客车	457	553	505
金龙中型客车	777	970	874

参考文献

[1] 叶盛基,贾启蒙,李文杰. 推广先进汽车安全技术,促进汽车安全水平提升:2010 年汽车安全高层论坛[J]. 中国汽车参考,2010(15):35—44.

[2] Tso-Liang Tang, Kuan-Chun Chang, Chien-Hsun Wu, Jaw-Haw Lee. Development and validation of side impact sled testing FE model, SAE paper N2006－01－0248,2006.

[3] Fatal Accident Reporting System(FARS),2004,http://www-Fars. Nhtsa. Dot. gov/queryReport. Cfm? stateid=0& year=2004," 2007(2/21).

[4] Samaha Radwan R., Elliott D. S. NHTSA side impact research:motivation for upgraded test proceedings of the 18th International Technical Conference on the Enhanced Safety of Vehicles. Nagoya,Japan,May 2003,p. 492.

[5] Klanner,W. Status report and future development of the EURO NCAP program. Experimental Safety Vehicle(ESV)Conference. Amsterdam,Netherlands,2001.

[6] 王玉琴. 车身侧面刚性对汽车侧碰过程中乘员损伤的影响研究[D]. 长沙:湖南大学,2006.

[7] Allan F Tencer, Robert Kaufman, Phillipe Huber, Charles Mock, Carole Conway, ML Routt, Reducing Primary and Secondary Impact Loads on the Pelvis during Side Impact, Proceedings of the 19th Conference on the Enhanced Safety of Vehicles, USA, 2005, paper 0036.

[8] 中华人民共和国道路交通事故统计资料汇编(2003). 北京:公安部交通管理局,2003.

[9] 唐友名. 重用辆车侧面碰撞的兼容性研究[D]. 长沙:湖南大学,2010.

第十二章 客车轻量化技术

12.1 汽车轻量化简介

城市公交客车朝着安全、节能、环保的方向发展,轻量化客车的出现则是环保、节能这一方向的重要体现。客车轻量化是指在保证客车车身足够的刚度、强度与安全性等性能的前提下,将占大部分重量的零部件,包括车身骨架、发动机、轮毂等,采用轻量化材料或更优的结构来生产客车的技术,此类客车主要具有整车质量低、强度高以及节能环保等特点。随着铝合金零件的制造及客车车身设计技术的发展,以及石油等不可再生资源的减少,都将促进轻量化客车的研究与发展,并逐步走向市场化。

12.1.1 国内外客车轻量化概况

国内外对于客车的轻量化有了许多研究,特别是国外的客车轻量化研究已经取得了很大的进展,虽然我国客车轻量化的研究时间不长,但是也有不少成果。以下为国内外铝合金材料应用于轻量化客车生产制造的概况:

①瑞典的斯堪尼亚公司开发的轻型城市客车,车身采用了一种全铝的空间框架结构。

②芬兰的 Lahden-Autokori 客车崇尚于铝材的车身零件的应用,该公司在 1967 年就开始尝试转配全铝车身,且取得了不错的效果。

③马耳他的一家制造商采用轻型铝材生产了世界上的第一辆水陆两栖用巴士。

④衡山汽车公司于 2002 年制造了第一台国产的全铝合金车身客车。

⑤中威客车有限公司与澳大利亚合作,成功研制的全铝豪华客车也已投放市场。

⑥2008 年,郑州宇通集团携手美国美铝公司成功研发了新型节能环保全铝公交客车,奥运期间已在北京展出。以铝合金挤压型材为杆梁件的车身骨架,采用焊接、铆接相结合的连接方式。

目前,国内外的轻量化技术途径主要有以下三点:

①采用新型材料。如高强度钢、铝镁钛的合金以及纤维复合塑料等。

②新型制造加工技术。例如先进的连接技术,可提高连接强度,减少材料的使用;先进的零件制造技术,保证零件各部位的强度均衡下,减少材料的使用等。

③优化结构设计。优化车身受力结构,提高承载度,尽量减少零件数量,尺寸、形状的优化对单个零件的进一步轻量化等。

12.1.2 客车轻量化的意义

客车是我国城乡交通的主要工具。从客车的发展趋势看,公共交通是发展主流,客车轻量化也是客车技术的发展方向。客车轻量化除为我国石油、安全、环境保护提供了大量支持,更将影响我国客车工业系统的格局及其整体技术水平。

1. 客车轻量化推动客车技术的发展。客车轻量化是一项系统的工程,需要多个部门通力合作方能实现,这就需要企业内部各个部门提高自己相应的技术水平以达到客车轻量化技术门槛。同样,对客车企业来说,先掌握客车轻量化技术,意味着在未来客车市场先占有优势,对其他客车企业产生压力而产生"马太效应",其他企业若想从市场分得一定的份额,被市场认同,必须也要掌握客车轻量化技术,从而使整个客车企业形成"多米诺骨牌"现象,推动客车技术的整体进步。

2. 客车轻量化影响客车相关工业的布局。客车轻量化使高强度钢、超高强度钢、铝合金、镁合金、工程塑料、复合材料等材料的使用比例逐年增加,而钢铁材料的比例逐年下降。需求决定市场,客车原材料加工企业将不得不重新"洗牌"。客车轻量化同样对石油市场产生影响,由于客车燃油消耗减少,客车运输公司购买石油量减少,供求决定价格,石油的价格下降。同样由于燃油消耗减少,客车后期运营成本下降,从而为客车乘坐票价的下降提供空间。

3. 国产客车受客车产品开发、设计、制造等方面技术水平的限制,客车的结构设计过于保守,导致整车质量大;再加上为满足用户的多元化使用要求增加的各种配置所增加的零部件质量,在不同汽车车型中,大中型客车进行轻量化减重的潜力最大。如果每年按销售 10 万辆大中型客车,平均每辆按减重 300 kg 计算,每年可节省钢铁等原材料 3 万吨,节约原材料成本上亿元、节省燃油约 5 万吨。可见,大中型客车的轻量化设计对于缓解我国能源紧张的压力,节能降耗,减少环境污染,具有重大的经济效益和社会效益。

12.2 客车轻量化评价方法

12.2.1 客车轻量化与安全的关系

客车轻量化的基本要求:在使客车减轻质量、降低油耗、减少排放的同时,努力谋求其高输出率、高响应性、低噪声、低振动、良好的操纵性、高可靠性和高舒适性等。在客车轻量化的同时,客车的价格应当下降或者保持在合理水平,具有商业竞争力,即客车的轻量化技术必须是兼顾质量—性能—价格的技术。

由于客车的主要载体是人,因此,必须考虑客车的安全问题,使客车具有足够的强度和刚度。资料表明:在两车正面相撞的条件下,乘员死亡的比例尺(车 1 的死亡人数/车 2 的死亡人数)与车辆的自身质量 m 存在如下经验关系:

$$R = (m_2 - m_1)^{3.58}$$

式中,m_1、m_2 分别为车 1、车 2 的质量,由此不难算出。对质量小于对方 10%、20% 的一方来说,其死亡人数将分别高于对方 45.8% 和 122%,因此客车轻量化将会使车辆的被动安全性大大下降。在不增大自身质量的前提下,提高车辆的被动安全性能的有效措施如下:①加大车辆的外形尺寸,对轻量化的车身构件进行优化设计;②开发出质量轻、强度(刚度)高、吸收冲击能量能力大的车身构件;而这些都需要高性能的新材料。联合国欧洲经济委员会制定了涉及所有类型的汽车的若干项法规,其中第66条规则规定了长途客车倾翻时乘客幸存率的标准。因此客车制造商必须加强客车顶部结构,使翻车时的幸存率达到最高水平。而加强顶部结构一是增加质量,二是采用高性能材料。因此,客车轻量化必须解决与客车安全之间的矛盾。

12.2.2 客车轻量化的评价方法

轻量化技术的应用成为现代汽车发展的主要趋势之一。随着汽车轻量化技术的推广应用,如何评价一款汽车的轻量化水平成为亟待解决的问题。目前对于轻量化评价指标的研究较少,在评价方法上也尚未形成广泛共识。

业内普遍比较认可的是用白车身轻量化系数作为汽车轻量化的表征参量和评价指标,该轻量化系数是由宝马公司首先提出来的,系数可用式(12.1)表示:

$$L = M/(C_t A) \tag{12.1}$$

式中:M——为白车身的结构质量,kg;

C_t——为扭转刚度(包括玻璃),kNm/deg;

A——为轮边距和轴距乘积所得投影面积,m^2;

L——为轻量化系数。

有关参量的示意图见图12-1,汽车轻量化效果反应在 L 值上,L 越小,轻量化效果越好。

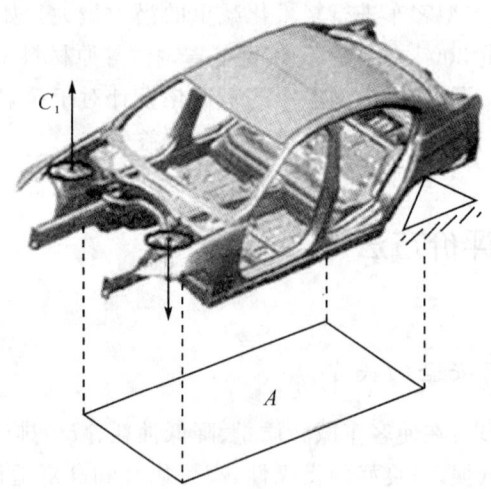

图12-1 白车身轻量化系数的相关参量示意图

系数 L 考虑了车身扭转刚度、车身大小、质量水平,对白车身材料的合理使用、结构优化设计有重要的意义,发展成为汽车行业车身轻量化水平的重要评价方法。

上述使用系数 L 的评价方法主要是针对汽车,而关于客车轻量化的评价方法,现在还没有一个统一的标准,但是可以参考汽车轻量化的评价指标,通过实验得出表达公式。目前,这种评价方法尚处于研究阶段。

12.3 客车轻量化的设计原则

轻量化设计是一个多层级的过程,亦即在概念化及其实现的不同回路中要进行多次的循环反复。为了节省费用和时间,应当尽早地将已有的经验知识引入到方案设计中。实践表明,遵循自然法则则会实现智能化的设计,所有违反自然法则的行为则会导致在设计、重量与加工上付出更高的代价。仿生学在许多方面给轻量化设计指明了方向(造型/拓扑和构造),即如何对构件/结构进行优化。下面给出轻量化设计中应遵循的一些参考要点:

(1)尽量直接的力导入与力平衡。设计中应使受力直接导入到主承载结构上,偏转或回转设计通常会由于其复杂的应力状态而产生更高的载荷,其结果是几何尺寸更加复杂、自重增加。

(2)尽量大的面积惯性矩与阻力矩。在承受弯曲、扭转和压弯载荷的设计中,应在尽可能小的面积上实现大面积惯性矩与阻力矩。

(3)轻盈的结构。通过松散的构造,可大大地加固小横截面面积的平面支撑结构。带有加强肋或下弦杆的支承结构或者三明治结构的刚度比实心的支承结构的刚度要高出很多。

(4)利用曲率的自然支承作用。可通过预弯曲设计极大地提高直盘和直板的抗弯强度、压弯强度和翘曲刚度,因为这种设计增加了面积惯性矩,消除了不稳定的趋势。

(5)在主承载方向进行有针对性的加固性设计。有目的地引入正交各向异性或者各向异性设计可提高构件在确定优先方向上的刚度。这里应尽量利用设计上或者材料力学上的各向异性,以此提高结构的承载能力和不稳定极限。

(6)优先遵循集成化原则。在已知条件下,轻量化设计结构应由尽量少的单一件构成。为了将各个单一构件连接在一起,需要更多的连接工作和材料消耗,这也可能会引发装配和可靠性方面的问题。

(7)充分挖掘设计的潜力。只有在确保安全的前提下,才可以考虑实现极限轻量化。其前提条件是:对力的准确了解;采用规格可以得到确实保障的高价值材料;应用准确的计算方法;优化的几何尺寸;还要确保对设计细节进行有针对性的先期试验。

(8)达到预定的使用寿命。轻量化构件往往会存在应力集中的薄弱环节(缺口、裂纹)。在动态应力载荷下,这些会产生失效的薄弱环节限制了轻量化设计的安全设计寿命。基于寿命验证(理论的/试验的)的要求,需要采取措施确保所设计的轻量化件可达到预期的使用。通常来说,要提高使用寿命可以采取降低应力载荷、选择合适的材料以及在构件/结构的造型和几何尺寸上选择不同的配合方式。

实践表明,实际的设计常常与以上列出的规则发生冲突。其结果是最后所得到的设计往往与轻量化设计的初衷不完全相符。

12.4 客车轻量化设计的主要方法

12.4.1 客车轻量化结构

国外轻结构的研究开发主要是作以下两方面的工作:一是开发新的更适用的设计方法以

优化零件的造型设计;另一个是设计轻结构形状,力图按照实际工况来优化零件的形状设计。

1. 利用结构解析技术和 CAD、CAE 等技术进行结构优化设计。在确保性能和功能的前提下,削除无用材料,寻求零部件壁厚的减薄,数量的精简和结构的整体化、合理化。虽然目前客车轻量化的研究工作大多集中于采用轻型材料,但由于成本、加工工艺、环保等方面的问题,这些材料还很难用于一般车辆。因此,从结构角度方面向考虑却更具有实际意义。结构轻量化本质上是一优化问题,现有优化技术已大规模应用于工程设计领域,但客车结构的特殊性使现有优化方法必须加以改进才具有可行性。其中优化流程、控制工况、约束条件、优化模型等均是非常关键的技术问题。

2. 客车零件的形状优化法。形状优化法能够达到既减少零件的质量又延长零件寿命的目的,这种方法采用了一种建立在生物学增长规律基础上的数值计算方法。它的基础是模拟一种凭借经验确定的生物学增长规律,用有限元法研究生物增长载体(骨骼、树木等)的力学特性。但从我国国情来看,这种方法将涉及与整车客车厂有关的许多配套企业,故在近期内形状优化法还没有实用价值。

12.4.2 客车轻量化材料

当今科学技术的飞速发展,各种新型材料的不断涌现,为汽车的轻量化提供了大量的技术支持与选择。车用轻量化材料是指用来制造汽车及其零件并达到减重效果的材料,一般分为两大类:一是低密度材料,如铝、镁、钛的合金及塑料复合材料等;二是高强度材料,高强度钢等。车用轻量化材料不仅关系到汽车业的可持续发展,对于能源节约和环境的保护也具有重大影响。

1. 国外汽车用材比例

根据资料,美国 1977—2000 年典型家庭轿车的重量比 20 世纪 70 年代下降 170 kg,2001 年的北美家庭用车的材料构成为:钢 54%、铸铁 10%、铝合金 8%、镁合金 0.3%、塑料 8%、橡胶和玻璃 7%、其他 13%。钢仍是主要材料,其中,普通钢板用量减少,高强度钢用量增加。有色金属中,铝用量迅速增加,镁用量略有增加,锌铸件减少。

国外汽车轻量化材料研究和生产实践说明:应用的轻量化材料主要是高强度钢(它是保证安全和轻量化的基本材料),其次是铝合金、复合材料及塑料、镁合金。这一点从丹东黄海从德国 MAN 公司引进的 BRT 系列车型同样也可以得到证明。整车钢板基本上都是高强度钢,并大量应用了铝合金材料以及玻璃钢纤维增强塑料(玻璃钢)。

2. 高强度钢是汽车轻量化的主要材料

20 世纪末,全球 34 个钢铁企业和汽车公司联合委托美国 Porche 工程公司设计超轻钢车身(UL-SAB 项目)。1994 年该项目启动,1998 年完成,车身质量从基准车 270 kg 减为 203 kg,并且满足 2001 年碰撞法规的要求,实现比基准车平均减重 25% 的目标;在此项目中,93% 的零件使用高强度钢,并应用了激光拼焊、液压成形技术。之后,又进行了超轻钢悬架(ULSAS)、超轻钢覆盖件(ULSAC)及超轻钢车身先进概念车(ULSABAVC)项目,证明了高强度钢是汽车轻量化的主要材料,增强了钢在汽车轻量化选材方面的地位。

目前在汽车生产中已大量使用高强度钢,尤其是轿车车身高强度钢板的应用比例增长较快。如日本,1980 年为 8.7%,1992 年为 23.3%,目前有些汽车公司(如丰田)高达 50%;如美国,1976 年为 6%,1987 年为 13%,1988 年为 18%,之后迅速增长,目前已达 45%。应用的高强度钢种有微合金钢、低碳超低碳加磷钢、烘烤硬化钢、冷轧析出强化钢(HSLA)、双相钢(DP

钢)、复相钢(CP 钢)、相变诱导塑性钢(TR工P钢)、马氏体钢(M)、热冲压成形钢(MnB)、高扩孔钢、高强度大梁钢等普通高强度钢以及先进高强度钢。上述高强度钢在国内的钢铁公司均有生产，而且某些高强度钢在国内的客车产品中也有广泛的应用，如丹东黄海汽车有限责任公司大量应用高强度大梁钢，其生产的复合承载式 BRT 系列城市客车大量采用了微合金钢、双相钢、低碳超低碳加磷钢，并且准备在其生产的普通车型上试装烘烤硬化钢。烘烤硬化钢是指采用特定的化学成分和生产工艺使钢板中固溶一定的碳原子，钢板在交货状态下具有较低的屈服强度，冲压成形后，进行涂漆烘烤时屈服强度增加一定值的一种新型高效汽车用钢。对比之下，以往生产的强度在 440 MPa 的钢板，在采用这种加工技术以后强度可增加到 500 MPa。原来用厚度 1 mm 钢板，采用烘烤硬化钢只需厚度 0.8 mm。同时，烘烤硬化钢可以提高汽车外板的抗凹陷性，又具有良好的成形性能。烘烤硬化钢作为汽车外板越来越受到汽车厂的重视。

3. 铝合金用量呈现持续增长

随着汽车轻量化的发展，汽车上铝合金的使用越来越广泛，替代其他的材料(如钢、塑料等)用作汽车零部件，全铝车身的应用也越来越广泛，铝合金成为轿车、客车、列车等轻量化的首选材料。1991 年欧美的轿车使用的铝合金达 160 磅，2001 年轿车用铝合金达到 245 磅。美国汽车工程师 David Scholes 预测：未来，轿车上任何一个零件都可能用铝合金制造，10～15 年后汽车上的铝合金含量将会越来越高，甚至代替塑料制品。铝合金作为车用轻量化材料已经成为不可阻挡的趋势。

铝及铝合金由于质量轻，抗腐蚀，比强度高，成型性好，并且 80% 以上的铝材可以回收再利用，从而使铝及其合金成为应用较早且技术日趋成熟的轻量化材料，它在汽车上代替钢铁材料的用量正在呈现持续增长的趋势。根据世界铝协统计，在 1991—1999 年间铝在汽车上的应用翻了一番。汽车上的铝零件以铸件为主，2002 年近 86% 的汽缸盖都是铝合金铸件，这一比例比 1999 年提高了 20%；倍受青睐的铝合金轮毂的市场份额也由 1999 年的 58% 提升到 2002 年的 62%；其他如缸体、变速器壳体、气室罩盖、活塞等用铝量都在增长。在轻量化的推动下，铝合金材料及其应用技术发展很快，在近年来出现的全铝车身以及铝密集型汽车(如福特 P2000)中，铝的比例更是高达 37%。铝的应用正朝车身零件及结构件的方向发展，如应用日益广泛的铝合金轮毂、铝合金或泡沫铝三明治保险杠、铝合金车厢盖、发动机罩、提升式后车门、前端翼子板、发动机支架、高硅铝合金缸套及全铝车身骨架等。据悉，郑州宇通集团将与美国铝业公司合作，共同开发一部全铝车身的客车，其核心技术在于采用全铝框架结构设计和硬合金技术，兼含新合金车身铝制覆盖件以及独有的全铝锻造轮毂，使客车自重可以降低 15%。近年来，丹东黄海生产的城市客车以及旅游客车侧围裙门以及乘客门已经大量采用铝合金。

铝合金作为新型材料，在国内客车领域大规模应用仍属空白。首先，国内客车企业对铝合金材料的特点及试验标准尚不熟悉，对材料的加工以及生产工艺等方面的经验有待提高，这包括：板材冲压模具需重新设计、开发，国内企业的相关经验尚有空白；在铝合金部件的焊接工艺经验上国内企业相对不足；由于铝合金与钢材使用不同的底涂工艺，需对目前的喷涂工艺、设备进行改造，根据铝合金材料的特性，烘烤工艺可能需要适当改进。其次，铝合金客车空间框架结构需根据材料特点重新设计、开发，包括：零部件开发、有限元及 CAE 分析，零部件及整车试验等。最后，铝合金材料价格太高，这也是制约我国客车行业大量采用铝合金材料的关键因素。

铝合金作为汽车轻量化材料,主要有以下几大特点:

(1)铝及其合金的物理特性。力学性能好,且密度只有 2.7 t/m³,是钢铁密度的 1/3;良好的机械加工性能及导热性能;表面自然形成的氧化膜使其具有很好的防腐蚀效果;较好的铸造性能可获得薄壁复杂的铸造件。全铝车身结构性能好,减重效果明显。

(2)吸能效果好。在碰撞中,铝型材吸收冲击的能力接近钢的 2 倍,全承载全铝客车具有更好的碰撞安全性能。

(3)铝的高回收、可再生。据相关资料分析,每年有近 6000 万辆的汽车投入市场,而要保持汽车保有量的平稳增长,那么每年将有 4000 万辆汽车报废,因此报废汽车的回收就尤为重要。汽车行业的可持续性发展,要求汽车在制造、使用、回收全部过程中节约资源、减少污染、加大回收再利用,这对于资源的节约有重大意义。

(4)世界铝资源丰富,铝土矿山 14204 万吨。原铝的生产量 2610 万吨,再生铝产量 782 万吨,世界铝库存量 344 万吨。国际市场对铝也是供大于求。2003 年,世界铝探明储量为230 亿吨。根据美国地质调查局的估计,世界铝土矿总资源量存有 550 亿~750 亿吨。这么丰富的铝资源,是铝合金作为轻量化材料的最好的原动力。

4. 镁合金轻量化效果更明显,但价格相对较高

镁合金是比铝更轻的材料,其密度仅为 1.8 g/cm²,它可在铝减重基础上再减轻 15% 以上,轻量化效果更明显。对镁的深入研究与用途的不断开拓开始于 20 世纪。1936 年德国大众汽车公司生产的"甲壳虫"车,曲轴箱、传动箱壳体应用镁合金,后来由于镁合金性能及价格原因停止使用。1982 年镁合金的防腐性能提高,价格降低,促使福特汽车公司将镁合金用于离合器、变速箱、转向柱、制动系统等各类壳体上。1983 年奔驰汽车公司应用镁合金于座椅骨架上。自 1990 年以来,镁在汽车中的应用处于快速增长阶段,目前已实现工业化生产,并大量用于装车的镁合金零件主要是车身和底盘零件,包括仪表盘骨架、座椅骨架、转向盘、进气歧管,以及各种支架、罩盖等。所用的镁合金材料以铸造镁合金为主,如 AM、AZ、AS 系列铸造镁合金。

目前,在客车上大量应用镁合金材料主要存在价格相对较高,防腐处理不过关,镁合金变形能力较差等问题。

5. 塑料及纤维复合材料应用日趋增加

随着各国对汽车轻量化工作的重视,塑料及纤维复合材料在汽车工业中的应用日趋增加。在欧洲,20 世纪 70 年代,汽车塑料零部件的质量达到了汽车总质量的 5%,80 年代则超过了 10%,塑料制品在汽车工业中的用量直接反映了一个国家汽车工业的发展水平。塑料零件的应用范围也由装饰件向要求强度更高、冲击性更好的结构件、功能件发展。目前在汽车行业应用较多的纤维复合材料有热固性以及热塑性的玻璃纤维增强复合材料、碳纤维增强热塑性复合材料 CFRP、长纤维热塑性复合材料 LFT,我国客车行业应用较多的复合材料是以手糊或者喷射工艺为主的玻璃纤维增强塑料(玻璃钢)以及模压的天然纤维增强塑料。玻璃纤维用于增强热固性以及热塑性的复合材料,而天然纤维几乎全部用于增强热塑性的复合材料。

近年来,由于环保的要求越来越高,国外的汽车行业越来越多地采用可降解可回收再利用的热塑性塑料以及对环境污染小的模压成型的热固性塑料。丹东黄海在这方面走在了国内客车行业的前列。丹东黄海近年来开发的 BOB 系列城市客车、BRT 系列城市客车以及 MPB 系列多功能用车内装饰件均采用了亚麻复合材料,外覆盖件则采用了 SMC 模压玻璃钢材料。SMC材料虽然有质轻、成型稳定性好、生产过程对环境污染小等特点,但是,由于这种成型工艺一次性投入大,国内的客车行业还没有应用,基本上都采用对环境污染较大的手糊或者喷射玻璃钢生产工艺。丹东黄海目前是客车行业唯一采用SMC材料的客车生产商。

12.4.3 客车轻量化工艺

在继续推进汽车轻量化的进程中努力开发新的制造方法,并对传统的制造工艺与成形技术进行变革,也是汽车车身结构轻量化的研究方向之一。针对目前所开发的新型材料高强度钢板、超高强度钢板、轻金属材料如镁铝合金、塑料以及复合材料等,新的成形方法主要有拼焊板成形、液压成形、热成形工艺以及针对轻金属材料开发的半固态成形等。国际钢铁协会成立了由18个国家35家钢铁公司组织的ULSAB-AVC项目,它通过车辆的整体设计来实现车身的轻量化,在成形工艺方面,其中有30%以上的零部件采用拼焊板成形,20%以上的部件采用了液压成形技术。大力发展和推广内高压成形技术、管件液压成形技术和塑料中空成形技术等新工艺应用于车身制造,使车身的一些结构件和附件,通过有效的断面设计和合理的壁厚设计形成复杂的整体式结构,不仅减小了结构质量,同时强度、刚度及局部硬度都得到了相应的提高,并且具有较强的成形自由性和设计工作的灵活性。例如本田公司的Insight采用了挤压成形铝合金的前纵梁结构,其断面为正六边形,整个前纵梁结构只需一次挤压成形,与原钢结构相比,省去了焊接工艺过程,在保证原有刚度及吸能特性的同时,减重效果达37%。制造工艺的改进和成形技术的发展,促进了车身构件的大型化以及车身表面平整化,减少了车身结构件的数量,降低了噪声与振动,改善了舒适性,提高了车身的刚性,最终实现了车身结构的轻量化。

1. 采用先进的设计软件以及先进焊接工艺辅助结构设计

目前,国内客车骨架的设计模式基本上还处于经验设计阶段,比较保守;国内道路条件地域差别很大,超载严重(公交车更甚);另外,国内客车起步是从载重客车改装而成,绝大部分采用半承载式设计结构。鉴于上述种种原因,国内客车在设计时骨架的壁厚以及界面尺寸相对欧洲同类客车普遍偏大,整车重量自然偏重。必须利用先进的设计软件进行理论强度计算,同时采用先进的焊接工艺,克服设计过程中的盲目性,尽量采用全承载式骨架结构,选用高强度钢管,尽可能缩小管材界面以及壁厚,以达到降重的目的。丹东黄海在这方面进行了大量的尝试工作并取得了非常明显的效果。通过利用美国ANSYS公司产品对整车骨架进行有限元建模,并对典型的运行工况进行CAE模拟计算分析,从而验证整车的强度指标。丹东黄海近年来开发的城市客车以及旅游客车均采用了全承载式结构。同时,高强度钢的应用大大降低了钢材的壁厚,先进的工艺装备保证了骨架的组对精度。为了保证薄壁钢材的焊接强度,黄海客车整车焊接采用当今国际最先进的松下IGBT全数字逆变焊机以及MAG(熔化极活性气体保护焊)焊接工艺,"82%Ar+18%CO_2"的混合保护气分保证了焊缝成形好,强度和韧性普遍提高。据统计,丹东黄海近年来开发的BRT系列城市客车以及大中型旅游客车自重同比均下降了500 kg左右。

2. 激光拼焊板坯(TWB)技术

激光拼焊板坯技术是将不同厚度、不同强度的钢板焊接成一个析坯,然后冲压成形,减少零件数目,减轻零件重量,同时又改善了构件强度与刚度性能。目前,国内客车前后围除采用玻璃钢外覆盖件以外,大都由外覆盖件、骨架以及内部密封板焊接而成,焊缝多,焊接变形大,结构笨重，如果采用激光拼焊板坯技术，取消不必要的前后围内部加强梁，可实现降重的目的。目前，国内仅有5条采用这一技术的生产线，用于生产丰田Crown、马自达Attenzza、大众Passat、通用Buick、宝马3/5系列、本田Accord等乘用车的部分零部件。我国的客车采用这一技术的关键是如何设计采用这一工艺的零件、解决相关的成型和提高成型性、配置相关的设备所带来的成本增加等问题。

3. 内高压成型技术（IHF）

在航空、航天和汽车工业等领域，减轻结构质量以节约运行中的能量是人们长期追求的目标，也是先进制造技术发展的趋势之一。对于承受弯扭载荷为主的结构，采用空心变截面构件，既可以减轻质量，又可以充分利用材料的强度和刚度。对于空心变截面构件，传统造工艺一般为先冲压成型两个半片再焊接成整体。采用内高压成型技术，可以一次整体成型沿构件轴线截而有变化的空心构件。与冲压焊接工艺相比，内高压成型有以下优点。

（1）减轻质量，节约材料。对于汽车上副车架、散热器支架等典型产品，内高压成型件比冲压件减轻20%～40%，对于空心阶梯轴类可以减轻40%～50%。

（2）减少零件和模具数量，降低模具费用。内高压件通常仅需要一套模具，而冲压件大多需要多套模具。

（3）可减少后续机械加工和组装焊接量。

（4）提高强度与刚度，尤其疲劳强度。

内高压成型适用于制造汽车等行业的沿构件轴线变化的圆形、矩形或异形截面空心构件，如汽车的排气系统异形管件、非圆截面空心框架如副车架、仪表盘支架、车身框架（约占汽车总质量的11%～15%）和空心轴类件和复杂管件等。内高压成型适用材料包括碳钢、不锈钢、铝合金、铜合金及镍合金等，原则上适用于冷成型的材料均适用于内高压成型工艺。国内一些高校已于1998年开始进行内高压成型技术研究，2000年研制成功国产第1台内高压成型设备，用于制造较小零件。目前已有多家国内汽车公司如一汽大众等应用内高压成型技术生产零部件。内高压成型技术的明显弱点是一次性启动投资比较大。

4. 热成形技术

热成形工艺作为一种材料加工的新技术，通过将钢板加热实现相变再冲压成形并淬火处理，从而获得抗拉强度高达1500 MPa以上的零部件，可组焊成高强度单元，承受5 t以上的静压而不损坏。采用这种超高强度钢结构件，可明显提高汽车的碰撞安全性，同时通过减小壁厚或截面、减少汽车装配环节中的零部件的数量与尺寸，从而实现汽车轻量化。正因为热成形的技术优势，才使得高强度钢热成形技术正受到全球汽车厂商和钢铁生产企业的青睐和极大关注。

（1）热成形工艺原理

热成形工艺的基本原理是首先将常温下抗拉强度为500～600 Mpa的可淬火用硼钢板在加热炉内加热到再结晶温度（850℃）以上，并保温一段时间，使板料内部组织均匀奥氏体化，然后快速移至带冷却水道的热成形专用模具上冲压成形，并在模具型腔内保压淬火10～30 s，最后获得在室温下具有均匀马氏体组织、抗拉强度可达1500 MPa的超高强度冲压件。因此，热成形工艺是一种有效解决高强度钢板冲压成形的新型方法。

如图12-2所示，热成形工艺过程一般可分为四个过程。

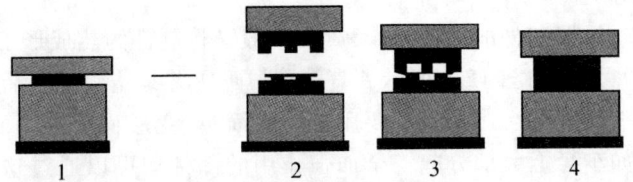

图 12-2 热成形工艺流程
1—板料加热　2—转移　3—放置与定位　4—成形　5—淬火

①将板料在加热炉内加热到再结晶温度(约 850 ℃)以上,并保温一段时间使其均匀奥氏体化。文献研究表明,当板料被加热到 900 ℃,并在此温度下保温 5 min 可获得晶粒细小、均匀的奥氏体组织。

②板料转移。为了防止高温板料在空气中氧化和保证板料在较高温度下成形,应将板料从加热炉内快速取出。

③板料放置与定位。由于高温板料在重力作用下的变形挠度很大,为最大限度避免毛坯在冲压之前过早地与模具表面接触以减小温降、提高热冲压成形性,需要设计专门的支撑机构来支撑毛坯。

④快速成型。由于板料高温下的变形抗力较小,高温下成形可降低压机吨位。

⑤保压淬火。成形结束后,使板料在模具型腔内保压淬火 10～30 s,从而得到马氏体组织均匀、力学性能优良且几何尺寸精度较高的制件。研究表明,为保证制件组织由奥氏体向马氏体组织转变过程中不出现铁素体和珠光体组织的杂质,模具对制件的冷却速率应不低于 27 ℃/s(即临界冷却速率),如图 12-3 所示。

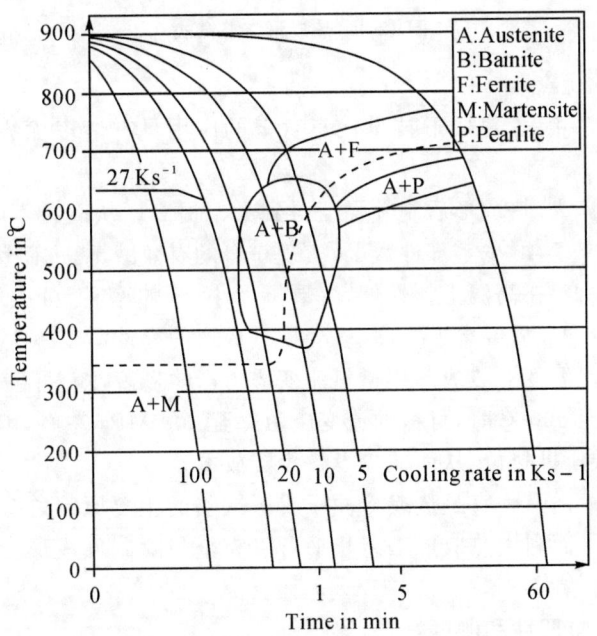

图 12-3　22MnB5 钢 CCT 曲线图

(2)热成形工艺分类

在实际的生产中,根据制件的形状复杂程度,一般又将制件的热成形工艺分为直接成形工艺和间接成形工艺两大类,如图12-4所示。直接热成形工艺是指将下料后的板料加热后直接一次成形,并保压淬火的工艺。该工艺主要用于形状简单、变形程度较小的零件,其在实际生产中应用非常广泛,如车身上大部分起安全加强作用的部件均可以通过这种方法制得。与直接成形工艺不同的是,间接成形工艺是将板料在加热之前在冷冲压模具上预先成形至零件最终几何尺寸的90%~95%,然后再将板材进行加热奥氏体化、成形及保压淬火。由于进行了附加的预成形处理,间接成形工艺可以生产形状相对复杂的零件。

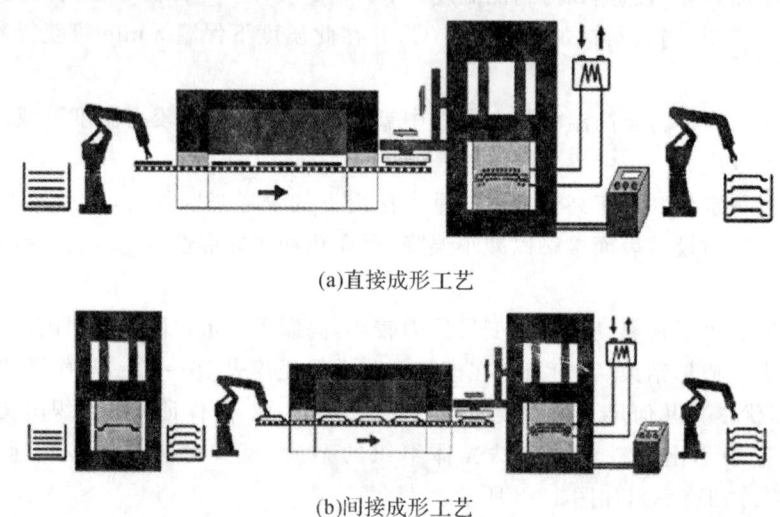

(a)直接成形工艺

(b)间接成形工艺

图12-4 热成形工艺分类

(3)热成形工艺的优点

与传统冷成形技术相比,热成形技术在车身上的应用具有诸多优势,主要体现在以下几方面:

①通过快速冷却淬火,热成形后制件强度得到大幅提高。从而在不降低车身碰撞安全性能的前提下减小零件厚度,减少零部件数量,实现车身的有效减重,进而达到节能减排的目的。

②成形性优良。材料在高温下塑性好,变形抗力小,延伸率高,可成形冷冲压无法成形的复杂零件,还可以将冷冲压需要多道工序、多套模具成形的零件实现一次成形。

③降低压机吨位。温度对热成形用材料流变应力影响显著,随着温度的升高,材料的流变应力变小。当温度升至800℃时,材料的流变应力降至200 MPa左右,因此,高温下快速成型可以减小成形力,降低压机吨位,从而减少设备投资成本。

④尺寸精度较高。回弹一直是造成冷冲压成形缺陷的主要原因之一,尤其是高强钢制件成形后的回弹量较大。而利用热成形工艺几乎可以完全消除制件成形后的回弹,从而得到几何精度较高的制件。

⑤零件表面硬度、抗凹性和刚度好。

参考文献

[1] 杨富强. 客车轻量化概述[J]. 客车技术,2006(5):3-7.
[2] 冯美斌. 从 SAE 2004 年会看汽车材料发展趋势[J]. 汽车工艺与材料,2004(6).
[3] 郭建城. 国际市场调研报告全球大中型客车市场发展趋势[J]. 城市车辆,2001,3.
[4] 莫海鹰. 客车轻量化设计技术探讨[J]. 城市车辆,2009(10):41-46.
[5] 澎湖. 全承载全铝客车辐射轻量化研究[D]. 长沙:湖南大学,2012.
[6] 王怀. 大客车车身骨架有限元分析与轻量化设计[D]. 镇江:江苏大学,2003.
[7] 李桂华,熊飞,龙江启. 车身材料轻量化及其新技术的应用[J]. 材料开发与应用,2009(4):87-93.
[8] 甘卫平,许可勤,范洪涛. 汽车车身铝化的研究及其发展[J]. 轻合金加工技术,2003(6).
[9] 廖君. 车用铝合金轻量化材料[J]. 汽车工艺与材料,2008(2):8-10
[10] 马鸣图等. 汽车轻量化材料的研究进展[J]. 新材料产业,2004(6).
[11] 马鸣图,易红亮等. 论汽车轻量化[J]. 中国工程科学,2009,11(9).
[12] 马鸣图,路洪洲,李志刚. 论轿车白车身轻量化的表征参量和评价方法[J]. 汽车工程,2009,31(5):403-406.
[13] 田浩彬,林建平,刘瑞同等. 汽车车身轻量化及其相关成形技术综述[J]. 汽车工程,2005,27(3):381-384.
[14] 王勇. 高强度钢、铝合金与汽车轻量化[J]. 中国汽车工程学会材料分会.
[15] 李传博,谢然. 汽车结构的轻量化设计方法综述[J]. 价值工程,2012,31(19).
[16] 蔡明,胡巧声,等. 国内外汽车轻量化技术讨论[J]. 汽车与配件,2014卷23.
[17] 杨沿平,唐杰. 我国汽车轻量化技术现状及研发重点[J]. 汽车与配件,2006-42.
[18] 柏建仁等. 轿车车身与高强度钢[C]. 2006年全国低合金钢、微合金非调质钢,学术年会论文集,66-85.

第十三章 新能源客车安全技术

13.1 新能源客车概述

2009年中国工业和信息化部公布了《新能源汽车生产企业及产品准入管理准则》,该规则对新能源汽车做出了明确定义:新能源汽车是指采用非常规车用燃料作为动力来源(或使用常规车用燃料、采用新型车载动力装置),综合车辆的动力控制和驱动方面的先进技术,形成的技术原理先进、具有新技术、新结构的汽车。新能源客车主要有以下几种类型:

1. 纯电动客车

蓄电池作为动力源。用电机代替燃油机,噪声低、无污染,使用单一的电能源。纯电动车的蓄电池可在夜间利用电网的廉价"谷电"进行充电,可以平抑电网的峰谷差。我国纯电动车主要用于社区、机场、球场等地方,如图13-1所示。

2. 混合动力客车

混合动力主要是柴油—电混合,可以降低30%以上的燃油消耗,排放标准可以达到国Ⅳ(欧Ⅳ)水平,但是蓄电池容量和寿命问题没有得到彻底解决,其占我国新能源客车市场90%以上份额,是现阶段的主导车型,如图13-2所示。

3. 燃料电池客车

主要以氢燃料电池客车,被认为是最有前途的产品,能够真正解决能源短缺问题,并且真正实现了零排放。

4. CNG客车(压缩天然气客车)

CNG(压缩天然气)作为一种气体燃料,与空气混合更均匀,燃烧更加充分,排放的CO、HC等有害物质更少,天然气燃烧后没有积炭,可减少发动机磨损,维护保养费用低。行驶同样里程数,天然气客车的燃料费用要远低于柴油或者汽油机,经济效益非常高。

5. LNG客车(液化天然气客车)

LNG(液化天然气)可以更大地压缩天然气体积,一次充气,可以行驶500 km甚至1000 km,非常适合长途运输使用,并且LNG是液态,不受天然气管网的影响。

6. LPG客车(液化石油气客车)

LPG(液化石油气)的性能和使用基本与CNG相似,其使用的原因主要有三方面:一是作为燃油的替代品,二是排放清洁,污染较低,三是使用价格便宜。不过,因为液化石油气也是来自石油,资源有限,推广受到广泛质疑。

7. 醇燃料客车

醇燃料主要是指甲醇和乙醇。由于甲醇燃料来源广,可以从天然气、劣质煤、油砂、木屑等凡是能产生一氧化碳和氢气的物质中提炼出来,并且生产工艺简单,设备少,运输方便,故在我国得到主要应用。

8. 其他能源客车

其他能源客车主要有二甲醚燃料与液压混合动力公交车和超级电容公交车等。

新能源汽车的优缺点对比如表13-1所示。

表 13-1　新能源客车的优缺点

新能源形式	优点	缺点
天然气	天然气作为一种气体燃料,与空气混合更均匀,燃烧更加充分,排放的CO、HC等有害物质更少;天然气燃烧后没有积炭,可减少发动机磨损。天然气又分为CNG、LNG两类	CNG的气源和加气站数量问题以及LNG的运输和储存问题是制约天然气汽车发展的主要原因
液化石油气	LPG的性能和使用基本与CNG相似,使用的原因主要是三方面:一是作为燃油的替代品,二是排放清洁,污染低,三是使用价格便宜	LPG气站建设投资巨大,并且气源1/3要靠海运进口,随着收油价格的上涨也在大幅度提高售价,使用价格日益提升
混合动力	混合动力汽车的优点是可以降低30%以上的燃油消耗,排放标准可达到国Ⅳ(欧Ⅳ)水平。	电池容量和寿命问题没有得到彻底解决,造成单车价值过高,推广困难
纯电力	产品噪音小,行驶稳定性高,并实现零排放,是目前最适合城市使用的产品	电动车目前受到电池容量和寿命、充电模式、质量稳定性和批量生产可行性等影响,短时间内不可大规模推向市场
燃料电池	主要是氢燃料电池,被认为是最有前途的产品。能真正解决能源短缺问题,并真正实现零排放	整车成本高,基础建设无法跟上。加氢站寥寥无几。电池使用寿命短
醇类燃料	醇燃料主要指甲醇和乙醇。目前应用大多是在汽车中混合一定比例,来源主要是粮食实物,取材容易	对于设备的腐蚀性墙,造成相关保存和加注设备寿命太短,无法大规模推广

图 13-1　安凯 HFF6121G03EV 纯电动客车

图 13-2　金龙混合动力客车

13.2 新能源汽车试验相关标准与技术要求

13.2.1 新能源汽车试验检测相关标准

随着新能源汽车市场的不断扩大、政府对新能源汽车的大力推广,新能源汽车得到快速发展。为了适应市场需求,同时为了提高我国新能源汽车安全性,我国已经发布了新能源汽车标准 75 项,其中整车及基础通用标准共 28 项、动力电池及关键总成标准共 21 项、充电设施标准共 26 项,目前处于修订的标准达到 77 项。新能源汽车产业技术标准的出台将有效消除标准分歧,加速基础设施普及,推动行业发展提速。

表 13-2 和表 13-3 主要列举了新能源汽车性能试验标准和一些其他相关标准,详细的标准内容参考国家标准网和一些相关的企业标准网站。

表 13-2 新能源汽车性能试验标准

名称	电动汽车	混合动力汽车	燃料电池汽车
试验标准	GB/T 18385—2005 电动汽车动力性能试验方法 GB/T 18386—2005 电动汽车能量消耗率的续驶里程试验方法 GB/T 18387—2008 电动车辆的电磁场发射强度的限值和测量方法 GB/T 24552—2009 电动汽车风窗玻璃除霜除雾系统的性能要求及试验方法 GB/T 29307—2012 电动汽车用驱动电机系统可靠性试验方法	GB/T 19750—2005 混合动力电动汽车定型试验规程 GB/T 19752—2005 混合动力电动汽车动力性能试验方法 GB/T 19753—2005 轻型混合动力电动汽车能量消耗量试验方法 GB/T 19754—2005 重型混合动力电动汽车能量消耗量试验方法 GB/T 19755—2005 轻型混合动力电动汽车污染物排放测量方法	GB/T 23645—2009 乘用车用燃料电池发电系统测试方法 GB/T 24554—2009 燃料电池发动机性能试验方法 GB/T 2699—2011 燃料电池电动汽车最高车速试验方法 GB/T 26779—2011 燃料电池电动汽车加氢口

表 13-3 一些其他相关标准

名称	新能源汽车动力电池标准	新能源汽车电机及电控标准	新能源汽车零部件标准	新能源汽车定型试验标准
相关标准	QC/T 742—2006 电动汽车用铅酸蓄电池 QC/T 743—2006 电动汽车用锂离子电池 QC/T 741—2006 车用超级电容 GB/Z 183332—2001 电动道路车辆用锌空气蓄电池	GB/T 24347—2009 电动汽车 DC/DC 变换器 GB/T 18488—2006 电动汽车用电机及其控制器	GB/T 19836—2005 电动汽车用仪表 GB/T 20234—2006 电动汽车传导充电用插头、插座、车辆耦合器和车辆插孔通用要求	GB/T 18388—2005 电动汽车定型试验规程 GB/T 19750—2005 混合动力电动汽车定型试验规程

新能源汽车在进行试验时需要执行的试验标准和检验项目包括：必须满足现有的常规汽车检验项目；需要满足相关专项标准并提交相应的检测报告；动力蓄电池和超级电容器的检测可以只按 QC/T 741 至 QC/T 744 的相关标准进行；锂离子蓄电池统一按 QC/T 743—2006 相关标准进行；锌空气蓄电池按 GB/Z 183332—2001 相关标准进行；二甲醚汽车应按常规汽车进行检验并提交报告，同时需要对非常规排放物做出说明。

汽车的安全性能与汽车的安全标准分为主动安全、被动安全和一般安全三个方面。主动安全标准主要包括照明与光信号装置、车轮悬架、制动和转向、汽车行驶的稳定性和可靠性等；被动安全标准主要包括约束系统、碰撞与防护、防火标准等；一般安全标准是指与车辆安全性相关的视野、指示器与信号装置、车辆结构以及防盗标准等。

电动汽车作为汽车大家族的一员，除电驱动系统和车载储能系统外，其他构造、功能与传统汽车基本一致，现行汽车安全相关的国家标准和行业标准也同样适用于电动汽车。与传统汽车相比，电动汽车特殊安全性集中在以下几个方面：一是高能量储能系统潜在安全隐患；二是高压电气系统带来的潜在触电危险；三是装备大质量车载能源及其相关系统对车辆整体结构安全性及乘员、第三方的潜在机械伤害；四是大量电力电子系统的电磁辐射隐患。

13.2.2 新能源汽车试验检测相关技术要求

1. 对新能源汽车检验报告的要求

新能源汽车的检验报告与常规汽车的检验报告要求具有很大的相似性。主要包括检验项目、设备情况、数据、试验样车描述、相关照片、检验地点和检验结论等。报告格式应为国家标准和企业相关标准中要求的相关项目，由于设备原因和样品原因未进行的项目需要在报告中说明。

2. 对新能源汽车检测机构的要求

对新能源汽车进行检测时与常规汽车相同的检验项目和需在整车上进行测试的专项检验项目按常规汽车的管理要求进行。新能源汽车的电池、控制器、电机和超级电容器的检测应在指定的国家或企业检测机构和技术中心进行。其他专项检验项目，需在满足具有相关标准的检测能力和通过国家实验室认可和计量认证的检测机构进行。

3. 新能源汽车同一型号判定规则

对同一型号的新能源汽车首先要满足常规汽车同一型号判定原则,其次需要满足以下判定原则:动力蓄电池、超级电容器、燃料电池类型相同;动力电池种类相同;整车控制系统生产企业相同;是否外接充电方式相同等相关判定原则。

4. VIN(车辆识别码)编码规则

参照《道路车辆 车辆识别代号(VIN)》的一些相关规则制定。在车辆说明部分应体现出车辆类型、车辆技术特性参数。

改装类商用车生产企业如果要申报新能源汽车底盘产品公告或申报采用自制底盘的新能源汽车整车产品公告,需要先进行编制 VIN 编码规则,并且需到中国汽车研究中心下设的车辆识别代号管理办公室申请备案,在批准后方可按该规则对这两类产品进行编码和申报产品公告。

13.2.3 新能源汽车发展瓶颈

1. 技术问题

电动汽车分为插电式混合动力汽车和纯电动汽车,而动力电池是新能源汽车的重中之重,它不但是技术核心,也是技术门槛最高、利润最集中的部分,因此电池就成了需要解决的首要问题。

2. 配套设施

电动汽车顾名思义就是需要用电,因此它的运作就必须依托于整个供应链和应用体系完善的配套工作。而就目前新能源汽车研发最热门的纯电动汽车来说,在供应链方面的最大障碍就是电池/电池组、电控等技术瓶颈,电池的安全性、可靠性、使用寿命等还不能满足整车要求;应用体系方面,充电网络基础设施的不完善是最大的障碍,配套设施建设如果不能达到同步,那么新能源汽车市场就很难顺利发展。

3. 人们的消费观念的约束

虽然新能源汽车对环保的贡献巨大,但是作为购车者来说,新能源汽车的价格、性能、使用成本、是否便捷,这些才是消费者最关心的问题。也许新能源汽车的购买价格比一般的车价要高,但是能降低油耗,从经济的角度来说,它的使用成本会降低,但是如果消费者没有考虑这个问题,那么他就不会购买新能源汽车,这就影响了新能源汽车的销售。另外,大部分消费者对新能源的认识不够深,因此在购买车的时候,他们不会考虑购买新能源汽车。

4. 环保问题

电动车的电池回收成为环保最关心的问题。目前很多人都会使用电动自行车,但是在使用几年过后,电池不能用了,这时,电池的回收就成了问题。电动汽车也一样,当电池不能使用过后,那么电池的处理就成了一个非常严重的问题,因为电池对环境的污染巨大,它的污染可以持续几十年甚至上百年,这对我们的环境是一个巨大的威胁。

13.3 新能源客车安全技术

13.3.1 新能源客车安全事故

近年来,随着电动汽车技术的不断进步,产品日趋成熟,电动汽车的认知度和接受度在消费人群中得到明显提高。在电动汽车市场推广初见成效的同时，国内外陆续发生了多起电动汽车着火事故，电动汽车的安全性受到公众的关注。

1. 事故案例

2010年1月7日，新疆乌鲁木齐市1辆12 m的纯电动城市客车起火。最终调查结果为：事故电动公交车左侧第一组电池箱内部电池发生故障，并未能及时发现，车辆停放过程中热量聚集，产生高温，自燃起火，进而引燃车内可燃装饰材料形成大火。

2011年7月18日，上海市中山公园附件，一辆为纯电动城市客车的825路公交车在站点自燃。图13-3为事故现场图片。

图 13-3　事故现场

2013年11月30日，深圳市龙华新区一辆混合动力城市客车在行驶中起火。

2. 火灾原因分析

电动汽车火灾与燃油汽车火灾相比，具有一定的特殊性，因为它们大都是由电力驱动系统或电池引发。电动汽车的燃料储存在压力容器内，汽车发生碰撞后，压力容器和燃料供给系统内的燃料存在泄露后有引发爆炸和起火的危险。我们再来分析一下电动汽车在不同的模式下发生火灾的情况。

（1）正常充放电

此情况下如果发生着火的状况是属于电池本身的问题，在电池连续的充放电过程中，使得电池中缓慢释放出氢气和氧气，由于氢气的爆炸极限比较低，如果在某个密闭空间内聚集，遇到火源时，将会产生燃烧爆炸的情况。另外由于电池在充放电时会持续地发热，如果处理不得当，随着温度的上升，可能会使电池本身变形，造成电解液的泄露，之后可能会造成短路等故障，以致发生燃烧爆炸。

（2）正常行驶条件情况下

在正常行驶条件下，电动汽车发生火灾事故的可能性很小，但是相比传统汽车，增加的电池也同样增加了电动汽车的危险系数。对于现在大部分采用锂离子电池的电动汽车，大电流放电将导致电池排放大量可燃气体，而电池的温度也随之升高，电池燃烧的可能性加大。

（3）发生碰撞时或者翻车时

电动汽车在碰撞或者撞车时，由于电池受到很大的冲击力，可能受到挤压、穿刺等损坏，由于电池内部压力过高,如果电池本身有设计缺陷,在此极端的情况下,发生燃烧、爆炸、电击的可能性是很大的。尤其是锂离子电池的负极材料,一旦因为电池外壳损毁与空气接触,有极高的可能发生剧烈氧化甚至燃烧爆炸。因此,电动汽车,尤其是锂电汽车,其电池组务必要设计在最不容易遭遇剧烈碰撞的地方,且必须尽可能采取各类保护措施,防止电池组在事故中,直接遭受剧烈的撞击和挤压。

(4)涉水时

当汽车遇到暴雨或其他涉水情况时,电池间的接线或者电机控制系统就可能会由于水或者水汽的侵蚀,造成短路,导致漏电。一旦短路,电池温度迅速升高,引起爆炸或者燃烧的可能性就很大。

3. 影响因素

(1)电池系统故障

电池系统故障是电动汽车着火事故的最主要原因。动力电池短路形成热失控而起火的情况居多。其次,充电装置、散热风扇等其他设备的异常也可能起火并引燃电动车辆。

(2)多因素共同作用的结果

电动汽车的消防安全性能并不简单地等同于电池单体质量、电池管理系统技术水平或电池包强度。电动汽车着火不仅与车辆安全设计、产品质量管理等因素有关,也与车辆运行状况、日常维护乃至驾驶员驾驶习惯有关。

(3)电池内部损坏

在没有经历碰撞、翻车、浸水等极端情况时,电动汽车在行驶或非充电停置状态下起火主要是因为动力电池系统自身可靠性不足。若用于成组的电池单体一致性不好、电池与管理系统设计存在缺陷、电池成组技术及工艺水平较低,则会导致动力电池系统在装配车辆后无法满足其运行需要,个别或部分单体极有可能出现过充、过放、集流体接触不良和电解液泄露等问题。当个别电池单体出现安全隐患时,如果没能够及时有效地进行保养、维修,则故障单体很可能形成短路、燃烧,进而引发周边电池单体的连锁反应,最终形成火灾。

(4)合理的布置与防护至关重要

目前,国际车用动力电池的主流选择是能量密度较高的锂离子电池。撞击、挤压会破坏锂离子电池的结构,造成电池隔膜破损、电解液泄露,电池内部或外部短路、放热,进而发生燃烧甚至爆炸的现象。因此,通过加强电池包壳体结构强度、优化防水设计、合理布置动力电池以及改变车身骨架结构对电池提供适当的安全防护,这样可以保护动力电池系统免受外力破坏和雨水进入,保障电动汽车的安全行驶。另外,还可以通过设计间隔或防火墙,对整个电池系统进行适当的分离,防止火焰在电池包内传播造成更大损失。

13.3.2 纯电动客车安全技术

(1)电池管理系统设计要求

电池管理系统的设计应该能够满足以下几点功能。

①实时测量电池组单体电池的电压,并能够对电压值的大小是否合适做出相应的指示,例如设置低压限速电压值、充电最高电压、停车报警电压值等,防止过放电与过充电,并进行人机交互显示。

②实时测量电池组的工作电流,并通过 MCU 进行电池荷电状态(SOC)值的计算。

③实时测量电池组的工作温度,并对各种测量值进行温度系数校正。同时,对于电池工作

温度范围进行相应的指示,例如设计警报与限速的温度值,并进行人机交互显示。

④对个别异常的单体电池的故障进行诊断,并实时报告其 ID 值,以便及时维护或修理电池组,以防故障范围扩大,造成不必要的损失。

⑤对个别单体电池的电压进行均衡充、放电管理,保证电池组中单体电池性能一致。

⑥电压采集模块之间及与汽车主控模块之间要电压隔离,利用通信网络进行实时数据的传输,实现电池数据的共享。

(2)纯电动客车电池的"三防"问题

所谓"三防",即防漏电、防火、防水。

①纯电动客车的绝缘工艺性

纯电动汽车的电流和电压等级都较高,纯电动客车的电池组在充满电的情况下电压一般在 600 V 左右,电流可达几百安培。我国安全电压多采用 36 V。这就要求人体可接触的任意两个带电部位的电压要小于 36 V。根据国际电工标准的要求,人体没有任何感觉的阈值是 2 mA。这就要求如果人或其他动物构成动力蓄电池与地之间的外部电路,最坏的情况下泄漏电流不能超过 2 mA,即人直接接触电气系统任一点的时候,流过人体的电流应当小于 2 mA 才认为车辆绝缘合格。因此,在电动汽车的开发中,要注意高压电器系统的绝缘设计,严格控制绝缘电阻值。

纯电动客车的绝缘防护可以从高压零部件内部的绝缘设计、车身自身的绝缘防护如喷涂绝缘油漆或铺设绝缘材料、高压零部件与车身之间连接结构的绝缘性设计和绝缘性检测等几个方面来考虑,从而达到控制绝缘电阻值的要求。

如苏州金龙海格纯电动客车采用二级绝缘体系防漏电。图 13-4 为采用二级绝缘体系防漏电的海格纯电动大巴。

图 13-4　海格纯电动大巴

②纯电动客车防火工艺性

纳米隔热防火材料。在整个电池舱使用这种新型纳米隔热防火材料,目前技术上已不是问题,主要是材料成本较高,但对防火安全帮助很大。隔膜防护,在隔膜上镀上一层石蜡状材料(该材料应能允许锂离子通过并具有良好物理化学性质),当温度超过一定值时,石蜡状物质熔融而将多孔隔膜的孔洞堵塞,造成放电中止以防止电池燃烧爆炸。在电池内安装温限或压限装置如使用透气片,当达到一定温度或一定压力时,透气片破裂,气体逸出,电池不致爆炸。或使用紧急阀,当达到危险温度或危险压力时,通过紧急阀断开外部电路,使电池停止工作以避免燃烧或爆炸。

③纯电动客车防水工艺性

纯电动客车的高压电池,控制系统等电器件如果在车辆运行过程中进水,轻则可能造成电器件烧毁,致使车辆失去功能,严重的甚至会发生人身安全事故,因此对于纯电动客车,各电器件及整车的防水设计也是一个不能忽视的问题。针对纯电动客车的特殊性,着重从高压电器在整车布置上的防水要求、高压件所处的车身结构防水设计、防水装配工艺、高压件自身防水结构设计等方面来改善纯电动客车高压电器的防水工艺与设计。

如安凯纯电动客车,通过改善车身结构防水设计、防水装配工艺、高压件自身防水结构设计来提高防水工艺性。图13-5为通过改善车身设计的安凯纯电动客车。

图 13-5　安凯纯电动客车

(3)纯电动客车安全方面

①车辆碰撞和机械故障引发的电池爆炸防范措施

纯电动客车在碰撞或者机械故障时,由于电池受到很大的冲击力,可能受到挤压、穿刺等损坏,如果未能及时发现问题,电池在过充电、过放电的时候,由于电池内部压力过高,可能导致电池发生损毁甚至爆炸。因此,对电池采取防燃防爆措施非常必要。以锂离子电池为例,具体措施如下:

过充电防护,充电时应使用专用充电器,对过充电设置安全阀,使用PTC元件。因PTC元件当过大电流通过时,由于温度升高,电阻增大,可以控制电流通过。当电流超过允许充电电流时,启用安全阀,切断充电电流,阻止温度上升。

过放电防护,锂离子电池组放电时,要使用特殊的放电回路,以使某一电池的电压下降到下限时能自动断开放电回路,不使该电池出现过放电。电池组用完后应及时从设备中取出,切勿再用。

隔膜防护,在隔膜上镀上一层石蜡状材料(该材料应能允许锂离子通过并具有良好物理化学性质),当温度超过一定值时,石蜡状物质熔融而将多孔隔膜的孔洞堵塞,造成放电中止以防止电池燃烧爆炸。

电池内安装温限或压限装置,如使用透气片,当达到一定温度(如100度)或一定压力(如3.5 MPa)时,透气片破裂,气体逸出,电池不致爆炸。或使用紧急阀,当达到危险温度或危险压力(需经实际测试得出)时,通过紧急阀断开外部电路,使电池停止工作以避免燃烧或爆炸。锂离子电池应有明确区别于其他电池的标志,标准型号的锂离子电池不能与其他系列电池换用。无论新旧电池都不应穿刺、挤压、乱摔、拆开、改装、短路等。

备用或使用中锂离子电池都应远离高温、水源和可燃物。最好能密封使用且放有干燥剂。锂离子电池电动汽车车厢内要设有消防器材。

②电磁干扰防范措施

针对形成干扰的三要素,抑制干扰源、阻断耦合通路以及提高敏感设备的抗扰阈值是解决电磁兼容问题的根本措施。

a. 抑制干扰源。抑制干扰源就是尽可能地减小干扰源的压变与流变。这是纯电动客车电池管理系统中抗干扰设计中最优先考虑和最重要的原则,常会起到事半功倍的效果。减小干扰源的压变主要是通过在干扰源两端并联电容来实现。减小干扰源的流变则是在干扰源回路串联电感或电阻以及增加续流二极管来实现。

b. 切断干扰传播路径。按干扰的传播路径可分为传导干扰和辐射干扰两类。传导干扰是指通过导线传播到敏感器件的干扰。高频干扰噪声和有用信号的频带不同,可以通过在导线上增加滤波器的方法切断高频干扰噪声的传播,有时也可加隔离光耦来解决。电源噪声的危害最大,要特别注意处理。辐射干扰是指通过空间辐射传播到敏感器件的干扰。一般的解决方法是增加干扰源与敏感器件的距离,用地线把它们隔离和在敏感器件上加屏蔽罩。

c. 提高敏感器件的抗干扰性能。提高敏感器件的抗干扰性能是指从敏感器件考虑尽量减少对干扰噪声的接收以及从不正常状态尽快恢复的方法。

③新能源客车安全预警系统

a. 在线预警系统。新能源汽车在线监控预警系统主要分为:车辆定位监控报警、动力电池荷电状态(SOC)预警、动力电池健康状态(SOH)预警三个部分。

车辆定位监控报警。鉴于新能源汽车多用于公共交通运输,其线路和行驶区域都是比较固定的,一旦发生超速驾驶等违规行为,车辆终端报警系统会实时向车辆监控发生报警。从司机和乘客安全角度考虑,当车辆进入某个由监控中心划定的危险区域时或者动力电池组发生故障时,监控中心也能及时地得到报警消息,图13-6为在线预警系统通信流程图。新能源汽车车辆定位跟踪报警要实现以下目标:车载终端在收到监控中心下发的远程设置报警信令后,开始检测终端是否处于报警状态,如果处于报警状态,即向中心发送报警信息的处理过程。

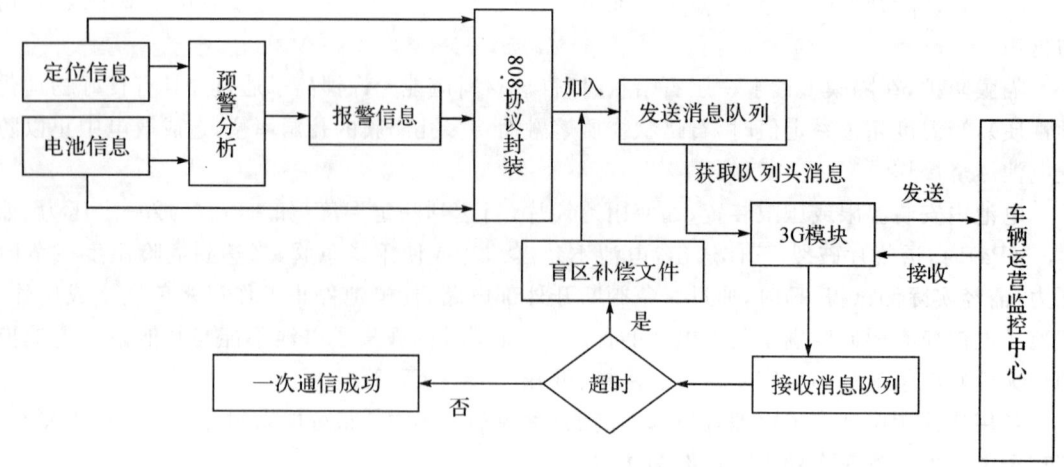

图 13-6　在线预警系统通信流程图

通过新能源汽车在线监控预警系统可以实时定位车辆目前所在地的经度、纬度、时间、速度、方向等信息。对于运营的新能源汽车,可以很大程度上避免司机私拉乱运的情况,可以给运营公司避免不必要的损失。同时对于超速、偏离线路、进入特定危险区域,车载终端都会向监控中心发出报警信息,极大限度地减少了安全事故发生的概率。紧急报警的作用更为重大,如果车辆在发生事故的情况下,司机通过在线监控预警系统发出报警信息,监控中心可以迅速响应,救援人员能早一秒钟赶到现场救援,这就争取了大量的救援时间,在挽救事故人员、减少财产损失方面的作用不可估量。

电池荷电状态(SOC)预警。电池荷电状态(State of Charge,SOC)的估计从来就是新能源汽车运营监控系统中重中之重,也是能量管理策略制定的重要依据。它的指标会影响到新能源汽车对续航里程、加速能力和最大爬坡度,进而对整个车的性能产生直接的影响。新能源汽车要求电池在深放电时仍然可以保证电池的使用寿命。而动力电池的 SOC 的准确估值可以防止动力电池过充和过放,这样不但可以延长动力电池的循环寿命,亦可以降低新能源汽车的使用成本。一般影响电池 SOC 预测值的因素有放电倍率、温度、自放电、老化等。以锂电池为例,某些正极材料的锂电池在前期电池电解液浸润得不是很充分,在电池的前期使用中,电池容量会有小幅度的上升,随着电解液的浸润逐步完全,在使用后期电池的容量会正常地衰减,所以对电池的 SOC 进行估值时,也要考虑到老化对 SOC 的影响。

电池健康状态(SOH)预警。电池的健康度(State of Health,SOH),对于新能源汽车来说也是非常重要的。目前在我国的新能源汽车通常指的是将其他形式的能力转化成电能,由电能驱动电机工作实现车辆的运行,所以动力电池的健康状态之于新能源汽车如同心脏之于一个人一样重要。无论是车辆监控中心还是驾驶员本人及时准确地了解电池的健康度,淘汰性能接近报废状态的电池,都能够很好地避免新能源汽车在运行时出现的各种故障。所以准确预测动力电池的 SOH 的值作为动力电池的寿命的参考值有着重大的意义。电池的健康度(SOH)的定义是指在一定条件下电池所能充入或放出电量与电池标称容量的百分比。SOH 以百分比的形式表现了当前电池的容量能力,对一块新的电池来说,SOH 值一般是大于 100% 的,随着电池的使用,电池在不断老化,电池的健康度逐渐降低。在 IEEE 标准 1188—1996 中有明确规定,当动力电池的容量能力下降到 80% 时,即电池的健康度小于 80% 时,就应该更换电池。影响电池容量的因素主要有温度、自放电率、电池内阻和老化程度等影响。

b. 车载 GPS 终端以及 CAN 总线

通过安装在车上的 GPS 终端以及 CAN 总线设备获得车辆定位信息、电池状态信息等,同时车载终端还会根据车辆运行的实时数据产生报警信息。具体做法是将通过 GPS 信息得出的车辆运行纬度、经度、速度、方向等车辆当前位置信息和通过 CAN 总线采集的电压、电流、电池温度等电池状态信息,然后经过小波神经网络分析产生的报警信息,利用现有的 3G 通信网络作为通信传输的媒介来发送给新能源车辆监控中心。监控中心是整个新能源汽车在线监控预警系统的"神经中枢",集中实现监控、调度、接收/处理报警,并将处理结果实时显示在 GIS(Geographic Information System)电子地图上。监控中心服务器根据报警信息可以灵活制定行驶方案,并生成命令由 3G 网络下达给新能源汽车车载终端,保障新能源汽车运营安全,为运营服务提供决策支持,并达到了对新能源汽车实时监控的目的。

如中通纯电动客车是采用成熟的纯电动动力系统和电池管理系统,与中通"梦幻"全承载超豪华商务客车集成而成的,图 13-7 为采用 CAN 的中通纯电动客车。

该车采用三套 CAN 网络通信系统,实时跟踪车辆动态行驶特性、单体电池特性和高压电气特性,极大地提高了整车的安全性和可靠性。整车采用 540 Ah 大功率锂离子动力电池,可实现 250 km 以上的续驶里程;每千米耗电量仅 1 kW·h 左右,与同级别燃油客车对比具有节能 100% 以上的效果,节能效果非常显著,而且实现了"零排放"。

图 13-7 采用 CAN 网络通信系统的中通纯电动客车

13.3.3 混合动力客车安全技术

1. 混合动力汽车的分类

(1)根据混合动力驱动的联结方式,混合动力系统主要分为以下三类,如图 13-8 所示。

一是串联式混合动力系统(Series Hybrid)。串联式混合动力系统一般由内燃机直接带动发电机发电,产生的电能通过控制单元传到电池,再由电池传输给电机转化为动能,最后通过变速机构来驱动汽车。在这种联结方式下,电池就像一个水库,只是调节的对象不是水量,而是电能。电池对在发电机产生的能量和电动机需要的能量之间进行调节,从而保证车辆正常工作。这种动力系统在城市公交上的应用比较多,轿车上很少使用。

二是并联式混合动力系统(Parallel Hybrid)。并联式混合动力系统有两套驱动系统:传统

(a)中通串联式混合动力客车

(b)安凯并联式混合动力客车

(c)海格混联式混合动力客车

(d)沃尔沃混合动力客车

图 13-8　混合动力客车相关图片

的内燃机系统和电机驱动系统。两个系统既可以同时协调工作,也可以各自单独工作驱动汽车。这种系统适用于多种不同的行驶工况,尤其适用于复杂的路况。该联结方式结构简单,成本低。

三是混联式混合动力系统。混联式混合动力系统的特点在于内燃机系统和电机驱动系统各有一套机械变速机构,两套机构或通过齿轮系,或采用行星轮式结构结合在一起,从而综合调节内燃机与电动机之间的转速关系。与并联式混合动力系统相比,混联式动力系统可以更加灵活地根据工况来调节内燃机的功率输出和电机的运转。此联结方式系统复杂,成本高。

(2)根据在混合动力系统中电机的输出功率在整个系统输出功率中占的比重,也就是常说的混合度的不同,混合动力系统还可以分为以下四类:

一是微混合动力系统。这种混合动力系统在传统内燃机上的启动电机(一般为 12 V)上加装了皮带驱动启动电机(也就是常说的 Belt-alternator Starter Generator,简称 BSG 系统)。该电机为发电启动(Stop-Start)一体式电动机,用来控制发动机的启动和停止,从而取消了发动机的怠速,降低了油耗和排放。从严格意义上来讲,这种微混合动力系统的汽车不属于真正的混合动力汽车,因为它的电机并没有为汽车行驶提供持续的动力。在微混合动力系统里,电机的电压通常有两种:12 V 和 42 V。其中 42 V 主要用于柴油混合动力系统。

二是轻混合动力系统。代表车型是通用的混合动力皮卡车。该混合动力系统采用了集成启动电机(也就是常说的 Integrated Starter Generator,简称 ISG 系统)。与微混合动力系统相比,轻混合动力系统除了能够实现用发电机控制发动机的启动和停止,还能够实现在减速和制动工况下,对部分能量进行吸收;在行驶过程中,发动机等速运转,发动机产生的能量可以在车轮的驱动需求和发电机的充电需求之间进行调节。轻混合动力系统的混合度一般在 20% 以下。

三是中混合动力系统。该混合动力系统同样采用了 ISG 系统。与轻度混合动力系统不同,中混合动力系统采用的是高压电机。另外,中混合动力系统还增加了一个功能:在汽车处于加速或者大负荷工况时,电动机能够辅助驱动车轮,从而补充发动机本身动力输出的不足,从而更好地提高整车的性能。这种系统的混合程度较高,可以达到30%左右,技术已经成熟,应用广泛。

四是完全动力混合系统。该系统采用了272～650 V的高压启动电机,混合程度更高。与中混合动力系统相比,完全混合动力系统的混合度可以达到甚至超过50%。技术的发展将使得完全混合动力系统逐渐成为混合动力技术的主要发展方向。

2. 混合动力客车安全问题

(1)混合动力客车高压电触电防护问题

混合动力客车的动力系统与传统内燃机客车有很大差异,其同时搭载常规内燃机驱动和高压电力驱动系统,存在高压安全问题。在某些时候,高压电系统可能会对人员造成致命的威胁,因此,应特别重视其安全防护。

①等电势连接。高压电气系统由一个600 V直流电压源和两个电气单元组成。正常运行时,带电压的部分是线缆和高压电气单元,并且是与底盘车架隔离的。车辆底盘与高压电气单元外壳没有电气连接,如图13-9(a)所示。如果单元2上的正极线破裂并且接触到本单元的外壳,它不会对元器件本身和高压电气系统造成影响。高压正极与负极之间不会产生连接,维修人员可触摸单元2,不会产生任何反应。如图13-9(b)所示。如果在此情况下,单元1上的负极线破裂并且接触到本单元外壳,同样它不会对元器件本身和高压电气系统造成影响。但是,如果这种情况下,有任何一个导体同时接触到两个单元的外壳,将会造成非常危险的状况,如图13-9(c)所示。为了避免这类事故发生在电动车辆上,必须使用额外的接地线将整车高压系统的部件连接,或者直接安装在车辆底盘上,平衡各高压组件外壳之间的电压差。如果发生系统故障,可通过熔断保险避免事故发生。这不仅确保了整车高压系统的安全,而且有助于提升整车的EMC(电磁兼容)性能,连接示意如图13-9(d)所示。

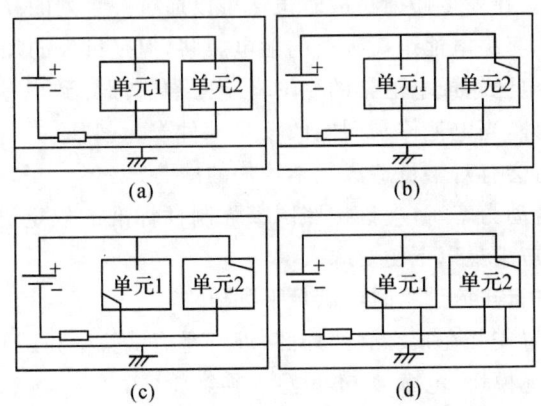

图13-9　接地连接(电位平衡导体)

②高压放电。高压系统组件中都有直接连接到各自系统内部的高压正负两极的电容。当高压系统断开时,电容能吸收电能并放电,以消除高压系统中的危险电压。在每个高压组件中,设计有不同型号的电容;在断开高压后,5 s内能快速释放高压,使之下降至安全电压范围。出于安全原因,每个高压部件中都设计有放电回路。对混合动力车

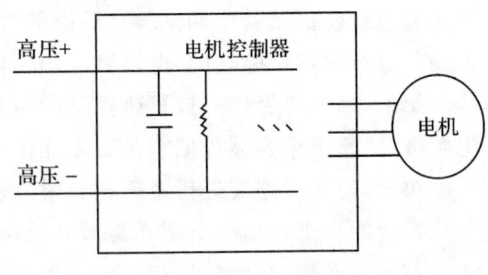

图13-10　防电回路示意图

的任何检修都必须在无高压的情况下进行,以确保安全,如图13-10所示。

③高压互锁。在高压接插件未插紧时或高压设备打开时,通过自动断开设备,切断保持电路,向控制电路发送报警信号,使整车高压系统无法上电,确保车辆使用的安全。高压安全系统对所有设备的高压插件和盖板配备高压互锁功能,串联成一个网络,从电池管理系统开始,空压机、助力转向、高压配电箱、DC—DC、DC—AC、电机、电机控制器,再回到电池管理系统,连成一个整体。当有一处断开时,电池管理系统(BMU)可以根据不同的运行工况,停止充放电,或者切断动力电池高压,如图13-11所示。

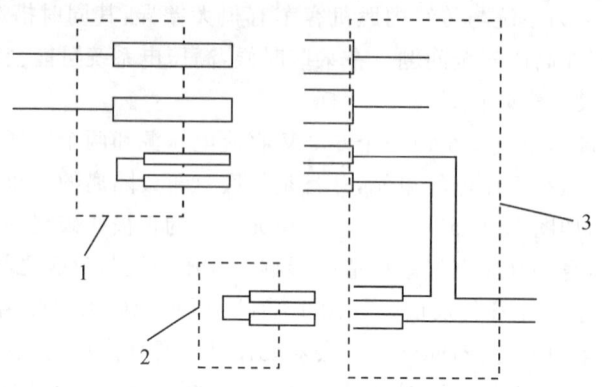

图13-11 互锁插件与底座示意图
1—带互锁功能的插件;2—带互锁功能的设备盖板;3—带互锁功能的底座

(2)电池组碰撞安全性问题

电池组是通过电池箱或电池架安装到车身上的,它们对内部电池组起到了保护、提供安装位置、固定、密封等作用。在发生碰撞事故时虽然可以通过一系列的高压分断设备将电池组分断到安全电压以下,基本解决电池组对乘员的触电威胁,但是过大的加速度或紧急制动以及高速的碰撞仍然可能引起电池箱或电池架的变形甚至断裂进而导致电池的甩出,这将对乘员或车外人员造成损伤。另外,当电池体与周围的车身部件发生挤压,并导致电池壳体破裂时,其内部的强酸/碱电解质将会有对乘员造成化学灼伤的威胁。

因此,对于所有混合动力客车,应该按照国家强制性标准的规定进行相关的碰撞试验,在满足相关要求的同时还应满足以下的要求:

第一,乘员保护。进行碰撞试验时应满足下列要求:

①如果车载储能装置安装在乘客舱的外部,进行碰掩试验中和试验后,动力蓄电池包及其部件(动力蓄电池、蓄电池模块、电解液)不得穿入乘客舱内。

②如果车载储能装置安装在乘客舱内,车载储能装置的任何移动应确保乘客的安全。

③进行碰掩试验中和试验后均不能有电解液进入乘客舱。

④进行碰撞试验中和试验后储能装置不能出现爆炸、着火。

⑤进行碰撞试验期间,电解液溢出不能超过5 L。

第二,第三方保护。进行碰撞试验时,动力蓄电池包及其部件(动力蓄电池、蓄电池模块、电解液)或超级电容器等储能装置不能由于碰撞而从车上甩出。

第三,防止短路。进行碰撞试验时,应防止造成动力电路的短路。动力蓄电池的过电流断开装置应能在下列情况下断开与蓄电池包端子的连接电路:①车辆制造厂规定的过电流;②与动力蓄电池连接的电路出现短路。动力蓄电池过电流断开装置应能够在任何故障情况下工作,包括车载储能装置故障。动力蓄电池的过电流断开装置的响应时间应由车辆制造厂根据动力蓄电池参数、动力蓄电池和电路发生过电流或短路的防护方式来确定。

第四,绝缘电阻的测量。碰撞试验结束后,按照法规中的操作规程进行绝缘电阻的测量,被测混合动力客车应能满足法规对绝缘电阻的要求。

(3)电磁干扰安全防护问题

电磁干扰可以理解为一种有损于有用信号的电磁现象。按传播途径进行分类,一般可以分为传导干扰和辐射干扰两种,辐射干扰是指以电磁波形式传播的干扰。而在电气调试中容易出现的是传导干扰,它是沿导体传播,如电气产品上的导线、传输线、检测端口、连接端口、电容器、电感器等都可能成为传导干扰的传输通道,此类电磁干扰往往会影响设备的正常运行从而带来巨大的损失。目前,针对电磁辐射的防护措施主要有屏障防护、距离防护、时间防护、科学管理和源头控制五种方法。

(4)数据采集与测试系统

混合动力客车有发动机和电动机两个动力源,根据结构的不同还有可能存在发电机、DC/DC等电附件,由于其结构的复杂,故需要更多的电子控制器来实现车辆各系统的控制,在运行过程中,各控制器彼此之间需要进行大量的数据交换来做到数据共享,一旦控制器之间的数据交换出现问题,控制器将不能正常控制电机、发动机、转向等与车辆行驶相关的部件,使车辆产生故障,无法继续运行;同时汽车生产制造商在开发混合动力汽车的过程中,由于混合动力客车控制系统是一个复杂的大系统,在车辆调试过程中经常遇到车载控制器无法正常读取的开关量输入信号,模拟量输入信号,CAN总线通信信息等数据采集故障,造成车载控制器无法正常工作。

针对混合动力客车信号类型,混合动力客车数据采集及测试系统至少应具有以下功能:采集开关量信号、模拟量信号、CAN总线信号;产生开关量信号、模拟量信号、发送CAN总线信号等功能。

13.3.4 燃料电池客车安全技术

1. 燃料电池的种类

(1)按燃料电池的运行机理分为酸性燃料电池和碱性燃料电池。

(2)按电解质的种类分为碱性燃料电池(AFC)、磷酸燃料电池(PAFC)、熔融碳酸盐燃料电池(MCFC)、固体氧化物燃料电池(SOFC)、质子交换膜燃料电池(PEMFC)等。在燃料电池中,磷酸燃料电池和质子交换膜燃料电池的冷起动性好而且起动快,可以用作移动电源,适应电动客车的使用工况,更具有竞争力,表13-4为各种燃料电池的技术性能参数。

(3)按燃料的类型:氢气为直接燃料,但由于在自然界是不能直接获得氢的,所以燃料电池最实用的燃料是以氢或富含氢的气体燃料,如石油、甲醇、乙醇、沼气、天然气、石脑油、氢化物和煤气等,经过重整、裂解等化学处理后来制氢气燃料。其中氧化剂采用氧气或空气,最常用的是空气。

(4)按燃料电池工作温度:低温型,温度低于200℃;中温型,温度为200~750℃;高温型,温度高于750℃。比较适用于汽车的是在常温下工作的燃料电池,例如质子交换膜燃料电池。

表 13-4　各种燃料电池的技术性能参数

燃料电池的类型	AFC	PAFC	MCFC	SOFC	PEMFC
质量功率（W/kg）	35～105	100～220	30～40	15～20	300～1000
输出功率密度（W/cm³）	0.5	0.1	0.2	0.3	1～2
燃料种类	H_2	天然气、甲醇液化石油气	天然气、液化石油气	H_2、CO、HC	H_2
燃料电极材料和催化剂	Ag 金属氧化物	C、Pt	Ni	Ni(NiO)、Y－ZrO_2	C、Pl
氧电极的氧化物种类	O_2	空气	空气	空气	空气
氧电极材料和催化剂	Ni、Pt、Pd	C、Pt	Li	SmoL　MnO_3	C、Pt
电解质	有腐蚀、液体氢氧化钾	有腐蚀、磷酸水溶液	有腐蚀、液体碳酸盐	无腐蚀、氧化锆系陶瓷系	无腐蚀、固体稳定氧化锆系
发电效率（%）	45～60	35～60	45～60	50～60	30～40
启动时间	几分钟	2～4(h)	>10 h	>10 h	几分钟
电荷载体	OH	H^1	CO_3	O	
应用情况（参考）	应用于宇宙飞船	应用广泛、发展迅速	有可能用于大型发电厂	有可能用于大型发电厂	发展迅速可用于电动汽车
发展趋势	—	拟开发 5000～11000 kW 级固定发电装置	正在研究和开发 200～1000 kW 级固定发电装置	正在研究和开发几十千瓦～几百千瓦级发电装置	正在研究和开发几千千瓦～几百千瓦级小型独立发电装置

2. 燃料电池电动汽车的类型

FCEV 按主要燃料种类可分为以下两类。

(1)以纯氢气为燃料的 FCEV(如图 13-12 所示为海格氢燃料电池客车)；
(2)经过重整后产生的氢气为燃料的 FCEV；

FCEV 按"多电源"的配置不同,可分为以下四类。

(1)纯燃料电池驱动(PFC)的 FCEV(见图 13-13(a))；
(2)燃料电池与辅助蓄电池联合驱动(FC＋B)的 FCEV(见图 13-13(b))；
(3)燃料电池与超级电容联合驱动(FC＋C)的 FCEV(见图 13-13(c))；

图 13-12　海格氢燃料电池客车

(4)燃料电池与辅助蓄电池和超级电容联合驱动(FC+B+C)的 FCEV(见图 13-13(d))。

如图 13-13 各种动力结构图

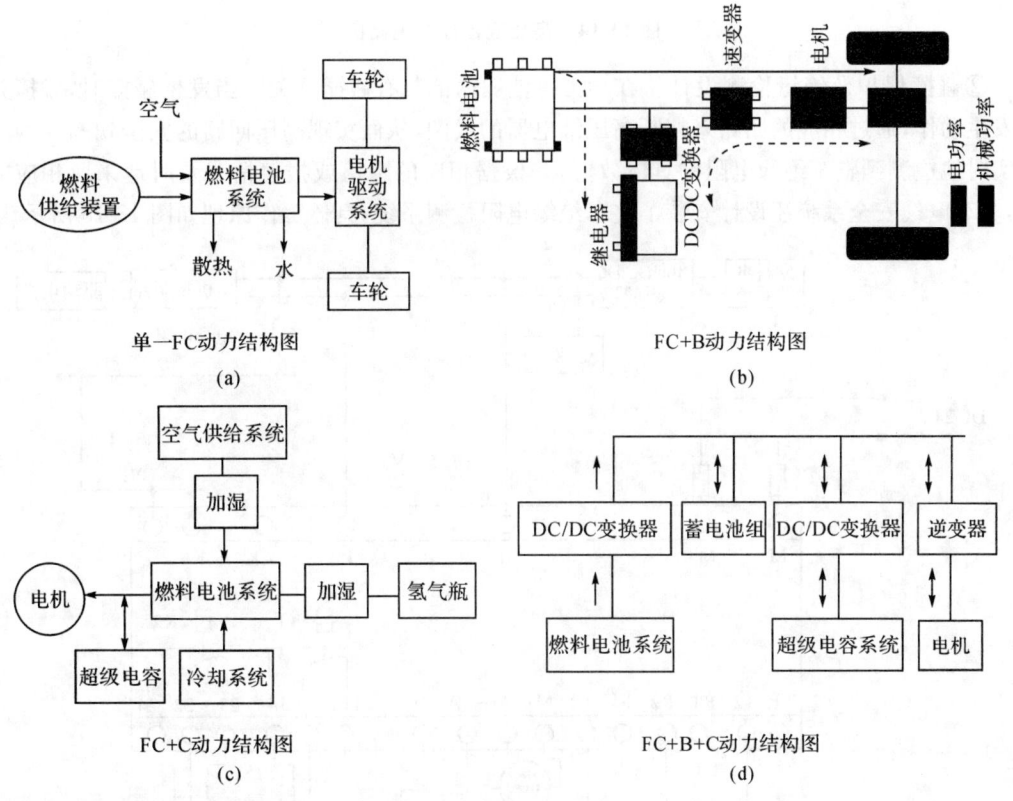

图 13-13　动力结构图

3. 燃料电池客车相关安全问题

(1)燃料电池客车高压电安全设计

①高压互锁的设计。为了能够实现在打开高压部件舱门和加氢口时确保高压切断,在各个高压设备安装舱门上安装了接近开关,用以提供准确的开舱信号。当舱门打开时,舱门信号

继电器无法闭合,整车2挡也就无法上电,高压继电器也就无法工作,从而实现对高压的互锁;当整车外接充电时(包括燃料电池保温充电和动力电池充电),加氢口不允许打开;在加氢的过程中,外接充电也是无效的。具体的控制电路如图13-14所示。

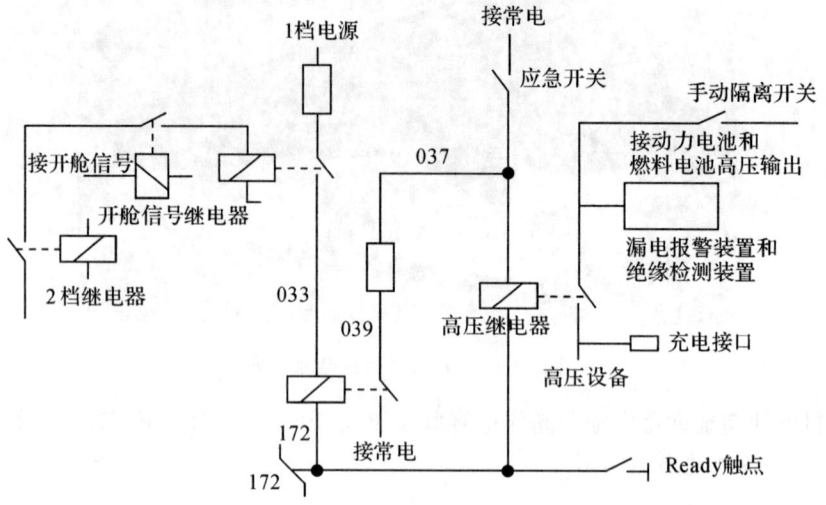

图13-14 高压互锁控制电路图

②碰撞保护及绝缘检测设计。在动力电池舱内部装有碰撞开关。当发生碰撞时,碰撞开关会发生动作,通过相应的回路来切断高压继电器的线圈,从而实现高压回路的安全切断。为了能够实时地检测到整车绝缘电阻的具体数值,并根据相应的阻值或报警情况及时地采取相应的措施,整车电气安全系统还设计安装了整车绝缘电阻检测系统,具体工作原理如图13-15所示。

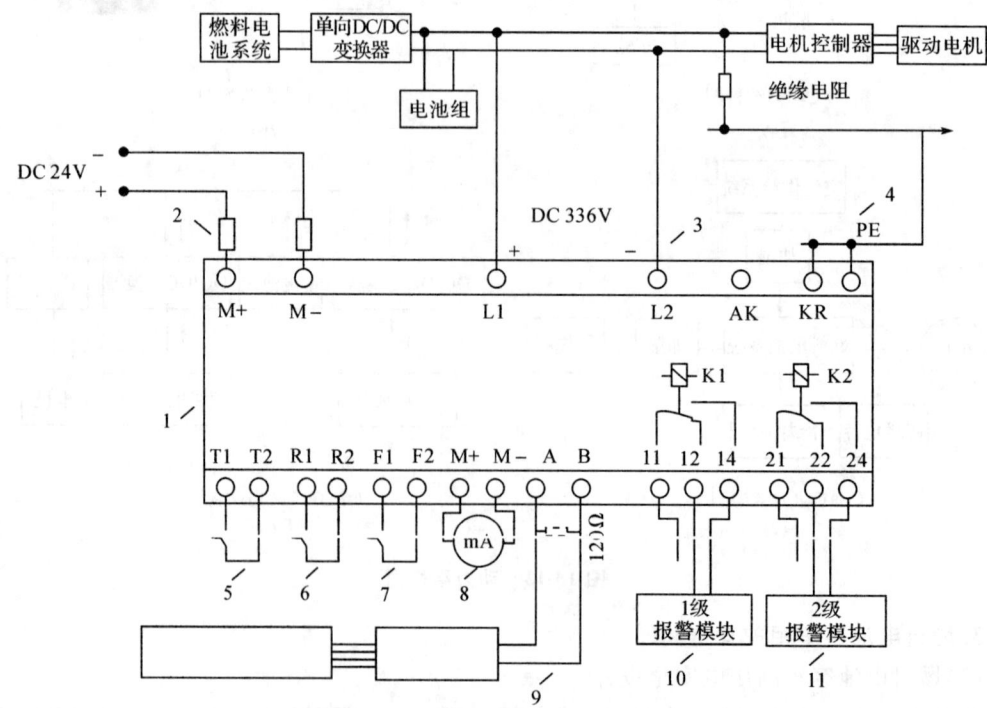

图13-15 碰撞保护绝缘检测设计图

根据整车对绝缘电阻值的安全需要以及长期的实践,在设计中对绝缘电阻检测系统设置了两级报警:一级漏电报警的绝缘电阻 100 k,二级漏电报警的绝缘电阻 50 k。当检测系统发生一级报警时,会在仪表上发出声光报警信号;当发生二级报警时,供电系统将强制切断高压。

③调试状态及漏电检测设计。在对动力蓄电池外接充电、需要对高压设备开舱带电调试或维修时,为了不受整车开舱信号的限制,在高压电路中设计调试模式装换开关。此模式装换开关安装在高压配电柜内,以防非专业人员在未经许可的情况下进行误操作,对整车构成安全隐患。此开关在合上整车 24 大闸的情况下,可以直接对整车高压的通断实现直接控制。图 13-16 为漏电检测系统。

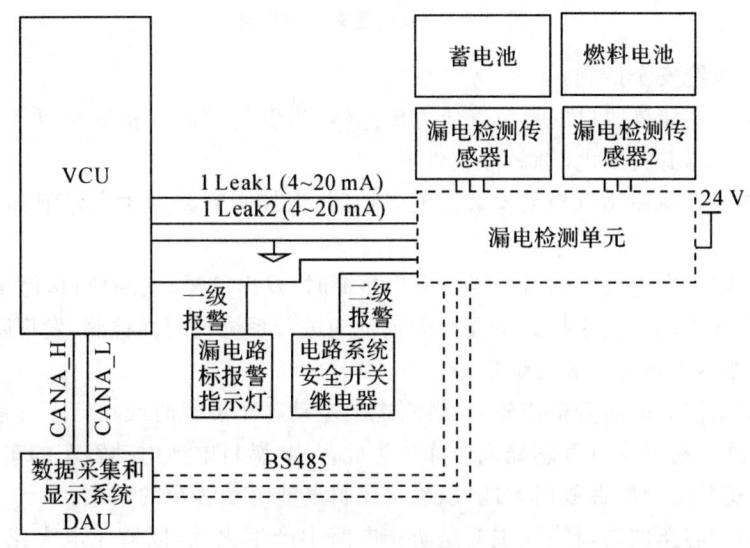

图 13-16 漏电检测系统

(2)氢安全设计

①氢安全设计原则。在目前阶段通常采用高压储罐的形式用在客车上,由于氢气其质轻、易爆、高压储存等条件,其使用的安全性也需要受到极大的重视,为此,燃料电池客车的供氢系统安全策略应考虑以下五方面设计原则:

a.氢气的泄漏。在结构设计和制造的过程中应该考虑避免和减少了氢气的泄漏,设计上也要考虑在车不同部位安装氢气泄露监测传感器。一旦检测仪报警,将关断燃气系统以确保安全。

b.管路意外破裂的发生。如果因为客车意外碰撞,导致供氢管路的破裂,供氢系统内的紧急关断阀将关闭,避免氢气的泄漏。图 13-17 为氢气泄露检测系统。

c.失火事件的发生。意外事件中产生的高温达到危险界限,将使气瓶上的安全阀打开,以泄压,避免更危险情况的发生。

d.超压情况的发生。因为各种原因引起气瓶、管路内的压力升高达到危险数值时,气瓶或管路上的安全阀将打开,以确保供氢系统的安全。

e.紧急状态的关闭。为了实现系统的安全控制,对供氢系统的电子监测和控制与整车电子控制联动,确保随时监测工作状况是否正常。一有紧急意外情况发生,将会采取紧急措施关闭供氢系统以确保安全。

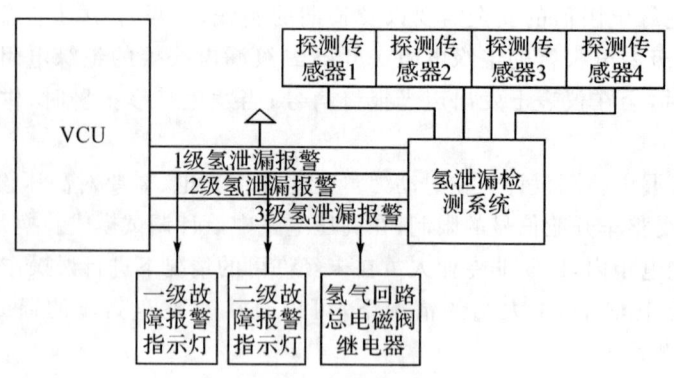

图 13-17　氢气泄露检测系统

②车载储氢系统安全措施

a.低压报警。在储氢瓶口安装氢气压力传感器,当氢气检测仪检测到氢气压力低于设定值时,发出报警信息,并关断电磁阀,停止供氢。

b.过流保护。在氢瓶出气口处安装过流保护阀,当外围管路发生大量泄漏时,关断阀门,停止供气。

c.碰撞及控制。当碰撞传感器检测到发生碰撞时,发出信号,关断瓶口,停止供气。

d.系统气密性检测。用手持式泄漏检测仪定期进行系统气密性检测,发现隐患及时处理。

(3)燃料电池客车防静电和防爆措施

燃料电池电动汽车的防静电措施:在燃料电池电动客车加氢时或在行车过程中,不可避免地会产生静电,这极易引发氢气燃烧或爆炸。为此,一些燃料电池电动客车的车体底部通常设有接地导线,可及时将静电释放回大地,以确保燃料电池电动客车的安全。

燃料电池电动客车的防爆措施主要是防止电路中产生火花,以避免电火花点燃氢气而产生燃烧或爆炸事故。防爆措施主要有:

①采用防爆型氢传感器,不用触点式传感器。这是因为触点式传感器在氢气含量达到设定值时,通过触点的动作输出信号,容易产生触点火花而引发事故。

②在氢安全系统中采用防爆固态继电器,也是为了防止继电器触点工作时产生电弧放电而点燃氢气。

③当氢安全系统采用发出报警时,禁止进行开关电气设备的操作,比避免相关的插座、接触器、继电器及开关触点产生电火花而点燃氢气。

④当燃料电池电动客车储氢瓶内有氢气时,严禁在车上进行电焊或会产生电弧的相关操作。

(4)燃料电池客车整车安全控制系统

燃料电池客车混合动力系统由燃料电池、镍氢动力电池、DC/DC 和电机等部件组成,各个部件都有相应的控制器或管理系统。整车控制器(Vehicle Control Unit,VCU)作为整车的"大脑",与各个部件控制器,以及外围的报警系统、仪表等组成了整车安全控制系统,如图 13-18 所示。

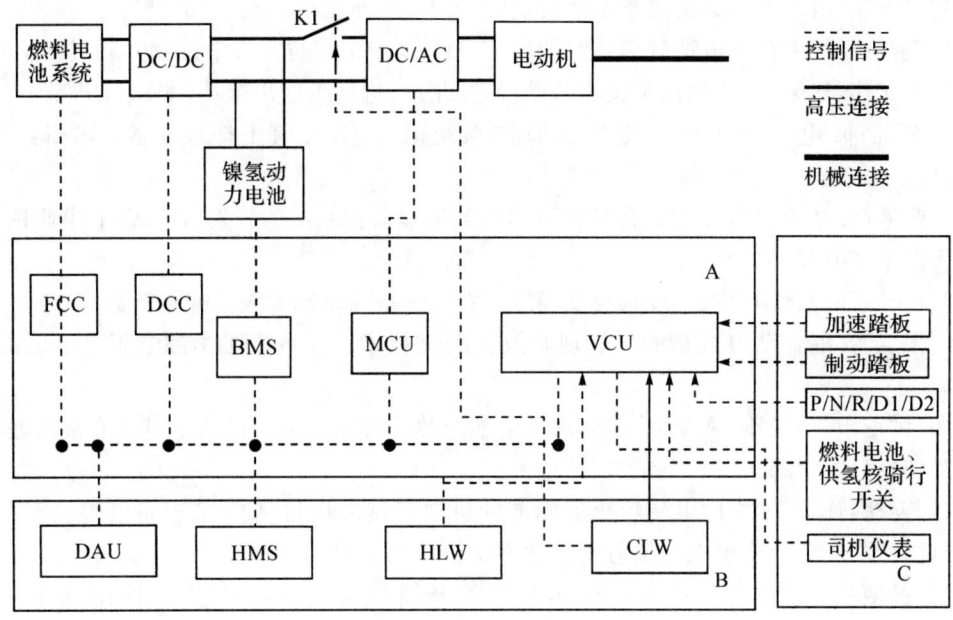

图 13-18 整车安全控制系统

(5) 燃料电池客车散热系统

燃料电池发动机系统如图 13-19 所示。燃料供给设备一般为氢罐,进入阳极前先加湿及加热;空气供给设备(空压机或风机)向电池提供环境中的空气,进入阴极前也须调节状态,散热器排出冷却液从电池堆带出热量。

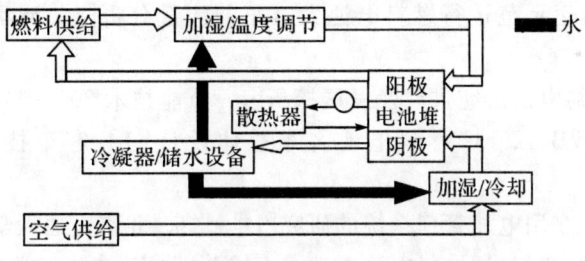

图 13-19 燃料电池发动机系统结构示意图

目前燃料电池的效率一般在 50% 左右,即燃料电池对外输出功率和排出的热量是相等的,因此燃料电池发动机通过冷却系统排出的热量很大。由于质子交换膜对温度的敏感性,而且燃料电池排气温度不高,相比传统汽车与环境的温差小,因此对散热系统提出了很高的要求。为确保燃料电池温度分布的均匀性,进出口冷却液温差一般不超过 10℃。

参考文献

[1]《新能源汽车生产企业及产品准入管理规则》工产业〔2009〕第 44 号[Z],中国工业和信息化部,2009.

[2] 雷芳芳. 我国新能源汽车的发展[J]. 汽车工程师. 2009.

[3]王立颖.电动汽车的关键技术及发展前景[J].汽车工业研究,2009(8).

[4]庄益诗.纯电动车电池管理系统的研究[D];辽宁工程技术大学;2009.

[5]王文伟,毕荣华.电动汽车技术基础[M].北京:机械工业出版社,2010:1—9.

[6]李卫帅.电动汽车电池组智能监控系统研究[D]:硕士毕业论文.郑州:郑州大学.2011.

[7]曹紫微.基于GPRS的混合动力汽车参数远程监控系统的开发[D]:硕士毕业论文,重庆:重庆大学,2010.

[8]戎喆慈.混合动力汽车现状与发展[J].农业装备与车辆工程.2008,7:5—8.

[9]张卫青.混合动力汽车的发展现状及其关键技术[J].重庆工学院学报.2006,20(5):19—22.

[10]付正阳,林成涛,陈全世.电动汽车电池组热管理系统的关键技术[J].公路交通科技,2005,22(3):119—123.

[11]姜槐,许正平.中国电磁场辐射标准的科学依据的探讨[C].第三届电磁辐射与健康国际研讨会暨2003年全国电磁辐射生物学学术会议论文集.2003.46.48.

[12]祝冠宇.混合动力城市公交车整车控制器的研究与设计[D].西南大学硕士论文,2011.

[13]饶运涛,邹继军,郑勇芸.现场总线CAN原理与应用技术[M].北京:北京航空航天大学出版社.2003.

[14]陈全世,齐占宁.燃料电池电动汽车的技术难关和发展前景[J].汽车工程,2001,23(6).

[15]夏明智.燃料电池汽车热管理系统的设计和研究[D].海同济大学硕士学位论文,2008.

[16]邓学.北京奥运示范运行燃料电池大客车的能量分析[J].清华大学学报:自然科学版,2010(5).

[17]刘洁,等.燃料电池研究进展及发展探析[J].节能技术2010(4).

[18]沈海燕。SWB6129FC燃料电池客车总体设计[J].客车技术与研究,2011(2):33—35.

[19]冯华.电动汽车用电池管理系统的研究[D].北京.北京交通大学,2007.

[20]陈全世,仇斌,谢起成.燃料电池电动汽车[M].北京.清华大学出版社,2005.